国家社科基金
后期资助项目

科学交流中学术大数据的运动规律研究

楼雯 著

The Regularities of
Academic Big Data in
Scholarly Communication

上海社会科学院出版社
SHANGHAI ACADEMY OF SOCIAL SCIENCES PRESS

图书在版编目(CIP)数据

科学交流中学术大数据的运动规律研究 / 楼雯著
.— 上海：上海社会科学院出版社，2024
 ISBN 978 – 7 – 5520 – 4380 – 8

Ⅰ.①科… Ⅱ.①楼… Ⅲ.①科学技术—学术交流—数据处理—研究 Ⅳ.①G321.5

中国国家版本馆 CIP 数据核字(2024)第 086444 号

科学交流中学术大数据的运动规律研究

著　　者：楼　雯
责任编辑：包纯睿　陈如江
封面设计：周清华
出版发行：上海社会科学院出版社
　　　　　上海顺昌路 622 号　邮编 200025
　　　　　电话总机 021 – 63315947　销售热线 021 – 53063735
　　　　　https://cbs.sass.org.cn　E-mail：sassp@sassp.cn
排　　版：南京展望文化发展有限公司
印　　刷：上海龙腾印务有限公司
开　　本：720 毫米×1000 毫米　1/16
印　　张：26.5
字　　数：475 千
版　　次：2024 年 11 月第 1 版　2024 年 11 月第 1 次印刷

ISBN 978 – 7 – 5520 – 4380 – 8/G·1316　　　　定价：128.00 元

版权所有　翻印必究

国家社科基金后期资助项目
出版说明

　　后期资助项目是国家社科基金设立的一类重要项目,旨在鼓励广大社科研究者潜心治学,支持基础研究多出优秀成果。它是经过严格评审,从接近完成的科研成果中遴选立项的。为扩大后期资助项目的影响,更好地推动学术发展,促进成果转化,全国哲学社会科学工作办公室按照"统一设计、统一标识、统一版式、形成系列"的总体要求,组织出版国家社科基金后期资助项目成果。

全国哲学社会科学工作办公室

前　　言

科学研究正在经历科学活动的重大变革,如果说上一次变革是从演绎归纳的研究范式到实验主义的研究范式的话,那么这一次变革则是变为超大规模数据量的实验主义的研究范式。

随意翻看近年来各类顶刊的研究论文,以数据为基,更以大规模学术数据为基的分析已成为主流,大有"得数据者,得天下"的态势。数据可获取性也被开放科学运动支持得越来越高,尤其是新冠肺炎疫情以来,全球科学界"同仇敌忾",力推开放科学,大力共享数据。引起我们好奇的是,这些超级大规模数据是如何出现的？在科学界是如何流动的？这种流动是否有规律可言？

同时,科学界的主体是科学家和学者,在"数据洪流"的浪潮下,研究范式的转变在我们之前的研究中已经让科学家的研究方法发生了转变,那么,科学家是否正在被数据推动着改变他们的研究内容、篇章结构甚至表达语言？我们认为,现在正是到了强调"以人为本"的互动关系、内容指向的研究精神的时刻,需要提倡坚持基础研究和弘扬科学精神的宗旨。

总的来说,科学交流是一个复杂系统,广义上,人们在科学研究领域借助共同的符号系统进行的信息和知识的各类交换活动,都是科学交流的内容和形式。这种理解概括了科学交流的总体内容,但同时表明了研究科学交流的本质和特征的难度。本书创新性地尝试从系统的多样的角度整理科学交流的理论与实践,对应性地围绕人、数据、内容这三个要素的相互作用,多维度研究科学交流中学术大数据的运动规律,旨在揭示科学交流中事物的本质、运动规律,这正是我国科学界重点指向的基础研究的重要分支。

本书利用情报学、系统科学、计算机科学、网络科学、数理统计学等学科的方法和理论,围绕科学交流环境下的学术大数据的运动和特征,按照"数据—人—人和数据—数据到内容"的章节安排,从章节设计到内容指向,强调运动的规律和动态的变化,而非静态的主客体关系或现状描述。主要表达三个核心观点:一是科学交流中的主体和客体的界限并不明显,主体的人和客体的数据可以互换。人可以作为数据，数据可以代表人；同时，数据需要人来传播，人需要数据作为媒介来交流。因此，第二篇虽是语用数据分析，但包含科学家的语用规律；第三篇虽是科学家知识交流研究，但离不开数据分析；第四篇则强调人和数据的互动关系。二是科学交流中人和数据之间存在双螺旋互动规律，以双螺旋模式相互作用、共同进退。其互动过程可呈"点型""线型""网状"，其双螺旋互动可呈平面、立体两种模式。平面模式由科学家螺旋、学术数据螺旋的单独螺旋，与"合作型""学科型"两大互动关系组成。立体模式则由平面模式在时间上扩展而来。三是科学交流中的正式科学用语普遍存在同质与异化现象。语用规律很大程度上取决于科学家本人特征与学科差异，但在不同学科使用时，字面含义相同的语词出现相同语用特征的现象，称为同质现象，出现不同语用特征则为异化现象。

　　本书为国家社科基金的研究成果，由项目负责人楼雯主持并撰写主要内容，全书的完成依托研究团队的大力支持，是学友同事贺建根、李恺，学生马昕钰、张灵欣、陈姣、郑少丹、张颉、苏子龙、傅坦等人共同努力的结果。本书中难免存在疏漏或者错误，期待各位读者和专家学者批评指正。

2022 年 9 月 10 日
于上海

目 录

第一篇　科学交流中学术大数据的运动本质

第一章　科学交流与学术大数据概述 ········· 3
第一节　科学交流与学术大数据 ········· 3
第二节　科学交流 ········· 3
第三节　学术大数据 ········· 23
第四节　本章小结 ········· 40

第二章　科学交流中学术资源共享的机制分析 ········· 43
第一节　科学交流中的学术资源共享 ········· 43
第二节　基于扎根理论研究影响学术资源共享的因素 ········· 43
第三节　学术资源共享系统动力学模型构建 ········· 49
第四节　本章小结 ········· 56

第三章　学术大数据在科学交流中运动的机制分析 ········· 58
第一节　科学交流中运动的学术大数据 ········· 58
第二节　学术大数据运动的系统动力学模型分析 ········· 58
第三节　学术大数据的运动仿真分析 ········· 63
第四节　本章小结 ········· 70

第二篇　学术大数据的语用规律研究

第一章　正式科学交流用语规律研究 ········· 75
第一节　正式科学交流用语 ········· 75
第二节　正式科学交流用语研究的基础理论 ········· 75

第三节　正式科学用语特征的量化分析 …………………………… 79
　　第四节　本章小结 ………………………………………………… 115

第二章　正式科学用语的同质与异化规律研究 ………………………… 117
　　第一节　正式科学用语 …………………………………………… 117
　　第二节　同质与异化规律的基础理论构建 ……………………… 117
　　第三节　多学科正式科学用语特征研究 ………………………… 124
　　第四节　学科融合背景下的正式科学用语特征研究 …………… 136
　　第五节　本章小结 ………………………………………………… 148

第三章　非正式科学交流的用语规律 …………………………………… 150
　　第一节　非正式科学交流用语 …………………………………… 150
　　第二节　研究方法、数据搜集与处理 …………………………… 150
　　第三节　数据分析 ………………………………………………… 154
　　第四节　iSchools 讲座标题语词分析 …………………………… 163
　　第五节　本章小结 ………………………………………………… 166

第三篇　科学交流主体之间的运动规律

第一章　学者之间科学交流的互动规律 ………………………………… 169
　　第一节　科学交流中学者间的互动 ……………………………… 169
　　第二节　科学家之间的知识交流与互动 ………………………… 169
　　第三节　科学家团队之间的知识交流与互动 …………………… 194
　　第四节　本章小结 ………………………………………………… 209

第二章　学者之间利用文献数据的科学交流 …………………………… 211
　　第一节　基于文献数据的学者科学交流 ………………………… 211
　　第二节　相关学术进展 …………………………………………… 211
　　第三节　研究设计 ………………………………………………… 213
　　第四节　研究结果 ………………………………………………… 217
　　第五节　本章小结 ………………………………………………… 224

第三章　用户之间利用科学数据的科学交流 …………………………… 226
　　第一节　基于科学数据的用户科学交流 ………………………… 226

第二节 相关研究与理论基础 …………………………………… 226
第三节 数据采集与研究方法 …………………………………… 228
第四节 科学交流过程分析 ……………………………………… 229
第五节 科学交流模式研究 ……………………………………… 240
第六节 本章小结 ………………………………………………… 241

第四篇 科学交流主体与数据的运动规律

第一章 学者与数据的双螺旋互动规律 …………………………… 245
第一节 学者与数据的双螺旋互动 ……………………………… 245
第二节 学者与数据互动的基础理论 …………………………… 245
第三节 学者与数据的互动机理 ………………………………… 254
第四节 学者与数据的双螺旋互动模式 ………………………… 259
第五节 双螺旋互动模式的验证 ………………………………… 263
第六节 本章小结 ………………………………………………… 271

第二章 用户与数据的互动规律 …………………………………… 273
第一节 用户与数据的互动 ……………………………………… 273
第二节 相关研究综述 …………………………………………… 273
第三节 数据来源和处理 ………………………………………… 275
第四节 基本借阅特征统计分析 ………………………………… 277
第五节 模型的构建和验证 ……………………………………… 282
第六节 本章小结 ………………………………………………… 286

第五篇 学术大数据的语义规律研究

第一章 我国图书情报学科研究方法与其研究内容的关联研究 ……… 291
第一节 我国图书情报学科现状 ………………………………… 291
第二节 相关研究 ………………………………………………… 291
第三节 研究设计 ………………………………………………… 294
第四节 结果分析 ………………………………………………… 297
第五节 本章小结 ………………………………………………… 305

第二章 基于论文结构的语义内容聚合 …………………………… 307
第一节 论文结构的语义内容 …………………………………… 307

第二节　研究背景及研究问题 ························· 307
　　第三节　相关著作 ······································· 309
　　第四节　研究设计 ······································· 311
　　第五节　本章小结 ······································· 325

第三章　基于复杂网络的关键研究内容识别 ················ 328
　　第一节　复杂网络背景下的关键研究内容识别 ········ 328
　　第二节　相关领域研究现状 ···························· 328
　　第三节　研究方法 ······································· 331
　　第四节　实证研究 ······································· 333
　　第五节　本章小结 ······································· 340

第四章　基于语言网络的关键研究内容推荐 ················ 341
　　第一节　信息超载背景下的关键内容推荐 ·············· 341
　　第二节　基于语言网络的研究背景 ····················· 341
　　第三节　相关研究综述 ································· 342
　　第四节　研究设计 ······································· 346
　　第五节　实验与结果分析 ······························ 350
　　第六节　用户研究设计与分析 ·························· 353
　　第七节　本章小结 ······································· 356

第六篇　研 究 总 结

第一章　研究内容总结 ·· 361
　　第一节　科学交流中学术大数据的运动本质 ············ 361
　　第二节　学术大数据的语用规律 ······················· 361
　　第三节　科学交流主体之间的运动规律 ················ 362
　　第四节　科学交流主体与数据的运动规律 ·············· 363
　　第五节　学术大数据的语义规律 ······················· 363

第二章　研究观点总结 ·· 365

第三章　研究创新 ··· 366

参考文献 ·· 367

第一篇　科学交流中学术大数据的运动本质

两篇连载的《自然》(Nature)论文最近引起热议,作者利用了210亿个脸书的数据分析个人社交网络与教育、健康和经济成果的关系。这是典型的大数据分析,正是学术大数据时代如火如荼讨论的内容。这类热议论文往往可以在学术圈中形成蝴蝶效应般的交流,其内容与数据既是科学交流的内容,论文本身也是后期学者科学交流的对象。那么什么是科学交流?什么是学术大数据?学术大数据在科学交流中是如何共享、传播的,背后的逻辑和运动机制是如何的?我们将在这一篇详细阐述。

第一章 科学交流与学术大数据概述

第一节 科学交流与学术大数据

在大数据时代,人类对于数据的生产和利用渗透到每一个领域。在学术研究领域,进一步认识、研究、管理和利用学术大数据能够促进科学交流和学术知识发展。

科学交流是在学术研究中进行科学信息交流的过程,其研究主要集中在科学交流的基本定义与相关理论、主体与客体、功能与作用等方面,与学术领域和人类社会的发展有着密切的关系。学术大数据应时代而生,其研究主要集中在学术大数据的内涵与特征、功能与概况等方面,对科学交流活动产生了深刻的影响,二者的结合为社会带来了巨大的变革。本章围绕科学交流和学术大数据介绍二者概况;同时,对科学交流和学术大数据的现状、存在的问题和未来发展进行初步的探讨。

第二节 科 学 交 流

一、科学交流理论及溯源

(一) 定义

在学术研究的过程中,科学信息的交流与传递是推动科学进步的根本基础。科学交流是所有思想与成果的融会贯通,从最简单的点对点、线连线,到更为复杂的网状链式交流,都是对科学研究的传播与贡献,搭建起一座座学术沟通的桥梁,夯实学术链接的基石。因此,科学交流融入了整个科学时代缓慢而坚定的前进过程中。对于科学交流的定义,是一个必不可少且较为开放的概念系统。本章将科学交流相关定义主要分为三个阶段。

1. 确定核心元素

对于科学交流的核心元素确定，苏联信息学家米哈依洛夫有独树一帜的贡献。他不仅阐述了信息学作为一门正式科学的理论，更揭示了科学交流系统的内在规律性。他于1976年出版的《科学交流与情报学》[1]一书中，正式提出了科学交流的定义，将人类社会中提供、传递并获取科学情报的整体过程统称为科学交流，并指出其是科学持续存在并稳步发展的基本机制。该定义围绕科学情报的整体信息流程提出了相应见解，点明科学交流的实质即社会与科学中普遍存在的情报交流过程。同样针对科学信息的相关活动，中国科学技术协会将学术交流定义为以科学技术的学术研究、信息、思想为内容和主要对象，以及与此有关的广泛的科学活动，即学术交流活动的总称。该定义指出科学研究工作的重要组成部分为学术交流，它也是科学家在业界发表研究成果、得到同行评论及认可的一项团队活动。其作为科学研究的关键环节，既是研究者学术生涯中的日常工作，更是人类社会知识生产的一种模式。国外学者布奇（Bucchi）与特伦奇（Trench）[2]也提出了相关定义，认为科学交流是围绕科学展开的社会对话。该定义简短地指明两个重点：一为围绕科学，即科学交流的核心元素是全面专注于科学事业而展开的；二为社会对话，即科学交流发生在人类社会生活中，且作为其至关重要的一部分活动。

2. 考虑有关对象

上述定义的关键在于核心元素的确定，由此科学家展开了对科学交流定义的补充，陆续增加了过程中的有关对象参与。加维（Garvey）在《交流：科学的本质》（Communication: The Essence of Science）[3]中将科学交流定义为科学家在所属科研工作中进行的信息交互活动，直接点明科学交流的对象及主体为科学家，确定科学交流的发生范围为科研活动背景。该定义将整体交流系统统称为信息交互活动，整体对象为科学家，然并未详细阐明交流系统的各环节涉及的有关对象是否相同或全然为科学家；同时，定义排除了先前观点中的部分社会性质的信息交流活动，将交流对象框定在科学家群体，限定了科学交流的发生范围。因此，该定义可能存在部分局限。在该基

---

[1] 米哈依洛夫：《科学交流与情报学》，徐新民等译，科学技术文献出版社1980年版。

[2] Bucchi, M. and Trench, B., "Rethinking Science Communication as the Social Conversation around Science", *Journal of Science Communication*, Vol. 20, No. 3, 2021.

[3] Garvey, W. D., *Communication: The Essence of Science*, Elmsford: Pergamon Press, 1979.

础上,加州大学伯克利分校①对交流系统各环节进行补充,认为科学交流是由学者创造,由出版社发布、传播、保存,并由图书馆组织信息的系统。该定义弥补了加维观点的部分局限,根据交流系统的不同环节分析涉及的有关对象,通过不同主体各司其职,共同构建了完整的科学交流体系,于持续运作中稳步前进。国外学者萨姆·伊林沃思等在《高效的科学交流——善于表达的科学家是怎样练成的?》②中将科学交流分为面向内部与面向外部两个方面:内部主体为科学家,外部包括科学推广与公众参与。该定义扩大了交流对象,使受众不再限于科学家群体,而是面向全社会,并提出针对不同受众的沟通方法与不同形式。学术圈内一般采用同行评审期刊与学术会议报告的方法,普通公众需要科学家打破惯用的技术思维模式进行交流。

3. 点明交流目的

定义不限于科学交流的核心与对象,部分学者将其拓展至科学交流的功能与目的。美国大学与研究图书馆协会认为,科学交流构建了有关科学成果的完整体系,其中涵盖从创作、评价、传播到保存的系列环节,其最终目的在于促进学术的发展与共享,即交流体系的使命与愿景是科学发展与共享。伯恩斯(Burns)等③从最广泛的意义角度,提出有效的科学交流是与科学相关的知识的共享。二者的相同点在于科学交流的共享性目的,即科学知识的传播基础。通过这种共享,个人的努力能够对知识使用者产生显著影响与效益,从而最终达到推动科学发展的目的。韩毅等④指出了科学交流的功能实质,认为科学交流是科学知识生产过程中依据某种约定的符号系统从而发布成果和交流思想的过程总和,因此其本质上是科研人员按照相关性需求而选择特定信息的一种过程。

(二)理论

科学交流的研究是时代背景下的浪潮,对于其模型与理论的探讨成为科学家的重点关注领域,由此引起了科学交流体系的深入研究,相应的研究成果也充栋盈车、层见叠出。所有理论中,按照科学交流的主要研究方向大

---

① "Scholarly Communication-Library Collections-UC Berkeley", http://www.lib.berkeley.edu/scholarlycommunication/.
② 萨姆·伊林沃思、格兰特·艾伦:《高效的科学交流——善于表达的科学家是怎样练成的?》,梁培基等译,上海交通大学出版社2019年版。
③ Burns, T. W., O'Connor, D. J., and Stocklmayer, S. M., "Science Communication: A Contemporary Definition", *Public Understanding of Science*, Vol. 12, No. 2, 2003, pp. 183-202.
④ 韩毅、伍玉、申东阳、况书梅、袁庆:《中文科研论文未被引探索Ⅲ:科学交流相关性情境下的竞争—选择机制》,《图书情报工作》2018年第4期。

致分为科学交流过程观、科学交流对象观与科学交流事件观。

1. 科学交流过程观

从最初的传统科学交流模式探究,到新时代的数据驱动的模式体系,科学家对于交流过程的研究已逐步深入,从最初的以纸质科技文献作为信息载体,到现代网络化、数字化环境下的交流变化,均展现了科学家的科学交流过程观的基本观点与理论。

传统科学交流中,在书写方法、通信方式、技术手段等不甚先进的情况下,科学交流主要以纸质科技文献为信息载体,呈现出点对点、线连线的交流模式。大部分科学家将学术交流视为系统性的复杂过程。弗勒利(Fröhlich)[1]在研究中明确地提出了这一观点。他将信息交流各环节比作整体交流系统的子系统,根据诸如信息发生、信息出版、信息组织等加工流程将它们解析为科学子系统。根据各个科学家对科学交流环节的不同分类,能够得到多元的科学交流系统划分。与其持相类似观点的还有中国科协学会学术部[2],它将传统科学交流系统定义为能够实现学术交流功能的体系,具体包括创造、传播、感知、保存与再生成五大学术环节。用上述观点的定义来说,各功能为科学交流的各个环节,即科学交流的各子系统。在该过程中,各个环节对应的不同主体各安其位、各尽其责,彼此分工严格且有序,旨在构建完整和谐的学术交流体系。同时,有学者将科学交流过程视为一条学术产品链,加维与格里菲思(Griffith)[3]提出的科学交流模型主要强调该学术产品链的整体流程,涵盖研究的始终、成果的出版与发布方式、学术思想的讨论会等贯穿整体科学交流的科学研究活动。然而,由于时代的限制,传统环境下的科学交流在交流载体、交流主体、交流手段等方面暴露了其局限性。

随着时代的进步,科学交流的环境也逐渐改善。在网络化、数字化的环境下,原先科学交流的复杂系统性过程各环节都有所改变。方卿[4]认为在现代的网络载体环境下,科学信息交流过程的变化主要体现在信息发布环节作用的强化以及交流过程界限的愈渐模糊。因此,她在研究中提出了交

---

[1] Fröhlich, G., "The (Surplus) Value of Scientific Communication", *Review of Information Science*, Vol. 1, No. 2, 1996, pp. 84 – 95.

[2] 中国科协学会学术部:《信息环境下的学术交流》,中国科学技术出版社2010年版。

[3] Garvey, W. D. and Griffith, B. C., "Communication and Information Processing within Scientific Disciplines: Empirical Findings for Psychology", *Information Storage and Retrieval*, Vol. 8, No. 3, 1972, pp. 123 – 136.

[4] 方卿:《论网络载体环境下科学信息交流过程的基本特征》,《情报理论与实践》2002年第2期。

流载体的三个方面兼容模式①,包括发布研究成果、传播并利用科学信息。比起传统学术交流体系,随着科学的不断发展,科学家于整体学术流程中的参与度降低,这些与研究活动联系紧密的过程由第三方完成,由此中国科协学会学术部给出了信息化环境下的学术交流体系模型,主要强调独立于科学研究之外的交流系统。新型的网络环境对于学术产品链说也有其创造性,主要体现在学术产品链模型的更新以及学术价值链的诞生。徐佳宁②总结了加维-格里菲思模型的改进方向,分别为1996年赫德(Hurd)网络时代的改进模型、2004年赫德数字时代的改进模型以及2020年预测模型,更新了学术产品链的交流过程、相关对象与具体内容。数字环境下,王凌峰③构建了原创的学术交流P^3C^4模型,在传统科学交流中加入了人际面对面交流,于整个交流过程中添砖加瓦。在此基础上诞生了学术价值链说。初景利④认为学术交流是伴随着科研活动全流程的,需要整个创新价值链的支撑,即学术发展就是价值链持续优化的过程。此外,生命科学周期模型SCLC的提出也展现了学术价值链的主要理论,其阐释了科学交流中的各个环节,提供了直观的结构化图形,通过五大要素于科学交流过程中的结构化、层次化,深入分析了整个科学交流价值链。

2. 科学交流对象观

关于科学交流有关对象的定义指出了交流过程中涉及的部分相关主体与载体,因此科学交流对象观主要关注科学交流的主客体的类型与相互交流。科学信息交流的主要理论中最重要的是门泽尔(Menzel)提出的与米哈依洛夫优化的正式与非正式交流过程。传统交流环境下,门泽尔⑤认为正式交流主要借助科学文献,而非正式交流为科学家间的部分对话讨论等。米哈依洛夫完善了该理论,按传播形式进行分类,主要的区分方法为是否使用科学文献。现代网络环境下,该理论相应发生改变,具体表现在基本过程的更新、区分标准的演化、内部结构的变化。徐佳宁⑥⑦经研究指出了正式交流知识完整的新特征与Web2.0下的非正式科学交流在线动态的

---

① 方卿:《论网络环境下科学信息交流载体的整合》,《情报学报》2001年第3期。
② 徐佳宁:《加维-格里菲思科学交流模型及其数字化演进》,《情报杂志》2010年第10期。
③ 王凌峰:《面向数字环境的学术交流P^3C^4模型》,《图书情报导刊》2020年第6期。
④ 初景利:《高端交流平台建设需要创新学术交流模式》,《智库理论与实践》2021年第1期。
⑤ Menzel, H., *Planned and Unplanned Scientific Communication*, Washington, DC: National Academies Press, 1959.
⑥ 徐佳宁:《数字环境下科学交流系统重组与功能实现》,光明日报出版社2011年版。
⑦ 徐佳宁:《基于Web2.0的非正式科学交流过程及其特点》,《情报科学》2008年第1期。

新特点。沈兰妮等[1]提出区分的新标准,按照交流过程是否存在第三方审核机制进行划分。内部结构的变化中,李贵成[2]认为正式与非正式交流的界限正在逐渐模糊,同时非正式交流的重要性愈发提高。刘春丽[3]指出科研成果的学术影响力与社会影响力逐渐提升,韩毅[4]提出有关科技评价机制的改善,邹儒楠等[5]认为科研人员信息来源更加多元化。同样重要的有世界科学技术情报系统(UNISIST)的科学交流模型,确定了交流的主体对象为信息生产者与信息用户,并详细描述其中的传播路径与过程。传统模式下包含的有关对象有科学交流信息、三类信息参与者(生产者、中介、用户)与信息交流过程。数字背景下,桑德加德(Søndergaard)等[6]提出了改进的基于互联网的交流模型,为正式交流扩展了在线数字交流的新方式,同时提出了学科内的通用模型与展现学科差异的相应模型。此外,余厚强等[7]提出了在替代计量学视角下的在线科学交流新模式,主要由传递机制与过滤机制构成,正式与非正式交流的传递机制更加丰富且主次有所改变。

对于科学交流要素的相关研究,主要可以从交流路径、作者、机构与学科四个方面展开。徐佳宁等[8]认为交流路径主要从单一线性向着多路径网状结构发展,沈兰妮也指出其突破了传统的以文本为主的方式,扩展了信息交流的边界。对于作者的研究,邱均平与楼雯[9]通过对论文的作者分析,拟合分析了洛特卡定律并点明了核心作者的定义;交流模式方面包括作者链接关系与作者合作关系。研究机构主要分为图书馆、高校与科研机构三类。邱均平、楼雯等[10]认为数字图书是图书馆的未来大趋势,唐仲芝[11]

---

[1] 沈兰妮、刘艳笑、丁文姚、毕奕侃、韩毅:《非正式交流回归视角下 Altmetrics 评价的利益相关者识别研究》,《图书与情报》2018 年第 5 期。

[2] 李贵成:《基于 Web2.0 的非正式信息交流行为研究》,《情报探索》2014 年第 6 期。

[3] 刘春丽:《Web 2.0 环境下的科学计量学:选择性计量学》,《图书情报工作》2012 年第 14 期。

[4] 韩毅:《非正式交流回归语境下科技评价的融合路径取向》,《中国图书馆学报》2016 年第 4 期。

[5] 邹儒楠、于建荣:《数字时代非正式学术交流特点的社会网络分析——以小木虫生命科学论坛为例》,《情报科学》2015 年第 7 期。

[6] Søndergaard, T. F., Andersen, J., and Hjørland, B., "Documents and the Communication of Scientific and Scholarly Information: Revising and Updating the UNISIST Model", *Journal of Documentation*, Vol. 59, No. 3, 2003, pp. 278-320.

[7] 余厚强、邱均平:《替代计量学视角下的在线科学交流新模式》,《图书情报工作》2014 年第 15 期。

[8] 徐佳宁、罗金增:《现代科学交流体系的重组与功能实现》,《图书情报工作》2007 年第 11 期。

[9] 邱均平、楼雯:《近二十年来我国索引研究论文的作者分析》,《情报科学》2013 年第 3 期。

[10] 邱均平、楼雯、曾元祥、赵月华、孙丹霞、李成龙:《我国电子图书数字图书馆建设现状的调查分析》,《图书情报工作》2014 年第 5 期。

[11] 唐仲芝:《基于分层思想的数字图书馆信息资源集成模型构建》,《兰台世界》2013 年第 26 期。

与魏思廷①分别从图书馆的主要功能资源集成与知识服务两个方面对新型图书馆服务模式进行探讨,构建了如高校数字图书馆社区新模式②、图书馆内部学术交流模式③等诸多模型。高校交流主要为校内与校间的区别,元红英等④以具体学校为例,指出了加强高校内部学术交流的各种方法与制度;张琼⑤通过探究国际合作阐明了现有的组织模式与可能存在的主要问题。同理将科研机构交流分为国际交流与机构合作。杜鹏等⑥强调了国际交流对效果评估与成果产出的强化作用、对学科与人才均衡发展的促进作用,孙中瑞等⑦探究了科研机构合作网络对于创新绩效的意义与加强合作过程中的启示。学科交流中,刘小鹏等⑧提出了跨学科交流的形式与其对科研合作与研究生培养的作用,李婷婷等⑨通过专业间知识流量的指标量化测度了知识交流的活跃度。

3. 科学交流事件观

对于科学交流的研究,部分学者将科学交流放在不同的环境中,将其按交流方式分为不同的类型,并视其为发生的一起起交流事件,此类观点被称为科学交流事件观。随着时代的进步,科学交流大背景的重点变化在于开放存取。在该背景下,科学交流过程发生了相应改变,相关模型包括利用开放存取出版技术而构建的科学交流供应链模型⑩与开放存取式交流系统通用模型⑪。同时,平台与中间机构也相应进步,主要表现于电子

---

① 魏思廷:《结合替代计量学的数字图书馆知识服务新模式》,《图书情报知识》2015年第2期。
② 屈文建、李琳倩、胡媛:《高校数字图书馆社区学术信息交流模式探究》,《图书馆学研究》2016年第17期。
③ 胡福文、薛淑峰:《泛在知识环境下以图书馆为核心的学术信息交流新模式》,《湖北第二师范学院学报》2014年第5期。
④ 元红英、张会敏、王娜、陈刚:《加强高校内部学术交流的方法及制度研究——以佛罗里达州立大学为例》,《河北农业大学学报(农林教育版)》2018年第3期。
⑤ 张琼:《我国高校国际科技合作与交流问题研究》,《商丘师范学院学报》2008年第8期。
⑥ 杜鹏、李亚伟、石婉荧、金鑫:《科研机构国际交流与合作的分析与思考——以中国疾控中心环境所专业人员因公出国(境)任务为例》,《环境卫生学杂志》2020年第1期。
⑦ 孙中瑞、樊杰、孙勇:《科研机构合作网络演化特征对创新绩效的影响——以中国科学院为例》,《科技管理研究》2021年第18期。
⑧ 刘小鹏、魏朋:《跨学科学术交流对科研合作及研究生培养的影响初探——以北京大学生物医学跨学科讲座为例》,《北京大学学报(自然科学版)》2015第3期。
⑨ 李婷婷、刘超、李秀霞:《基于作者互引的学科内部专业间知识交流探测——以图书情报档案学学科为例》,《情报科学》2018年第6期。
⑩ 黄如花、冯晴:《论开放存取出版对科学信息交流和利用的影响》,《出版科学》2008年第3期。
⑪ 魏林、万猛、金学慧:《开放存取式科学交流系统模型研究》,《出版科学》2011年第5期。

预印本库①的产生与机构知识库②的利用。

科学交流根据其环境的变化能够分为学术虚拟社区、学术会议与自媒体科学交流。邹儒楠指出数字时代的非正式学术交流正朝着虚拟社区的方向发展。虚拟社区主要有学术论坛③、学术博客④、学术社交网络、学术微信⑤与学术微博⑥。针对学术虚拟社区内的知识交流过程与激励,周妍妍⑦、袁勤俭等⑧也提出了相应的信息交流模型,主要包括信息发布、信息获取与信息共享三个过程。初景利认为学术会议作为正式学术交流系统是不可替代的面对面直接互动研讨方式。李丽等⑨认为传统的线下会议是知识交流最快捷的方式,然而由于近年的新冠肺炎疫情催生出强势的线上会议,科赫(Koch)等⑩认为在线会议系统为知识交流提供了新的机会,周金娉等⑪也因此提出了会议录学术交流过程模型。自媒体科学交流区别于传统媒体的重点在于信息反馈渠道与受众等方面,扩展了信息传播方式,加快了传播速度,丰富了信息内容。钟文希⑫认为科学传播模式的变化主要在于参与主体、传播方向的变化与多元参与主体之间的互动;修稳君⑬研究了自媒体的共享性为大学生网络交流带来的新格局与存在的问题。

---

① Van de Sompel, H., Payette, S., Erickson, J., et al., "Rethinking Scholarly Communication", *D-Lib Magazine*, Vol. 10, No. 9, 2004.

② Nemati-Anaraki, L. and Tavassoli-Farahi, M., "Scholarly Communication through Institutional Repositories: Proposing a Practical Model", *Collection and Curation*, Vol. 37, No. 1, 2018, pp. 9 – 17.

③ 赵玉冬:《基于网络学术论坛的学术信息交流研究》,《图书馆学研究》2010 年第 19 期。

④ 翟姗姗、许鑫、夏立新:《学术博客中的用户交流与知识传播研究述评》,《现代图书情报技术》2015 年第 Z1 期。

⑤ 胡媛、秦怡然:《基于微信的用户学术信息交流模型构建》,《情报科学》2019 年第 1 期。

⑥ 王翠萍、戚阿阳:《微博用户学术信息交流行为调查》,《图书馆论坛》2018 年第 3 期。

⑦ 周妍妍:《虚拟学习社区中的信息交流模型探究——基于微博的视角》,《中小学电教》2012 年第 9 期。

⑧ 袁勤俭、毛春蕾:《学术虚拟社区特征对知识交流效果影响的研究》,《现代情报》2021 年第 6 期。

⑨ 李丽、王燕:《学前教育学研究资源的分配与流动——以近 17 年来的学术会议为分析样本》,《学前教育研究》2014 年第 7 期。

⑩ Koch, M., Fischer, M. R., Tipold, A., et al., "Can Online Conference Systems Improve Veterinary Education? A Study about the Capability of Online Conferencing and its Acceptance", *Journal of Veterinary Medical Education*, Vol. 39, No. 3, 2012, pp. 283 – 296.

⑪ 周金娉、解梦凡、余璐:《基于学术交流过程模型的会议录学术影响力实证研究》,《图书馆学研究》2017 年第 5 期。

⑫ 钟文希:《自媒体视域下的科学传播模式探讨》,《传媒论坛》2020 年第 3 期。

⑬ 修稳君:《自媒体背景下大学生网络交流新特点与高校思政应对策略》,《内蒙古电大学刊》2018 年第 5 期。

二、科学交流的主体与客体

(一) 科学交流过程观的交流主客体

在科学交流过程观中,交流主客体随不同环节与阶段而异。科学交流可分为知识生产阶段、质量控制阶段与知识利用阶段。在第一阶段,交流主体为信息生产者即科研生产的执行者,交流客体通常指抽象的科学问题与其生成的具象的科学研究或数字手稿。质量控制阶段,交流主体主要指信息中介者,通常设有编辑、评审等部门或职务,交流客体被认为是各种载体下已生成的科学知识。知识利用阶段,交流主体被称为信息利用者,通常为知识需求者、知识吸收者与知识价值的实现者,统称为读者群体;此阶段的交流客体是各平台或机构提供的共享知识。

(二) 科学交流对象观的交流主客体

科学交流对象观的重点关注问题是主体与客体的研究。沈兰妮在研究中提出了三类主体:从事信息生产的群体为信息生产者、具有信息需求的群体为信息利用者、联结生产者与利用者的群体为信息传递中介。主体间的关系主要可划分为关联关系与利益关系。关联关系认为信息用户与信息生产者是同一个群体,黄鑫等[1]探究互联网思维下的科学交流生态,将其分为内部生态与外部生态的协同开放。利益关系在于平衡并协调各方利益,是数字化和谐生态的基本条件。

科学交流的客体划分主要按照正式与非正式交流的不同过程来进行。在正式交流中,交流客体主要指正式的学术出版物,包括图书、期刊论文等,依据信息加工程度可分为一次、二次与三次信息源,该类下的交流周期较长且交流速度较慢。非正式交流中,交流客体主要包括非正式出版物如学术博客、学术视频等,其子分类囊括显性知识与隐性知识。此外,零次信息[2]同样属于该分类。由于其不完整性、待挖掘性与多样性,将其归为非正式交流客体。刘春丽指出连接正式与非正式交流的文献能够形成相互补充的和谐关系。

(三) 科学交流事件观的交流主客体

1. 科学交流环境中的主客体

学术虚拟社区中的交流主体总体来说被认为是所有科研群体,按照各主体在交流过程中扮演的角色来划分,主要有知识的提供方、传递方与接收

---

[1] 黄鑫、邓仲华:《"互联网+"思维模式下的科学交流发展研究》,《图书馆》2017年第3期。
[2] 黄荣东、李臻:《图书馆讲座的零次信息属性与开发利用》,《现代情报》2009年第9期。

方。交流客体为知识本身,即社区中有关某一学科领域或科研问题的主要内容。从细分角度来看,在信息发布过程中,社区交流主体为教师与学习者,客体包括个人与他人所有显性知识与隐性知识的浓缩。在学术博客中,信息主体为博主,信息内容为教学、科研与科学信息。

学术会议中的交流主体包括会议组织的举办方、作者群体的生产者与用户群体。其中,举办方是会议开展的必要保障,作者是学术成果的资源支持,读者是用户需求的实现目标。交流客体是指展现研究成果的形式,包括研究成果、依附载体与传播媒介。研究成果主要指会议论文,是会议的核心元素;依附载体即会议出版物,是学术会议的研讨展现;传播媒介包括网络,提供了技术支撑。

自媒体科学交流的主体可以为任何一个单独个体,且不仅指个人创作,更涵盖了群体创作等多元形式,所有主体具有地位的平等性。交流客体的表现形式丰富多样,主要有文字、图片、音频等,其核心与关键在于自媒体的优质内容。

2. 主客体在环境中的变换

在整体知识循环过程中,科学知识生产者与科学知识消费者间的交流是一个双向的过程。生产者通过图书馆、出版社等交流环节连接到消费者,消费者通过邮件、虚拟社区等信息反馈与互动环节联系到生产者,由此形成了信息交流的循环结构。在不同科学交流事件中,交流的主体与客体也存在着双向的互用机制。

学术虚拟社区中主要包括信息来源与信息反馈两个步骤。信息发布过程中,信息来源于用户的个性化博客内容,信息通过发布与传递进行相应反馈。信息获取时,主体利用信息促进个人发展,数据的搜索功能能够使学习者浏览他人的知识与思想。信息共享下,主体能够实现实时在线的沟通与交流,使得数据客体能够被讨论与解答,提高自身素质。

学术会议以学术交流为目的,交流主体能够通过主导学术会议的形式与内容,构建良好的学术会议互动社区,推动学术交流与科研活动的发展进步。通过建设学术会议平台系统,交流客体能够被跟踪采集并进行长期保存,最终成为学术资源,实现对会议成果的传播与再利用。

自媒体学术交流中的主客体互动与角色转化更为灵活。交流主体包括个人与组织、媒体与普通公众等,在作为科学信息接收者的同时能够成为信息发布者。交流客体包括主体涉及的所有科学信息、相关资料、平台舆论等。由于所有主体的平等性,主客体间并非一一匹配的关系,而是交叉共存的和谐连接。

三、科学交流的功能与作用

(一) 功能

科学交流系统的基本功能由罗森达尔(Roosendaal)与格特(Geurts)[1]进行了科学定义,主要包括注册、认证、告知、存档与奖励五项交流系统必须执行的功能。注册即确定科学发现与成果的优先权,认证是利用质量评价与相关标准进行已注册的成果检验和价值确定,告知使科研工作者得以了解最新的学科动态与领域趋势,存档是长期保存科学记录以供未来使用,奖励即根据学术贡献给予相应荣誉。数字化网络环境下,范·德·苏佩尔(Van de Sompel)将传统公认的五大功能与数字技术和开放科学理念相融合,结合电子预印本库在原有功能上进行更新与定义。DART项目在原有功能节点上增加了研究与标注。徐丽芳[2]指出在现有信息技术条件下,传统功能边界已逐渐模糊,但王琳[3]认为个体贡献不能够取代机构职能。

通过国内外的研究检索,可以认为科学交流的其他功能,主要为科学成果的形成与发表、学术成果再利用渠道的提供、学术信息的共享以及学术思想的扩散与碰撞。明圭洛(Minguillo)[4]认为科学交流系统能够使学者生产创新成果;阿桑特(Assante)等[5]类似定义了数字时代研究结果的评估,并指出了与传统书目文摘及索引不同的数字形式的研究成果利用。通过科学交流,能够打破时空的限制,挖掘有利于客户群的信息知识,实现学术信息的传播与共享。最后,学术信息的传递最重要的是其中抽象的科研思想的扩散。每一次的交流环节都是学术思想的包装与碰撞的过程。

(二) 作用

1. 学术内部环境

科学交流对于学术内部环境的效力首先体现在信息增值的实现上。希

---

[1] Roosendaal, H. E. and Geurts, P., "Forces and Functions in Scientific Communication: An Analysis of Their Interplay", *Cooperative Research Information Systems in Physics*, 1997, pp. 31–97.

[2] 徐丽芳:《科学交流系统的要素、结构、功能及其演进》,《图书情报知识》2008年第6期。

[3] 王琳:《网络环境下科学信息交流模式的栈理论研究》,《图书情报知识》2004年第1期。

[4] Minguillo, D., "Toward a New Way of Mapping Scientific Fields: Authors' Competence for Publishing in Scholarly Journals", *Journal of the American Society for Information Science and Technology*, Vol. 61, No. 4, 2010, pp. 772–786.

[5] Assante, M., Candela, L., Castelli, D., et al., "Science 2.0 Repositories: Time for a Change in Scholarly Communication", *D-Lib Magazine*, Vol. 21, No. 1/2, 2015, pp. 1–14.

尔(Hill)[①]认为科学交流能够为科研人员的观点创造价值;伯纳尔(Bernal)[②]提出科学交流通过在科学家之间传递学术数据,能够提升科学劳动的效率;张怀刚等[③]基于交流后的技术及时更新进步,指出其对于优化科研成果的贡献性;杨征[④]阐述了学术交流活动对思考的深化及对新理论、新发现的促进作用。

此外,克莱恩-加贝(Klain-Gabbay)等[⑤]认为科学交流能够推动学科领域内研究实践文化的形成。邱均平等[⑥]通过研究作者合作现象论证了交流系统对扩大科研成果的学术影响力的关键作用。肖宏、马彪[⑦]、郑存库[⑧]着重研究学科领域,发现科学交流能够有效促进单个学科领域的建设与前进,更能帮助学科间的交叉融合与渗透。此外,王志标认为科学交流能够推动作者、机构、国家之间建立合作关系,从而提升整体科研学术水平。最后,南宁市科学技术局[⑨]等的科学研究表明,科学交流对于人才的识别、培养、引进等过程有着显著的作用与意义。

2. 社会

科学交流对社会产生的重要影响力主要表现在其结构本身的作用及其成果的作用。首先,科学交流结构能够在一定程度上反映社会发展的特征与现状。《信息环境下的学术交流》认为学术交流参与人员的构成能够反映两方面的事实。一方面,通过科研人员的参与人数、分布学科与身份构成,能够判断该学术交流在社会中的影响力大小,即话语的权威程度;另一方面,通过普通公众的参与程度,能够反映学术成果与社会的结合程度,即公众的覆盖面与传播度。

[①] Hill, S.A., "Making the Future of Scholarly Communications", *Learned Publishing*, Vol. 29, 2016, pp. 366 - 370.

[②] Bernal, J. D., "The Social Function of Science", *The Social Function of Science*, 1939.

[③] 张怀刚、张波:《学术交流在科研工作和人才培养中的地位与作用》,《青海农林科技》2005年第2期。

[④] 杨征:《学术交流有力促进高校科学发展》,《科技管理研究》2011年第1期。

[⑤] Klain-Gabbay, L. and Shoham, S., "Scholarly Communication and the Academic Library: Perceptions and Recent Developments", in *A Complex Systems Perspective of Communication from Cells to Societies*, London: IntechOpen, 2018, pp. 1 - 22.

[⑥] 邱均平、温芳芳:《作者合作程度与科研产出的相关性分析——基于"图书情报档案学"高产作者的计量分析》,《科技进步与对策》2011年第5期。

[⑦] 肖宏、马彪:《"互联网+"时代学术期刊的作用及发展前景》,《中国科技期刊研究》2015年第10期。

[⑧] 郑存库:《学术交流对地方高校科学研究的推动作用》,《科技管理研究》2005年第3期。

[⑨] 南宁市科学技术局:《加强国际科技合作 提升科技创新能力》,《广西经济》2018年第9期。

此外，科学交流是科研成果转化的重要途径，因此科学交流成果的作用得以体现。第一，表现在其为国家政策与战略部署提供的指导意见，是在纲领层面上，通过国家政策的扶持与推动，使学术成果迅速传播。第二，体现在各产业的发展，是立足于社会层面，通过将科学研究转化为经济效益，使其成为产业发展的前进动力，促进产学研的合作，带来创新价值。第三，付诸全体国民思想文化水平的提高，是着眼于个人层面，带动公众参与整个科学交流过程，提高整体国民科研素质，实现面向全社会传播的学术交流使命，最终提高国家整体的科研创新能力以及思想文化水平，由数量的堆叠转变为质量的飞跃。

四、开放科学背景下的科学交流

（一）开放科学的演化

顺应时代需求，科学交流催生出了开放科学背景，脱离了限于纸质的传统学术交流体系，逐渐迈向全新的、可溯源的、可公开的权限信息交流模式，承载了科学交流主体的美好愿景与期望。然而开放科学并非一日之功，需要通过一次次的科学开放改革而逐步实现科学交流的改变与递进。

1. 开放获取（OA）

首先兴起的是略显稚嫩但跨出了第一步的开放获取运动。随着愈来愈多的个体认识到开放获取在学术成果传播中发挥的攻坚作用，一场自由科学运动于20世纪90年代悄然发生并迅速蔓延。开放存取机制[1]能够通过机构数据库的建立，集成各种学术信息资源并供科研人员便捷地自取所需。傅蓉[2]将开放存取资源分为开放存取期刊与自存档资源。前者指在互联网上公开出版的、不设限制的、对任何用户免费的文章服务，所有文章均为经同行评议后的高质量电子文档；后者指作者群体将其论文以电子文档形式存放于相关机构的数据仓库中，更强调作者的主观性。

通过开放获取，能够改变原有的知识付费模式，极大程度上缩短学术成果的发布时间。开放获取的重要实现渠道有学科知识库、机构知识库或学术博客等。

然而，开放获取存在的部分问题导致其后续的演化与变革。首先，机构于论文购买中付出了昂贵的费用而出版商却从中获益，是利益各方不平等的欠和谐状态。其次，科学知识的质量在网络非正式交流中的控制程度较

---

[1] 李春旺：《网络环境下学术信息的开放存取》，《中国图书馆学报》2005年第1期。
[2] 傅蓉：《开放存取期刊及其影响分析》，《图书馆论坛》2007年第4期。

差,受到不少质疑且甄别成本增加。更为关键的是读者于开放获取期刊中仅能收获研究成果,而对过程中的各类研究数据无从获取,即数据仍具有不透明性。由此,开放获取作为开放运动的先行者,奠定了关键的理论基础,影响了这场时至今日的自由革命。

2. 开放数据(OD)

开放数据产生源于开放获取在数据上的局限性,因而被定义为能够被任何人获得、使用并分享的数据。国际开放知识组织界定了广义的开放数据,上至政府下至个人,一应俱全。其重要的三个特征为可用性与可访问性、重复使用与分配、普遍参与。

对于开放数据的研究,国际上诸多国家与政府搭建了相关的开放数据网站对公众开放,由此掀起开放数据运动浪潮。经济合作与发展组织(OECD)联合所有会员国签订了有关开放资料的共同声明与系列原则及约定,旨在维持开放数据的和谐与平衡。诸多联盟机构如英国的数据通信公司(Data and Communications Company, DCC)、《自然》出版集团、谷歌太空望远镜[1]等无一不成立专业数据监护部门以管理和分析开放数据。就我国而言,政府公开信息整合服务平台是国家层面构建的共建共享模式的开放数据平台;中国科学院也建立起了响应号召的科学数据中心体系,包括总中心、学科中心和所级中心。

开放数据之于科学交流,首先是对开放获取期刊的补充,通过数据的支撑以提高学术信息的可靠性与准确性;其次,通过计算方式引用数据集,能够减少数据集更新时带来的数据混乱;最后,能够提高数据传播能力与数据集再利用的可能性。因此,开放数据接过了开放获取手中的接力棒,成为开放运动坚实的数据基础,全力奔向后来的开放科学。

3. 开放科学(OS)

开放科学是开放运动的现有模式,它从根本上改变了传统学术交流的方式,为科研人员的更大科研活动范围提供了可能。维基百科定义开放科学是让各社会阶层的人都能够接触到科学研究相关活动的一项运动。欧洲科学开放论坛网站发布的开放科学的共同目标,由科学共同体起草,覆盖了文献、工具、数据、基础设施等多方位。开放科学在开放数据的基础上,鼓励更多科研学者之外的普通群众参与科研过程,通过合作与分享机制,激发科研创新,从而加快科学进程。

---

[1] Tolle, K. M., Tansley, D. S. W., and Hey, A. J. G., "The Fourth Paradigm: Data-Intensive Scientific Discovery", *Proceedings of the IEEE*, Vol. 99, No. 8, 2011, pp. 1334 – 1337.

开放科学运动发展至今主要经历了萌芽、缓慢发展及快速发展三个阶段,现代正式的应用起源可追溯至1998年。我国的开放科学建设随着科技实力的提升已有了明确的实施导向,但相关实践仍处于实行初期,因此未来一段时间内的目标是形成系统完整的、适应我国社会背景与现实实力的开放科学总规划。国外对于开放科学的重视与发展领先于我国。美国立足于信息自由流动和充分共享的基本点,对信息政策的部署与执行较为先进,正式实行科学数据共享计划,重点建设基础数据库。欧洲核子研究中心(CERN)也在逐年实现开放科学的目标。

总结开放科学的相关研究,可以认为开放科学的主要特征包括开放、共享、免费与社会化。开放科学改变了学术交流的模式与速度,促进了知识的快速传播与更新。此外,开放科学消除了学术资源分布不均衡性造成的数字鸿沟;通过建立互惠的科研合作关系,能够推动跨学科、跨国界的大型科研合作交流;通过科学数据的出版,一定程度上扩大了期刊与科研人员的学术影响[1]等。因此,开放科学基于开放获取、开放数据的前提和基础,是未来全体科学交流主体的方向,其永远是一面旗帜,指向开放的理想与愿景。

(二)开放科学与科学交流的相互成就

1. 开放环境的前行

(1) 对传统科学交流的冲击

开放科学环境对传统科学交流体系带来了巨大的冲击。总体而言,开放科学对科学交流的作用为"集成科研核心资源、搭建科研动态联盟、激发创新科学思想"。对于交流模式来说,黄如花认为开放存取的重要特点在于开放性、交互性、及时性的"三高"。对于交流效率来说,主要体现在交流内容、速度与机会上。李金林等[2]认为其对科学发展起到了助推作用,为作者—用户的线性联结增添了互动沟通,同时提高论文引用指标,进而扩大科学影响。对于交流发展来说,开放环境下数据分析速度的增快容易激发新的研究思路,进而推动科研创新成为长期发展的战略核心。此外,劳伦斯(Lawrence)[3]发现开放环境能够提高学者与论文的学术影响力;李龙飞等[4]

---

[1] De Schutter, E., "Data Publishing and Scientific Journals: The Future of the Scientific Paper in a World of Shared Data", *Neuroinform*, Vol. 8, 2010, pp. 151-153.

[2] 李金林、张秋菊、冉伦:《开放存取对学术交流系统的影响分析》,《图书馆论坛》2013年第3期。

[3] Lawrence, S., "Free Online Availability Substantially Increases a Paper's Impact", *Nature*, Vol. 411, No. 6837, 2001, p. 521.

[4] 李龙飞、余厚强、尹梓涵、常梦里:《替代计量学视角下科学数据集价值的定量测度研究》,《情报理论与实践》2020年第9期。

利用替代计量学更新了原有的科学评价指标,由此为开放科学与在线科学交流的双向协调做了铺垫,最终实现其全面发展。

(2) 对科学交流各要素的改变

科学交流体系中,科学交流的主客体处于重要的地位,开放科学引起了其中各要素的相应改变。对于科研人员,开放科学使该群体能够便捷地获取科学资源、加速科研成果出版、增长学术影响力。夏莉霞等[①]认为开放环境赋予了科研作者与用户更多的权利,在交流过程中能够挣脱出版商的桎梏。对于图书馆与科研机构,张晓蒙等[②]提出开放存取缓解了部分资金压力,使得服务方式更为多元,增加了数据相关的知识服务等;孙希波[③]指出基于开放科学,各要素的学术影响力显著提高,且机构间的交流往来也愈加密切。对出版商,孙希波阐明了其科学交流地位的不断削弱以及竞争压力的增大,夏莉霞也指出出版市场的主体日趋多元化且学术出版物的价格逐渐下降。

2. 科学交流的迈进

(1) 交流系统

开放环境影响科学交流的同时,科学交流对于开放科学的反作用也不容忽视。数据方面包括搜集、存储与获取,学术交流系统的信息数据通过规范化格式存储,对所有群体实行开放存取,因此在允许范围内用户能够自由读取及使用该信息数据。完善的搜索机制通过标记链接相关内容,具有数据信息的关联性与可追溯性,从而使得用户遵循最省力原则,准确获取需求资源。知识平台的建设是开放科学的关键基础,通过融合传统学术交流与新型学术交流体系,结合我国的实际政治与社会环境,中国科学院致力于打造强有力的科技论文预发布平台(ChinaXiv),构建高端学术交流平台;陈士俊等[④]指出科研合作的重要性,旨在建立动态科研合作联盟,它同时是学者间思想流通与共享、探讨与质疑的平台。

(2) 国家政策

国家政策始终将科学交流系统的建设置于前沿地位,包括数据共享法律与基础设施建设。数据共享法律作为政策基础,能够加快开放科学的前进脚步并充盈我国开放科学事业的上升士气。基础设施建设是从始至终需

---

① 夏莉霞、方卿:《论开放存取对学术交流的影响(三)——基于学术出版机构视角的分析》,《信息资源管理学报》2011年第3期。
② 张晓蒙、方卿:《论开放存取对学术交流的影响(二)——基于图书情报机构视角的分析》,《信息资源管理学报》2011年第1期。
③ 孙希波:《开放存取对学术交流系统的影响》,《现代情报》2009年第10期。
④ 陈士俊、夏青、李凯:《学术交流中的知识转移》,《北京理工大学学报(社会科学版)》2009年第1期。

要重视的关键因素,在我国尚缺乏相关长期规划方案的现实下,尽快弥补不足,制定统一标准,模仿参照国际范例并迅速与之接轨,成为我国现阶段需要重点解决的首要问题。

(三)开放科学交流机制的现存问题

在实现开放科学的过程中,虽然科学交流机制得到优化与发展,但现阶段仍存在一些问题使得政策的推进受到阻碍。首先,由于开放获取资源的出版以"作者付费出版"模式为主,即作者承担出版费用并放弃稿费,从而保证社会公众可以公开获取或使用学术成果,这在无形中增加了科研作者的经济压力①。此外,现阶段激励科研人员实行的学术机制并不完善,开放科学的参与不但需要付出额外的精力与财力,而且无法在学术发展方面获取相应的奖励回报②。同时,基于传统文献计量的科学评价方式也无法将这一行为纳入学者的学术贡献之中,致使科研人员对于推进开放科学的积极性不足。

因而,为了保证开放科学的推广不受制约,加快恢复科学交流"开放、共享"的本质,应当从国家政策出发,化解科研主体对于开放获取的担忧。通过构建面向科学交流全过程的综合价值评价体系③,可以将主体对于开放科学的推动视为其学术贡献之一,并以此给予其在科研资金、学术发展、科学影响力等多个方面的激励反馈,从而提升主体参与开放科学交流的能动性。除了文献的开放获取,还需重视开放数据、开放重复可研究资源的推进并建设相关平台,为科研人员提供学术数据的运营和相关服务④。此外,开放科学的可持续推进离不开对于学术主体知识产权的保障。建立诚信和谐、开放共享的学术环境既要规范学术引用的行为和标准,还要建立相关资源体系,严格检测抄袭、非正规引用等学术欺骗行为,进而充分认知并保护优先出版的权益。

(四)科学主体的科研精神

总体而言,开放科学是全体公众都可以接触到科学研究相关资料、成果以及仪器等的社会愿景,其形成路径与科学交流过程息息相关。因而,为了尽可能达成这一理想以推动社会进步与经济建设,科学交流应该是为了开

---

① 刘烜贞、陈静:《开放获取期刊出版费及其对学术交流的影响》,《中国科技期刊研究》2015年第12期。
② 陈晓峰、可天浩、施其明、刘琦:《开放科学:概况、问题与出路》,《中国传媒科技》2019年第1期。
③ 赵艳枝、龚晓林:《从开放获取到开放科学:概念、关系、壁垒及对策》,《图书馆学研究》2016年第5期。
④ 陆成宽:《推进开放科学运动 构建高端学术交流平台》,《科技日报》2021年11月22日。

放科学的实现而存在,而科学主体则应该共同推进体系建设与改革,并坚持以科学精神作为指导,开展科学交流活动。

对于科研工作者而言,默顿曾提出科学精神的四项制度性原则,囊括普遍主义、共有主义、无私利性以及有条理的怀疑主义[1],而这四项原则在开放科学背景下依旧成立,并成为实现开放科学路径中不可缺少的要素。其中,普遍主义是科学精神的理论基础,认为科学知识是客观、普遍存在的,不会随着科研主体的迁移发生改变。基于这一客观事实,其他三项原则提出任何科学发现都需要经过重复验证以说明结果的客观性,且所有科学知识与发现都是社会的产物,不归任何机构组织或个人所有。因而学者在科学交流过程中不但要完全公开自己的成果(共有主义),且要保证成果的可检查性以及引用规范性(无私利性),并对未成为事实的科学理论持怀疑态度并进行验证(有条理的怀疑主义)。在大数据背景下,科研主体应当将科学精神贯穿于科学交流的整个过程,并充分利用网络化、数字化环境带来的便利以最终实现开放科学。

除此以外,机构、图书馆等其余科学主体及社会组织也应当共同参与实现开放科学的进程,从提高科学素养、弘扬科学精神与构建优化开放科学交流体系及基础设施三个角度推动实现科学知识全民化。媒体与科技传播中心等信息传播平台应当承担科学推广和宣传的职责[2],通过弘扬科学精神引导科研人员形成大科学观,向公众开展科普活动,激发公众的科学热情并提升其科学素养,从而将公众纳入开放科学的参与主体中。与此同时,图书馆等相关机构进行体系建设也应该与科研人员一样秉持科学精神:一方面不能使用强制转让版权等手段阻碍科学知识的开放传播[3];另一方面应该从自身的学术属性出发,鼓励相关人员实现学术成果及相关资料的公开化与透明化[4]。

五、复杂网络环境中的科学交流

由于科学发展具有连续性、继承性与累积性,学术主体在开展科研活动时往往会与其他主体交流从而形成知识的流动,进而激发新思想、新看法的

---

[1] 凌昀:《开放科学伦理精神研究》,硕士学位论文,湖南师范大学,2018年。
[2] 《全民科学素质行动规划纲要(2021—2035年)》,http://www.xinhuanet.com/politics/2021-07/09/c_1127639895.htm。
[3] 丁大尉、胡志强:《网络环境下的开放获取知识共享机制——基于科学社会学视角的分析》,《科学学研究》2016年第10期。
[4] 刘益东:《从同行承认到规范推荐——开放评价引发的开放科学革命与人才制度革命》,《北京师范大学学报(社会科学版)》2020年第4期。

诞生。在此过程中,大量知识载体因主体的交互行为而相互连接,共同形成了科学交流所处的复杂网络环境,其中知识载体囊括关键词、文献以及科研人员。

复杂网络在现实中普遍存在[1],与规则网络、随机网络不同,其节点与边满足小世界、无标度两大基本统计特征。其中小世界特征指的是网络内节点具有短平均距离和高聚类系数[2],在知识载体网络中具体表现为节点间的普遍关联性与高度联动性[3]。而无标度特征则指由于节点的模块化增长以及对于重要节点的优先选择,节点的度服从幂律分布[4]。这一特征与普赖斯(Price)在基于引用行为形成的网络模型中所发现的"增长和累计优势"机制一致[5],即随着复杂网络的演化,每个节点与新增节点建立连接的机会并不相等,那些度较大的节点相对更容易获取新连接,而这些节点的度也会因此不断累积,形成"富者愈富"的局面。

知识载体网络按照交互行为的不同可分为三类,分别为基于引用、共现以及链接行为形成的网络结构,其中前二者按照载体的不同可再分为引文网络、作者引用网络、作者合作网络、合作网络以及词共现网络等,目前已有大量学者通过实证研究证明这些网络具有小世界、无标度的特征[6],属于有向复杂网络的范畴。而链接行为则建立于互联网之上,表现为学术主体之间所形成的下载、点赞、评论等交互行为,亦具有小世界、无标度等复杂网络的基本特征[7]。此外,由于学术主体以及其之间的交互行为会不断发生改变,这一变化在网络中表现为节点或边的出现或消失,知识载体网络也会随之演化,具有动态性。

由此,复杂网络环境下的科学交流可被视为知识沿着网状路径向学者、机构等学术主体流动的过程,其中网状路径为合作网络、引文网络等复杂网

---

[1] Newman, M. E. J., "The Structure and Function of Complex Networks", *Siam Review*, 2003.
[2] Watts, D. J. and Strogatz, S. H., "Collective Dynamics of 'Small-World' Networks", *Nature*, Vol. 393, No. 6684, 1998, pp. 440–442.
[3] 刘向、马费成、王晓光:《知识网络的结构及过程模型》,《系统工程理论与实践》2013年第7期。
[4] Albert, R. and Barabási, A. L., "Statistical Mechanics of Complex Networks", *Reviews of Modern Physics*, Vol. 74, No. 1, 2002, p. 47.
[5] Price, D. J. D. S., "Networks of Scientific Papers: The Pattern of Bibliographic References Indicates the Nature of the Scientific Research Front", *Science*, Vol. 149, No. 3683, 1965, pp. 510–515.
[6] 王旻霞、赵丙军:《中国图书情报学跨学科知识交流特征研究——基于CCD数据库的分析》,《情报理论与实践》2015年第5期。
[7] 杨瑞仙、张梦君:《作者学术关系研究进展》,《图书情报工作》2016年第13期。

络形态。基于无标度特性,科学交流中不同个体在科学交流过程中产生交互的频数与频率存在差异。在知识载体网络中,与其他个体连接紧密的个体被视为中心节点,其在科学交流过程中极大促进了知识的传播与扩散[1],且往往具有更大的学术影响力[2]。以学者间的合作网络为例,作为中心节点的核心学者能够为先前无关联的学者打通交流渠道,对相关学科的发展起着带头作用[3]。此外,稀疏合作网络的核心学者在网络演化过程中具有更高的选择权,可以选择更有利于其自身发展的科研人员作为其合作者[4],从而进一步扩大其学术影响力。在科学交流过程中,政府及相关学术机构应当重视对于网络中核心学者的发现机制,并通过相应激励机制提升其开展学术活动的积极性,以维持其在复杂网络中的稳定性,进而推动科学发展与进步。与此同时,核心学者也应当充分发挥其所处位置所拥有的价值,通过开展学术活动促进学科内的知识流通,促进思想的碰撞与诞生,在相关领域的发展中起到引领、带头的作用[5]。除中心节点外,知识载体网络在科学交流过程中还存在多个凝聚子群,其中子群内部的节点具有较高的聚集性,而不同子群之间连接相对稀疏[6]。从其演化机制来看,其形成原因是部分节点首先相互连接形成小网络,而后这些小网络再相互关联,共同构成复杂大网络,体现出复杂网络的层次性[7]。在科学交流背景下,凝聚子群往往代表了学术思想与观点相近的学者所构成的学术派系,其存在反映了学科领域内学术派系间存在知识流动,且该领域在不同学术团体的共同推动下有了发展与演化。

随着数字化技术与互联网的出现,科研环境发生了改变,而复杂网络环境中的科学交流模式也在结构上随之发生变化。在以纸质文献作为交流客体的传统环境中,科学交流以线性的形式存在,学者间的引用、合作都基于

---

[1] 李林、李秀霞、刘超、赵思喆:《知识扩散对国际联合研究和学科融合的影响——以 ISLS 和 Communication 为例》,《情报杂志》2018 年第 1 期。
[2] Gates, A. J., Ke, Q., Varol, O., et al., "Nature's Reach: Narrow Work has Broad Impact", Nature, Vol. 575, 2019, pp. 32–34.
[3] 李小龙、张海玲、刘洋:《基于动态网络分析的中国高绩效科研合作网络共性特征研究》,《科技管理研究》2020 年第 7 期。
[4] 邵瑞华、张和伟:《基于合著论文和引文视角的学术交流模式研究——以图书情报学为例》,《情报杂志》2015 年第 12 期。
[5] 吕文婷:《中国档案学学术群体共被引网络探析》,《档案学研究》2018 年第 2 期。
[6] 岳丽欣、周晓英、刘自强:《科学知识网络扩散中的社区扩张与收敛模式特征分析——以医疗健康信息领域为例》,《图书情报工作》2020 年第 14 期。
[7] 陈果、赵以昕:《多因素驱动下的领域知识网络演化模型:跟风、守旧与创新》,《情报学报》2020 年第 1 期。

学术主体间的直接交流①,且学术交流体系中由各机构提供的功能相对独立,只有当前一个功能被实现后才可执行下一个功能。互联网及开放获取机制的出现打破了这一局面,使得科学交流模式向网状结构转变。新环境下科研人员通过在线学术资源库等平台获取学术成果,并通过学术博客等平台以非正式的形式交流学术思想,同时科学交流系统中的各个功能得以进一步整合②,这使得信息不再通过发布者到接收者的单向路径传播,而是经由超链接等工具形成动态的多路径网状结构交流模式。与传统的线性交流模式相比,新环境下的开放性吸引了大量学术主体广泛加入,使得学术主体由知识的被动接收者向学术成果的自由获取者转变。此外,邹儒楠等指出数字环境下非正式交流所形成的复杂网络内中心学者的数量增加,且其聚集性有所降低,更利于知识的流动。但与此同时,由于非正式交流中所涉及的信息没有经过第三方评议,网状结构内冗余信息大大增加,降低了科学交流的质量。

第三节 学术大数据

随着互联网的建设以及计算机等便携设备的普及,全球数据规模正爆炸式增长,人类社会也随之迈入"大数据"时代。与传统数据集相比,由海量数据构成的"大数据"无法使用传统的软件、计算工具等在有限的时间内进行数据的获取、分析、处理与存储③,导致科学家与科研人员在沿用原有的研究方法时经常遭遇限制,无法进一步开展科学研究。与此同时,科学界在原有三大范式的基础上提出了以数据为导向的"第四范式",即数据密集型科学范式,从事物之间的因果关系转向对于相关关系的关注。近年来,随着云计算、深度学习等技术的进步,"大数据"的应用领域不断开阔,逐步渗透至大众日常生活的各个领域之中。

相似地,数据的爆炸式增长亦发生于科研领域内。随着科研合作的密集化、信息网络的复杂化、在线交流体系的推广以及科学交流主、客体相关

---

① 李白杨、杨瑞仙:《基于 Web2.0 环境的知识交流模式研究》,《图书馆学研究》2015 年第 17 期。
② 中国科协学会学术部:《学术交流质量与科技研发创新研究》,中国科学技术出版社 2009 年版。
③ Snijders, C., Matzat, U., and Reips, U. D., "'Big Data': Big Gaps of Knowledge in the Field of Internet Science", *International Journal of Internet Science*, Vol. 7, No. 1, 2012, pp. 1 – 5.

数据规模的高速扩张,学术社会也正步入属于自己的"大数据"时代。然而,随之而来的是基于概率统计的原有数据挖掘体系已无法应对海量的异构数据规模以及数据存储、有效信息提取等挑战[1],同时在此基础上形成的信息服务也无法为用户提供个性化的支持。因而将"大数据"这一概念引入学术领域有其必要性,对于学术数据的大规模分析也势必有利于推进科学交流内部模式的优化以及各学科的进一步发展。

一、学术大数据的内涵与特征

学术大数据贯穿于整个科学交流过程之中,其随着学术成果的产生、科研合作的开展以及用户对于信息资源的查阅与使用而在各学术平台不断生成,以各种不同的形式普遍存在。从构成形式来看,学术大数据既包括丰富的科学实体(如学者、机构、期刊、学术文献及会议等)及其相关信息与元数据(如学者基本信息、社交信息、标题、摘要、出版物的发行和数量等),还包括实体之间合作、引用等学术网络信息[2]以及用户在使用科学交流系统中所产生的海量衍生数据(如浏览、下载、评价等)。

与学术大数据类似,学术数据、科学数据亦是在科学交流中产生的相关概念,而其三者却在产生机制、数据规模以及构成等方面存在差异。作为传播知识的载体,学术数据在经过处理、组织与存储后可以反映领域内某一特定知识的具体内容[3],从而进一步满足科研人员与公众的知识需求[4],是构成学术大数据的一部分。此外,由于学术数据相比于学术大数据结构化程度更高,其在科学交流中通常被科研人员直接引用,且使用成本相对较低。而科学数据则是人们在科学研究与社会生产过程中所产生的相关基本数据、资料以及所加工的产品等,通常作为科学研究的数据起点,为相关理论、规律的发现提供数据支撑。随着语义标识、元数据以及数据关联等技术的发展,科学数据与学术实体之间可形成有效关联,从而提高相关资源的获取效率。其二者相比于学术大数据而言规模更小,通常以有边界的数据集形式存在,而学术大数据却随着科学交流的开展不断更新、数据量持续攀升,

---

[1] Khan, S., Liu, X., Shakil, K. A., et al., "A Survey on Scholarly Data: From Big Data Perspective", *Information Processing & Management*, Vol. 53, No. 4, 2017, pp. 923–944.

[2] Xia, F., Wang, W., Bekele, T. M., et al., "Big Scholarly Data: A Survey", *IEEE Transactions on Big Data*, Vol. 3, No. 1, 2017, pp. 18–35.

[3] 楼雯、张鸢飞:《信息处理视角下学术数据在科学交流中的运动机制分析》,《现代情报》2022年第2期。

[4] 王晓笛、李广建:《基于新闻信息抽取的人文社科非正式科学交流研究》,《图书与情报》2018年第2期。

不受规模边界的限制。

目前而言,学术大数据的数据来源主要包括以下四类。第一类,电子图书馆与学术数据库。诸如中国知网、万方数据库以及科睿唯安(Web of Science, WoS)等数据知识服务平台存储了大量学术成果及其元数据,涉及论文、学术会议、书籍以及专利等多种学术成果。在存储学术成果之余,多数数据库也为用户提供各类信息服务支持,其中文献搜索引擎不仅为信息使用者创造便捷的检索方式,也为用户行为数据的获取提供了途径,使用接口或爬虫技术即可获取用户检索与利用文献时产生的海量数据。第二类,期刊与机构的开放平台。随着互联网技术和开放科学思想的普及,许多学术期刊以及机构设立了各自的网络平台,平台内承载了大量支持开放获取的科研成果以及与自身相关的科研项目公示信息,如项目实施方案、评审专家名单等文件。除此以外,一些机构平台还公布了与其他机构合作交流的相关信息,丰富了机构、学者之间的学术网络信息。第三类,基于众包的数据资源。维基百科、百度百科等基于众包的数据资源正不断兴起,科研人员以及大众都可以随时进行相关词条的编辑与构建,具有较高的灵活性,构建时对于相关文献的引用以及词条之间的链接等也是学术大数据中不可或缺的一部分。然而,基于众包的数据资源没有经过同行评议等第三方审核,存在信息质量参差不齐的特征,因而在采集时需要进行更为细致的信息处理[1]。第四类,科研人员的个人主页。目前,学术博客、社交软件等平台已成为非正式交流的重要渠道,科研人员在这些平台发布与学术研究相关的看法与观点,并通过转发、评论等方式与其他学者以及大众进行探讨,形成科学交流的传播链[2],由此提供了海量学术网络信息。此外,科研人员还可能在个人主页内公布与自身相关的个人简介和教育经历等信息,补充了学者实体在学术领域之外的个人信息。

学者们曾提出大数据具有5V特征,分别是大规模性(Volume)、强动态性(Velocity)、种类和来源多样化(Variety)、真实性(Veracity)以及价值性(Value)[3]。而作为大数据在科学交流领域的延伸,学术大数据同样具备这些基本特征。随着科学交流的不断发生,科学成果、学术合作以及信息资源

---

[1] 梁英、张伟、余知栋、史红周:《学术大数据技术在科技管理过程中的应用》,《大数据》2019年第5期。

[2] 徐呈呈、徐杰杰、李健:《从非正式交流中识别领域研究热点的适用性探索——以科学网博客为例》,《情报探索》2019年第5期。

[3] Demchenko, Y., Grosso, P., De Laat, C., et al., "Addressing Big Data Issues in Scientific Data Infrastructure", in *2013 International Conference on Collaboration Technologies and Systems (CTS)*, IEEE, 2013, pp. 48-55.

的利用也不断随之产生,由此产生的学术数据的规模不断扩张。从学术出版物来看,截至 2022 年 2 月 9 日 5 时 38 分,计算机科学数据库(DataBase Systems and Logic Programming,DBLP)作为存储计算机领域内学术成果的数据库,已保存不同类型的出版物共 598.868 6 万件,其中期刊论文共 239.15 万件,会议记录共 297.92 万件。与此同时,科研人员群体也正不断壮大。据统计,中国 R&D(研究与试验发展)人员数量正以每年 7% 的增速持续增加,截至 2020 年,总数已达到约 509.2 万人。除学术实体及其相关信息以外,其数据规模还体现在用户使用在线科学交流体系所产生的海量非结构化行为数据,进一步扩充了学术大数据的数据量,且传统的软件系统无法在有限的时间内实现相应分析与处理。从更新速度来看,随着学术主体不断开展科研活动,学术大数据中的数据也随之动态演化,其变化方向主要体现在学术实体的增减、学术实体间关系的变化以及实体相关信息的动态变更等方面。

学术大数据的采集可来源于学术数据库、开放站点以及社交网站等,采集的数据以多种形式存在,囊括日志文件、文档、视频、图片等多种类型,形成了多元异构的特征。因而在利用学术大数据前,需要对这些海量数据进行数据集成、信息提取以及预处理,以确保后续数据兼具准确性、覆盖性以及可伸缩性,使计算以及存储的成本最小化,提高数据挖掘的效率与效益。

学术大数据多来源于数据库中已经过审核的学术实体及其相关元数据,具有较高的准确性;而行为数据多由信息用户的实际操作产生,与现实世界的行为息息相关,体现了学术大数据较强的客观性。基于其可依赖程度,虽然学术大数据的价值密度较低,但经过相应的数据挖掘技术以及与相关业务逻辑的结合,可以充分发挥其数据价值,实现学术评价[1]、学科发展趋势预测[2]以及学术推荐系统[3]等应用,激发随机样本数据所不具有的前瞻性与洞察力。

除大数据所具有的 5V 特征以外,学术大数据还呈现出高冗余性的特

---

[1] Rathore, M. M. U., Gul, M. J. J., Paul, A., et al., "Multilevel Graph-Based Decision Making in Big Scholarly Data: An Approach to Identify Expert Reviewer, Finding Quality Impact Factor, Ranking Journals and Research", *IEEE Transactions on Emerging Topics in Computing*, Vol. 9, No. 1, 2021, pp. 280–292.

[2] Ponomarev, I. V., Williams, D. E., Hackett, C. J., et al., "Predicting Highly Cited Papers: A Method for Early Detection of Candidate Breakthroughs", *Technological Forecasting and Social Change*, Vol. 81, 2014, pp. 49–55.

[3] Kong, X., Jiang, H., Yang, Z., et al., "Exploiting Publication Contents and Collaboration Networks for Collaborator Recommendation", *PloS One*, Vol. 11, No. 2, 2016.

点。对于不同机构学者的合著论文而言,同一学术成果可能同时出现于不同机构的公开站点,造成了学术大数据中大量冗余数据的产生;而学术实体的重复同时会造成网络拓扑结构和相关信息的反复。据估计,论文检索网(CiteSeerX)截至2013年5月的推特相关数据集中共有235万份文件,而其中存在重复的文件约占45万份,整体占比较高,这对后续学术信息的提取与集成提出了更高的要求[1]。

二、学术大数据的功能与概况

与传统模式下小样本学术数据相比,学术大数据为科学交流的运行与发展提供了更新速度快、数据量大、更全面的数据基础。通过对于高覆盖性学术数据的分析,可以进一步挖掘学术实体、相关信息以及学术群组之间的关联,从价值较低的海量数据中提取有价值的信息。由此,在大数据模式下,研究人员更关注于事物之间的相关关系,对于学术数据的分析重心由基于统计方法的"描述性"规律揭示向具有"说明性""预测性"的模式发现转移[2],实现自底向上的规律抽取,从而形成回首过去、立足现在、展望未来的综合趋势分析。随着对于学术大数据研究的不断深入,其功能与应用逐渐得以拓展与利用,使得原有学术研究过程、科学评价机制以及科学交流环境等发生了改变,促进科学交流生态可持续和谐发展。

在学术研究过程中,掌握学科发展趋势使得科研人员能够了解所感兴趣的学科从过去到未来的研究热点,有利于开展高效科研工作并提高自身创新能力,而学术大数据恰好能从海量学术文档、引用记录等数据中挖掘相关历史规律与发展趋势,提供科学性参考。张(Zhang)等[3]基于信息系统领域内的学术文档关键词建立共现网络,并利用贪心聚类算法实现学科内热点主题的发现及热度测算。除词共线网络以外,知识元作为论文的基本组成单位同样可以分析学科的发展趋势,知识元之间的链接关系能够刻画知识的发展脉络,以及预测未来方向[4]。赵(Zhao)等[5]使用微软学术图谱

---

[1] Williams, K., Li, L., Khabsa, M., et al., "A Web Service for Scholarly Big Data Information Extraction", in *2014 IEEE International Conference on Web Services*, IEEE, 2014, pp. 105 – 112.

[2] 蔡翠红:《国际关系中的大数据变革及其挑战》,《世界经济与政治》2014年第5期。

[3] Zhang, Z. and Yu, L., "Academic Hot-Spot Analysis on Information System Based on the Co-term Network", PACIS, 2014.

[4] 李贺、杜杏叶:《基于知识元的学术论文内容创新性智能化评价研究》,《图书情报工作》2020年第1期。

[5] Zhao, J., Wu, H., Deng, F., et al., "Maximum Value Matters: Finding Hot Topics in Scholarly Fields", *arXiv preprint arXiv*, 2017.

(Open Academic Graph,OAG)中提供的开放学术数据集,从作者的科研评价、论文的引用数量以及主题邻居增长率等17个研究主题的相关属性出发,以实验的形式实现了对已存在主题的未来热度预测,但无法生成及判断未来可能出现的研究主题。

此外,随着科学交流逐渐朝着多元化、交叉化方向发展,科研人员逐渐更倾向于以学术合作的方式开展科学研究,实现思维碰撞以及资源共享。在学术大数据的加持下,传统模式下基于人际关系网络的合作行为正逐渐向数据驱动式转变,科研人员可以通过精准推荐系统寻找理想的合作者以及科研机构,并通过社会网络挖掘[1]、合作时间预测[2]等算法探索合作方的隐藏信息,建立最符合预期的合作关系。目前,精准推荐系统主要包括合作者推荐以及学术会议推荐,分别以直接与间接的形式帮助学者寻找适配的协作者。

随着科研人员的规模不断扩大、学科之间的交叉融合更为频繁,如何着手寻找领域内合适的协作者对于学者而言变得日渐困难。合作推荐系统为学者解决了传统模式下信息过载的问题,通过综合科研人员的社会及学术属性寻找适配度更高的学术合作关联。目前,基于学术大数据的合作者推荐研究主要从合作者的相似性、互补性以及价值性入手,探究合作行为的适配度。一方面,孔(Kong)等[3]从学者的学术属性切入,将学术成果的研究主题与学术网络结合,并通过基于随机游走算法的节点相似性形成推荐结果。张(Zhang)等[4]在此基础上融入了学者的社会属性,并应用图递归神经框架将学者嵌入社交网络模型中,从而为学者挖掘学术社交网络中潜在的朋友,促进科研人员在线上非正式交流过程中的学术探讨与思维碰撞。除学者之间的合作以外,袁成哲等[5]提取学者与科研机构的相关信息形成特征向量

---

[1] Wang, W., Liu, J., Xia, F., et al., "Shifu: Deep Learning Based Advisor-Advisee Relationship Mining in Scholarly Big Data", in *Proceedings of the 26th International Conference on World Wide Web Companion*, 2017, pp. 303–310.

[2] Wang, W., Cui, Z., Gao, T., et al., "Is Scientific Collaboration Sustainability Predictable", in *Proceedings of the 26th International Conference on World Wide Web Companion*, 2017, pp. 853–854.

[3] Kong, X., Jiang, H., Yang, Z., et al., "Exploiting Publication Contents and Collaboration Networks for Collaborator Recommendation", *PLoS One*, Vol. 11, No. 2, 2016.

[4] Zhang, C., Wu, X., Yan, W., et al., "Attribute-Aware Graph Recurrent Networks for Scholarly Friend Recommendation Based on Internet of Scholars in Scholarly Big Data", *IEEE Transactions on Industrial Informatics*, Vol. 16, No. 4, 2019, pp. 2707–2715.

[5] 袁成哲、曾碧卿、汤庸、王大豪、曾惠敏:《面向学术社交网络的多维度团队推荐模型》,《计算机科学与探索》2016年第2期。

计算二者相似度,并以此构建多维度潜在团队推荐模型,向学者推荐学术研究兴趣相似的科研团队。另一方面,杨(Yang)等[1]从学者间学术背景知识的互补性入手,提出基于启发式贪婪算法的合作者推荐模型,并在科研之友(ScholarMate)研究社区中实现应用。再者是从学者的价值性判断其成为高适配度合作者的可行性。姜会珍[2]结合学者影响力、合作社交网络以及合作增益效应预测其对于合作者可能产生的推进效用,帮助用户寻找最利于未来学术生涯发展的合作者。从学术合作的可持续性来看,王伟[3]将学者的各维度特征与画像模型相融合,分析各方面因素对于合作延续性的影响,采用会议闭包机制和量化方法推荐具有可持续发展性的合作学者。

除基于合作者推荐系统所产生的科学合作以外,合作行为还可能萌发于学术会议、专题讨论会等线下非正式交流活动中。这些学术活动不但为学者们提供了面对面研讨的线下场所,而且能够将具有相似研究兴趣的个体聚集并产生相互联系。然而,由于在参与学术会议之前缺少全面的先验信息,如参加者与演讲者的基本信息以及会议研究主题的发展趋势等,学者在多个同时进行的会议之间难以抉择。范(Pham)等[4]基于会议的基本信息(如会场位置、演讲主题流行度等)与参与者的学术网络信息推出文本感知移动推荐服务(Context-Aware Mobile Recommendation Services, CAMRS),通过移动通信设备向用户推荐其感兴趣的学术会议演讲,并支持会议中的场地导航服务。夏(Xia)等[5]通过计算与会者在社交关系以及个人性格等社会属性上的相似度,为未来可能展开学术合作的学者建立推荐机制,降低学者错过学术和社交机会的可能性。

与此同时,利用学术大数据所带来的变化还发生于科学评价之中。海量数据的应用对于传统评价造成了冲击,受到新评价对象以及评价方式等

---

[1] Yang, C., Ma, J., Liu, X., et al., "A Weighted Topic Model Enhanced Approach for Complementary Collaborator Recommendation", in *18th Pacific Asia Conference on Information Systems (PACIS) 2014*, Pacific Asia Conference on Information Systems, 2014.

[2] 姜会珍:《基于学术合作数据的合作者推荐》,硕士学位论文,大连理工大学,2017年。

[3] 王伟:《基于学术大数据的科学家合作行为分析与挖掘》,博士学位论文,大连理工大学,2018年。

[4] Pham, M. C., Kovachev, D., Cao, Y., et al., "Enhancing Academic Event Participation with Context-Aware and Social Recommendations", in *2012 IEEE/ACM International Conference on Advances in Social Networks Analysis and Mining*, IEEE, 2012, pp. 464 – 471.

[5] Xia, F., Asabere, N. Y., Liu, H., et al., "Socially Aware Conference Participant Recommendation with Personality Traits", *IEEE Systems Journal*, Vol. 11, No. 4, 2014, pp. 2255 – 2266.

的影响,科学评价正朝着客观化、可持续化以及全面化方向发展,并为大数据环境生成更具科学性的学术数据,形成相辅相成、相互促进的有利格局[1]。科学评价是基于对科学研究活动评价形成的开放系统,贯穿学术成果从开始研究到发表以及科学交流的各个环节[2],评价结果能够为各科学交流主体提供现实水平参考,并鼓励科研人员提高学术成果质量、实现科技创新,促进科学发展与社会进步。

在学术研究过程、科学交流受到学术大数据影响发生转变以前,科学评价受到传统模式的影响,正处于转型的瓶颈期,其所面临的问题主要体现在以下三个方面。

第一,评价结果的时滞性。

传统科学评价方式以基于文献计量的定量评价和基于同行评议制度的定性评价为主,但其二者皆无法对科学主体形成动态、即时的评价结果,存在一定的延迟性。以基于引文的评价指标为例,其在科研成果完成后需要经过发表、出版以及学者引用等各个环节,因而需要经过较长的时间周期,无法及时反映科研成果的价值性[3]。而对于经由同行评议出版的论文而言,其在正式出版以前需要经过较长的评议过程,从而延缓了论文的出版以及信息传播,使得科研人员当前学术评价结果存在偏差[4]。

第二,同行评议缺乏客观性。

一方面,随着学科不断向着交叉融合与细化发展,专家在选择时愈发困难[5]。在审议过程中,选择不完全契合本领域知识的专家会导致评议结果存在偏差,不利于学科发展与创新。另一方面,同行评议存在较强的主观性,任一评审专家无法对于领域内知识形成全面的了解[6],且学者之间可能存在偏见与知识认同上的差异[7],因而评价结果往往不够客观全面。

第三,现有定量评价指标存在缺陷。

科学评价作为一项价值认识活动,应对学术主体的价值形成全面判断,

---

[1] 邱均平、柴雯、马力:《大数据环境对科学评价的影响研究》,《情报学报》2017年第9期。
[2] 张松、刘成新、苌雨:《基于词频g指数的共词聚类关键词选取研究——以教育技术学硕士学位论文为例》,《现代教育技术》2013年第10期。
[3] 陈和:《替代计量学与传统计量学比较研究》,《中国教育网络》2015年第6期。
[4] Björk, B.C. and Solomon, D., "The Publishing Delay in Scholarly Peer-Reviewed Journals", Journal of Informetrics, Vol. 7, No. 4, 2013, pp. 914-923.
[5] 吴文成:《学术期刊出版中同行评议制度的不足及其改进》,《中国出版》2011年第18期。
[6] 刘国亮、王东、曲久龙:《科技论文网络发表学术质量控制系统构建研究》,《情报理论与实践》2010年第5期。
[7] Rennie, D., "Let's Make Peer Review Scientific", Nature, Vol. 535, No. 7610, 2016, pp. 31-33.

从而更全面、客观地对其学术表现做出评价①。传统模式下的定量评价指标建立于"被引量、发表量越高,科学主体的价值就越高"的假设之上,直接以数量的多少反映主体的价值,并以此评定所产生的科学影响力。这种"以量概质"的评价机制一则过分关注于数量的多少,使得指数膨胀效应②以及不规范引用行为③对于评估结果会造成较大偏差;二则科学评价应该面向科学交流的整个过程,综合评价学术成果的科技影响与社会影响。而该机制只考量了学术文献在传播时所产生的相关效应,忽略了其在产生与利用时可能受影响的各项因素以及创新性、经济社会效益等不可量化的指标。除此以外,对于学者而言,科学影响力的评估不应受限于学术文献之中,学术文献只是各类学术成果的一种表现形式,用定量指标进行评估会造成结果的片面性。与此同时,这种评价机制不但具有自身缺陷,还打破了学术社会内科学交流的良好"秩序",学者与机构产生"数量至上"的偏离认知,从而造成学科、期刊的两极化发展④,逐渐偏离学术本源。

然而,学术大数据为既有科学评价机制下存在的问题带来了新的解决方案,并推动其在新环境下的改革与发展。首先,学术大数据为评价活动提供了科学交流全过程的海量动态信息,在云计算等技术手段的加持下,可以构建综合性科学评价的实时反馈机制⑤,从而削弱传统出版模式下评价的时滞性。与此同时,由于学术大数据获取及计算的过程可以被实时记录,科学评价的结果皆可实现数据溯源,打破了传统模式下评价双方信息不对称的局面。

其次,学术大数据帮助同行评议环节解决既有机制下评议者主观偏差以及专家误择的问题,使得同行评议的结果更加客观。一方面,学术大数据中收录的大量学术文献及相关资料为学术诚信检测平台的建立提供了充足的数据,进而辅助评议专家审查论文中隐藏的错引、误引以及学术欺骗等行为。此外,学术大数据还支持以数据驱动的形式评估学术成果的创新性、价值性,并为同行评议机制提供定量化数据参考,克服同行评议机制下的主观偏差。另一方面,凭借数据挖掘及预测的相关算法,学术大数据可以帮助出

---

① Zeng, A. and Cimini, G., "Removing Spurious Interactions in Complex Networks", *Physical Review E*, Vol. 85, No. 3, 2012.
② 杨思洛:《引文分析存在的问题及其原因探究》,《中国图书馆学报》2011年第3期。
③ 楼雯、蔡蓁:《科学论文评价的涵义与方式研究综述》,《情报杂志》2021年第5期。
④ 杨英伦、杨红艳:《学术评价大数据之路的推进策略研究》,《情报理论与实践》2019年第5期。
⑤ Widén-Wulff, G., Ek, S., Ginman, M., et al., "Information Behaviour Meets Social Capital: A Conceptual Model", *Journal of Information Science*, Vol. 34, No. 3, 2008, pp. 346–355.

版社与科研机构综合多源数据指标并寻找合适的评议专家,从而给予学术文献最具专业性的评价。目前,专家推荐系统主要以社会网络分析与文本分析为主,前者通过 PageRank(网页排序)等算法在引文网络、合作网络中寻找重要节点作为专家的推荐人选,后者从学者的学术成果、非正式交流文本中挖掘其研究领域以及成果,从而为文献匹配主题相关的专家。拉菲伊(Rafiei)等[1]将二者结合,使用概念图计算学者与论文主题的相似度,同时结合在线社区社交网络确定学者的评分,从而寻找更具学术影响力的学者作为专家,最终形成具有更高精度的在线学术社区专家发现系统。

最后,学术大数据的形成对以文献计量为主的定量评价体系造成了冲击,补充了非正式出版的学术资料、在线学术交流活动等传统文献不包含的内容作为评价对象,并以多源异构的海量数据为基础形成学术个体的综合价值判断以及未来潜力预测[2],使得评价结果不再是静态、片面的数据,且能在一定程度上化解学科差异和数据操控的问题。学者们提出了以替代计量学为代表的一系列新型评价指标,旨在形成能够全面体现学术个体影响力的评价体系,作为传统定量评价的补充。其中,替代计量学最早由普利姆(Priem)提出,其以学术大数据中用户产生的海量衍生数据为基础,反映学者及学术成果于在线交流体系中被提及、评论的次数,从崭新的维度揭示反映学术个体的即时影响力[3]。此外,在线科学交流的客体不再受限于文本,替代计量将视频、数据集等多类型学术资料纳入评价范围[4],进而扩充了引文指标中未被考虑的其余学术成果的影响力。然而,一些学者提出现阶段的替代计量学仍存在一定的缺陷,无法完全替代文献计量学而存在,戴维斯(Davis)指出替代计量学内涵不够清晰,其所测算的是个体的关注度与流行度[5],仍然无法完全体现其学术价值。与此同时,替代计量学在一些学科中实际覆盖率较低,且由一系列不同性质的指标组成,从而具有异质性,因此其在现阶段仍无法完全弥补定量计量指标所存在的缺陷。

---

[1] Rafiei, M. and Kardan, A. A., "A Novel Method for Expert Finding in Online Communities Based on Concept Map and PageRank", *Human-Centric Computing and Information Sciences*, Vol. 5, No. 1, 2015, pp. 1–18.

[2] 柴英、马婧:《大数据时代学术期刊功能的变革》,《编辑之友》2014 年第 6 期。

[3] Priem, J., Groth, P., and Taraborelli, D., "The Altmetrics Collection", *PLoS One*, Vol. 7, No. 11, 2012.

[4] 付慧真、张琳、胡志刚、侯剑华、李江:《基础理论视角下的科研评价思考》,《情报资料工作》2020 年第 2 期。

[5] 刘春丽:《Altmetrics 指标在科研评价与管理方面的应用——争议、评论和评估》,《科学学与科学技术管理》2016 年第 6 期。

此外，学者们提出利用全文本分析的方式测算传统文本计量中无法量化的指标，涵盖作者贡献率、内容创新性等。王佳敏等[1]认为学术大数据经由自然语言处理以及文本挖掘后可以实现机器理解，从而对于文献内的引用、致谢等多个部分进行深层语义分析。其中，全文本引文分析借助结构化的全文数据，得出文献内对于参考文献的引用动机、引用强度以及引用情感，细化了既有机制下基于引用行为的科学评价，进而获得更为精准的评价结果[2]。而丁敬达等[3]则提出可以通过论文中的作者贡献说明测度同一文献中不同作者的贡献率，进一步明确每一位学者在学术成果中创造的价值，从而设置相应权重，提高科学评价的精确度。为了量化学术成果的创新性，学者们从创新点自动识别[4]以及知识元抽取两个角度实现学术文献的创新性评价，并已通过实验验证其可行性。

与基于静态、少量数据的文献计量评价机制不同，学术大数据能从日积月累的海量学术数据中搜寻学术个体特征与未来发展趋势间的相关关系，进而实现对于学术文献及科研人员未来潜力的预测。柯（Ke）等[5]认为"睡美人"现象在科研领域普遍存在，即存在部分论文在发表后未被学术界所重视，直至较长一段时间后才被大量引用，发挥其学术影响力。因而预测学术文献的影响力有助于从海量文献中识别未来可能具有参考价值的成果，进而减少"睡美人"现象发生的可能性，并为学科领域的未来发展提供参考[6]。与此同时，在学术大数据的影响下，对于学者的影响力预测由基于样本数据回归建模转向基于海量数据的智能化运算[7]，其不但能够将学者的多维属性纳入预测模型[8]，而且可以保障预测结果具有长期有效性[9]。

---

[1] 王佳敏、陆伟、刘家伟、程齐凯：《多层次融合的学术文本结构功能识别研究》，《图书情报工作》2019年第13期。

[2] 杨思洛、董嘉慧、刘华玮：《信息计量与科学评价：新时期、新需求、新发展——青年学者论坛综述》，《图书馆论坛》2021年第4期。

[3] 丁敬达、王新明：《基于作者贡献声明的合著者贡献率测度方法》，《图书情报工作》2019年第16期。

[4] 周海晨、郑德俊、郦天宇：《学术全文本的学术创新贡献识别探索》，《情报学报》2020年第8期。

[5] Ke, Q., Ferrara, E., Radicchi, F., et al., "Defining and Identifying Sleeping Beauties in Science", *Proceedings of the National Academy of Sciences*, Vol. 112, No. 24, 2015, pp. 7426-7431.

[6] 霍朝光、董克、魏瑞斌：《学术影响力预测研究进展述评》，《情报学报》2021年第7期。

[7] 夏琬钧、任鹏、陈晓红：《学者影响力预测研究综述》，《情报理论与实践》2020年第7期。

[8] Daud, A., Ahmad, M., Malik, M. S. I., et al., "Using Machine Learning Techniques for Rising Star Prediction in Co-Author Network", *Scientometrics*, Vol. 102, No. 2, 2015, pp. 1687-1711.

[9] Wu, Z., Lin, W., Liu, P., et al., "Predicting Long-Term Scientific Impact Based on Multi-Field Feature Extraction", *IEEE Access*, Vol. 7, 2019, pp. 51759-51770.

总体而言,学术大数据为既有评价机制带来了更多的评价对象,并从动态性、综合性等角度增强了评价结果的客观性,进而使科学评价进一步回归价值判断的本质。此外,依托机器学习等算法,原本无法被量化的指标能够通过细化粒度或模型学习等方式实现测算,而学术成果及科研人员的未来潜力也能得到相应的预测。

除学术研究过程与科学评价机制外,学术大数据同样影响了科学交流的环境。从宏观角度出发,学术大数据可以动态分析各地区的学术资源配置情况及创新能力发展趋势①,并能从关联计算出发预测政策实施可能带来的影响,为国家制定下一步科技发展战略及布局相关资源奠定数据基础、提供实践参考②。此外,由于学术大数据推动了科学评价机制的改革,评价结果不再单单以量进行计算,而是更趋于学术个体的价值判断,这使得"SCI(科学引文索引)至上"等不良学术风气得以进一步去除,并引导相关机构制定更加标准、规范的科研制度,促进科学交流回归本质。与此同时,基于多源学术大数据形成的学术评价还纳入了学者于在线交流体系中的各类行为,有助于解决当前科研人员对于推进开放科学积极性不足的问题,更好地推动科学交流体系向新环境、新发展迈进。邱均平等③曾指出,在学术大数据的影响下,对于具有客观性、科学性的评价结果的需求将不断激增,无形中推进了同时独立于政府及评价相关利益方的第三方评价机构发展。由此,政府及学术机构也将更少地参与科学评价活动,并转而向学术共同体、管理部门和评价机构三者并存的协调发展态势迈进④。

此外,图书馆、期刊出版商等相关机构也在新环境下迎来了新的发展机遇,在学术大数据的加持下,面向用户的个性化、精准化知识服务得以实现。其中,在对于海量学术数据进行集成、处理与存储后,学术检索系统能够帮助用户捕捉数据库中与检索词相关的所有内容。目前,随着文本分析不断向着细粒度发展,知识得以从文献中被挖掘、集成,使得文献内容逐步成为机器可理解的语言,进而促成语义检索功能融入搜索系统之中,帮助用户从

---

① 李亚君:《基于学术大数据的学术产出分布与区域经济分析研究》,硕士学位论文,西北师范大学,2020年。
② 杨建林、苏新宁:《人文社会科学学科创新力研究的现状与思路》,《情报理论与实践》2010年第2期。
③ 邱均平、王姗姗:《发挥第三方评价优势 助力科研评价改革》,《评价与管理》2020年第3期。
④ 朱剑:《大数据之于学术评价:机遇抑或陷阱?——兼论学术评价的"分裂"》,《中国青年社会科学》2015年第4期。

文本及文本下的学术观点中搜索更为精确、全面的结果①。此外,检索系统还支持为用户提供相关问题的解决方案②,并以学术地图的形式动态揭示学术数据之间的关联网络,协助用户厘清相关信息的发展脉络及相关关系③。除此以外,综合用户的学术信息、社交信息以及行为数据,可以塑造其学术画像并提供精准化的智能知识服务,涵盖出版物推荐、信息更新等,有助于学者把握领域内最新的相关动态④。与此同时,用户的学术画像为期刊同行评议的专家选择提供了参考依据,用以判断审稿人的学术影响力以及与论文相关领域的适配度,提升评议结果的客观性⑤。

综上所述,得益于学术大数据的基本特征以及大数据环境下的各类设备与算法,学术交流系统能够从多源数据中提取学术个体的特征与属性,并实现动态追踪,进而实现综合评价以及相关性推荐等功能。此外,与样本数据不同,大数据所提供的海量数据支持算法模型从历史数据中不断自我学习,并随着数据的更新不断完善,从而形成相比于回归建模更具长期有效性、准确性的预测。学术大数据的应用改变了既有模式下科学主体的状态,学者可以更高效地开展学术活动并收获更客观的评价结果,而学术机构及图书馆等迎来了新的发展机遇。科学主体在新环境下的变化使得科学交流环境向更规范化、标准化、细粒化的方向推进,同时进一步促进了学术生态的可持续发展。

三、本书学术大数据的构建

(一)主要数据源的构建

1. 数据获取

本书所涉及的学术大数据均使用 Python API(应用程序接口)从 WoS 进行获取。总的来说,就是通过 Python(派森)向 WoS 提交检索请求,从而反复导出所需文献数据,直到全部结果导出完毕。具体的获取步骤如下:

---

① Beel, J., Gipp, B., and Wilde, E., "Academic Search Engine Optimization (ASEO) Optimizing Scholarly Literature for Google Scholar & Co", *Journal of Scholarly Publishing*, Vol. 41, No. 2, 2010, pp. 176-190.
② Zhang, Y., Wang, M., Saberi, M., et al., "From Big Scholarly Data to Solution-Oriented Knowledge Repository", *Frontiers in Big Data*, 2019, p. 38.
③ 张晔、贾雨荨、博洛伊、王新兵:《AceMap 学术地图与 AceKG 学术知识图谱——学术数据可视化》,《上海交通大学学报》2018 年第 10 期。
④ 王雅娇、路佳、柯晓静:《学术画像在科技期刊中的应用研究》,《中国编辑》2021 年第 4 期。
⑤ 周洁:《利用大数据优化科技期刊出版流程的实践与思考》,《中国科技期刊研究》2018 年第 2 期。

（1）获取 SID

SID 是 WoS 用以辨识用户合法权限的标志，通过访问相关链接 http://www.webofknowledge.com/以直接获取 SID，需要注意的是，如果该用户为校外等无权限用户，SID 将不会在跳转后的 URL（统一资源定位符）中出现。

（2）获取已购数据库

在第一步的页面中，通过提取 ID 为 ss_showsuggestions 的元素内容以获取 SID 对应的已购数据库。

（3）向指定的 URL 提交检索请求

访问到指定 URL 后，通过 POST 方式提交表单，表单内容需要根据实际情况进行自动填充。

指定 URL：http://apps.webofknowledge.com/WOS_AdvancedSearch.do。

表单内容（部分）：

表 1-1-1 提交检索请求表单内容

字段（Key）	值（Value）	备注
Product	WoS	
Search_mode	AdvancedSearch	
SID	SID	
Action	Search	
Value（input1）		填入合法的高级检索式
Value（input2）		填入目标文献语言，空白即全部语言
Value（input3）		填入目标文献类型，空白即全部类型
Range	All	
startYear		检索文献起始年份
endYear		填入当前年份
Editions	当前 SID 所在机构已购数据库	以列表形式填入

（4）提取 QID

QID 同 SID 结合，以作为检索结果集合的唯一标志。在提交检索请求和表单后，如果检索式合法且表单无误，即可在 URL 中提取到所需的 QID。

（5）提取检索结果数

该步骤用以计算循环导出文献数据所需要的次数，该次数将在提交表单后直接跳转的页面中得到。

(6) 提取检索结果页面链接

在完成步骤(3)后,跳转的页面中可得到检索结果的页面链接。

(7) 循环提交导出请求

根据 WoS 的导出数量要求和步骤(5)获取的检索结果数,得到所需要的导出请求数,以修改表单内容。通常只需要修改表单中的检索起止点。

导出请求链接：http://apps.webofknowledge.com//OutboundService.do?action=go&&。

表单内容(部分)：

表 1-1-2 提交导出请求表单内容

字段(Key)	值(Value)	备注
Product	WoS	
Rurl		填写当前的 URL
QID	QID	
SID	SID	
Filters		导出字段选择
Mark_to	End	本批导出文章止点
Mark_from	Start	本批导出文章起点

(8) 提交表单

提交表单后,根据需要对 WoS 返回的文本类型结果进行重命名和保存。

按照上述步骤,本书共获取到近 2 600 万条检索结果。这些检索结果作为本书学术大数据的主要组成部分,涵盖了生命科学、生物医学、自然科学、社会科学、应用科学、艺术与人文等领域学科,以文本、图表等形式支撑本书对学术大数据的相关研究。

2. 数据价值

第一,本书所涉及的学术大数据尚未被广泛使用。该学术大数据集将帮助各领域学者充分探索科学交流和学术大数据的历史规律和发展趋势。

第二,这些数据将为科研人员在跨学科背景下进行创新型研究提供帮助。

第三,科研人员可以使用这些数据,在学科交叉融合的背景下,实现科学思维的碰撞以及学术资源的共享。

(二) 数据结构与组织

1. 数据结构

本书所使用的数据为学术大数据,其主体为文献检索结果,以单条数据为例,图 1-1-1 中展示了其构成结构。其中,多条数据直接通过学科、作者、关键词、主题等内容相关联,为科学交流与学术大数据的相关规律研究奠定了基础。

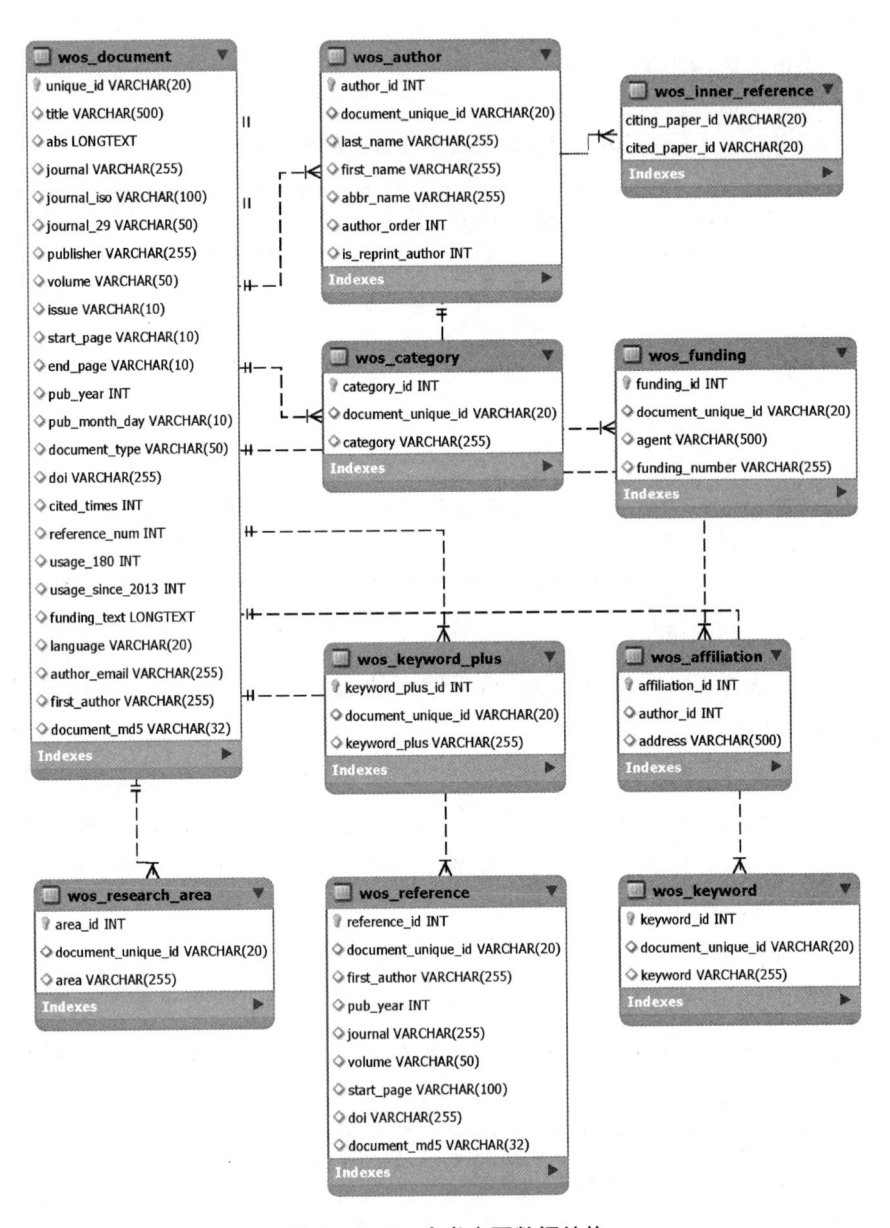

图 1-1-1 本书主要数据结构

2. 数据处理与组织

通过"（一）主要数据源的构建"的相关步骤获取的文献数据并不能直接满足本书研究所需，因此，需要对初始数据进行处理与组织。本书中常用的数据组织方式是根据学科类目、时间处理和组织数据，以满足相关研究的需要，处理后的数据多为表格和网络的形式。

以本书第五篇的相关研究为例，在对研究方法与研究内容的研究中，数据按照时间维度进行组织，统计不同时期的学者数量、研究方法数量和文献单元占比。在对论文结构的研究中，数据按照引言（Introduction）、文献（Literature）、综述（Review）、方法论（Methodology）、结果（Results）、讨论（Discussion）、结论（Conclusion）等关键词进行组织，统计所有修辞结构的总体频率；同时，按照时间维度统计修辞结构占比，以分析论文结构及其语义内容聚合。在对复杂网络的关键研究内容识别的研究中，通过依存句法分析所获取的初始文本数据中的依存关系，在时间维度上将处理得到的新字段进行组织与保存，从而分析学术论文在语言表达上的变化趋势。具体来说，从 WoS 获取的数据中包含学科、标题、作者、关键词、摘要、正文、参考文献等内容，在进行相关研究时，只需要对其中的关键部分进行处理与组织，如在研究语言网络背景下的关键研究内容推荐时，仅针对其中的摘要部分，使用依存句法将每条检索结果中的摘要逐句进行分析，将分析所得的依存关系对以列表形式保存下来，接着使用相关的复杂网络构建工具（如 NetworkX）构建语言网络，所构建网络以词为节点，以词与词之间的依存关系为边，该网络以字典形式保存，以供后续研究使用。

（三）其他数据的来源与处理

除以上提到的学术大数据外，本书所使用的学术大数据还包括以下两类，图 1-1-2 展示了本书学术大数据的构成：

第一，平台数据。随着开放科学思想的普及和互联网技术的发展，众多学术期刊及机构均设立了相应的网络平台，平台内部涵盖了大量的最新科研成果信息，如科研项目实施方案、评审专家名单、机构间合作信息，从而构成了一个关于科研机构和科研人员的学术网络。除此之外，许多科研人员利用博客、社交平台展示个人简历、介绍个人教育经历。同时，他们利用平台发布自己对研究热点的观点与看法，通过平台与其他学者或大众进行交流与探讨，为科学交流开拓了新的路径。学者与学者、学者与大众之间的转发、点赞和评论信息提供了海量的学术信息。

第二，网络数据。随着数据资源可利用性的提高，网络数据资源也逐渐成为科学研究不可或缺的资源之一。网络数据，如百科数据，具有较高的灵

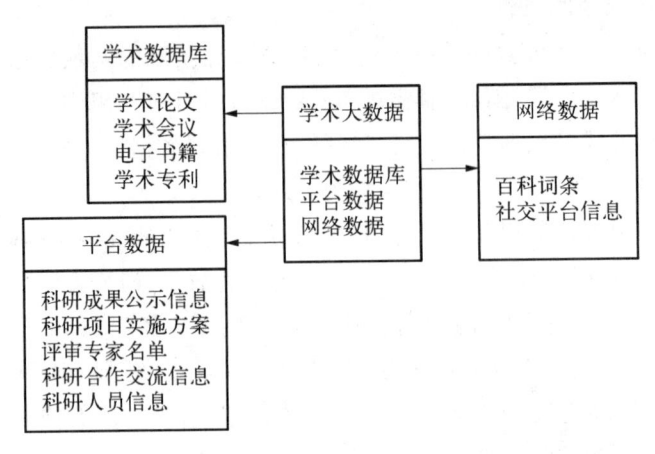

图 1-1-2　学术大数据内容

活性和可理解性,词条与词条、网页与网页直接存在关系链,形成了一张巨大的信息网。

相对而言,平台数据更具有价值和客观性,使用技术手段获取之后根据研究所需,选择合适的维度进行存储即可。同时,该类数据在平台中接受了同行评议与讨论,质量较高。就网络数据而言,这类数据具有较高的灵活性,可编辑性强,因此数据质量难以保证。同时,除专有名词的相关定义外,部分网络数据尚未经过专业评议,其真实性和价值难以评估,因此,对于这类数据,需要人工筛选出富有价值的高质量数据,以供研究使用。

第四节　本 章 小 结

科学交流与学术大数据是学术研究的基础。这一章主要介绍了科学交流与学术大数据的基本概念和基本内容。其中,科学交流部分包括了科学交流的定义、理论、主体与客体、功能与作用、开放科学背景下的科学交流和复杂网络环境中的科学交流。

第一,科学交流的相关定义。本章将科学交流相关定义分为三个阶段:确定核心元素、考虑有关对象、点明交流目的。总的来说,科学交流是科学家或社会公众围绕科学和人类社会生活展开的以促进学术发展与共享的活动。

第二,科学交流的相关理论。本章按照科学交流的主要研究方向将科学交流的相关理论分为科学交流过程观、科学交流对象观和科学交流事件观。其中,科学交流过程观站在过程视角上,结合信息处理过程链研究信息传播的系统过程。科学交流对象观站在对象视角上,关注科学交流主体与客体的类型与相互交流。科学交流事件观站在事件视角上,结合科学交流的背景对科学交流方式进行分类,关注各科学交流事件。

第三,科学交流的主体与客体。本章围绕科学交流过程观、科学交流对象观、科学交流事件观对科学交流的主体与客体进行归纳。其中,科学交流过程观中主体包括信息生产者、信息中介者、信息利用者,客体包括抽象的科学问题、具象的研究结果和共享知识。科学交流对象观中主体包括信息生产者、信息利用者、信息传递中介,客体包括正式交流中的学术出版物和非正式交流中的学术博客与学术视频。科学交流事件观中主客体在环境中进行变换,彼此间存在双向的互用机制,生成了信息交流的循环过程。

第四,科学交流的功能和作用。科学交流的功能主要为科学成果的产生、形成与发表,学术成果再利用渠道的提供,学术信息的共享,以及学术思想的扩散与碰撞。科学交流的作用在学术内部环境中表现为学术信息增值的实现、推动学科领域内研究实践文化的形成,在社会中表现为在一定程度上反映社会发展的特征与现状,促进科研成果转化。

第五,开放科学背景下的科学交流。本章将开放科学背景下的科学交流视为脱离了传统学术交流体系的、可溯源的、可公开的、全新的权限信息交流模式。围绕开放获取、开放数据、开放科学总结开放科学的基本内容、探讨开放科学背景下科学交流机制的现存问题,针对不同群体提出建议,以促进开放科学的发展。

第六,复杂网络环境中的科学交流。本章将复杂网络环境中的科学交流视为知识沿网状路径向学者和机构等学术主体流动的过程。

学术大数据部分包括了学术大数据的内涵与特征、功能与概况、本研究中学术大数据的构建。

一是学术大数据的内涵与特征。学术大数据作为知识传播的载体,经过处理、组织和存储后能够反映某一领域内某一特定知识的具体内容,是大数据的一部分,同时,与学术数据、科学数据之间存在差异。学术大数据的特征包括大规模性、强动态性、种类和来源多样化、真实性、价值性、高冗余性。

二是学术大数据的功能与概况。学术大数据为科学交流的运行与发展奠定了基础,以更新速度快、数据量大、更全面的优势帮助研究人员获取数据价值、实现思维碰撞、促进学术合作、进行资源共享。同时,学术大数据为既有科学评价机制带来更多的评价对象,为现存问题寻找到解决方案,并从动态性、综合性等角度增强同行评议结果的客观性，推动科学评价的发展，使其进一步回归价值判断的本质。此外，学术大数据影响了科学交流环境，使其向着更规范化、标准化、细粒化的方向推进，相关出版机构也得以在此环境下迎来新的发展机遇。

第二章　科学交流中学术资源共享的机制分析

第一节　科学交流中的学术资源共享

研究科学交流下的学术资源共享不仅对于营造优良的学术环境有着重要意义,而且可以拓宽科学交流渠道,促进创新型人才的发展。

近年来,有关学术资源共享的影响因素和动力机制的研究成为热点。本章聚焦热点问题,主要基于系统动力学方法定量分析了学术资源共享的影响因素。具体地,基于扎根理论建立了学术资源共享影响因素的理论模型和学术资源共享的系统动力学模型,对科学交流中学术资源共享的机制进行分析与探讨。

第二节　基于扎根理论研究影响学术资源共享的因素

一、资料搜集与处理

扎根理论原始资料的搜集与其他质性研究方法相似,主要分为访谈法和文献资料研究法。为了降低个人主观偏见带来的误差影响,本书放弃主观目的性强的访谈法,采用较为客观的文献资料研究法。

在文献资料的搜集过程中,选择了 WoS 外文数据库以及中国知网、万方等国内电子数据库,分别使用"学术资源""学术资源共享""学术资源社区""动力""教育资源""资源配置"等中英词汇对主题、摘要、关键词进行文献搜索。所选择的数据库文献资源丰富且使用量大,其统计数据具有一定的可靠性。之后根据主题、引用量、发表年份对所得文献进行初步筛选,经

过手动去重工作后,选取其中150篇文章作为样本数据。选取标准为:

该研究是否以学术资源共享为研究对象?

该研究是否涉及学术资源共享的影响因素?

该研究是否探讨学术资源共享的动力机制?

运用随机数(rand)函数从150篇文章中随机选取其中120篇进行数据登录,余下30篇用作理论饱和度检验的样本数据。

资料搜集过程中,通过多个渠道并运用不同资料来源进行交叉验证,确保资料的真实性、准确性。

二、编码与检验

(一)开放式编码

开放式编码是对搜集到的原始资料进行逐字逐句的分析整理,为出现的现象贴上标签,使之概念化、范畴化的过程。

阅读上文所述随机选择的120篇文献,为其中与影响因素相关的现象逐一编码贴上标签,之后对标签进行分类,将大量相近或重复的标签归纳、合并,并统计出现频次,得到100个原始概念。之后,对这100个概念进行分类整合,通过选择或归纳总结得到39个互不重复、互不相容的范畴。开放性编码结果具体如表1-2-1所示:

表1-2-1 开放式编码过程

编号	范畴化	概念化
A1	创造者数量	学术工作者的数量增减
A2	创造者种类	个人、高校组织、科研团队
A3	创造者创造意愿	个人兴趣、身份认知、社会价值、自我实现
A4	创造者创造能力	知识结构、认知能力、学术能力、创新能力
A5	学术资源数量	学术资源的数量增减
A6	学术资源生产周期	生产周期长短
A7	学术资源类型	有形无形、隐性显性、局域广域
A8	学术资源质量	学术资源权威性、真实性、学术影响力
A9	学术资源的加工	学术资源数据化、学术资源翻译
A10	学术资源存储	学术资源老化、学术资源损毁
A11	共享平台	平台的数量、易用性、公共性与公平性、关注度与社会影响力

续表

编号	范畴化	概念化
A12	主体需求	个人与社会组织的学术资源需求、社会责任感
A13	利益吸引	学术资源经济价值与社会价值、声誉提高、利益补偿
A14	共享意识	共享的认同感与参与意识、共享积极性、道德精神
A15	竞争意识	资源竞争、声誉竞争、利益竞争
A16	资源拥有者供给成本	共享机会成本、共享沉没成本、风险防范成本
A17	资源需求者需求成本	机会成本、风险防范成本、信息获取成本
A18	学术资源互补性	结构互补、质量互补
A19	学术资源异质性	学术资源的不可替代性、难以模仿性、专用性
A20	学术资源时效性	资源的可用性、受众满意度
A21	学术资源有限性	资源闲置度、资源的易损耗性、资源利用率
A22	互信程度	共享合作经历、共享依赖程度、双方信任程度
A23	知识势差	资源分布不对称
A24	合作双方对等性	学术资源对等、合作实力对等、多元性对等
A25	合作双方兼容性	知识兼容、文化心理兼容、体制兼容
A26	成本分担	劳动力成本、管理成本、购买成本、风险成本
A27	邻近性	地理邻近性、组织邻近性、制度邻近性、认知邻近性
A28	信息化程度	信息沟通渠道、沟通效率
A29	共享经验	遵循成功案例
A30	线上学术资源共享	网络数字化学术资源贡献
A31	线下学术资源交流	线下学术活动举办频率、共享氛围、参与人数
A32	共享文化与意愿	竞争意识、合作意识、开放意识
A33	安全风险	基础设施安全、网络安全、系统安全、存储安全
A34	技术支持	先进科研技术应用、网络信息技术
A35	政府投入	政策机遇、经济扶持
A36	激励机制	参与者积极性
A37	利益分配机制	利益分配平等性、公平性、协商性
A38	开放程度	国际化、全球化
A39	知识产权	知识产权与专利保护机制、版权争取、版权让渡

(二) 主轴性编码

主轴性编码是不同的范畴建立联系,发现各范畴之间的有机联系,使之逻辑化的过程。

在得到 39 个范畴之后,依据学术资源共享的主客体以及共享过程开展主轴性编码,进一步归纳出创造者、学术资源、共享渠道、共享主体、共享过程、共享环境 6 个主范畴。主轴性编码过程具体如表 1-2-2:

表 1-2-2　主轴性编码过程

主范畴编号	主范畴	子范畴编号	范　畴　化
B1	创造者	A1	创造者数量
		A2	创造者种类
		A3	创造者创造意愿
		A4	创造者创造能力
B2	学术资源	A5	学术资源数量
		A6	学术资源生产周期
		A7	学术资源类型
		A8	学术资源质量
		A9	学术资源的加工
		A10	学术资源存储
B3	共享渠道	A11	共享平台
B4	共享主体	A12	主体需求
		A13	利益吸引
		A14	共享意识
		A15	竞争意识
		A16	资源拥有者供给成本
		A17	资源需求者需求成本
B5	共享过程	A18	学术资源互补性
		A19	学术资源异质性
		A20	学术资源时效性
		A21	学术资源有限性
		A22	互信程度
		A23	知识势差
		A24	合作双方对等性
		A25	合作双方兼容性
		A26	成本分担
		A27	邻近性
		A28	信息化程度
		A29	共享经验
		A30	线上学术资源共享
		A31	线下学术资源交流

续 表

主范畴编号	主范畴	子范畴编号	范畴化
B6	共享环境	A32	共享文化与意愿
		A33	安全风险
		A34	技术支持
		A35	政府投入
		A36	激励机制
		A37	利益分配机制
		A38	开放程度
		A39	知识产权

（三）选择性编码

选择性编码是对主范畴及其关系进行归纳凝聚，挖掘出核心范畴的过程。通过对主轴性编码过程形成的 6 个主范畴进行分析，结合本书的研究目标，将 6 个主范畴归纳为资源创造、资源提供以及资源共享 3 个核心范畴。这 3 个核心范畴是对所有的主范畴、子范畴、初始概念的高度总结，故具有代表性。选择性编码过程具体如表 1-2-3 所示：

表 1-2-3　选择性编码过程

核心范畴编号	核心范畴	主范畴编号	主范畴
C1	资源创造	B1	创造者
		B2	学术资源
C2	资源提供	B3	共享渠道
C3	资源共享	B4	共享主体
		B5	共享过程
		B6	共享环境

（四）理论饱和度检验

最后，利用余下 30 篇文章进行理论饱和度检验。依次对这 30 篇文章进行开放式编码、主轴性编码和选择性编码，在编码过程中，并未得到新的概念以及范畴。因此，可以认为依据扎根理论得到的学术资源共享的影响因素的模型是饱和的。

三、理论模型构建

根据扎根理论,学术资源共享的影响因素主要可归纳为三类:资源创造、资源提供和资源共享。其中,资源创造包括创造者和学术资源,资源提供包括共享渠道,资源共享包括共享主体、共享过程和共享环境。在学术资源共享行为中,学术资源的创造产出是学术资源共享的基础,之后提供学术资源的共享渠道是进行资源共享的重要支撑,而共享主客体以及共享环境的变化是影响共享形成的重要保障。因此,建立学术资源共享影响因素模型如图1-2-1所示:

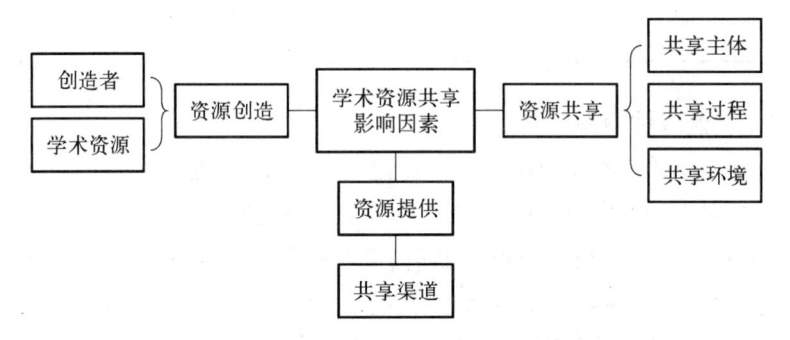

图1-2-1 学术资源共享影响因素的理论模型

资源创造包含两部分,资源创造的主体创造者还有资源创造的客体学术资源。创造者的创造意愿与产出能力决定了学术资源的数量与质量。学术资源的总量、学术资源的类型、学术资源的权威性与真实性以及学术资源的加工数据化与学术资源的存储老化也在一定程度上影响着学术资源共享行为的发生。

拥有一定的学术资源之后,如何对学术资源进行共享,必须依赖于共享渠道的开拓,即提供一个学术资源共享平台进行学术活动交流以及学术资源配置。共享平台既有线下的图书馆、公共教室、实验室与仪器设备中心等,也有线上的数据库资源共享平台与共享网络课程平台等。平台建设是开展学术活动必不可少的条件保障,因此共享平台的数量、共享平台的易用性与公共性还有共享平台的社会关注度也会成为影响学术资源共享的因素。

资源共享包含共享主体、共享过程与共享环境。共享主体即学术资源的供给方和需求方。资源共享的根本动力来源于资源需求的存在,资源的提供者向资源的需求者提供资源,资源共享的行为才能发生。其中,双方都面临一定的共享成本问题。资源供给方会涉及资源的损毁、安全风险以及利益保障,资源需求方也面临资源获取的成本以及资源使用的成本问题。而共享过程则包含了线上线下学术交流共享活动所涉及的影响因素,包括合作双方的知识势差、双方合作的兼容性、双方邻近度与互信程度以及学术资源本身在共享过程中表现出的性质差异,它们都对共享过程产生一定的影响。再则是共享环境,即学术资源共享的外部环境因素,包括学术资源共享文化与氛围、政府对学术资源共享的激励政策以及共享科研技术的应用等。

第三节 学术资源共享系统动力学模型构建

一、系统边界与变量设定

(一) 系统边界与假设

系统边界的确定是随着研究问题和建模目的的确定而产生的。其确定原则是:其一,采用系统思考,深度研究文献综述和相关其他已有研究;其二,尽可能缩小边界的范围,如果没有该变量要素,仍能达到系统研究的目的,就不应该把该变量列入边界内。在学术资源共享过程中,创造者与学术资源的数量是共享的基础,共享的受众是共享的主体,在共享环境的影响下,资源共享量也在不断发生变化,共同支撑着学术资源共享系统的运行。

基本假设如下:

H1:学术资源共享系统中的共享行为是一个连续的、不间断的,并且拥有反馈行为的资源共享过程。

H2:由于现实中影响某一因素的外界变量无法穷举,因此在建模过程中选择实际影响较大的变量作为相关影响因素。重点考虑主要因素,忽略次要因素。

H3:在学术资源共享过程中,资源的拥有者与资源的需求者之间的知识势差会在一个合理区间之内,并且双方的地位对等。

(二) 变量设定

变量是系统内部因素在模型中的具体反映,学术资源共享系统的变量设定如表 1-2-4 所示:

表 1-2-4 变量设定

系　　统	子　系　统	变　　　量
学术资源共享	创造者	学术资源创造者总量 学术资源创造者增加量 学术资源创造者的数量 学术资源创造者的种类 学术资源创造者的产出速度 学术资源创造者创造意愿
	学术资源	学术资源总量 学术资源增加量 学术资源减少量 学术资源生产周期 学术资源的老化 学术资源的损毁 学术资源的种类 学术资源的加工 学术资源获取渠道 学术资源质量
	共享渠道	学术资源共享平台数量
	共享主体	学术资源共享受众 学术资源共享参与人数 学术资源拥有者供给成本 学术资源需求者需求成本
	共享过程	学术资源的共享量 线上学术资源共享量 线下学术资源共享量
	共享环境	学术资源共享环境变化 共享意愿 经济效益 用户需求 市场规范 政府投入

二、因果关系分析

基于以上的分析,本书依据系统动力学理论并使用系统动力学软件 Vensim PLE 构建了学术资源共享系统的因果关系图,如图 1-2-2 所示:

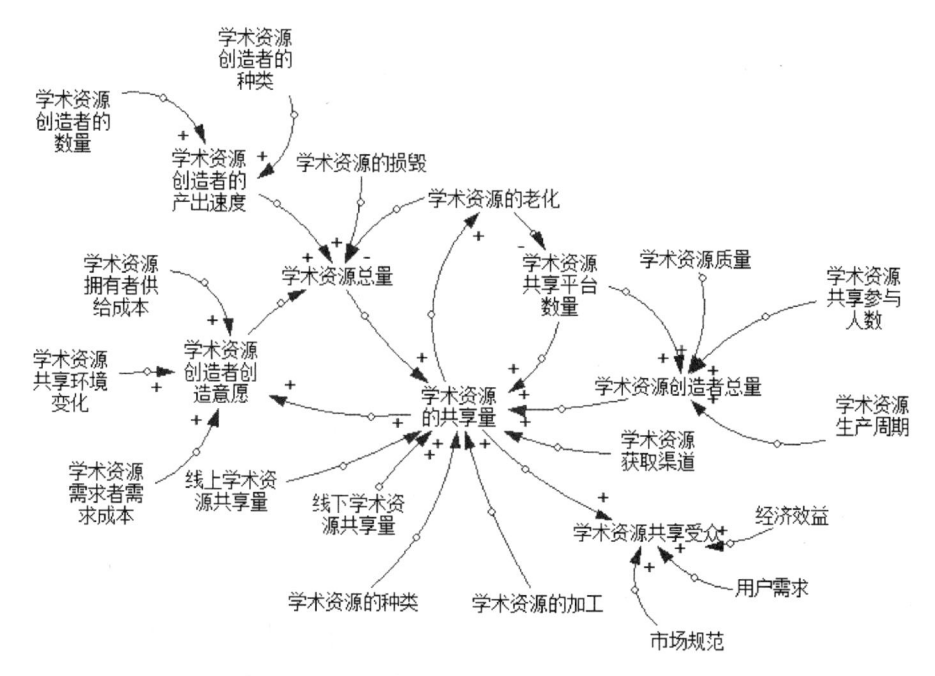

图 1-2-2　学术资源共享系统因果关系图

因果关系图建立之后,便可以反映模型中不同变量之间的联系。

根据因果关系图,可以发现模型中的因果关系回路包括:

回路 1:学术资源的共享量—学术资源创造者创造意愿—学术资源总量—学术资源的共享量

回路 2:学术资源创造者总量—学术资源的共享量—学术资源的老化—学术资源共享平台数量—学术资源创造者总量

在回路 1 中:当学术资源共享量增加后,促进学术资源创造者创造意愿增加,从而使得学术资源总量增加,最后再促进学术资源共享量的增加。

在回路 2 中:当学术资源创造者总量增加后,促进学术资源共享量的增加,从而降低学术资源的老化,进而促进学术资源共享平台数量的增加,最后再次促进学术资源创造者总量的增加。

三、系统流程与仿真

(一)系统流程图

在构建系统流程图之前,在图 1-2-2 学术资源共享系统因果关系的基础上,需要先确定不同类型的变量要素,如表 1-2-5 所示:

表 1-2-5　系统流程图变量

变量类别	变量名称
状态变量	学术资源总量 学术资源创造者总量 学术资源共享受众
速率变量	学术资源增加量 学术资源减少量 学术资源创造者增加量 学术资源共享受众增加量
辅助变量	学术资源的共享量 线上学术资源共享量 线下学术资源共享量 学术资源生产周期 学术资源的老化 学术资源的损毁 学术资源的种类 学术资源创造者的数量 学术资源创造者的种类 学术资源创造者的产出速度 学术资源共享参与人数 学术资源共享平台数量 学术资源拥有者供给成本 学术资源需求者需求成本
常量	学术资源共享环境变化 学术资源的加工 学术资源获取渠道 学术资源质量 学术资源创造者创造意愿 共享意愿 经济效益 用户需求 市场规范 政府投入

在确定各变量的类别后,便可构建系统流程图,如图1-2-3所示。

模型中涉及的方程如下：

(01) FINAL TIME = 24

(02) INITIAL TIME = 0

(03) TIME STEP = 1

(04) 共享意愿 = 0.1

(05) 学术资源共享参与人数 = 15

(06) 学术资源共享受众 = INTEG(学术资源共享受众增加量,0.1+共享

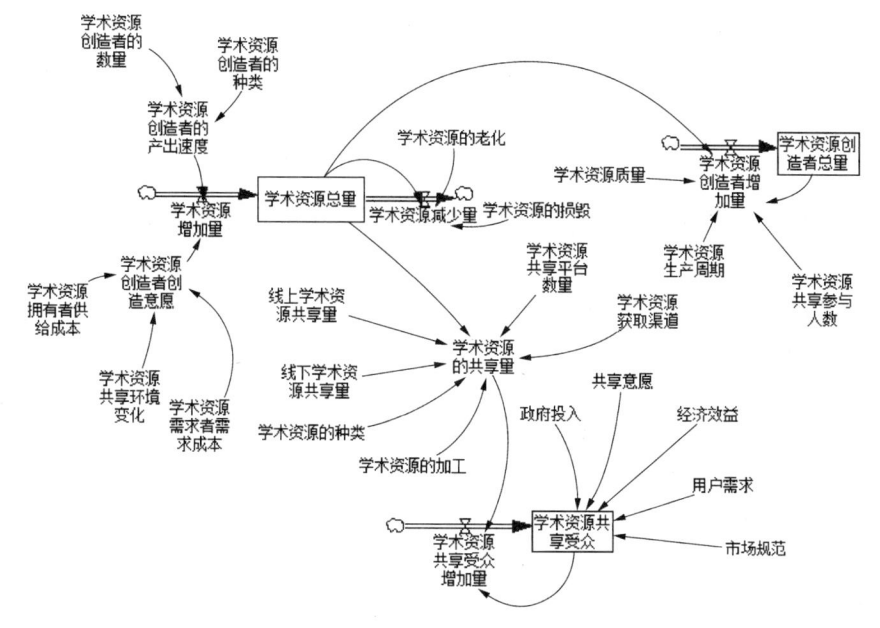

图 1-2-3 系统流程图

意愿+市场规范+政府投入+用户需求+经济效益)

（07）学术资源共享受众增加量=(学术资源共享受众×学术资源的共享量)^0.125

（08）学术资源共享平台数量=12

（09）学术资源共享环境变化=0.3

（10）学术资源减少量=(学术资源总量+学术资源的损毁+学术资源的老化)/3

（11）学术资源创造者创造意愿=Ln(学术资源共享环境变化+学术资源拥有者供给成本+学术资源需求者需求成本)

（12）学术资源创造者增加量=(学术资源共享参与人数+学术资源创造者总量+学术资源总量+学术资源生产周期+学术资源质量)×0.15+0.15

（13）学术资源创造者总量=INTEG(学术资源创造者增加量,0.1)

（14）学术资源创造者的产出速度=学术资源创造者的数量×学术资源创造者的种类

（15）学术资源创造者的数量=21

（16）学术资源创造者的种类=3

（17）学术资源总量=INTEG(学术资源的增加量-学术资源减少量,0.1)

（18）学术资源拥有者供给成本=10

（19）学术资源生产周期=3

（20）学术资源的共享量=（学术资源共享平台数量×学术资源总量×学术资源的加工×学术资源的种类×学术资源获取渠道×线上学术资源共享量×线下学术资源共享量)^0.125

（21）学术资源的加工=0.5

（22）学术资源增加量=Delay[1（学术资源创造者创造意愿+学术资源创造者的产出速度）/8,1]

（23）学术资源的损毁=0.2

（24）学术资源的种类=0.6

（25）学术资源的老化=0.5

（26）学术资源获取渠道=0.15

（27）学术资源质量=0.23

（28）学术资源需求者需求成本=8

（29）市场规范=0.8

（30）政府投入=50

（31）用户需求=0.3

（32）线上学术资源共享量=0.2

（33）线下学术资源共享量=0.4

（34）经济效益=0.6

（二）仿真分析

根据以上模型方程的设定，可以对系统进行仿真分析。

仿真1：在学术资源共享过程中，学术资源总量会受到学术资源创造者种类的影响。仿真结果如图1-2-4所示：

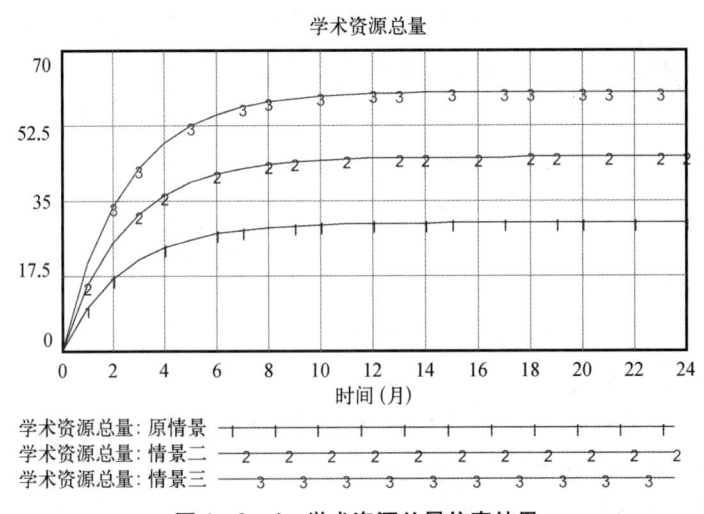

图1-2-4 学术资源总量仿真结果

由图 1-2-4 可以发现,在学术资源创造者种类增加 10% 的情况下,得到学术资源总量情景二的结果,在学术资源创造者种类增加 20% 的情况下,得到学术资源总量情景三的结果。结果表明,学术资源创造者种类增加能够显著影响学术资源总量的变化,这是因为创造者种类越丰富,学术资源创造越丰富,最后使得学术资源总量也越多。与实际情况相符合,因此为了提升学术资源总量,可以通过增加学术资源创造者种类来达到所需要的结果。

仿真 2:在学术资源共享过程中,学术资源的创造者总量会受到学术资源共享参与人数的影响。仿真结果如图 1-2-5 所示:

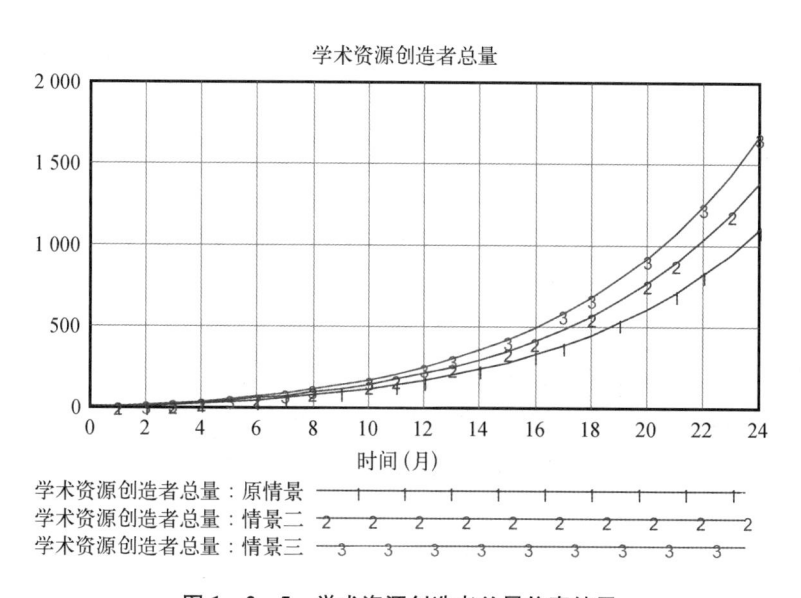

图 1-2-5 学术资源创造者总量仿真结果

由图 1-2-5 可以发现,在学术资源共享参与人数提升 10% 的情况下,得到学术资源创造者总量情景二的结果,在学术资源共享参与人数提升 20% 的情况下,得到学术资源创造者总量情景三的结果。结果表明,学术资源共享参与人数提升能够显著影响学术资源创造者总量的变化。这是因为学术资源共享参与人数越多,学术资源活动越活跃,最后使得学术资源创造者总量也越多。与实际情况相符合,因此为了提升学术资源创造者总量,可以通过提升学术资源共享参与人数来达到所需要的结果。

仿真 3:在学术资源共享过程中,学术资源共享受众会受到学术资源种类的影响。仿真结果如图 1-2-6 所示:

学术资源共享受众

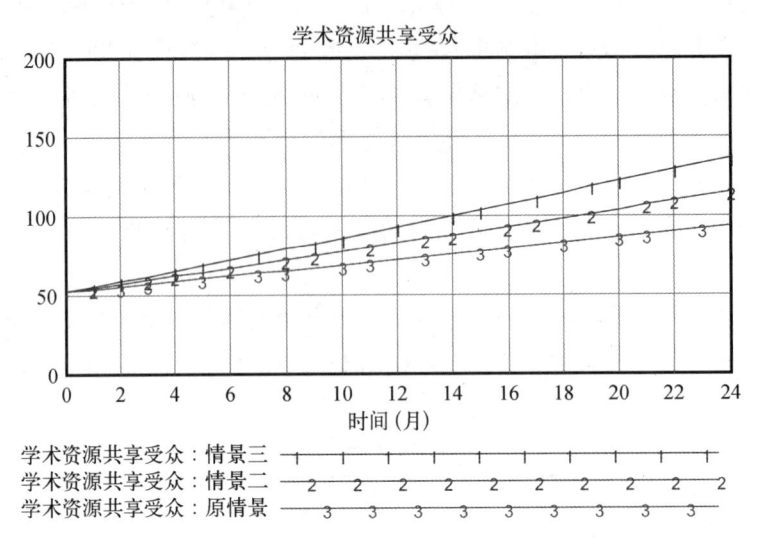

图 1-2-6　学术资源共享受众仿真结果

由图 1-2-6 可以发现,在学术资源种类增加 10% 的情况下,得到学术资源共享受众情景二的结果,在学术资源种类增加 20% 的情况下,得到学术资源共享受众情景三的结果。结果表明,学术资源种类增加能够显著影响学术资源共享受众的变化,这是因为学术资源种类越多,学术资源共享活动参与的人数增多,学术资源的共享受众也随之增多。与实际情况相符合,因此为了提升学术资源共享受众数量,可以通过增加学术资源种类来达到所需要的结果。

第四节　本 章 小 结

学术资源共享的动力研究在学术资源研究领域占据重要地位。较之以往的研究,大部分研究是在定性的程度上对学术共享资源进行研究,其结论也大部分用定性的语言进行描述。本章主要基于系统动力学方法,通过对各因素定量赋值的方法,具体定量地描述了不同情况下各个因素对于模型结果的影响,从而能够给予一定程度上更加定量的结论分析。本章研究的主要结果有:

建立了学术资源共享影响因素的理论模型。通过扎根理论研究,首先进行资料搜集,之后进行数据登录,进一步通过三级编码,得到 39 个子范畴、6 个主范畴(创造者、学术资源、共享渠道、共享主体、共享过程、共享环境)以及3个核心范畴(资源创造、资源提供、资源共享)。最终建立了影响学术资源共享的理论模型。

建立了学术资源共享系统动力学模型。在前一个扎根理论模型的基础上,确定系统模型的变量,建立因果关系图分析得到两条反馈回路。之后建立系统流程图,得到学术资源共享系统的模型。带入数据之后进行仿真模拟,得到三个仿真结果。一是学术资源总量会受到学术资源创造者种类的影响。二是学术资源的创造者总量也会受到学术资源共享参与人数的影响。三是学术资源共享受众也会受到学术资源种类的影响。

不同因素对学术共享资源的影响程度不同。学术共享资源影响的关键因素包括学术资源总量、学术资源创造者总量以及学术资源共享受众。为了整体提升学术资源共享量与共享水平,需要从上面三个方面分别进行优化。

学术资源总量是反映资源绝对数量的变量,其越大,则整个共享平台的资源互通量也越大。为了提升学术资源总量,可以从学术资源创造者意愿以及学术资源创造者产出速度分别进行提升。前者提升了潜在的数量供应,后者提升了对应的供应速率,它们都能在同一时间段内提升学术资源总量。

学术资源创造者总量反映了平台参与知识资源创造活动者的数量,学术资源创造者数量越高,说明平台越活跃。学术资源共享参与人数以及学术资源生产周期是影响学术资源创造者总量的重要因素,因此分别提升以上相关因素,能够有效地影响学术资源创造者总量。

学术资源共享受众反映了参与学术资源创造的认知者数量。其数量越高,对学术资源共享的推广量也越高。为了提升受众的数量,需要整体提升学术资源总量与学术资源创造者总量,从而间接提升学术资源共享受众的数量。

研究结果表明,综合提升整体的影响因素水平能够更高水平地促进学术资源共享程度,从而进一步促进各因素水平的增长,最后正向促进整个学术资源水平的提升。

第三章 学术大数据在科学交流中运动的机制分析

第一节 科学交流中运动的学术大数据

如前章所述,学术大数据以其更新速度快、数据量大、更全面等优势为科学交流的运行与发展提供了基础,能够促进学术合作和学术资源共享。为此,本章将学术大数据作为主要研究对象,围绕学术大数据在科学交流中运动的机制进行初步的探讨与分析,主要包括学术大数据运动的系统动力学模型分析和学术大数据的运动仿真分析。

第二节 学术大数据运动的系统动力学模型分析

一、学术大数据在科学交流系统中的运动模型构建

(一) 正式交流系统分析

目前针对正式交流系统的各类产出常常以同行评议法与科学计量法进行[①][②],科学论文评价更是科学评价的基础[③]。据此,正式交流系统将主要由正式出版文献的视角,对学术数据自科研起始向出版方向运动的路径进行描述(见图1-3-1)。

[①] 韩毅:《非正式交流回归语境下科技评价的融合路径取向》,《中国图书馆学报》2016年第4期。
[②] 巴志超、李纲、谢新洲:《网络环境下非正式社会信息交流过程的理论思考》,《图书情报知识》2018年第2期。
[③] 楼雯、蔡蓁:《科学论文评价的涵义与方式研究综述》,《情报杂志》2021年第5期。

正式交流过程

[图：学术数据→研究过程→投稿出版→文献系统收录→引用]

图1-3-1 学术数据在正式交流系统中的运动示意图

从数据流看,隶属系统主体的学术数据需经过研究、投稿、出版、收录等过程最终呈现于文献信息资源系统中,并作为新一轮科研的基础而存在。每一项学术数据流的形成均需通过引用的方式依赖于其他学术数据流的汇聚,从而使得正式交流系统内部可以通过多个线性过程嵌套的方式实现科学发展。学术数据流在完整通过注册、认证、告知、存档的职能后,即可被视作系统的产物,又可被视作系统的投入。

（二）非正式交流系统分析

对非正式交流的研究近年来逐渐频繁,尤其是针对社交媒体的社会传播指标(Altmetrics)研究实现了对科学交流评价的补充[①]。由于信息载体技术的发展迅速,在研究与出版之前产生的学术数据通过网络途径得到了合理运用,弥补了正式交流过程中常见的时滞性缺陷。因此,传统的非正式交流过程与网络环境下新生的非正式交流过程将被视作非正式交流系统中的两条主要路径(见图1-3-2)。

非正式交流过程

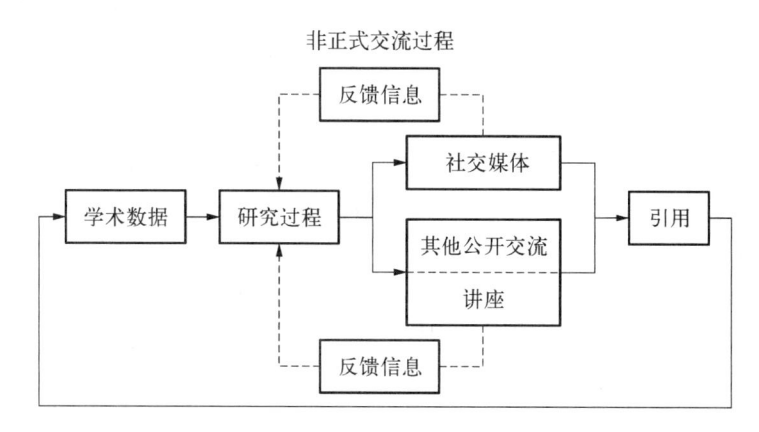

[图：学术数据→研究过程→社交媒体/其他公开交流/讲座→引用，反馈信息]

图1-3-2 学术数据在非正式交流系统中的运动示意图

---

① 田文灿、胡志刚、王贤文：《科学计量学视角下的 Altmetrics 发展历程分析》,《图书情报知识》2019年第2期。

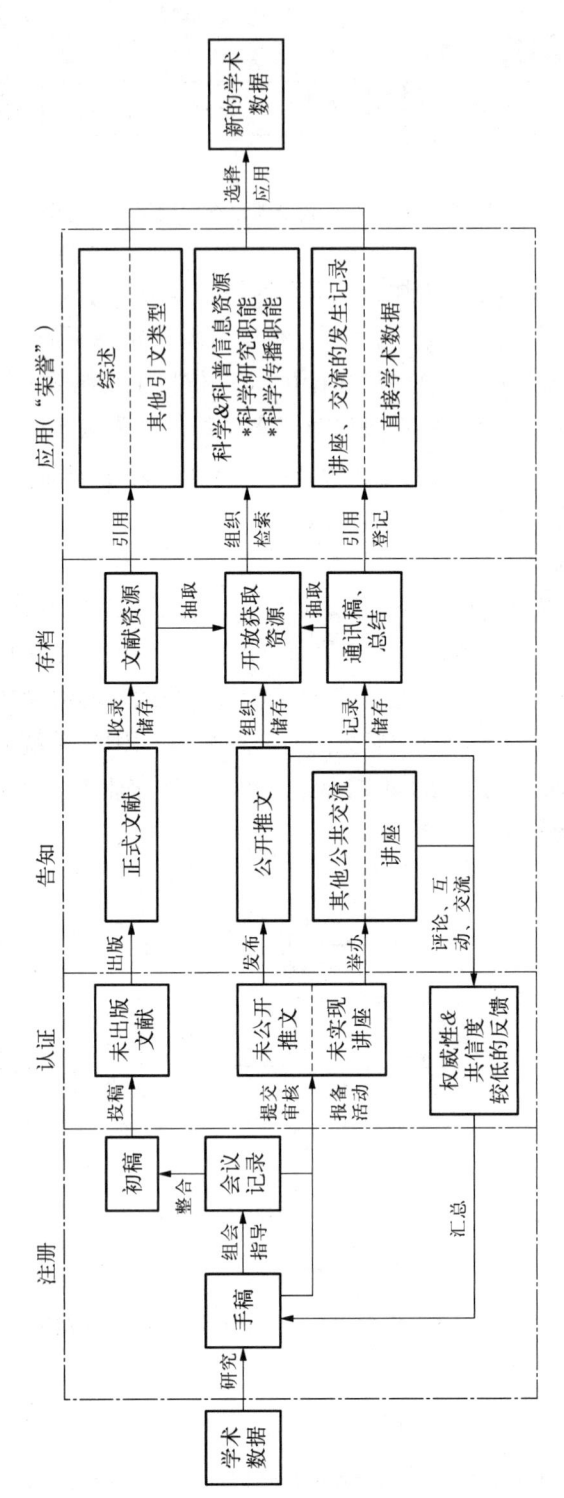

图 1-3-3 学术数据在科学交流系统中的运动过程模型

从数据流看,学术数据可通过传统或网络环境下非正式交流过程的各个环节输出,最终成为可供利用的信息资源。由于非正式交流的产出往往不以公开出版的形式呈现,在数据流进行运动的每个过程中,每当数据流产生变化,其均可被视作该次交流的产物。在该过程中,学术数据不必完整履行科学交流的四项核心职能以成为新的学术数据并输出,因此,该系统仅提出学术数据在其中可能进行的步骤。实际学术环境中,学术数据可在任意环节输出并作为新的数据源发起新一轮运动。

(三) 运动模型构建

基于以上对正式交流与非正式交流两类过程的科学交流系统配置分析,学术数据的运动轨迹可被抽象为两类子系统,分别遵循严格及不完全严格的科学交流系统职能规则。然而在真实科学交流中,学术数据的运动方向往往不会单一地以线性的形式存在(见图1-3-3)。

从信息输出的角度来看,相当比例的学术数据最终遵循正式交流过程的特征转化为正式出版的文献信息资源,同时存在大量学术数据自非正式交流的中间环节流出,以开放资源的形式成为可供使用的学术数据,并具备科学研究与科学传播的内涵,本章将其归纳为学术数据的应用实现。从信息输入的角度来看,学术数据在生成新的学术数据的过程中,不仅依赖于此前运动的产出,同时会纳入该部分输入数据在尚未正式输出前通过非正式交流过程相伴形成的学术数据,通过运动过程中的数据循环,提升最终产出的信息质量。由此,该系统表现出学术数据在多轮运动间依靠正式交流模式连接、在单次运动时依靠非正式交流模式调整修正的规律,进而形成由内外循环同时决定的运动机制。

二、学术大数据运动的回路构建

学术数据运动分析的主体应为输入的学术数据与其相应输出的变化差值,通过对这部分差值的反馈原理进行探究以揭示科学交流发展的本质。本部分基于第一部分中数据流系统的提出,通过Vensim软件对系统进行模型化[1],结果如图1-3-4所示。

---

[1] 李立睿、邓仲华:《系统动力学在图书情报学领域中的应用研究》,《信息资源管理学报》2015年第5期。

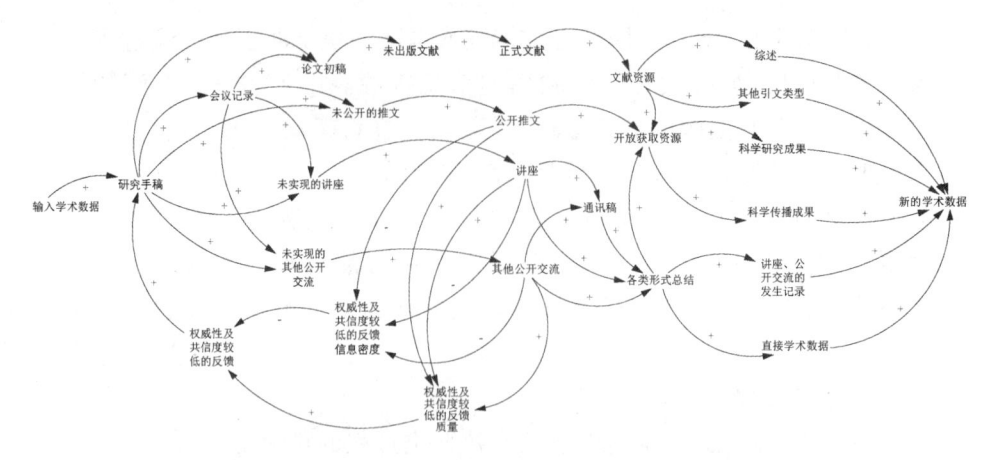

图 1-3-4　学术数据在科学交流系统中的运动回路

　　在该回路设计中，原系统配置的外循环通过多层正反馈回路实现，学术数据通过多个途径分散形成各类信息资源并最终向新的学术数据运动；原系统配置的内循环结构则通过反馈变量的二阶反馈回路实现，从而完善对学术数据运动过程中自发提升现象的描述。

　　具体而言，前项学术数据表现形式的质量将直接决定后项学术数据的发展下限。例如正式交流过程中论文研究的手稿越完备，则形成的论文初稿将越有可能具备更高的质量；非正式交流过程中推文的质量越高，则推文中被抽取的信息资源质量将相应提高，因此以上变量间均呈现"同进同退"①的规律，即"注册、认证、告知、存档"四大科学交流系统职能对应的产出之间存在一阶线性正反馈关系。

　　为描述非正式交流过程，尤其是网络环境下非正式交流过程中学术数据的运动细节，建模中设置"权威性及共信度较低的反馈质量"这一变量，对学术数据运动过程的中间产物对其本体的作用进行刻画。当学术数据以非正式出版文献的形式作为科学交流过程中的产出时，我们将穿插于科学交流系统职能间的信息传递定义为权威性及共信度均欠佳的反馈信息传递。一方面，产生学术数据的活动质量将直接影响该反馈信息的数量，具体表现为当活动质量越高时，对应的反馈信息将越频繁，从而降低了可提取反馈信息的密度，最终降低了反馈信息的利用效率；另一方面，反馈信息的生成依赖于该活动中产出的学术数据本身，当该信息源的质量越高时，相应产出的信息也将提升。由此，当该类活动的成果质量越

---

①　楼雯、房小可：《基于系统动力学的高校图书馆信息资源配置研究》，《图书馆论坛》2014年第7期。

高时,对学术数据的最终作用由反馈信息密度与反馈信息质量的影响叠加形成。

三、学术大数据运动的回路分析

本模型主体由正向反馈环组成,依据科学交流系统的基础理论对其进行抽象,所有的正向反馈环均遵循"学术数据—研究质量—注册质量—认证质量—告知质量—存档质量—新的学术数据"的环形结构。由于单次正式交流过程中,学术数据的运动均以线性的形式呈现,前一步的研究质量对后一步的产出质量起到正向决定性作用,产出质量对文献的出版期刊层次、存档系统评级又同样起到正向决定性作用,该环形结构系对学术数据传统发展的描绘。

模型的补充部分由高阶反馈环充当,主要表现为"任意阶段的学术数据输出—非正式的反馈—另一阶段的学术数据输入"的抽象逻辑。鉴于非正式交流过程发展至今演化出的更快反馈速度与更大信息处理量,该回路体现了不同于正式引用的即时反馈与学术数据提升的关系,为部分尚未或不被纳入正式出版文献资源系统的学术数据的运动机制填补空白。

由此,在两类反馈环的交互作用下,本模型涵盖共计 12 个反馈环,以此进行学术数据运动流的构建。

第三节 学术大数据的运动仿真分析

一、学术大数据运动的流图设计

依据因果回路对学术数据运动模型的流图进行搭建,本节以评分作为考察变量,对学术数据本体的质量及传播能力进行描述[①]。该流模型的主要通路由以正式和非正式出版文献形式呈现产出的途径互补形成的双向通道构成,同时佐以运动过程中学术数据自我提升的内部循环流,实现对科学交流中学术数据运动普遍形式的描述,具体流图设计如图 1-3-5:

---

① 李宇佳、张向先、张克永:《用户体验视角下的移动图书馆用户需求研究——基于系统动力学方法》,《图书情报工作》2015 年第 6 期。

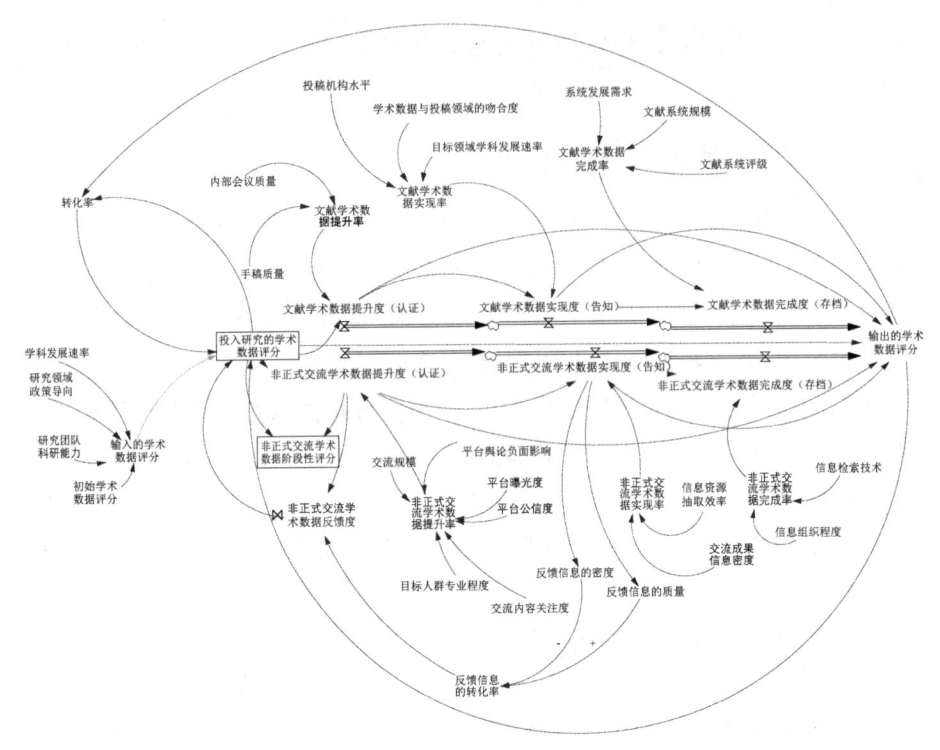

图1-3-5 学术数据在科学交流系统中的运动流图

该流图包含常量24项、状态变量2项、辅助变量12项及流率变量8项在内的共46项变量,最终输出的学术数据评分因果关系如图1-3-6。学术数据的运动在该过程中并非单纯选择某一类过程的分支路径,在科学研究初期,数据流既可直接通向文献撰写与投稿环节,亦可通过非正式交流反馈环进一步提升内涵;在研究过程主体实现后,数据流通向最终输出的回路

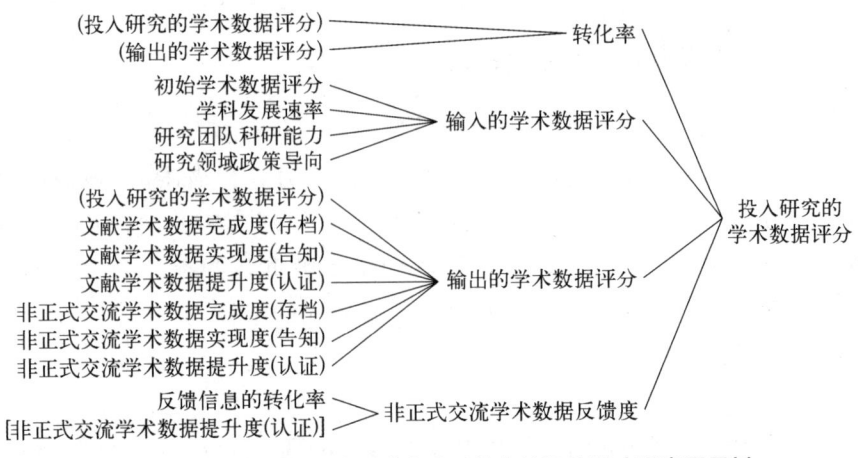

图1-3-6 学术数据在科学交流系统中的运动影响因素因果树

通过文献资源系统与开放存取等途径均可实现,从而学术数据在科学交流中的运动呈现出多元化、交互上升的特点。

二、学术大数据运动的方程构建

为对学术数据运动回路所刻画的运动模式进行仿真,本部分构建了以下主要方程模型:

科学交流辅助变量方程:(以非正式交流学术数据提升率为例)非正式交流学术数据提升率=(平台公信度+平台曝光度+平台舆论负面影响)×(1+交流内容关注度)×(1+交流规模)×(1+目标人群专业程度)。对于各个用于描述科学交流中某一阶段输出学术数据与投入学术数据之间的差值部分,我们总是利用一个辅助变量来解释该过程中差值的产生原因。以非正式交流学术数据在认证步骤的增益为例,利用6个相关常量对该过程中学术数据评分的增益与减益进行描述,最终得到非正式交流学术数据提升率作为辅助变量,并通过与该部分的输入值相乘,即投入研究的学术数据评分,得到学术数据在非正式交流(认证)通路中的提升部分。

科学交流职能方程:输出的学术数据评分=投入研究的学术数据评分+文献学术数据完成度(存档)+非正式交流学术数据完成度(存档)+文献学术数据实现度(告知)+非正式交流学术数据实现度(告知)+文献学术数据提升度(认证)+非正式交流学术数据提升度(认证)。依照科学交流系统的职能将一次研究中的成果撰写/结论汇总、投稿/交流预备活动、录用/交流生及收录系统/归档划分为4个学术数据运动阶段。对于后3项阶段,总是以生成于前一阶段的学术数据作为输入,通过各职能环节对应的影响因子(常量)决定的比值(辅助变量)作用,得到该轮次运动中由输入数据部分转化形成的额外产出值。由此,通过各实际环节中的影响因素促进学术数据的产出,将最终输出的学术数据评分定义为以上所有部分产出的总和,从而形成运动流模型中数据流动的核心模式。

学术数据转化率方程:转化率=1/[1+EXP(-输出的学术数据评分+投入研究的学术数据评分)]。当系统进行长周期模拟时,由于科学交流的发展性,学术数据的评分将通过大量的正反馈回路逐步趋向无限大。然而在实际的科学研究环境中,尽管科学交流正爆炸式发展,当同一轮次内系统产出的数据质量远高于系统输入的数据质量时,系统将难以在下一轮次运行中完全利用上一轮的产出数据,此时表现为科学交流需要一定的时滞来适应该冲击。因此,利用值域介于0与1之间的sigmoid函数作为转化率的基本形式,考察上一轮次中输出的增长情况,对下一轮输入数据的转化率参进行适当的调整,从而使学术数据发展更贴近实际情况。

科学交流反馈方程:反馈度=学术数据的阶段性评价×反馈信息转化率;投入研究的学术数据评分=[DELAY1(输出的学术数据评分)-投入研究的学术数据评分]×转化率+非正式交流学术数据反馈度。从正式交流过程的视角来看,科学交流的反馈是由系统输出不断成为新的系统输入的循环结构实现的,因此新一轮仿真中应当包含上一轮输出的学术数据评分。然而这并未能完全反映科学交流反馈的模式,考虑到非正式交流的反馈无须在严格履行完整的科学交流职能后进行,系统内部应当具备学术数据循环提升的通路。由于学术数据受反馈的影响主要表现为研究质量的提升,而非传播能力的增强,我们选择在非正式交流通道的"认证"环节部署科学交流反馈方程,设置辅助变量"反馈信息的转化率"以实现从学术数据的阶段性评价指标中提取反馈信息的贡献度,从而强调非正式交流中信息双向传递以提升科研质量的特征。

三、学术大数据运动的仿真实验

利用 Vensim 软件,设置步长为 1 轮/次,进行仿真周期实验,实验中各变量设置如下:

表 1-3-1　仿真变量参数设置

变量	变量类型	变量初始值
投入研究的学术数据评分	状态变量	/
非正式交流学术数据阶段性评分	状态变量	/
转化率	辅助变量	/
输出的学术数据评分	辅助变量	/
输入的学术数据评分	辅助变量	/
文献学术数据提升率	辅助变量	/
文献学术数据实现率	辅助变量	/
文献学术数据完成率	辅助变量	/
非正式交流学术数据提升率	辅助变量	/
非正式交流学术数据实现率	辅助变量	/
非正式交流学术数据完成率	辅助变量	/
反馈信息的密度	辅助变量	/
反馈信息的质量	辅助变量	/

续 表

变　　量	变量类型	变量初始值
反馈信息的转化率	辅助变量	/
输入数据转化率的变化值	流率变量	/
文献学术数据提升度	流率变量	/
文献学术数据实现度	流率变量	/
文献学术数据完成度	流率变量	/
非正式交流学术数据提升度	流率变量	/
非正式交流学术数据实现度	流率变量	/
非正式交流学术数据完成度	流率变量	/
非正式交流学术数据反馈度	流率变量	/
初始学术数据评分	常量	1
内部会议质量	常量	0.001
手稿质量	常量	0.001
投稿机构水平	常量	0.001
研究领域导向	常量	0.001
研究团队能力	常量	0.001
学科发展速率	常量	0.001
学术数据与投稿领域的吻合度	常量	0.001
目标领域学科发展速率	常量	0.001
系统发展需求	常量	0.001
文献系统规模	常量	0.001
文献系统评级	常量	0.001
交流规模	常量	0.001
目标人群专业程度	常量	0.001
平台曝光度	常量	0.001
平台公信度	常量	0.001
平台舆论负面影响	常量	0.001
交流内容关注度	常量	0.001
信息资源抽取效率	常量	0.001
交流成果信息密度	常量	0.001
信息检索技术	常量	0.001
信息组织程度	常量	0.001

图 1-3-7 展示的为控制其他因素取值与方程结构不变时,仅调整辅助变量"非正式交流学术数据提升率"为恒等于 0 的常量时模型输出的情况对比。其中左图为该变量恒等于 0 时的情况,即学术数据仅单向通过文献信息资源路径而对非正式交流过程没有响应时,其评分的变化状况;右图为对照组,反映该模型在表 1-3-1 参数下正常运行的结果;仿真周期设置为 60 轮,步长为 1 轮/次。此时该图像共反映两个核心要素:其一,当不存在正式出版文献及内部循环作为科学交流的模式时,单一的非正式交流过程(包括社交媒体、讲座、虚拟社区及其他公开交流等)在促进学术数据评分上升的行为中仅表现为线性作用,即缺少反馈环节时学术数据体现出流动速率较低的特点;其二,观察坐标轴标度可发现,同样设置初始学术数据评分的仿真初始值为 1 个单位时,在任意周期后二者绝对差值均较大,即就学术数据在科学交流系统中的产出量而言,非正式交流过程涵盖的活动对学术数据流的绝对产出量占比更大。

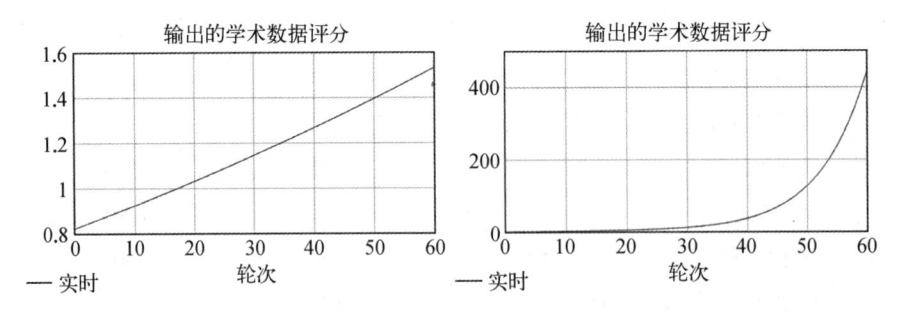

图 1-3-7 单一系统与全局系统的仿真结果对比

由于系统流多以正反馈环嵌套形成,位于头部的变量将参与学术数据运动的更多环节,以下对 3 个具备代表性的变量初始值进行调整,为避免浮点溢出的异常抛出,仅实施为期 30 轮次的仿真。

输入的学术数据评分:输入的学术数据评分代表了该科学交流系统所处环境的学术研究基础。在仿真实验中分别为其赋予 1 单位与 10 单位的初值,用以描述较弱的科学交流环境与较强的科学交流环境。

交流规模:交流规模(常量)通过非正式交流学术数据提升率(辅助变量)影响参与非正式交流循环的学术数据比例,由于相关常量作用方程类似,此处仅以交流规模为例调整其边际效益,在仿真实验中分别为其赋予 -0.5 单位、0.001 单位与 0.5 单位的初值,用以描述非正式交流过程被厌恶、常规与被偏好的背景。

手稿质量:手稿质量(常量)通过文献学术数据提升率(辅助变量)影响

参与正式交流过程的学术数据比例。同理,此处仅以手稿质量为例调整该过程边际收益,在仿真实验中分别为其赋予-0.5单位、0.001单位与0.5单位的初值,用以描述正式交流过程被厌恶、常规与被偏好的背景。仿真结果如表1-3-2所示。

表1-3-2 学术数据运动的仿真结果

实验组	输入的学术数据评分	交流规模	手稿质量	转化率	输出的学术数据评分
1	1	0.001	0.001		
2	10	0.001	0.001		
3	1	0.5	0.001		
4	1	0.001	0.5		
5	1	-0.5	0.001		
6	1	0.001	-0.5		

对比组1与组2可知,当输入的学术数据评分值由1个单位提升至10个单位时,输出的学术数据变化趋势未见明显加速;而学术数据的转化率的基础值相比输入值为1单位时高出了0.2,同时转化率的增长速率远高于对照组。这意味着夯实的学术研究基础有利于学术数据的转化率在短周期内提升并趋近于1,但对学术数据整体评分提升的速率影响欠佳。

对比组 1、组 3 与组 5 可知,调整交流规模变量的值将显著作用于学术数据的输出评分。具体表现为控制其他变量不变时,当学界认可并鼓励非正式交流过程,设置交流规模参数值为 0.5,输出的学术数据评分约为对照组的 6 倍;而当学界忽视非正式交流过程,设置该参数为 -0.5,输出的学术数据评分约为对照组的 0.3 倍。从图形上体现为当交流规模变量为负值时,输出值的变化趋势更接近于线性。以上表明,控制进入非正式交流过程的学术数据比例将严重影响科学交流系统中学术数据的提升产出,且当修正量相同时,对其正向的鼓励将比负向的抑制产生更敏感的回应。

对比组 1、组 4 与组 6 可知,调整手稿质量变量的值,即调整正式交流过程的通路,对学术数据的输出评分作用相对稍弱。对比组 3、组 5 与组 4、组 6 两两之间的输出值同比比例,发现当交流规模(非正式交流过程的代表变量)与手稿质量(正式交流过程的代表变量)同时由 -0.5 调整一个单位至 0.5 时,前者提升接近 20 倍而后者仅提升 50%,说明正式交流过程对输出值的贡献取决于该通路本身的特性,输入学术数据的比例对其影响则稍逊。此外,在 30 轮次的仿真周期中,当正式交流过程被厌恶与被偏好时,其转化率均在仿真周期结束前趋近 1,而对照组则未实现这一点,这也意味着正式交流过程对学术数据输入的稳定性在于其易达成内部的系统均衡,即在输入值较高与较低时均能快速提升上一轮次输出转化为本轮输入的能力,形成冗余较小的子系统结构。

第四节 本 章 小 结

本章结合当前科学交流研究成果,以科学交流模型与职能模型为基础,通过系统动力学的方法从信息处理的视角对学术数据在科学交流中运动的机制进行分析,得到结论如下:

其一,学术数据在科学交流中的运动发展必须依赖于循环的形式。不论是通过科学交流系统单次运动输入输出进行交互的外部循环,抑或通过系统内部学术数据流动的内部循环,只有在循环时学术数据的发展才能突破线性的限制,贴近正式出版文献的"指数增长规律"。因此,不能盲目鼓吹头部科学研究成果而忽视非正式交流过程在科学交流系统中的发展作用,应当同时鼓励科学研究与科学传播的职能。

其二,学术数据运动的提升机制对输入学术数据转化为非正式交流过程中流通数据的比例最为敏感。由于正式交流过程依托于文献信息系统呈现最终的科学研究产出,该子系统具备一定的调整能力;而非正式交流的发展则完全依托于输入的学术数据向该过程的输入比例,当这一比例被降低时科学交流系统中学术数据的提升将大幅降速,直至趋向于线性变化过程。因此,应当提升由正式交流过程的产出集中构成的文献信息资源向公众开放的程度,降低获取学术数据的门槛,即鼓励人们在社交过程中更多地通过非正式交流的形式利用学术数据。

其三,科学交流的效率取决于该系统所处环境的基础学术数据储备。科学交流的效率直接体现为能否对本系统上一轮的输出值在新一轮交流中实现应用,即本章论及的转化率变量。当某科学交流系统被建立时,其基础转化率首先由输入学术数据的评分决定,而后依据该环境内正式交流过程与非正式交流过程的活动强度决定转化率的变化速率。因此,当科学交流系统被优化时,首先需要提升并筛选当前存有的学术数据,通过输入高质量的学术数据来提高系统的下限,这是促进科学发展最为直接的方法。

第二篇 学术大数据的语用规律研究

　　据说巴别塔的故事以上帝创造了人类众多语言而结束,事实上,不仅仅是人类日常交流会出现"鸡同鸭讲"的情况,哪怕是具有多年科学素养的科学家,在科学交流中,也会产生歧义,那么学者在科学交流中是如何用学术语言交流的?不同学科的用语习惯是否有不同或相似?不同场景时他们的交流有何不同呢?

第一章　正式科学交流用语规律研究

第一节　正式科学交流用语

正式科学交流是指基于文献系统和图书出版系统进行的交流过程,具有通过科学文献出版过程的记录性。随着交叉学科的出现,原本针对各知识领域的专门化的学术用语伴随着跨学科的发展而发生变化。

本章基于跨学科发展背景,对跨学科科学家在正式科学交流中的科学交流用语进行研究和分析,初步探讨正式科学交流用语的特征规律。

第二节　正式科学交流用语研究的基础理论

一、正式科学交流用语研究的基础理论框架

人类文明萌芽时期,文化和知识并不受学科之限,知识的概念还处于混沌时期,是所有学科内容的总和,即使我们谈到在组织或团队中共享的知识,我们通常也采用"文化"来表达。随后,学科分化不断演进且知识领域越来越专门化,各学科进化出了一套各自独立的包括学术语篇、学术社区以及学术评价等在内的高度标准化的学术交流体系。但随着现代社会发展至一个重视以应用为导向的阶段,每一个情景下新的主题重点都可能会出现一个新的交叉学科,围绕这些主题,科学家会在一个工作领域与另一个工作领域之间建立联系,其中一些科学家在政府、企业和慈善机构等不同组织提供的资金或在一些主办大学或机构的支持下开展科研项目。如此,新的跨学科根据利益相关的成员在彼此工作中的需要而产生和发展,同时科学家也在学科融合的过程中进行着跨学科的研究,部分科学家成为专门研究某一交叉学科的跨学科科学家。

跨学科科学家需要借助正式科学交流来完成科学信息的传播和获取,

通过学术论文等科学出版物向其他科学家、从业者和公众分享他们的理论和研究成果,同时将这些贡献添加到该科学领域的知识库中,为其他研究人员在此基础上进一步发展奠定基础。该领域的其他专家根据研究成果的质量对其科学主张和证据进行关键而公正的评估,提高了科学出版物的质量和科学知识的可信赖程度。

在学术交流的过程中,图书馆完成了对科学家及其出版物的标记和分类,借助信息组织、数据库以及信息检索等工具,在传播有价值的科学出版物的过程中即正式科学交流的过程中起到了重要作用。但传统分类依据主要以学科为类别,比如中国学术界将中国图书馆分类法的学科分类作为图书、论文等科学出版物的储存标签,忽略了对跨学科领域科学信息的汇总、组织,较少建立以支持跨学科研究为导向的分类标签,疏于对跨学科出版物内容的标记归纳,更不重视以科学家为中心的科学信息分类标签。因此,迫切需要建立起支持跨学科研究的指标,尤其是以跨学科科学家为主体,从多维度特征标记建立跨学科科学家画像,为跨学科的正式科学交流丰富科学信息维度。其中,科学交流用语涉及个人观点的表达与学科领域内的期望和设置要求之间的创造性平衡,其中语言同时充当着塑造个人身份、学科角色和令人信服的论点的角色。因此通过统计的方法提取特定学科科学出版物的语言学特征、规律和范式,也就是在特定学科群体的背景下提供对特定类型文本的详细描述,对于以科学家为研究切入点的跨学科研究有着积极的意义。

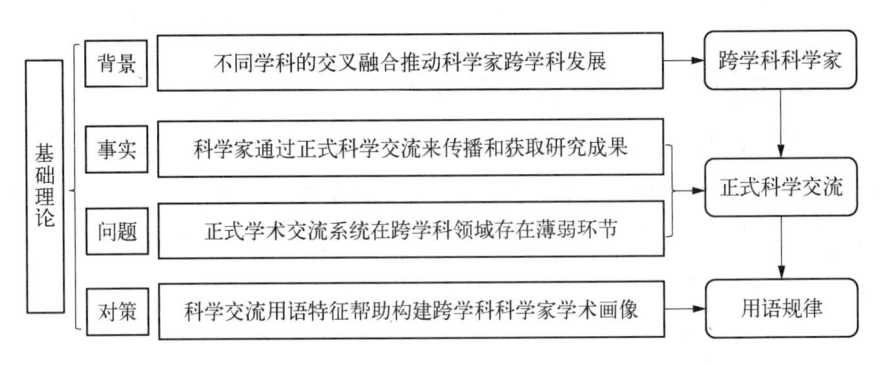

图 2-1-1 研究跨学科科学家正式科学交流用语规律的基础理论

二、科学家与科学交流用语特征

(一)跨学科科学家及其测度方法

跨学科科学家的识别基于跨学科的测度,现在跨学科的测度一般从学科多样性、学科凝聚性两个角度出发,前者揭示文献集的异质性,后者度量知识体系网络的结构凝聚性,反映的是知识内容的整合性。本研究选择从科学家及其文献集的角度切入,也就是从学科多样性视角切入研究。学科多样性的本质主要是指研究对象的研究方法、研究工具、研究思路等各个方面的知识来自不同的学科,组合后使得研究对象具有学科多样性的特征,因此丰富度(学科的数量)、均匀度(学科分布的均匀程度)和差异程度(学科性质的差异程度)为跨学科的测度研究提供了坚实的理论参考。在应用方面,体现外部知识融合的引文分析、展现科学活动模式的科研合作关系以及反映内在知识基础的文本内容是学科多样性的研究视角。

本章将从外部知识融合这一方面量化科学家的学科多样性程度:搜集、分析科学家所著的所有研究文献,分析各篇文献的引用文献,根据目标文献和其参考文献所在的学科划分进行全频次统计或者运用分数计数法构建相似度矩阵,如图2-1-2所示,然后在此数据基础上计算丰富度、均匀度和差异度或者直接计算三者的集成度指标(Integration Index),得到科学家的跨学科测度数据,将测度指标数据突破样本数据0.85分位数的科学家定义为跨学科科学家。

在这个"科学家—论文—参考文献—期刊—所属学科"过程中,划分参考文献的所属学科是最重要的环节,对于根据何种标准来划分参考文献的所属学科本质上是界定参考文献所包含的知识的学科领域。目前国际上没有统一的学科分类体系,选用不同的学科分类体系得到参考文献的学科会存在差异,从而导致学科交叉测度结果存在差异。

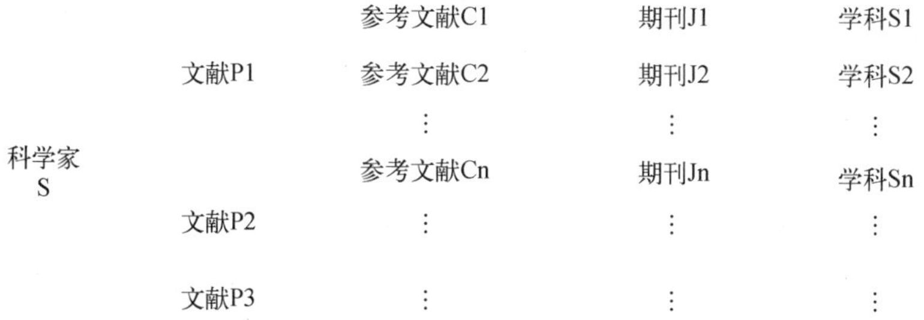

图2-1-2 根据科学家所发表的论文的参考文献统计学科多样性频次数据

(二)跨学科科学交流用语与学术再创造

重大科学突破的产生离不开科学知识和学术思想的积累与继承,了解有关学科领域杰出科学家群体科研产出的一般规律,有助于科研人员了解相关学科领域的研究发展趋势和发展特点,实现"继承—创新"式研究。而且相对于传统母体学科成熟的产学研体系,跨学科研究的创造过程显得更为艰难,需要得到来自实践上的研究指导。因为许多跨学科的工作在新领域中,需要建立新的学术社区,同时具有新的资源需求和新的关系需求。例如,需要学习不同学科之间的共同语言。

有跨学科研究需求的主体主要有两类:一类是未来的科研工作者,也就是学生和资历尚浅的科学家;另一类是以科研为职业的经验丰富的科学家,即已经在某一学科深耕多年的经验丰富的科学家。在接受跨学科教育时,学生如果能够学习来自不同学科的专家或者某一跨学科领域的专家解决问题的方法,他们的作业、一般考试、学位论文提案和答辩、实地考察、研究成果出版物等可能也会体现跨学科的研究特点。他们在保持学科的严格性和深度的同时,为日后的跨学科研究打下良好的基础,提高跨学科科学出版物的质量;以上同样适用于资历尚浅的科学家。而对有一定研究经历的科学家来说,同样可以学习跨学科科学家中的明星科学家的研究方法、数据处理方法,在新的跨学科领域组织已有知识、语言和新的知识语言。一些跨学科研究的指导手册也是通过分享科学家的跨学科研究经历来指导科研人员进行研究的。

因此,以科学家为跨学科科学信息的获取、组织保存单位,对于支持跨学科研究来说有重要意义。对这些主体进行跨学科研究的信息获取需求,正式学术交流系统应该在现有功能的基础上优化、升级,为跨学科领域的学术创造以及再创造减少阻力,促进学术交流系统生态良好健康发展。

(三)正式科学交流用语特征研究

跨学科科学家正式科学交流用语指的是跨学科科学家在跨学科领域发表的学术语篇,例如期刊论文所使用的语言。语言表达不只是属于语言学的研究范畴,也是现代学术交流的重要工具,同时充当着塑造个人身份、学科标识和阐述力强的论点的角色。跨学科科学家一方面需要整合不同来源的各种形式的数据集、术语集以及学术文献来完成跨学科科学交流,另一方面需要把握好涉及个人观点的表达与学科领域内的期望和设置的要求之间的平衡,因此科学交流用语是科研人员进行跨学科研究的主要挑战之一。

诸如跨课程写作(WAC)之类的运动引起了人们对在特定课程领域和学科中教授如何完成学术写作的重要性的关注,科学交流语言的使用意识也以有意义的方式发生了变化。由于这种意识,学科用语的研究蓬勃发展,任何以学术目的英语(EAP)为重点的期刊都出现了从各种角度揭示有关该学科语言使用的大量研究以及方法论[1]。

---

[1] Gray, B., *Linguistic Variation in Research Articles: When Discipline Tells Only Part of the Story*, Amsterdam Havens: John Benjamins Publishing Company, 2015, p. 10.

其中研究特定学科写作的语言学特征的一种方法是将重点放在一个学科的某个语域上,也就是在特定学科群体的背景下提供对特定类型文本的详细描述,比如对科学家的代表性学术语篇进行语言学特征分析。从语言学角度来看,基本的语言单位有五类:句群、句子、短语、词以及语素。而科学家的正式科学交流用语,相较于非正式科学交流以及其他不涉及科学交流的形式(比如报纸和虚构小说),有其独有的特征及规范组织形式,这种独特形式可从其中三个方面进行分析和解构,如图2-1-3所示:一是论文的词汇使用,词汇的不同词性类别和最常见词性类别、词汇长度以及特殊词汇在论文中的分布是科学家正式科学交流用语的重要表征元素;二是论文的句法使用,句法指的是语言学里专指句子结构关系的部分,句法描述了关于短语和句子的构成方式以及背后的逻辑依据;三是学术论文的篇章逻辑,也就是发挥文献的链接、压缩和阐述信息功能的整个文章主体部分,一般通过分析前言、材料和方法、对象和方法、结果、讨论、结论、致谢、参考文献等部分的选择和组织顺序得到。以上这些正式科学交流用语元素表征了科学家的正式科学交流用语的风格,它们可用以辅助科研人员在进行跨学科研究(即学术再创造)时,对跨学科科学家的学术信息以及学术特点建立更全面的认知。

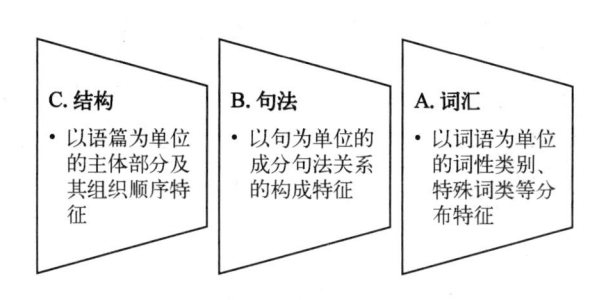

图2-1-3 正式科学交流用语分析框架

第三节 正式科学用语特征的量化分析

一、用语特征的选择

(一)词汇

词汇的不同词性类别、词汇长度以及特殊词汇的使用在论文中的分布是科学家正式科学交流用语的重要表征元素。英文词汇主要包括名词、冠词、代词、形容词、副词、介词、动词。词汇长度反映了用词的复杂度,在英文中,词汇长度指的是构成每一个词汇的字母的数量。

特殊词汇需要考虑立场词、引导词、功能性的情态动词,以及该学科专业术语的使用分布,这几类词的选取来自肯·海兰德(Ken Hyland)的学术语篇的研究,根据海兰德的理论,科学家通过与学者的隐性互动建立学术说服力,而学术说服力则部分体现在科学家观点的新颖性和相关的主张,通过立场和介入类的词汇或其他语言单位的语言标记在学术写作中完成(见图2-1-4)。立场体现着科学家的一种态度,涉及科学家的自我表达,包括他的判断、观点和承诺的方式,而介入更多起到对齐的功能,涉及科学家用言语表达的方式来承认读者的存在,以积极地将读者与论点联系起来,将他们作为话语参与者,并引导他们进行解释。①

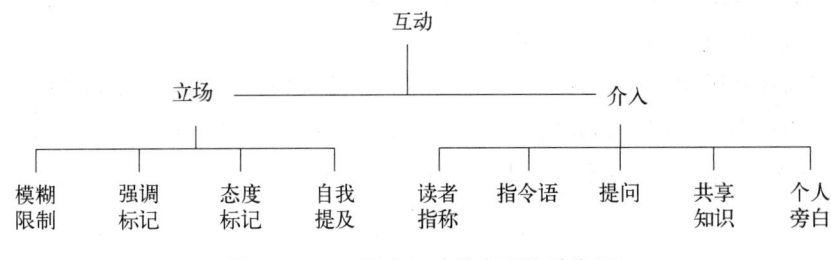

图2-1-4 学术互动的主要修辞资源

第一,功能性的情态动词中,可能性的、必要性的以及需要用以引出共享知识的属于作者在场类型的标记这三项对应着互动—立场—模糊限制语、互动—立场—强调标记语,以及共享知识;预测一词曾在广义上用来指猜测或预料未来会发生什么。

表2-1-1 功能性的情态动词

	英文词汇示例
表示可能性的情态动词	can , may, might, could
表示必要性的情态动词	ought, should, must, had better, have to, got to
表示预测性的情态动词	will, would ,shall, be going to

第二,立场词:科学家提示读者需要共享知识明显的信号标记,要求读者熟悉或者接受其提出的观点,无论读者是否真的具有这样的知识。这些紧密

---

① Hyland, K., "Academic Discourse: English in a Global Context", *A&C Black*, 2009, pp. 77-86.

的结构要求读者认同特定的观点,并以此让读者承担巩固论据的角色;研究显示,立场类词汇在市场营销和哲学领域的使用频率是工程和物理领域的2倍。

表2-1-2 表示立场的词汇

类型	英文词汇示例
表示立场的副词	obviously, evidently, frankly, surprisingly
引导that-从句的表非事实动词	argue, claim, show, tell
引导that-从句的表确证的动词	demonstrate, conclude
引导that-从句的表似然的动词	appear, estimate, seem, suppose, suggest
引导that-从句的表态度的形容词	afraid, aware, surprised
引导that-从句的表事实的形容词	conclusion, fact, observation
引导that-从句的表似然的名词	assumption, belief, hypothesis
引导that-从句的表态度的名词	hope, fear, view
构成to-不定式的言语动词	ask, claim, show
构成to-不定式的愿望类动词	agree, hope, intent, prefer
构成to-不定式的概率类动词	appear, seem, tend
构成to-不定式的立场类形容词	certain, worried, appropriate, difficult, easy
构成to-不定式的立场类名词	claim, possibility, assumption, fact

(二) 句法

句子是我们表达抽象思想的方式,因此句法的研究是理解跨学科科学家进行交流和互动的重要基础。语法作为标准能够帮助生成集合中的每个元素,也就是该语言中无限多的语句。而句法学就是语法中关于短语和句子的构成方式以及背后的逻辑依据,是语言学的一个分支学科,描述人们如何遣词造句以及将脑中的想法转化输出为言语,这些与认知科学相关联:句子是由一组潜意识的过程产生的,因此也是探究跨学科科学家作为个人的思维方式和作为规范的学术语篇规范如何融合以及取舍的重要切入点。

句子中的单词(words)被分组为单位(unit),称为成分(constituent),并且这些成分可以被分组为较大的成分,依此类推,直到得到句子为止。这些成分被镶嵌在层级结构(hierarchical structure)的形式中,表现为语法树的形式组织。如果以特定方式绘制语法树,则需要统一的规则来生成该树:短语结构规则(PSR),根据结构规则,可以生成句子的短语结构树[1]。汉语中

---

[1] Carnie, A., *Syntax: A Generative Introduction*, New Jersey: John Wiley & Sons, 2012.

的基本结构关系有主谓关系、动宾关系、补充关系、并列关系、偏正关系,英文中的短语结构有名词短语(NPs)、形容词短语(AdjPs)、副词短语(AdvPs)、介词短语(PPs)、动词短语(VPs)、连词(conjunction)及以上这些结构组织而成的从句,层次结构的句法分析树如图2-1-5所示。

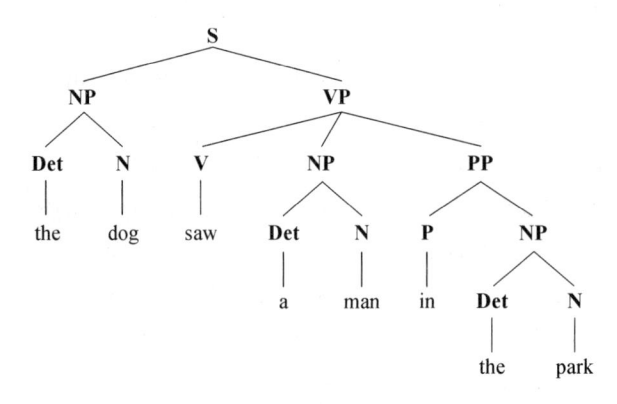

```
                    S
           ┌────────┴────────┐
          NP                 VP
        ┌──┴──┐        ┌─────┼─────┐
       Det    N        V    NP     PP
        │     │        │  ┌──┴──┐ ┌─┴──┐
       the   dog      saw Det   N P    NP
                          │     │ │  ┌─┴─┐
                          a    man in Det  N
                                      │    │
                                     the  park
```

图 2-1-5 英文成分句法解析树

(三) 篇章特征

篇章逻辑体现了论文内容的组织逻辑,主要发挥链接、压缩和阐述信息的功能。学术论文的撰写标准需要符合国际标准/期刊标准,还需符合科学家目标发表期刊的标准。

英文论文的主体部分一般由这些功能性小节组成:引言(Introduction)、方法(Method)、结果(Results)、讨论(Discussion),如图2-1-6所示。但也存在着其他几种变体形式:ILM[RD]C[引言—文献综述—方法—(结果—讨论)—总结],IM[RD]C[引言—方法(结果—讨论)总结],IMRDC(引言—方法—结果—讨论—总结),ILMRDC(引言—文献综述—方法—结果—讨论—总结),ILMRD(引言—方法—结果—讨论)。

> Introduction 〉 Method 〉 Results 〉 Discussion

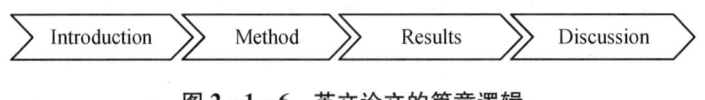

图 2-1-6 英文论文的篇章逻辑

无论主题如何,良好的定量研究都从理论上对实验和观察结果进行分析和综合,加以阐明、推理和评价。论文成分之间具有一致性,逻辑上的证据线索和透明度则清楚地展示了如何选择、搜集、编码、分析和解释数据。将这些特征联系在一起的线索是篇章逻辑的一致性,这确保了科学家提供合理或充分的证据,得出对读者有意义且合理的结论。引言通过论述研究主题存在一些知识空白来说明进行的研究是必要且有价值的;方法交代了科学家的实验方法,论述实验数据的代表性,在实验方法上避免得到偏误的结果;结果一般使用统计软件包来展示、讨论其研究的结果;讨论揭示此研究结果与其他研究实例是相适应的,以形成连贯的知识体系。不同的科学家、不同学科的科学家会根据其偏好及研究性质来组织其研究成果,就不同的学科主题而言,方法属性更偏经验性的学科与更偏理论性的学科的篇章逻辑有所不同,而跨学科的学科综合了原单一学科的特点,其论文组织逻辑有可能呈现出跨学科科学特有的特征。

二、数据获取、处理及分析过程

(一)数据总体描述

跨学科的产生依托于现实问题的研究和解决。首先,为了解决现实应用问题,量化金融以及计算语言学使用了超出金融及语言学两个单学科的理论、方法及技术工具,而从时代背景及现实应用的热度和成就来说,这两个学科是当今跨学科交流比较有代表性的学科。随着深度学习以及计算机硬件取得重大突破,从2016年开始再次掀起人工智能热潮,在这个背景下,计算语言学这个领域以人工智能的方式处理人类层次的理解与自然语言的产出,谷歌(Google)开发的Bert模型,可以应用于各种自然语言处理(NLP)任务;除此之外各大互联网公司在人们生活中的各种使用场景落地,在医疗服务、风险管理等领域也有非常大的贡献;而金融工程学以数学、计算机以及人工智能作为其研究的主要路径,其现实成就从华尔街的各大投行以及对冲基金对于量化金融工具的广泛使用以及在人才招聘中给予量化金融类人才的超高薪水可见一斑;国外对冲基金比如Two Sigma,国内的顶尖对冲基金,比如幻方九坤,都在管理规模和收益水平上有着卓越表现。

经过对金融工程领域28位科学家的514篇论文数据的处理,得到总计189 940个句子,平均每篇372.40句,平均每人词汇73 973.86个,平均每人每篇3 587.47词,平均每人每篇每句9.71词,数据统计如表2-1-3所示。

表2-1-3 表示立场的词汇统计

科学家姓名	文献数量	总句子数量	平均每篇句子数量	总词汇数量	平均每篇词汇数量	平均每篇每句词汇数量
ALOS E	23	5 934	258.00	74 220	3 226.96	12.51
BANK P	22	9 273	421.50	106 540	4 842.73	11.49

续　表

科学家姓名	文献数量	总句子数量	平均每篇句子数量	总词汇数量	平均每篇词汇数量	平均每篇每句词汇数量
BJORK T	16	5 859	366.19	49 453	3 090.81	8.44
BORMETTI G	12	3 567	297.25	22 613	1 884.42	6.34
CETIN U	16	5 679	354.94	55 596	3 474.75	9.79
CONT R	33	12 562	380.67	220 085	6 669.24	17.52
CREPEY S	12	4 689	390.75	29 676	2 473.00	6.33
DAI M	26	8 713	335.12	113 359	4 359.96	13.01
DOLINSKY Y	18	6 878	382.11	69 771	3 876.17	10.14
EL KAROUI N	15	6 352	423.47	45 788	3 052.53	7.21
FILIPOVIC D	34	13 629	400.85	232 154	6 828.06	17.03
FREY R	10	4 392	439.20	23 743	2 374.30	5.41
GATHERAL J	10	3 426	342.60	20 020	2 002.00	5.84
GEMAN H	17	4 149	244.06	38 808	2 282.82	9.35
GUASONI P	25	9 917	396.68	132 790	5 311.60	13.39
HENDERSON V	27	9 333	345.67	132 736	4 916.15	14.22
JACQUIER A	13	6 036	464.31	42 186	3 245.08	6.99
KALLSEN J	26	9 458	363.77	127 973	4 922.04	13.53
KELLER-RESSEL M	12	4 684	390.33	27 538	2 294.83	5.88
LEUNG T	24	10 356	431.50	121 577	5 065.71	11.74
LORIG M	11	4 579	416.27	29 950	2 722.73	6.54
MADAN DB	15	2 678	178.53	18 951	1 263.40	7.08
NUTZ M	17	8 278	486.94	74 874	4 404.35	9.04
OKSENDAL B	25	6 659	266.36	89 160	3 566.40	13.39
ROBERTSON S	12	5 049	420.75	33 326	2 777.17	6.60
SONER HM	15	7 410	494.00	57 510	3 834.00	7.76
TAKAHASHI A	13	4 101	315.46	28 903	2 223.31	7.05
ZUMBACH G	15	6 300	420.00	51 968	3 464.53	8.25
总　计	514	189 940	372.40	2 071 268	3 587.47	9.71

　　对计算语言学入选的 23 位科学家的 233 篇论文数据进行处理,得到总计 74 209 个句子,平均每篇 315.33 句,平均每人词汇 35 165.74 个,平均每人每篇 3 349.66 词,平均每人每篇每句 10.81 词,数据统计如表 2-1-4 所示。

表 2-1-4　计算语言学文本数据基本统计：词汇数量、句子数量

科学家姓名	文献数量	总句子数量	平均每篇句子数量	总词汇数量	平均每篇词汇数量	平均每篇每句词汇数量
AALTONEN O	8	2 163	270.38	35 956	4 494.50	16.62
ARAUJO L	11	3 669	333.55	42 509	3 864.46	11.59
ASHER N	12	4 022	335.17	54 646	4 553.83	13.59
CARBERRY S	7	2 032	290.29	20 334	2 904.86	10.01
CASACUBERTA F	9	2 631	292.33	26 940	2 993.33	10.24
DALE R	10	2 871	287.10	25 071	2 507.10	8.73
FRANCEZ N	24	8 137	339.04	115 864	4 827.67	14.24
GILDEA D	7	2 020	288.57	24 843	3 549.00	12.30
GROSZ BJ	7	1 928	275.43	24 768	3 538.29	12.85
HEARST MA	15	4 143	276.20	37 130	2 475.33	8.96
JOHNSON M	10	2 130	213.00	27 263	2 726.30	12.80
KEHLER A	9	2 663	295.89	26 195	2 910.56	9.84
KIM JB	11	2 997	272.45	52 309	4 755.36	17.45
KORHONEN A	9	2 852	316.89	25 135	2 792.78	8.81
LAPATA M	6	1 724	287.33	19 397	3 232.83	11.25
LIU Y	12	3 558	296.50	35 919	2 993.25	10.10
MERLO P	9	3 061	340.11	23 807	2 645.22	7.78
NEDERHOF MJ	8	3 021	377.63	25 789	3 223.63	8.54
PASSONNEAU RJ	10	3 586	358.60	30 109	3 010.90	8.40
RADEV DR	7	2 278	325.43	20 725	2 960.71	9.10
SPROAT R	7	2 692	384.57	21 044	3 006.29	7.82
TANAKA-ISHII K	16	6 550	409.38	67 142	4 196.38	10.25
WEDEKIND J	9	3 481	386.78	25 917	2 879.67	7.45
总　　计	233	74 209	315.33	808 812	3 349.66	10.81

对比来看,绝对值层面计算语言学的样本数量要少于金融工程学,但均值层面平均每篇词汇量以及平均每人每句 10.81 的词汇数量比金融工程学多出 1.1 个。

（二）文本数据预处理

文本数据的预处理遵循以下步骤。第一步,在获取到论文的 PDF 形式之后,将 PDF 转为 TXT 形式,得到语料数据的原始文本。英文文本的预处理方法和中文的有部分区别:由于文本处理的语料来源是英文,可以通过

空格完成分词处理，无须借助其他的第三方库来完成，中文需要借助自然语言处理库来完成词的划分；另外，英文文本的编码不像汉字需要考虑不同编码的转换问题。第二步，去除因为 PDF 转换为 TXT 格式文件而产生的乱码和标点问题，去除参考文献及摘要之前的文本要素，仅保留摘要、正文部分。第三步，英文文本的预处理需要关注其中特殊的拼写问题，比如字母缺失这种错误"My nam is ××"，为了确保后续数据的准确性，需要提前进行修正处理。这部分用 pyenchant 类库完成。第四步，对文本数据进行词干提取（stemming）和词形还原（lemmatization），英文中存在时态和语态，需要还原得到单词的原始形态。比如，"faster" "fastest"都变为"fast"，"leafs" "leaves"都变为"leaf"，这一部分用 NLTK（自然语言处理工具）来进行词干提取和词形还原。第五步，由于英文单词有大小写之分，像"Home"和"home"是一个词，避免后期在进行统计时出现偏误，因此一般需要将所有的词都转化为小写，这部分直接用 Python 的字符串进行函数处理。

（三）文本数据分析

具体的数据分析流程如图 2-1-7 所示，对每位科学家的有效论文文本数据以篇章为单位进行处理，首先提取其各小节的标记，记录各小节的命名；然后对每篇论文的语料做分句处理，对每个句子的词汇数量进行统计；然后对每个句子进行分词，做特殊词汇的规则匹配；再在分词的基础上完成词性标注，同时记录词性频率数据，最后进行成分句法解析，记录每一个句子的语法树高度的数据，最后以语篇为单位汇总得到每位科学家用语特征的数据。

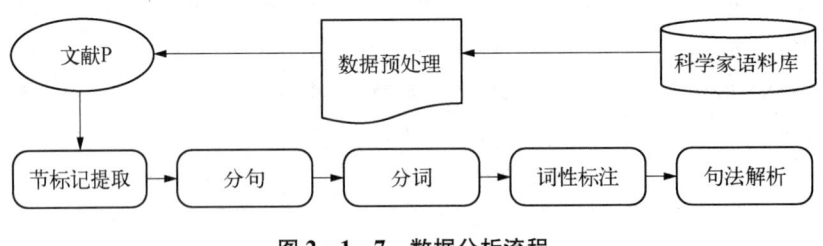

图 2-1-7 数据分析流程

三、用语特征的对比分析

（一）正式科学交流词汇使用特征

1. 金融工程学

（1）词汇长度

词汇长度和词汇复杂度有相当程度的相关性，因此词汇的平均长度在一定程度上反映了科学家的用词复杂度特征。在剔除因 PDF 文本格式产生的无效符号单字母之后，词汇长度的统计更具说服力，如图 2-1-8 所示，所有 28 位科学家每人词汇整体均值长度 5.8 个字母，标准差 0.13 个，整体偏离均值程度较小。在分组对照分析中，在 2000 年之前开始任教的科学家组均值、极大和极小值样本都高于 2000 年之后的两个年龄组；教授组均值 5.9 个，要高于副教授组的 5.82 个；性别对照组，男性科学家极大值要高于女性科学家，但是女性科学家均值略高于男性科学家。论文用词长度一方面反映了科学家对于长难词的偏好，另一方面有学科因素的成分在其中，虽然便于机器识别和统计，但只能以数字直观粗略反映词汇的丰富度和复杂度，因此需要进一步分析词汇的其他层面——词性分布和特殊词汇。

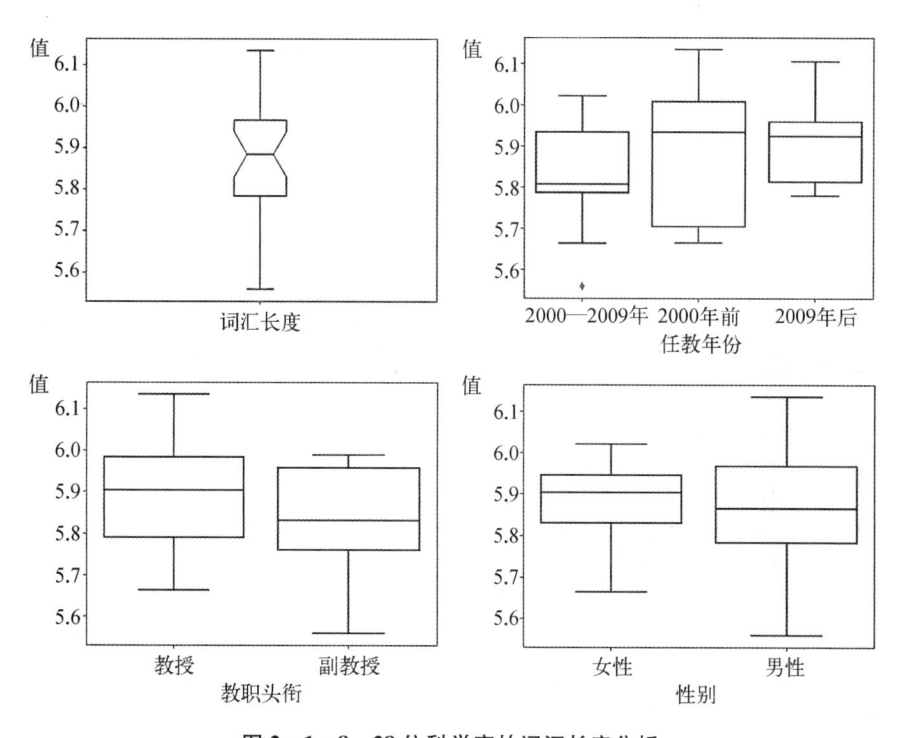

图 2-1-8 28 位科学家的词汇长度分析

（2）大类词性

之所以区分出大类词性，是因为相较于一些边缘词性，这些大类词汇的适用范围更广、使用频率更高，因此单独列出来统计使得研究者对该科学家用词风格基础词性的分布能有基本认知。总体来看，普通名词的使用频率远远高于形容词和副词的使用频率，普通名词的篇出现频率约是形容词的

3.8倍,约是副词的8.6倍,三者呈现1∶3.8∶8.6的比例。分组差异方面,如图2-1-9所示,男性科学家和女性科学家在普通名词、形容词和副词这三类大类词性中普通名词使用的绝对值差距最大,男性科学家平均每篇2 103.54个普通名词,女性科学家平均每篇1 844.50个普通名词,其次是副词,男性科学家平均每篇使用副词246.16个,高于女性科学家的196.47个,形容词两组的差距最小,约46个。由图2-1-10可知,在由开始任教年份得到的年龄段分组中,2009年之后任教的科学家使用了最多的名词、形容词以及副词,其次是2000年至2009年之间的分组,最后是2000年之前的组别。如图2-1-11所示,在教职头衔类别差异中,副教授组要比教授组使用了更多名词,平均每篇高出约343个,形容词和副词的使用,副教授组平均高出教授组约58个和48个。

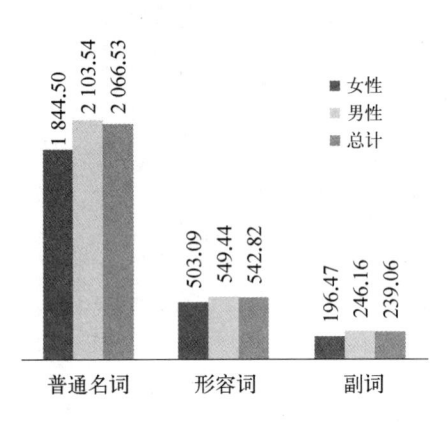

图2-1-9 基于性别的大类词性使用频率分析

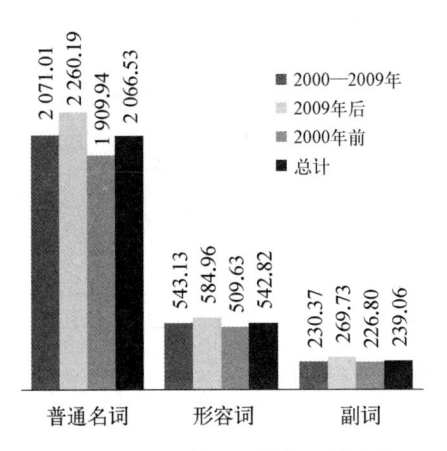

图2-1-10 基于任教年份的大类词性使用频率分析

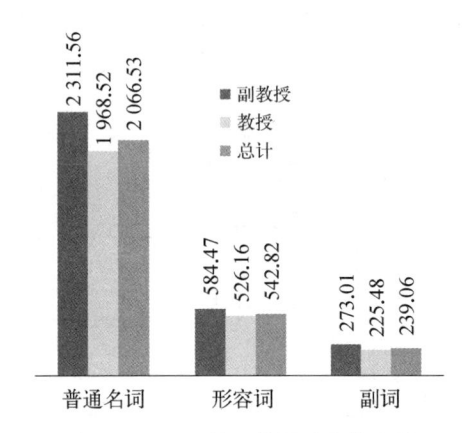

图2-1-11 基于教职头衔的大类词性使用频率分析

(3) 比较级与最高级类

比较级和最高级用来描述两个事物之间的差异,具有修饰其他词性的词性会有比较级的用法,在论文写作情境中用以比较实验样本、数据的质性和量性的差异。总体看来,形容词比较级的使用频率明显高于程度副词、形容词最高级以及副词最高级。关于分组差异,各组差异明显,如图2-1-12所示,男性科学家和女性科学家在形容词比较级使用上的差别最大,男性科学家平均每篇使用 51.15 个形容词比较级，女性科学家平均每篇使用 38.67 个形容词比较级。另外，两组在副词最高级使用上差异微小，女性科学家平均每篇使用 6.15 个形容词最高级，高于男性科学家的 5.49 个。在教职头衔类别差异中，如图 2-1-13 所示，副教授组要比教授组使用了更多的形容词比较级，平均每篇高出约 15 个，程度副词和副词最高级的使用差异微小。另外在由开始任教年份得到的年龄段分组中，如图 2-1-14 所示，2000 年前开始任教的科学家的形容词比较级数量远少于其他组。

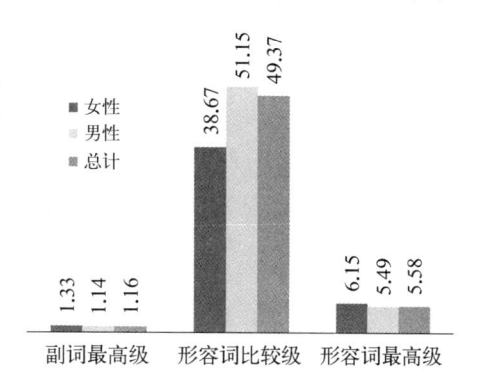

图 2-1-12 基于性别的比较级和最高级词汇使用频率分析

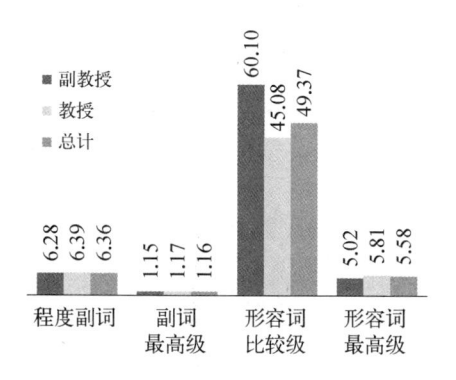

图 2-1-13 基于教职头衔的比较级和最高级词汇使用频率分析

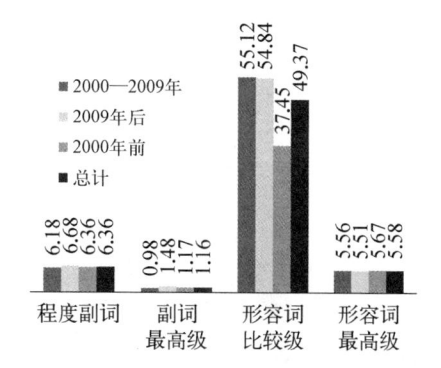

图 2-1-14 基于任教年份的比较级和最高级词汇使用频率分析

（4）代词类

代词在语言学和语法学中是代替名词或名词短语的词，也指起名词作用的短语和句子的词。在英文中，代词使用是非常广泛的，它包含人称代词、物主代词、反身代词、指示代词、疑问代词、关系代词和不定代词。代词的特点是它们必须从上下文来确定，因为其本身的词义比较弱；代词从功能上可以单独取代名词的位置，也可起到修饰某个语法成分的作用，在论文写作情境中具有指称、辅助成句的功能。本章统计了存在词汇 there、人称代词以及物主代词的使用频率。从总体分布分析，人称代词的使用频率大于物主代词、存在词汇 there 的使用频率。关于分组差异，性别组中，如图 2-1-15 所示，男性科学家比女性科学家使用了更多的人称代词，男性科学家平均每篇使用 132.90 个人称代词，比女性科学家多出约 8 个。在教职头衔类别差异中，如图 2-1-16 所示,副教授组要比教授组使用了更多的人称代词,平均每篇高出约 28 个,物主代词的使用差异微小。另外在由开始任教年份得到的年龄段分组中,如图 2-1-17 所示,2009 年后开始任教的科学家的人称代词使用频率也高于其他年龄组。在这 28 位金融工程学科科学家中,人称代词的使用差别较大,男性科学家相较于女性科学家使用得更多,副教授相较于教授使用得更多,更为年轻的科学家使用得更多。

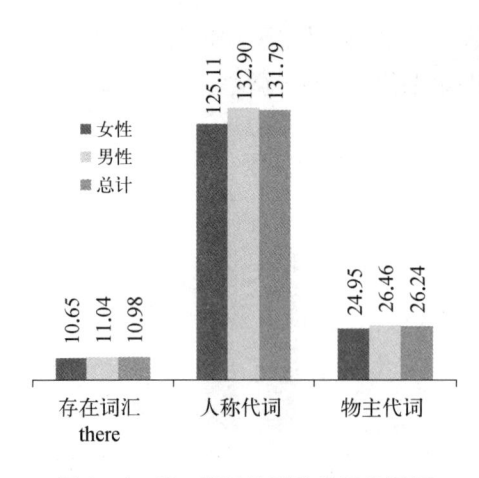

图 2-1-15 基于性别的代词类词汇使用频率分析

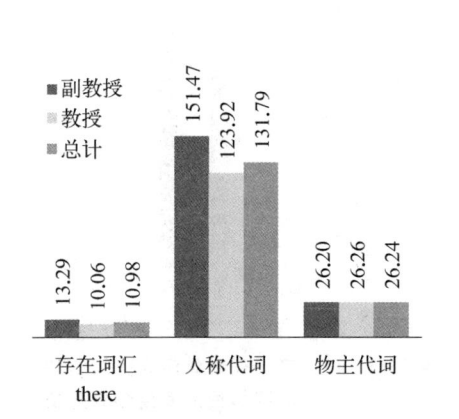

图 2-1-16 基于教职头衔的代词类词汇使用频率分析

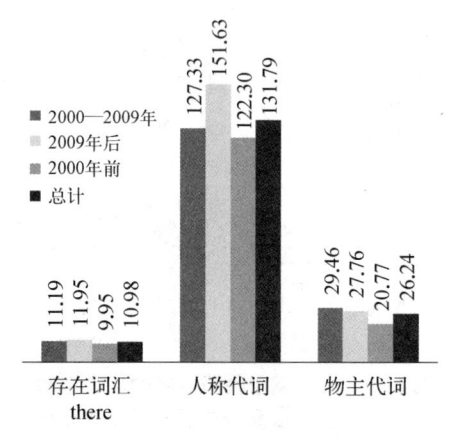

图 2-1-17 基于任教年份的代词类词汇使用频率分析

(5) Wh 词汇类

Wh 开头的副词如 When(何时)、Where(何地)、Why(为什么)、Wherever(无论何处),Wh 开头代词的所有格如宾格 Whom(谁)、所有格 Whose(谁的);Wh 开头的限定词包括指示限定词、疑问限定词和关系限定词,例如 What(什么)、Which(哪个),Wh-词可以出现在直接问题和间接问题中,并且它们用于开始语句,Wh-词也被称为疑问词、Wh-代名词和融合关系词,因此统计 Wh-词的频率可以比问句符号更能反映出疑问句的比例。Wh 开头的限定词和 Wh 开头的副词使用频率每篇都大于 35 个。考虑不同因素带来的指标差异,在由开始任教年份得到的年龄段分组中,如

图 2-1-18 所示,2000 年之前开始任教的科学家的 Wh 开头的副词、限定词以及代词的所有格使用频率均低于其他年龄组。在教职头衔类别差异中,如图 2-1-19 所示,副教授组要比教授组使用更多的 Wh-词汇,其中,副教授组比教授组多出了约 8 个每篇的 Wh 开头的副词和限定词,但代词所有格的使用差异较小。性别因素的分组,如图 2-1-20 所示,Wh 开头的副词、限定词使用频率方面,男性科学家比女性科学家使用得更多,男性科学家平均每篇分别为 36.42 个、35.79 个,女性科学家平均每篇分别为 33.11 个、32.23 个。

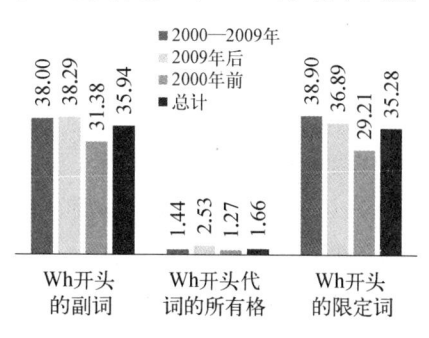

图 2-1-18 基于任教年份的 Wh 类词汇使用频率分析

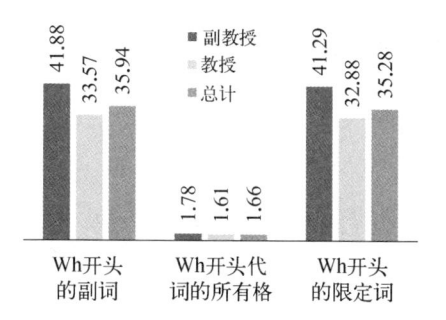

图 2-1-19 基于教职头衔的 Wh 类词汇使用频率分析

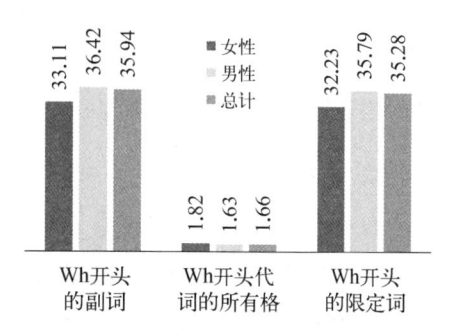

图 2-1-20 基于性别的 Wh 类词汇使用频率分析

(6) 特殊词汇频率

在特殊词汇分析的过程中考察了表示必要的、表示可能的以及表示预测的功能性情态动词和立场类特殊词汇的分布。这 28 位金融工程领域的跨学科科学家的论文总体呈现出以下特征:较多使用表示可能的情态动词,平均每篇 32.29 个;表示预测的情态动词使用频率不低,平均每篇 13.60 个;因果及推论证明类词汇、表示概率的立场类词汇、表示必要的情态动词、表示事实的词汇频率相当,平均每篇分别出现次数为 5.79 个、5.64 个、5.43 个和 5.09 个;表示立场的副词、表示立场的形容词、构成 to-不定式的言语动词使用相对较少,平均每篇 1.85 个、1.18 个以及 1.73 个;引导 that-从句的表态度词和表愿望的词汇使用非常少,平均每篇出现 0.03 个、0.08 个。接下来分析科学家的身份标签对以上词汇分布特征的影响,综合除学科因素之外的其他因素,提炼出这 28 位金融工程学科的跨学科科学家的特殊词汇的使用特征、规律。

① 根据性别分组进行对照分析

男性科学家和女性科学家对这些词汇的使用情况存在差异,男性科学家相对女性科学家较多使用因果及推论证明类词汇、表示必要的情态动词、表示概率的立场类词汇、表示预测的情态动词、表示可能的情态动词、表示事实的词汇,如图 2-1-21 所示。情态动词方面,男性科学家平均每篇分别使用了 5.70 个、32.63 个以及 13.69 个表示必要的、表示可能的以及表示预测的功能性情态动词,而女性科学家则分别使用了 3.77 个、30.26 个和 13.04 个,男性科学家比女性科学家平均多出 1.93 个、2.37 个和 0.65 个;关于表示立场的形容词,男性科学家使用了 1.09 个,女性科学家则使用了 1.70 个,女性科学家比男性科学家多出 0.61 个;此外,构成 to-不定式的言语动词这一项,女性科学家每篇使用 1.92 个,比男性科学家多出 0.23 个。另外,在引导 that-从句的表态度词和表愿望的词汇方面,男性科学家和女性科学家的使用频率都非常低,相对差距也较小,具体见图 2-1-22。

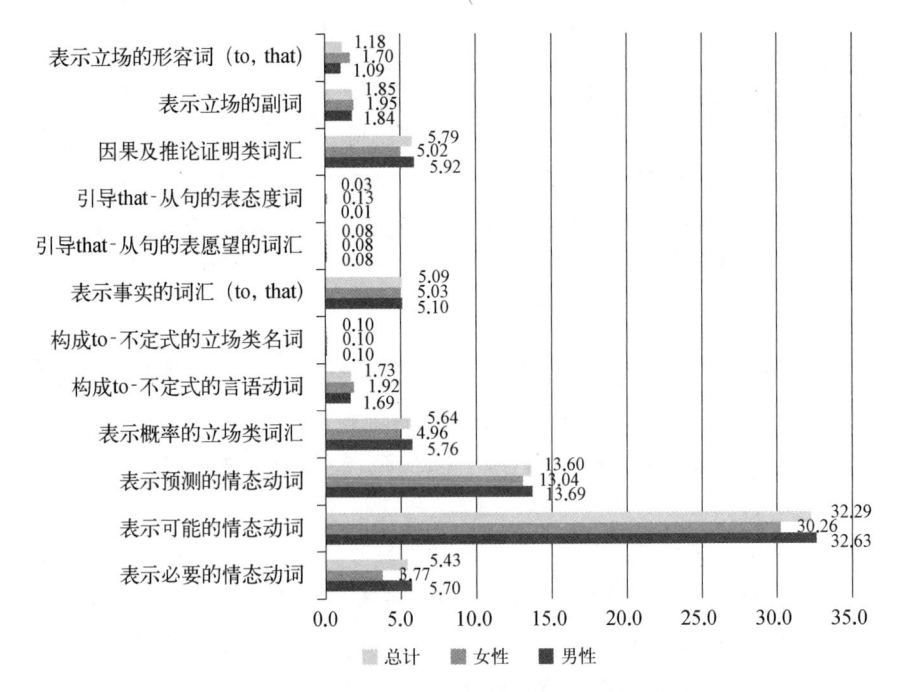

图 2-1-21 性别不同的科学家每篇文章特定词汇的频率

约翰逊(Johnson)和梅因霍夫(Meinhof)编辑的著作《语言和阳刚之气》(*Language and Masculinity*)的出版,使人们对语言使用的研究在 1997 年达

	表示必要的情态动词	表示可能的情态动词	表示预测的情态动词	表示概率的立场类词汇	构成to-不定式的言语动词	构成to-不定式的立场类名词	表示事实的词汇(to, that)	引导that-从句的表愿望的词汇	引导that-从句的表态度词	因果及推论证明类词汇	表示立场的副词	表示立场的形容词(to, that)
■差	1.93	2.37	0.65	0.80	−0.23	0.00	0.07	0.00	−0.12	0.90	−0.11	−0.61

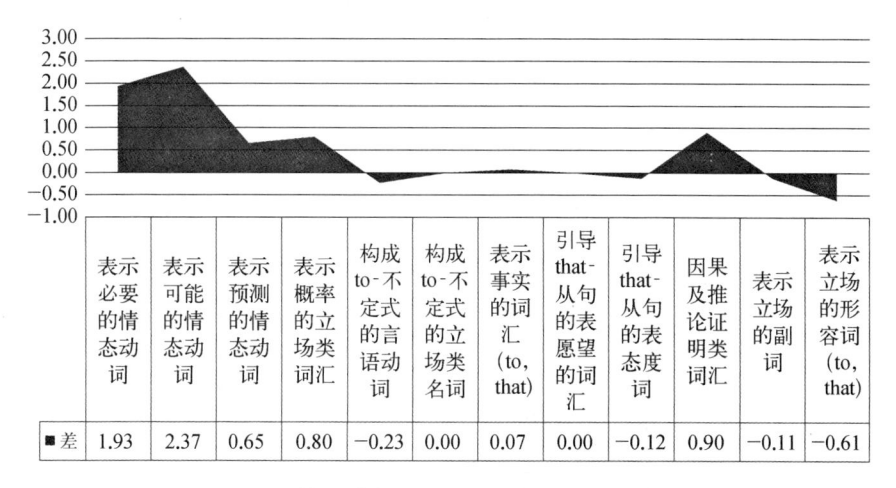

图 2-1-22　男性科学家对比女性科学家的特殊词汇使用差别

到了一个高峰。在有关男性话语的研究中,坦恩(Tannen)确定了一种模式,涉及范围很广:男性倾向于以话语的方式担任专门知识或权威的角色。例如,科茨(Coates)报告说,根据广泛的女性与男性友好对话的语料,男性更有可能担任专家的角色,而女性则更有可能避免担任这一角色。她发现,在男人之间的交谈中,男人轮流发表独白(有些颇为广泛),讲述自己是专家的话题。例如,在一次对话中,这些人谈论的是"自制啤酒"、高保真设备、电影放映机和从一台切换到另一台的逻辑。这样,每个人都会成为专家。

② 根据任教开始时间分组进行对照分析

任教开始时间不同的科学家在这些词汇的使用情况方面也存在差异,这种差异来源于年龄和科研经验的差别。对 28 位科学家依据任教开始时间进行分组:第一组是 2000 年前进入机构任教的 9 位科学家,第二组包括 12 位 2000—2009 年任教的科学家,2009 年后任教的 7 位科学家为第三组。情态动词方面,任教时间第一组平均每篇分别使用了 6.42 个、30.33 个以及 11.87 个表示必要的、表示可能的以及表示预测的功能性情态动词,而任教时间第二组则分别使用了 4.91 个、31.28 个和 14.27 个,任教时间第一组比任教时间第二组分别多出 1.51 个,少了 0.95 个、2.4 个;关于立场类词汇,引导 that 和构成 to 不定式的形容词方面,任教时间第一组使用了 1.30 个,任教时间第二组使用了 1.20 个,任教时间第三组则使用了 0.99 个,任教时间第一组比任教时间第三组多出了 0.31 个;表示概率的立场类词汇第一组使用了 5.47 个,第二组使用了 5.38 个,第三组则使了 6.32 个,任教时间第三组比任教时间第二组多出 0.94 个;此外,构成 to-不定式的言语动词这一项,任教时间第二组的篇使用频率最高,为 1.90 个,具体见图 2-1-23。

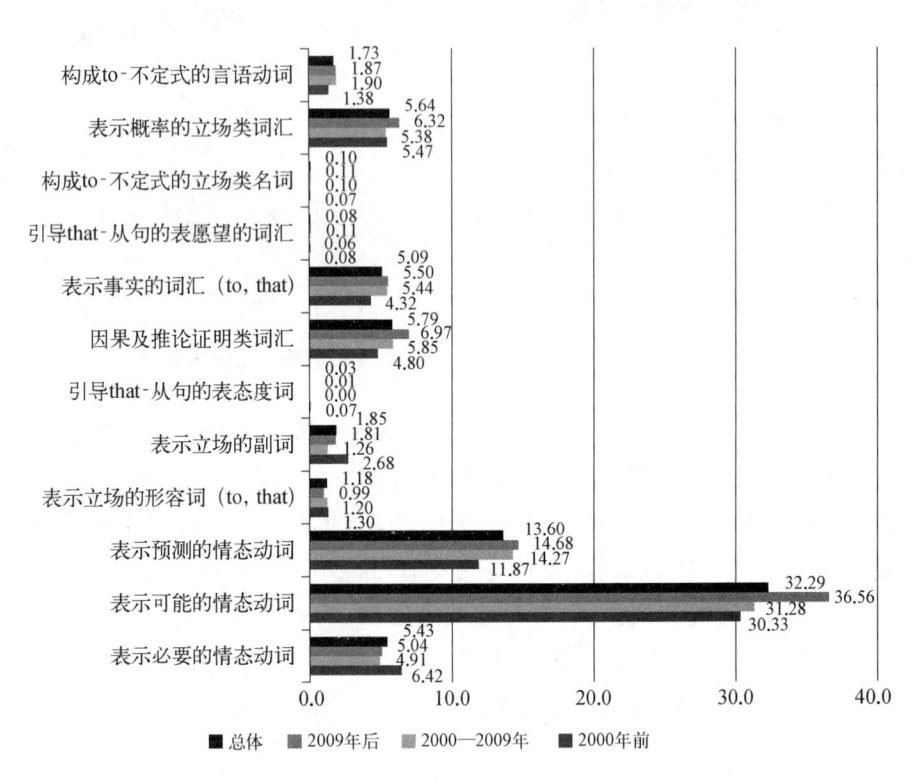

图 2-1-23 任教开始时间不同的科学家每篇文章特定词汇的频率

③ 根据教职头衔分组进行对照分析

教职不同的科学家在这些词汇的使用情况方面也存在差异,对 28 位科学家的教职进行分组:第一组是教授组,第二组是副教授组(包含一位高级讲师)。情态动词方面,教授组平均每篇分别使用了 5.42 个、32.44 个以及 12.47 个表示必要的、表示可能的以及表示预测的情态动词,而副教授组则分别使用了 5.03 个、32.02 个和 15.68 个,分别少 0.39 个、0.42 个和多 3.21 个;关于表示立场的形容词,教授组使用了 1.29 个,副教授组则使用了 1.08 个,副教授组比教授组少了 0.21 个;因果及推论证明类词汇教授组使用了 5.46 个,副教授组则使用了 8.33 个,副教授组比教授组多 2.87 个;此外,关于表示事实的词汇,副教授组使用了 5.60 个,比教授组多出 0.7 个,具体见图 2-1-24。

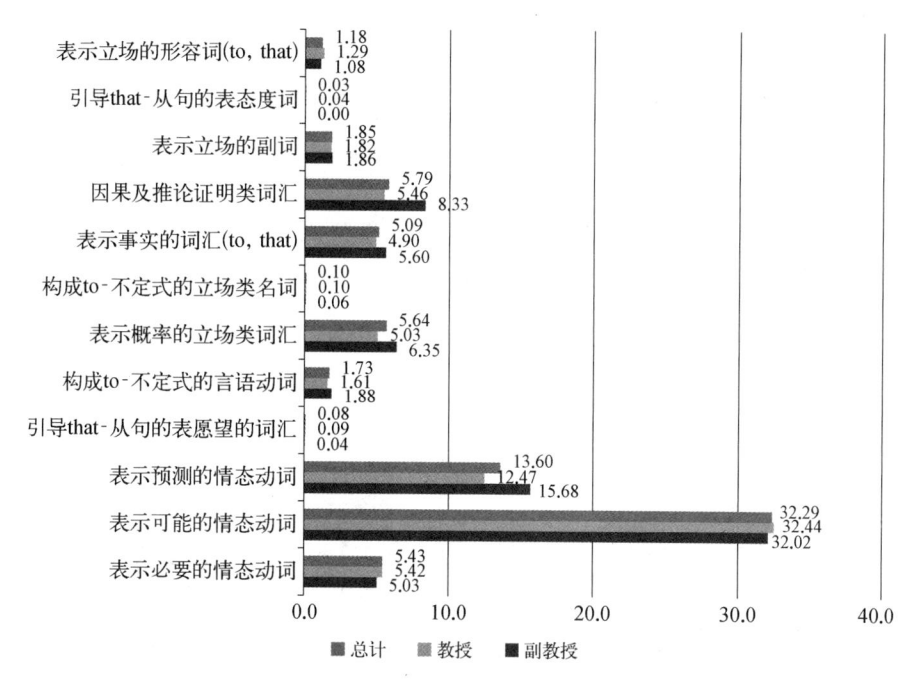

特定词汇类别	总计	教授	副教授
表示立场的形容词(to, that)	1.18	1.29	1.08
引导that-从句的表态度词	0.03	0.04	0.00
表示立场的副词	1.85	1.82	1.86
因果及推论证明类词汇	5.79	5.46	8.33
表示事实的词汇(to, that)	5.09	4.90	5.60
构成to-不定式的立场类名词	0.10	0.10	0.06
表示概率的立场类词汇	5.64	5.03	6.35
构成to-不定式的言语动词	1.73	1.61	1.88
引导that-从句的表愿望的词汇	0.08	0.09	0.04
表示预测的情态动词	13.60	12.47	15.68
表示可能的情态动词	32.29	32.44	32.02
表示必要的情态动词	5.43	5.42	5.03

图 2-1-24 教职不同的科学家每篇文章特定词汇的频率

2. 计算语言学

（1）词汇长度

计算语言学所有 23 位科学家，每人词汇长度整体均值 6.1 个字母，标准差 0.15 个，整体偏离均值程度较小，但是词汇长度的均值和偏离程度都要高于金融工程学的 28 位科学家。在分组对照分析中，和金融工程组一样，在 2000 年之前开始任教的科学家组均值、极大值和极小值样本都高于 2000 年之后的两个年龄组，且更为显著；计算语言学教授组均值长度 6.1 个字母，也高于副教授组的 6 个字母；性别方面，和金融工程学科相反的是，女性科学家的极大值要高于男性科学家，但是均值和男性科学家持平，具体见图 2-1-25。

（2）大类词性

从总体来看计算语言学的样本，普通名词的使用频率远远高于形容词和副词的使用频率，普通名词的篇出现频率约是形容词的 2.7 倍，约是副词的 6.1 倍，三者呈现 1∶2.7∶6.1 的比例，相较于金融工程学的各指标的差距要更小。性别因素方面，如图 2-1-26 所示，男性科学家和女性科学家形容词的篇使用频率的绝对值差距最大，男性科学家平均每篇 556.77 个形容词，相较于女性科学家多出约 45 个，但是女性科学家的副词使用要比男

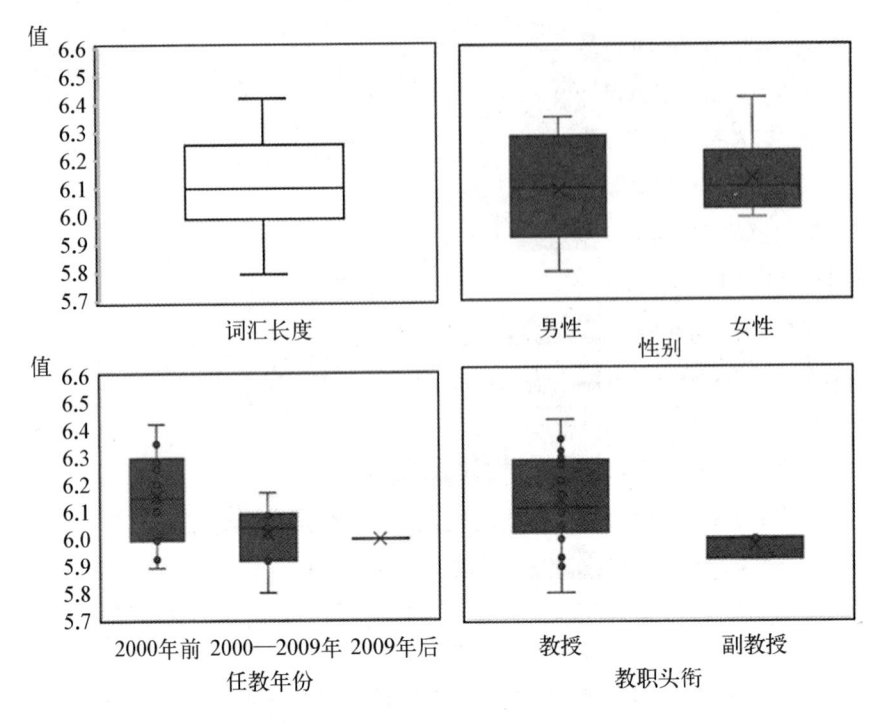

图 2-1-25 23位科学家的词汇长度分析

性科学家多出约 13 个,也不存在金融工程学科学家在普通名词方面的巨大差异。但是在教授和副教授的分组中,如图 2-1-27 所示,三大词类的指标差别都较为明显,教授组平均每篇使用普通名词 1 637.17 个,高于副教授组的 1 398.86 个,副词两组的差距最小,约 38 个。在由开始任教年份得到的年龄段分组中,如图 2-1-28 所示,跟金融工程学科学家相反的是,2009 年后开始任教的科学家使用了最少的普通名词、形容词以及副词,分别为每篇 1 091.17 个、353.25 个以及 129.83 个,其次是 2000 年前的科学家,相较前者多出 289.74 个、171.48 个以及 99.89 个,三组中最多的则是 2000—2009 年的分组,分别为 1 583.40 个、564.37 个以及 255.47 个。

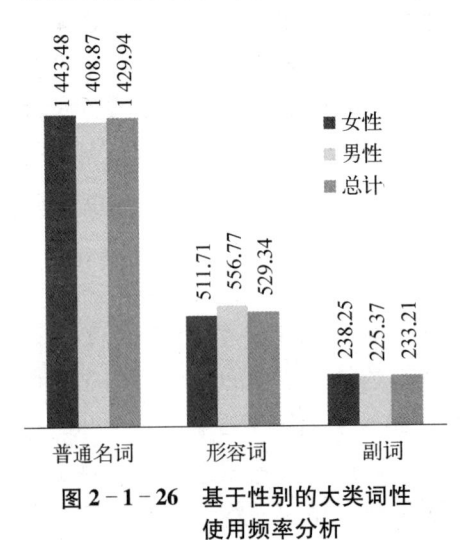

图 2-1-26 基于性别的大类词性使用频率分析

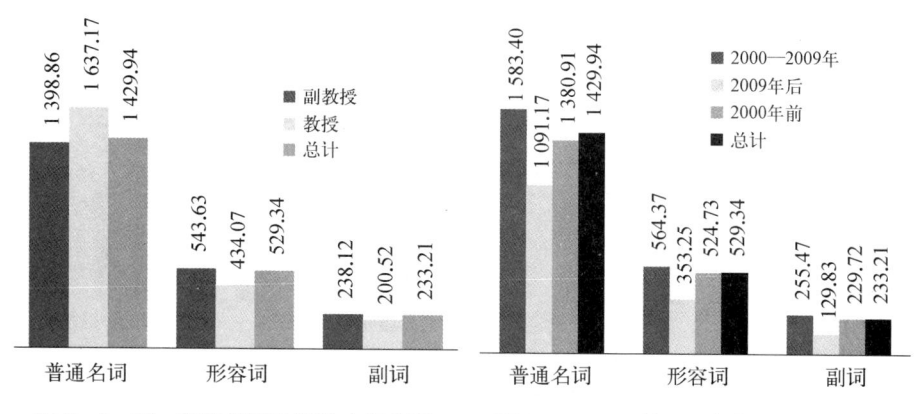

图 2-1-27 基于教职头衔的大类词性使用频率分析

图 2-1-28 基于任教年份的大类词性使用频率分析

（3）比较级与最高级类

从计算语言学的 23 个样本看来，和金融工程学科学家一致的是形容词比较级的使用频率明显高于形容词最高级、程度副词和副词最高级。关于各因素造成的差异，各组的差异也较为明显，形容词比较级使用的差别最大，但和金融工程学科相反，如图 2-1-29 所示，女性科学家要高于男性科学家，女性科学家平均每篇使用 30.10 个形容词比较级，高于男性科学家的 21.40 个；同时，这两组在副词最高级以及形容词最高级的表现上，女性科学家平均每篇的使用频率都要高于男性科学家。在教职头衔类别，如图 2-1-30 所示，和金融工程学科学家的模式是一致的，副教授组要比教授组使用了更多的形容词比较级，平均每篇多出约 3 个，程度副词多出约 5 个，副词最高级多出约 3 个。另外在由开始任教年份得到的年龄段分组中，如图 2-1-31 所示，2009 年之后开始任教的科学家的形容词比较级、程度副词和副词最高级的数量远少于其他组，分别为 18.92 个、5.08 个和 1.58 个；2000—2009 年的科学家在这四类词汇的表现均优于其他两个组。

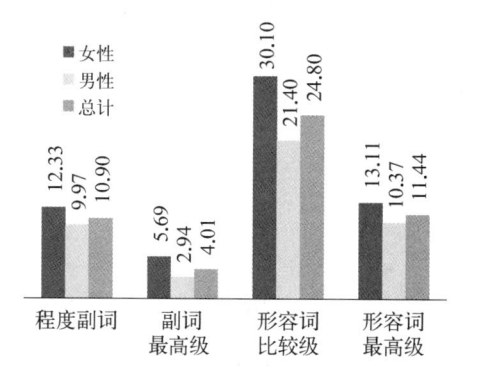

图 2-1-29 基于性别的比较级和最高级词汇使用频率分析

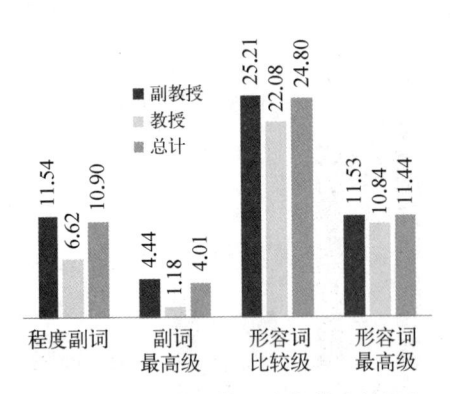

图 2-1-30 基于教职头衔的比较级和最高级词汇使用频率分析

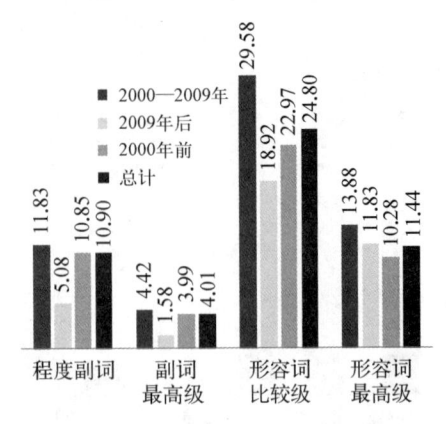

图 2-1-31 基于任教年份的比较级和最高级词汇使用频率分析

(4) 代词类

从计算语言学的总体分布分析,人称代词的使用频率大于物主代词和存在词汇 there 的使用频率,和金融工程学科学家在此项的表现类似。考虑科学家其他的变量造成的差异,如图 2-1-32 所示,性别组男性科学家比女性科学家使用了更多的人称代词和存在词汇 there,平均每篇分别为 119.58 个和 12.70 个,比女性科学家分别多出约 18 个、5 个。至于教职头衔变量,如图 2-1-33 所示,副教授组要比教授组使用了更少的人称代词,这点和金融工程学科学家是不一样的,但差异的数量上要更少,平均每篇少约 9 个;物主代词的使用差异比金融工程学科学家要更大,副教授组要比教授组多出约 11 个。最后,考虑由开始任教年份得到的分组情况,如图 2-1-34 所示,和金融工程学科学家的指标表现相反的是,2009 年之后任教的科学家的人称代词使用频率明显低于其他年龄组。概括下来,人称代词的使用依然差别较大,但是计算语言学 2000—2009 年任职的科学家使用了更多的人称代词、物主代词和存在词汇 there。

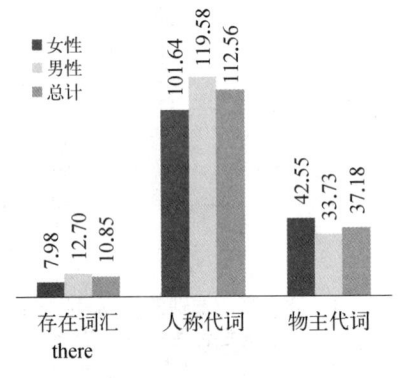

图 2-1-32 基于性别的代词类词汇使用频率分析

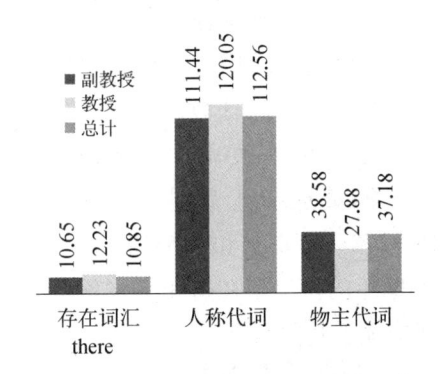

图 2-1-33 基于教职头衔的代词类词汇使用频率分析

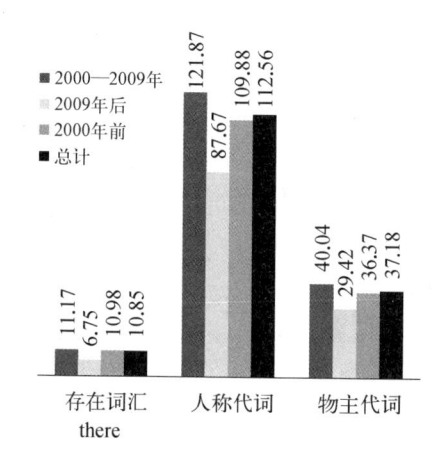

图 2-1-34 基于任教年份的代词类词汇使用频率分析

（5）Wh 词汇类

计算语言学 Wh 开头的限定词和 Wh 开头的副词使用频率没有金融工程学领域那么平衡，Wh 开头的限定词约是 Wh 开头的副词的 2 倍。在教职头衔类别差异中，如图 2-1-35 所示，副教授组要比教授组使用了除所有格之外的更多的 Wh 词汇，其中，多出了约 6 个 Wh 开头的副词和约 4 个 Wh 开头的限定词，代词所有格则少了约 0.6 个。最后分析性别因素的分组，如图 2-1-36 所示，和金融工程学保持一致，Wh 开头的副词、限定词使用频率方面，男性科学家比女性科学家使用得更多，男性科学家平均每篇分别为 24.28 个、54.67 个，比女性科学家平均每篇多出 0.4 个和 6.45 个。

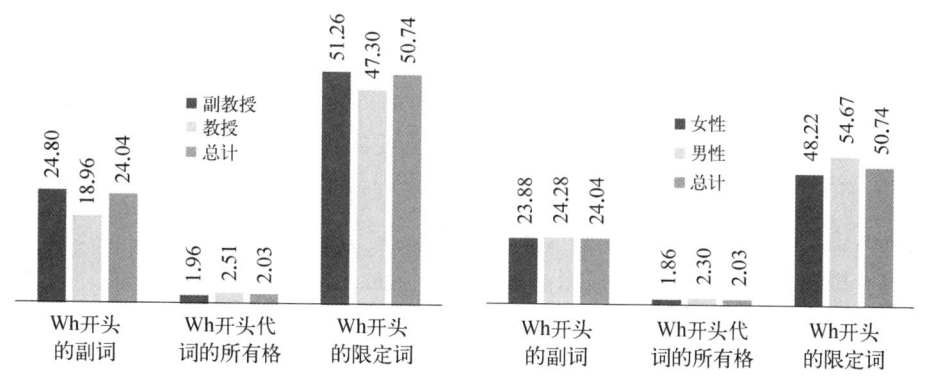

图 2-1-35 基于教职头衔的 Wh 类词汇使用频率分析

图 2-1-36 基于性别的 Wh 类词汇使用频率分析

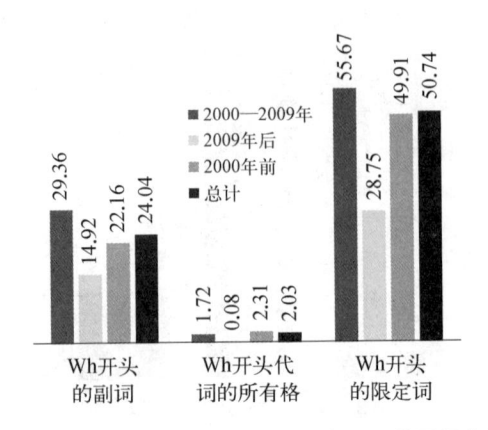

图 2-1-37 基于任教年份的 Wh 类词汇使用频率分析

(6) 特殊词汇频率

在特殊词汇分析这一项,23 位计算语言学领域的跨学科科学家的论文总体呈现出以下特征:较多使用表示可能的情态动词,平均每篇出现 67.91 个,是金融工程学的约 2 倍;使用频率相对较高的还有表示预测的情态动词,平均每篇出现 28.37 个;因果及推论证明类词汇、表示概率的立场类词汇、表示必要的情态动词和表示事实的词汇频率相当,平均每篇分别出现次数为 11.56 个、12.04 个、11.03 个和 12.05 个,均为金融工程学的约 2 倍;表示立场的副词、表示立场的形容词、构成 to-不定式的言语动词同样出现次数比较少,平均每篇出现 3.54 个、2.45 个以及 4.19 个;引导 that-从句的表态度词和表愿望的词汇使用非常少,平均每篇出现 0.05 个、0.18 个。接下来同样分析科学家的身份标签对以上词汇分布特征的影响,进一步消除了学科以外其他因素造成的差异。

① 根据性别分组进行对照分析

金融工程学领域的数据已经表现出这些词汇指标的出现频次在男性科学家和女性科学家之间存在着差异,而在计算语言学领域,男性科学家相对女性科学家的差别如下:较多使用表示必要的情态动词、表示可能的情态动词、因果及推论证明类词汇、表示概率的立场类词汇、表示预测的情态动词、表示事实的词汇;女性科学家则比男性科学家更多使用表示立场的形容词、副词,如图 2-1-38 所示。情态动词方面,男性科学家平均每篇分别使用了 11.89 个、69.75 个以及 28.79 个表示必要的、表示可能的以及表示预测的功能性情态动词,均高于金融工程学学科男性科学家的使用频次。而女性科学家则分别使用了 6.89 个、59.17 个和 26.38 个,平均少了 5 个、10.58 个和 2.41 个。关于表示立场的形容词,男性科学家使用了 2.17 个,女性科学家则使用了 3.77 个,女性科学家比男性科学家多出了 1.6 个;构成 to-不定式的言语动词这一项,女性科学家每篇使用 3.79 个,比男性科学家少 0.48 个。另外,引导 that-从句的表态度词和表愿望的词汇方面,男性科学家和女性科学家的使用频率都非常少,相对差距也同样较小,和金融工程学科学家拥有相同的模式。

词汇类型	总计	女性	男性
表示立场的形容词 (to, that)	2.45	3.77	2.17
表示立场的副词	3.54	3.62	3.52
因果及推论证明类词汇	11.56	10.27	11.83
引导that-从句的表态度词	0.05	0.21	0.01
引导that-从句的表愿望的词汇	0.18	0.18	0.18
表示事实的词汇 (to, that)	12.05	8.99	12.69
构成to-不定式的立场类名词	0.16	0.15	0.16
构成to-不定式的言语动词	4.19	3.79	4.27
表示概率的立场类词汇	12.04	9.53	12.57
表示预测的情态动词	28.37	26.38	28.79
表示可能的情态动词	67.91	59.17	69.75
表示必要的情态动词	11.03	6.89	11.89

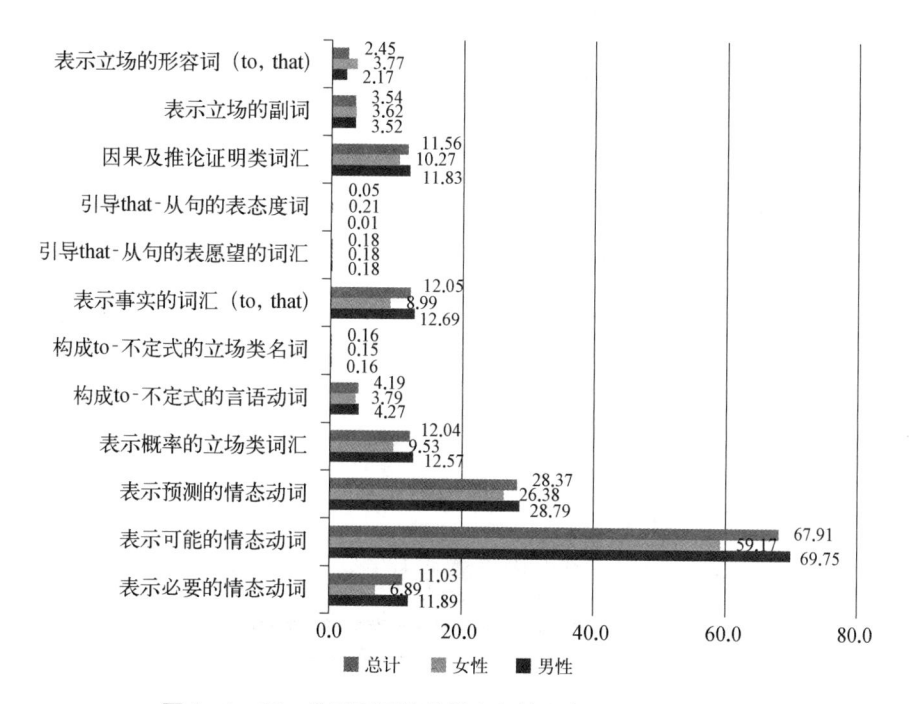

图 2-1-38　性别不同的科学家每篇文章特定词汇的频率

② 根据任教开始时间分组进行对照分析

数据表明在金融工程学领域,任教开始时间不同的科学家对这些词汇的使用情况存在差异,此处对 23 位计算语言学科学家也依据同样的任教开始时间区间进行分组。图 2-1-39 所示是分组对照分析的结果:任教时间第一组(2000 年前)相对任教时间第二组(2000—2009 年)较少使用表示可能的情态动词,较多使用表示预测的情态动词、表示立场的副词和表示概率的立场类词汇。第一组、第二组、第三组(2009 年后)则在表示可能的情态动词(61.26 个、79.97 个、83.33 个)、引导 that-从句的表愿望的词汇(0.16 个、0.17 个、0.50 个)和表示立场的形容词(2.42 个、2.49 个、2.58 个)这几项,呈现随时间递增的趋势;在表示立场的副词这一项呈现随时间递减的趋势,分别为 3.65 个、3.52 个和 1.92 个。极值方面,第三组使用了最多的表示预测的情态动词和表示概率的立场类词汇,为 38.58 个、13.00 个。关于表示事实的词汇,第一组使用了 11.03 个,第二组使用了 14.52 个,第三组则使用了 10.08 个,第二组比第三组多出了 4.44 个;此外,构成 to-不定式的言语动词这一项,第二组的篇使用频率最高,为 5.28 个,高于金融工程组的科学家。因果及推论证明类词汇,第二组比第三组高出 1.15 个,比第一组高出 1.33 个。

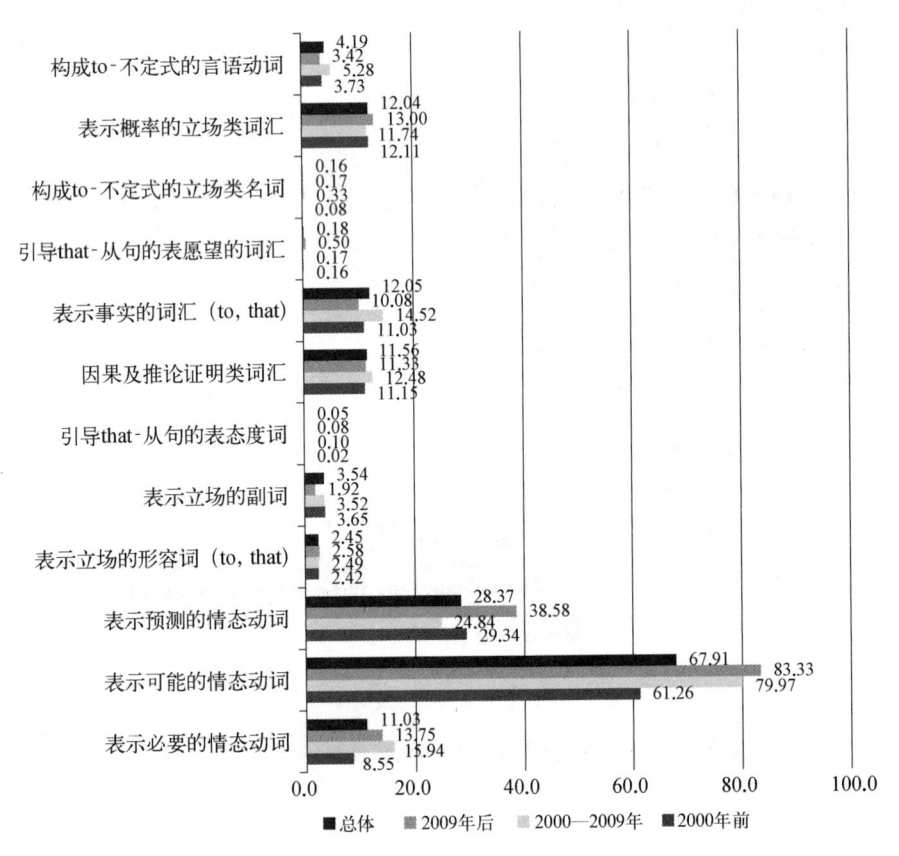

图 2-1-39　任教开始时间不同的科学家每篇文章特定词汇的频率

③ 根据教职头衔分组进行对照分析

教职不同的科学家对这些词汇的使用情况在计算语言学领域也存在差异,对 23 位计算语言学的科学家的教职进行分组:第一组是教授组,第二组是副教授组(包含一位高级讲师)。如图 2-1-40 所示,对比表现中,表示必要的、表示可能的以及表示预测的情态动词方面,教授组都多于副教授组,前者统计得到 12.34 个、78.13 个、31.13 个,后者得到 10.83 个、66.38 个、27.96 个,分别多出 1.51 个、11.75 个、3.17 个。关于表示立场的形容词,教授组使用了 2.10 个,副教授组则使用了 2.50 个,教授组比副教授组少了 0.4 个;因果及推论证明类词汇教授组使用了 12.71 个,副教授组则使用了 11.39

个,教授组比副教授组多出了 1.32 个;此外,表示事实的词汇这一项,副教授组每篇使用 11.62 个,比教授组少了 3.31 个。

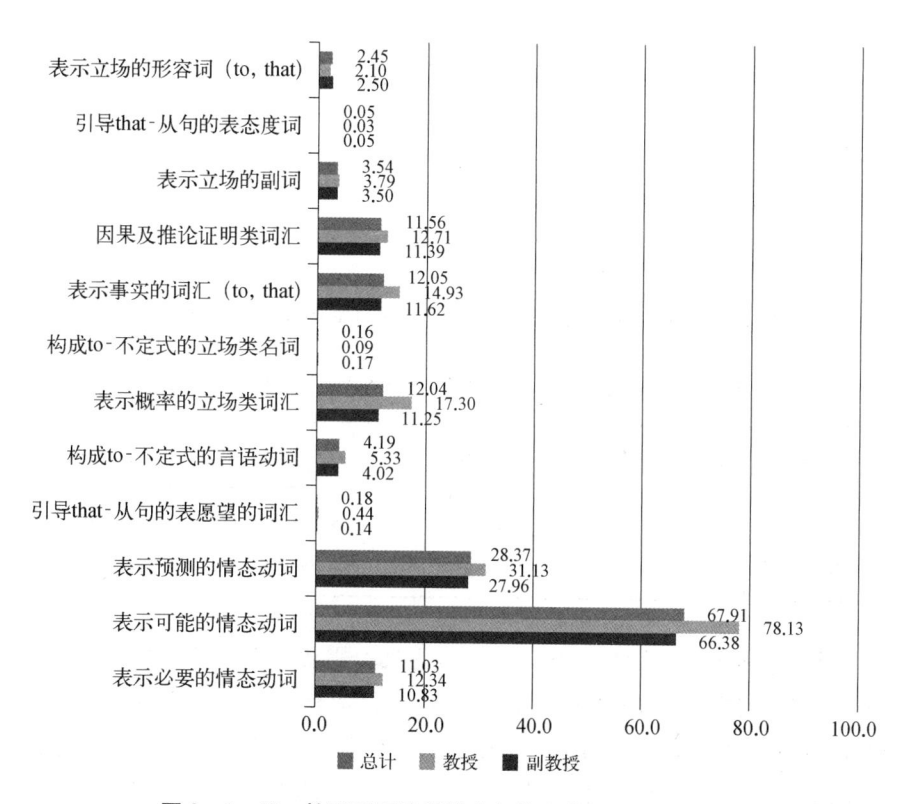

词汇类型	总计	教授	副教授
表示立场的形容词 (to, that)	2.45	2.10	2.50
引导that-从句的表态度词	0.05	0.03	0.05
表示立场的副词	3.54	3.79	3.50
因果及推论证明类词汇	11.56	12.71	11.39
表示事实的词汇 (to, that)	12.05	14.93	11.62
构成to-不定式的立场类名词	0.16	0.09	0.17
表示概率的立场类词汇	12.04	17.30	11.25
构成to-不定式的言语动词	4.19	5.33	4.02
引导that-从句的表愿望的词汇	0.18	0.44	0.14
表示预测的情态动词	28.37	31.13	27.96
表示可能的情态动词	67.91	78.13	66.38
表示必要的情态动词	11.03	12.34	10.83

图 2-1-40　教职不同的科学家每篇文章特定词汇的频率

3. 对比分析

本小节是对金融工程学和计算语言学两个学科词汇层面的总结,以及在已有分析的基础上做进一步的统计检验分析,总结两个学科的样本内的科学家的词汇长度、词性构成以及特殊词汇分布的规律,并利用单因素方差分析以及相关性检验来验证组间的差异性和相关性是否具有统计学意义。

从组内差异来看,如图 2-1-41 和表 2-1-5 所示,计算语言学 23 位科学家的词汇长度均值约为 6.10,方差约为 0.026,金融工程学 28 位样本科学家的词汇长度均值约为 5.87,方差约为 0.020;金融工程学科学家词汇长度的样本均值和方差均小于计算语言学科学家,用词上虽然长度均值小于计算语言学学科,但各位科学家的词汇长度均值相比于后者更加稳定。

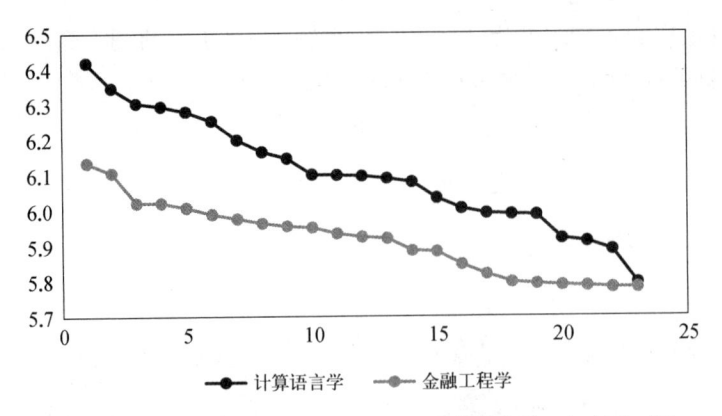

图 2-1-41　金融工程学与计算语言学科学家的词汇长度对比

表 2-1-5　金融工程学与计算语言学科学家词汇长度分布参数对比

组	观测数	求和	平均	方差
计算语言学	23	140.386 6	6.103 765	0.025 888
金融工程学	28	164.356 3	5.869 869	0.019 637

但是这种差异是否具有统计学上的意义？需要对词汇长度的组间分布进行检验，单因素方差分析的假设是计算语言学和金融工程学的总体均值相等，统计检验结果中 F 值是一个比值，是组间平均方差和组内平均方差的比值，如表 2-1-6 所示，此次检验的 F 值约是 30.78，对应的 p 值小于 0.05，拒绝原假设，即组间方差大于组内方差，组间特征差别较大。因此 23 位计算语言学科学家的词汇长度样本均值 6.10 大于金融工程学 28 位科学家样本均值 5.87，具有统计学上的意义。

表 2-1-6　单因素方差检验结果

差异源	SS	df	MS	F	P-value	F crit
组间	0.690 813	1	0.690 813	30.780 35	1.15E-06	4.038 393
组内	1.099 722	49	0.022 443			
总计	1.790 535	50				

金融工程学和计算语言学两组科学家的篇章词性构成项目的差别如图 2-1-42 所示，其中，副词最高级、动词、形容词最高级、程度副词、小品词、Wh 开头的限定词、前置限定词、物主代词、情态动词、Wh 开头代词的所有格、

动词原形、单词to、限定词方面,计算语言学要多于金融工程学的科学家;而在存在词汇there、副词、形容词、介词和从属连词、人称代词、专有名词、并列连词、外来语/词、普通名词、Wh开头的副词、感叹词、基数词、形容词比较级、列表项标记、符号这些项目中,金融工程学要多于计算语言学的科学家。

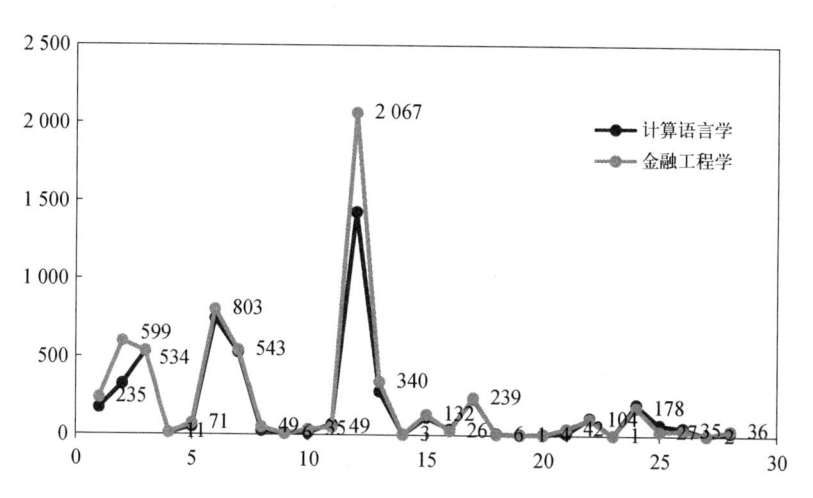

图2-1-42 金融工程学和计算语言学科学家用语特征之词性构成对比

但对词性构成整体来说,母体学科重复了两种学科的计算语言学和金融工程学科学家在用语特征上可能存在一定的共同模式,因此对金融工程学和计算语言学科学家各项词性频次的排序进行了斯皮尔曼秩相关检验,相关性矩阵如表2-1-7所示,可知两序列的相关性大于0.96,得到P值3.925 087 925 968 269e-16,小于0.05,因此两学科科学家的词性构成序列存在着高相关的关系并且具有统计学意义。因此计算语言学和金融工程学科学家的科学家大概率存在着共同的词性构成模式,但在小项上的绝对值取值有一定差异。

表2-1-7 两学科科学家词性构成序列的斯皮尔曼秩相关检验

	计算语言学	金融工程学
计算语言学	1	0.961 686
金融工程学	0.961 686	1

金融工程学和计算语言学两组科学家的特殊词汇项目的差异如图2-1-43所示,不同于词性的分布,所有词项的统计,计算语言学都要多于金融工程学的科学家,且平均多出51%的比例,表示必要的情态动词高出

5.6 个,表示可能的情态动词高出 35.62 个,表示预测的情态动词高出 14.77 个,引导 that-从句的表愿望的词汇高出 0.10 个,构成 to-不定式的言语动词多出 2.46 个,表示概率的立场类词汇高出 6.39 个,构成 to-不定式的立场类名词高出 0.06 个,表示事实的词汇多了 6.95 个,因果及推论证明类词汇多出 5.77 个,表示立场的副词高出 1.68 个,引导 that-从句的表态度词多出 0.02 个,表示立场的形容词高出 1.27 个。

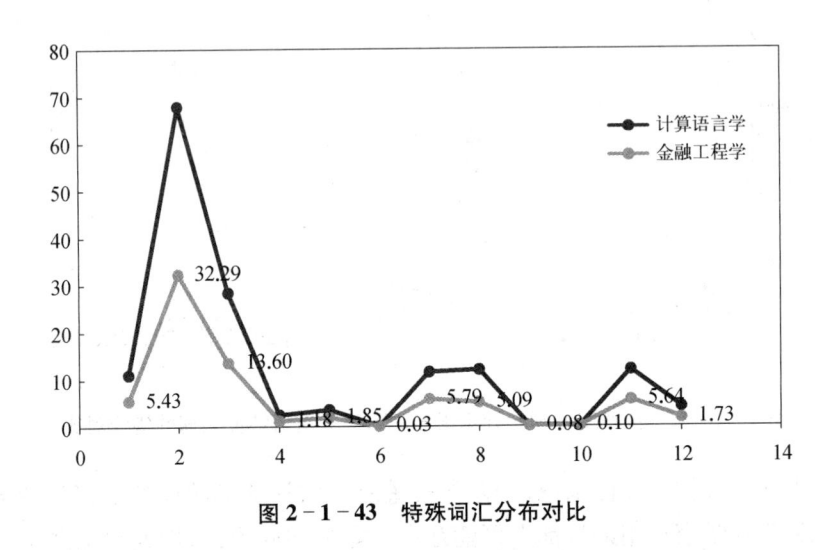

图 2-1-43 特殊词汇分布对比

计算语言学和金融工程学科学家在用语特征上可能存在一定的共同模式,因此对金融工程学和计算语言学科学家各项特殊词汇的排序进行了斯皮尔曼秩相关检验,相关性矩阵如表 2-1-8 所示,可知两序列的相关性大于 0.93,P 值为 6.993 164 953 210 54e-06,小于 0.05,因此两学科科学家的特殊词汇的分布也存在着高相关的关系并且具有统计学意义。因此计算语言学和金融工程学的科学家大概率存在着共同的特殊词汇分布模式:较多使用表示可能的、表示预测的情态动词,其次是表示事实的词汇、表示概率的立场类词汇和因果及推论证明类词汇,且计算语言学科学家在这些特殊词汇的频次上要高于金融工程学科学家。

表 2-1-8 两学科科学家特殊词汇分布的斯皮尔曼秩相关检验

	计算语言学	金融工程学
计算语言学	1	0.937 062
金融工程学	0.937 062	1

立场和参与的表达是学术写作的重要特征,其频率实际上要比被动和过去式动词的频率高。总体而言,从表示可能、预测的情态动词等模糊限制语占主导地位以及表示事实的立场词和必要的情态动词的次主导地位可以看出,在金融工程学和计算语言学这两个学科中,科学家们善用模糊限制语的同时极少使用表示态度的立场词汇并严谨地将事实与观点区分开来,可以看出他们严谨推论、谨慎提出主张的科研和写作出发点,对于学术交流中的学术传递以及再创造有着重要意义:以这种学术互动的观念来解构学术文本的词汇编织方式以理解科学家在学术期刊文章风格的修辞复杂性,将新颖性,隶属关系、互动和互文性结合在一起有利于科学家的学术传播与交流。

(二)正式科学交流句法使用特征

句法处理多个单词的各种组合,单位是词组和句子。成分结构通常由上下文无关语法产生,重要的组成是成分。一种自下而上的理解是,对一个句子的所有单词进行词性标注,然后根据一定的规则,一步步将其合并为更大的成分(产生子树),直到组成一个句子。因此取成分句法分析的高度特征为句法特征,体现句子结构单元构成的复杂度。

1. 金融工程学

由表2-1-9和图2-1-44可知,首先,女性科学家平均每个句子的句法树高度在11.41,而男性科学家则是11.03,女性科学家比男性科学家高出0.38。其次是按照教职分组,教授组平均每个句子的句法树高度在11.14,而副教授组平均每句10.94,教授组比副教授组平均高出0.2。最后,根据教职开始时间进行分组的结果随着时间变化呈线性递减的趋势,2000年之前开始任教的科学家平均每句11.17,2000—2009年开始任教的科学家平均每句11.08,2009年之后开始任教的科学家平均每句10.99。

表2-1-9 28位金融工程学科学家的成分句法树高度统计

科 学 家 姓 名	均 值	标 准 差
MADAN DB	12.03	4.66
CREPEY S	11.91	5.25
ALOS E	11.80	5.52
GEMAN H	11.72	4.83
CONT R	11.67	4.91
GATHERAL J	11.37	4.48
BORMETTI G	11.36	4.46
EL KAROUI N	11.36	4.75

续表

科学家姓名	均值	标准差
BJORK T	11.32	4.51
BANK P	11.29	4.74
JACQUIER A	11.25	5.12
ZUMBACH G	11.13	3.64
DAI M	11.12	4.48
CETIN U	11.11	4.57
KELLER-RESSEL M	11.03	4.26
LORIG M	10.98	4.87
LEUNG T	10.95	4.38
NUTZ M	10.85	4.33
FREY R	10.81	4.22
DOLINSKY Y	10.80	4.49
HENDERSON V	10.76	4.36
GUASONI P	10.75	4.60
OKSENDAL B	10.73	5.07
ROBERTSON S	10.64	4.27
FILIPOVIC D	10.48	4.27
KALLSEN J	10.47	4.23
TAKAHASHI A	10.36	4.67
SONER HM	10.36	4.50

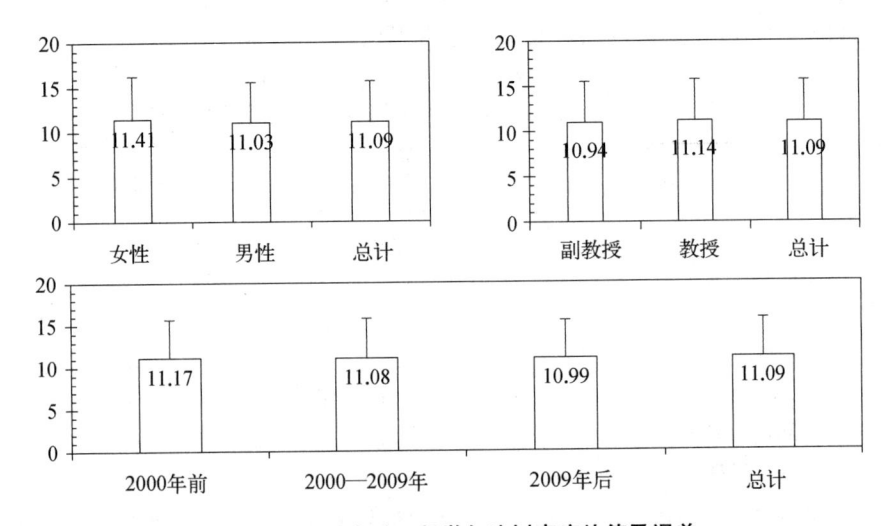

图 2-1-44　金融工程学句法树高度均值及误差

因此，按照成分句法的句法树高度来判断句子的复杂度，金融工程学样本内的女性科学家比男性科学家的句子更加复杂，教授组比副教授组的句子更复杂，任教开始年份距离当前年份越远的科学家的句子越复杂。

2. 计算语言学

关于计算语言学的科学家，由表2-1-10和图2-1-45可知，首先，按照任教年份生成组别的组间距差距最大，根据教职开始时间进行分组的结果和金融工程学科学家一样，随着时间变化呈线性递减的趋势，2000年之前就职任教的科学家平均每个句子句法树高度12.02，2000—2009年开始任教的科学家平均每句11.87，2009年之后开始任教的科学家平均每句10.39。其次是按照教职分组的组间绝对差距，教授组每个句子平均的句法树高度在11.48，而副教授组平均每句11.97，副教授组比教授组平均高出0.49。最后，按照性别元素进行分组，女性科学家的平均每个句子的句法树高度在11.93，而男性科学家平均每句11.89，男性科学家比女性科学家的成分句法复杂度每句低0.04。

因此，从句法复杂度的角度来判断句子的复杂度指标，样本内计算语言学的女性科学家要比男性科学家的句子更加复杂，副教授组比教授组的句子更复杂，任教年份越远离当前年份的科学家的句子越复杂。

表2-1-10 23位计算语言学科学家的成分句法树高度统计

科 学 家 姓 名	均 值	标 准 差
KEHLER A	13.23	5.88
DALE R	12.99	5.66
JOHNSON M	12.88	5.12
CARBERRY S	12.70	5.06
SPROAT R	12.60	5.11
GROSZ BJ	12.37	5.20
GILDEA D	12.33	4.44
WEDEKIND J	12.28	5.70
HEARST MA	12.17	5.03
PASSONNEAU RJ	11.95	4.76
LAPATA M	11.95	5.16
ARAUJO L	11.91	4.94

续表

科学家姓名	均值	标准差
ASHER N	11.90	5.04
MERLO P	11.84	4.71
KIM JB	11.78	5.24
NEDERHOF MJ	11.77	4.61
TANAKA-ISHII K	11.42	3.88
RADEV DR	11.39	4.61
CASACUBERTA F	11.24	4.60
KORHONEN A	11.04	4.33
FRANCEZ N	11.04	4.76
AALTONEN O	10.66	4.11
LIU Y	10.39	4.35

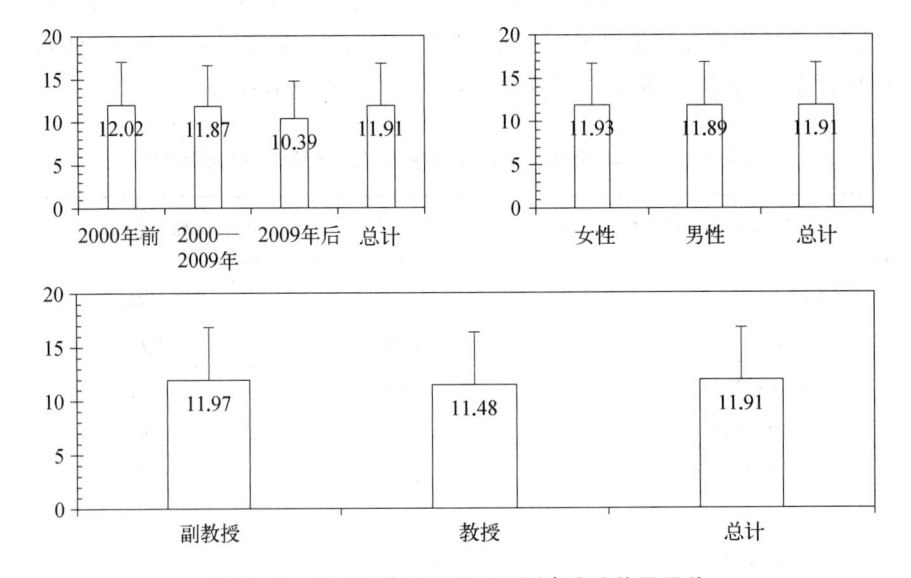

图 2-1-45 计算语言学句法树高度均值及误差

3. 对比分析

本小节在已有分析的基础上对金融工程学以及计算语言学两个学科样本内科学家的句法树高度做进一步的统计检验分析，以发现、总结这两个学科样本科学家的句法树高度的规律；同时利用单因素方差分析这一检验来验证组间的差异性和相关性是否具有统计学意义。

首先分析组内差异,如图2-1-46和表2-1-11所示,计算语言学23位科学家的句法树高度均值约为11.91,方差为0.54;金融工程学28位科学家的句法树高度均值约为11.09,方差为0.21。和词汇长度均值保持一致,金融工程学科学家的句法树高度的样本均值和方差均小于计算语言学科学家。

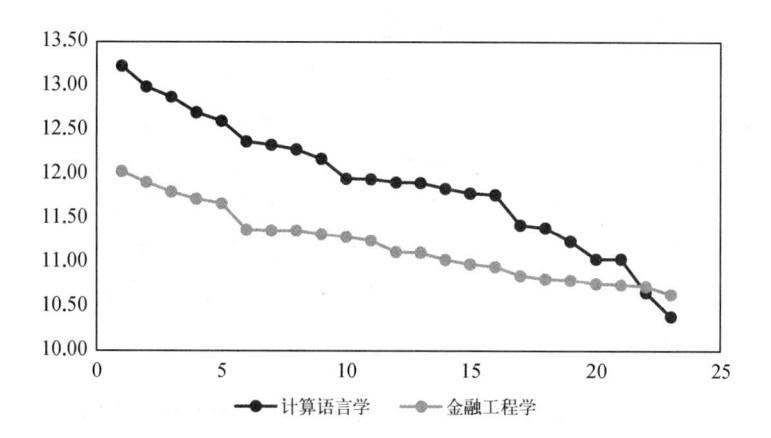

图2-1-46　金融工程学与计算语言学科学家的句法树高度对比

表2-1-11　金融工程学与计算语言学科学家句法树高度分布参数对比

组	观测数	求　和	平　均	方　差
计算语言学	23	273.83	11.905 8	0.541 19
金融工程学	28	310.41	11.086 1	0.213 81

同时考虑,这种绝对值的比较差异是否具有统计学上的意义?操作上对句法树高度的组间分布进行检验,单因素方差分析的假设依然是计算语言学和金融工程学的总体均值相等,如表2-1-12所示,此次检验的F值约是23.52,对应的p值小于0.05,拒绝原假设,即组间方差大于组内方差,组间特征差别较大。因此23位计算语言学科学家的句法树高度均值11.91大于金融工程学28位科学家样本均值11.09,具有统计学上的意义。因此,可以粗略得出结论,金融工程学科学家用语特征中的句法复杂度低于计算语言学科学家。

表 2-1-12 单因素方差检验结果

差异源	SS	df	MS	F	P-value	F crit
组间	8.484 99	1	8.484 993	23.517 4	1.29E−05	4.038 393
组内	17.679 02	49	0.360 796			
总计	26.164 01	50				

(三) 正式科学交流篇章构成特征

首先,经过对 28 位金融工程学科学家的论文语篇的节(sections)标记分析,如表 2-1-13 所示,发现这 28 位科学家的正文分节的逻辑组织呈现出基本一致的特点,不同于以往研究的结论,并不是以标准的 I-M-D-R 为主要特征,有其学科的鲜明特点:以应用问题为导向,先提出问题语境,以实证分析作为主要研究方法;将模型、公式、定理直接作为节命名,重视证明;以金融市场的现象、特征以及金融产品作为应用领域,重点关注策略构建及投资组合优化。

表 2-1-13 28 位金融工程学科学家的学术语篇结构特征概括

科学家姓名	1	2	3	4	5	6	7
ALOS E	I	PRE	EX	C			
BANK P	I	PRO	EnU	AP	SL	C	
BJORK T	I	BF	MDA	EX	RE	C	
BORMETTI G	I	PRO	EMA		C		
CETIN U	I	SU	PRO	RE	ALGO	RE	C
CONT R	I	T	DA	MDAs	S	EMP	
CREPEY S	I	SU	MDA	S	NRE	C	
DAI M	I	MDA	EnU	S	SL	C	
DOLINSKY Y	I	PREnDA	MDA	PF	lm	NRE	C
EL KAROUI N	I	RE	N	DA	re	C	PF
FILIPOVIC D	I	RE	N	C	S	NRE	C
FREY R	I	MDA	T	CA	S	C	
GATHERAL J	I	RE	MDA1	AP	MDA2	C	
GEMAN H	I	PRO	MDA	AP	C		
GUASONI P	I	PRO	S	C	PF		
HENDERSON V	I	PRO	GCS	SCS	PRO	EX	C
JACQUIER A	I	MDA	AP	EX			

续表

科学家姓名	1	2	3	4	5	6	7
KALLSEN J	I	PRO	SL	EMA	AS		
KELLER-RESSEL M	I	PRE	A	FU			
LEUNG T	I	DA	P&S	C			
LORIG M	I	MDA	M	M	EX	C	
MADAN DB	I	PRE	T	S			
NUTZ M	I	PRE	MD	T	EX		
OKSENDAL B	I	MDA	S	C			
ROBERTSON S	I	M	RE	D			
SONER HM	I	PROnFML	FMLs	PRO	AP		
TAKAHASHI A	I	EX	ALGO	N	T	AP	
ZUMBACH G	I	M	EMDA	PRC	RE	C	

因此，金融工程学科学家篇章结构的特点可以总结为："引言—问题—模型—实证分析—结论"的 IPMEC 模式；以金融市场的现象、问题和规律为研究对象；数学特点显著，强调定理证明；应用导向鲜明，重视实证分析。

对计算语言学 23 位科学家的论文语篇的节标记分析结果发现，如表 2-1-14 所示，这 23 位科学家的正文分节的逻辑组织也基本呈现出一致的特点，其中一部分科学家采用了标准的 I-M-D-R 为主要逻辑结构，但仍保持有计算语言学的鲜明特征：(1) 以理论和相关工作为导向，先探讨理论，在理论的基础上以实验分析论证为主；(2) 实验部分重视语言解析规则、算法和解析系统的基本实现和扩展；(3) 着重研究各个语种的语言现象、不同情境的语言场景、应用领域，关注模型在实际运用中的表现。

表 2-1-14　23 位计算语言学科学家的学术语篇结构特征概括

科学家姓名	1	2	3	4	5	6
AALTONEN O	I	ME	R	D		
ARAUJO L	I	AL	E	R	C	
ASHER N	I	DE	MO	C		
CARBERRY S	I	DE	PROP	EV	SU	

续表

科学家姓名	1	2	3	4	5	6
CASACUBERTA F	I	T	MO	E	C	
DALE R	I	S	AP	C		
FRANCEZ N	I	PRE	H	EX	C	
GILDEA D	I	DE	CA	E	D	
GROSZ BJ	I	F	E	R		
HEARST MA	I	S	R	D		
JOHNSON M	I	T	MO	EX	C	
KEHLER A	I	T	E	C		
KIM JB	I	VW	PROP	C		
KORHONEN A	I	ME	R	D		
LAPATA M	I	MO	E	EV	C	
LIU Y	I	MO	E	EV	C	
MERLO P	I	PROP	ME	E	C	
NEDERHOF MJ	I	PRE	AL	CA	PE	C
PASSONNEAU RJ	I	MO	E	PE	C	
RADEV DR	I	T	ME	EV	D	
SPROAT R	I	T	ME	EV	D	
TANAKA-ISHII K	I	T	S	EXT	PE	C
WEDEKIND J	I	PRE	MO	R	C	

因此，计算语言学科学家篇章结构的特点可以总结为"引言—理论—系统—评价—结论"的模式。

将28位金融工程学科学家的篇章结构特征和23位计算语言学科学家的篇章结构特征进行对比，这两门学科保留了数学和计算机科学的研究方法的特点和跨学科的应用特性，并各自保留了未重叠的母体学科的特点。金融工程学以金融市场数据为建模对象并做实证分析，得到的结果服务于决策；而计算语言学则以文本、语言等数据进行建模和系统搭建，在乎实际计算机软件系统的产出，后续甚至关注实际的产出能否作为产品使用，因此更在乎系统的效果表现。可以基于它们的共性推论出，这两门学科适用于"问题—算法（模型/系统）—实验（实证分析/实例）—结论（结果/表现）"的共同模式。

表 2-1-15 金融工程学和计算语言学的篇章结构对比

节 序	金融工程学	计算语言学
1	引言(Introduction)	引言(Introduction)
2	问题(Problems)	理论(Theory/Algorithm)
3	模型(Models)	系统(System)
4	实证分析(Empirical Analysis)	评价(Evaluation)
5	结论(Result and Conclusion)	结论(Result and Conclusion)

本章从实证分析的角度以语料分析的具体方法探索分析了金融工程学、计算语言学的跨学科科学家正式交流用语的词汇维度、句法维度以及语篇逻辑维度的特征,一定程度上刻画出了样本内金融工程学和计算语言学跨学科科学家的正式科学交流用语规律。两个跨学科存在高相关性特征:以"问题—算法(模型/系统)—实验(实证分析/实例)—结论(结果/表现)"为主要模式;句法方面,成分句法树高度都在 11—12 之间;词汇方面共同呈现出较多使用表示可能、预测的情态动词,其次是表示事实的词汇和因果及推论证明类词汇,态度、愿望以及言语动词的立场类词汇的使用都绝对少,多用模糊限制语来进行谨慎求证的科学交流。至于两门学科的差异性特征:第一,篇章结构的逻辑层面,金融工程学的"引言—问题—模型—实证分析—结论"和计算语言学的"引言—理论—系统—评价—结论"存在些微差异。前者从问题出发展开实证研究,且重视实证分析结果对于金融决策的贡献,比如不同资产的配置权重、寻找执行交易的买点和卖点等;后者则从理论和理论的扩展展开实证研究,且重视模型作为系统的实际应用产出及效果,比如进行词性标注和分词的系统及其准确率。第二,句法层面,两个跨学科科学家成分句法树高度分布的组间差异大于组内差异,金融工程学科学家用语特征中的句法复杂度低于计算语言学科学家。第三,词汇层面,计算语言学科学家使用的词汇长度样本均值要大于金融工程学科学家,而且给定的特殊词汇的出现频次整体要高于金融工程学科学家。

第四节 本章小结

本章以一个探索性文本挖掘的视角展开了对金融工程学学科和计算语言学学科这两门有代表性学科的科学家的正式科学交流用语特征研究,创造性地结合了集中度和均匀度两个跨学科度量指标,使用信息计量领域的引文分析方法,在给定的交叉学科范围内根据科学家在期刊上的学术记录识别出跨学科科学家,并且以这些跨学科科学家作为第一作者发表的期刊论文为语料库,分析了他们学术语篇的篇章逻辑组织、成分句法构成的复杂度和词汇的使用特征。文本挖掘的分析结果揭示了如下规律和范式。一是两门学科用语特征差异体现的规律:计算语言学科学家相较于金融工程学科学家倾向于使用更复杂的词汇和句子,计算语言学结构层面更偏重于系统的构建。二是两门学科的共同范式:教授组使用的词汇长度大于副教授组,副教授组要比教授组使用了更多的形容词比较级、人称代词;任教时间越长的科学家使用更少的表示预测的情态动词;男性科学家较多使用表示必要的情态动词、表示可能的情态动词、因果及推论证明类词汇、表示概率的立场类词汇、表示预测的情态动词和表示事实的词汇,女性科学家则比男性科学家更多使用表示立场的形容词、副词,女性科学家倾向于采用更复杂的句子。因此本章经过这两门学科的正式科学交流用语特征的分析,在跨学科正式科学交流的层面上,具体从其中促进科学交流的学术创造环节,帮助研究者获取特定跨学科科学家发表的有组织的科学信息,根据在该跨学科挖掘发现的用语特征范式进行学术再创造。

第二章 正式科学用语的同质与异化规律研究

第一节 正式科学用语

正式科学用语是指科学家在正式科学交流过程中所使用的语言。如前章所述,在学科融合背景下,正式科学交流用语在不同学科中同时体现出特征差异和共同范式。

本章以正式科学用语为研究对象,围绕学科融合背景对多学科下的正式科学用语的同质和异化规律进行分析和研究,对正式科学用语的同质和异化特征进行总结。

第二节 同质与异化规律的基础理论构建

一、科学交流与科学用语研究

(一)正式科学交流与非正式科学交流

学科的细分类带来了科学创新的分散性与知识应用的综合性的矛盾,以及个体创新的有限性和科学知识无限性的矛盾。为了解决这种矛盾,科学交流显得尤为必要。科学交流贯穿于学术创造的始终,其实质是知识的流动,而知识流动的过程充满着不同形式和内容的知识的相互作用。

科学交流可以通过不同的载体和活动形式进行,随着交流过程理论的发展,科学交流被划分为正式科学交流与非正式科学交流两种形式。非正式科学交流指的是信息生产者和利用者之间直接进行的交流活动,科学研究所具有的创新探索和与时俱进的本质特性依赖着这种具有直接、便利特征的非正式交流渠道,因此学者间始终进行着这种直接和便利的非正式交流。在科学发展前期,非正式科学交流主要是由学者之间完成的、通过个人接触进行的科学交流过程。如今互联网引入了邮件、学术网站、社交媒体等,促进了开展直接交流的非正式模式,极大程度拓展了非正式科学交流的受众与传播范围。

正式科学交流是指基于文献系统和图书出版系统进行的交流过程,相对于非正式科学交流过程,其重要的优势在于通过科学文献出版过程的记录性。如今科学研究的专业化发展也促使了科学交流向专业化方向发展,通过专业文献系统开展的正式交流是学者间进行科学交流的主要渠道。正式科学交流与非正式科学交流是按照交流过程的不同形式而划分的,不同领域的学科通常具有不同的科学研究习惯,因而对两种学术交流形式的偏重程度有所区别。

(二)基于科学文献的正式科学交流

书面交流属于科学活动的正式交流模式,公开发表的科学文献较为容易获得,是进行科学探讨的有效交流工具。发表后的科学文献经过同行专家的评议,所记载的内容更具有真实性和权威性。米哈依洛夫[1]曾指出,若没有科学文献、没有构成正式交流渠道的整个传播系统,是不可能产生现代形式的科学的。

科学文献出版系统的优势在于能够保障研究成果的优先权。默顿[2]在《科学社会学》中提出科学出版物所具有的"荣誉性承认"职能,指的是社会对科学成就的高度评价,这是对科学研究成果的激励。正式科学交流过程的另一个重要优势在于其保存了过程中的记录数据,例如发文的数量和文献被引用的次数,而发文和被引用是科研评价主要的考察度量。引用和科学研究活动具有紧密的关系,只要存在文献与文献的传播和利用活动,就会存在科学文献的交流和参考利用现象,学者常常需要阅读大量历史文献来获得新的科研灵感。在科学发展的过程中,基于科学文献的正式科学交流系统对于科学传播与科研评价具有无可替代的作用。语言是科学交流的载体,而科学文献则承载着正式交流过程中的正式科学用语,本章将以科学文献的正式科学交流为研究背景,将研究对象限定为基于科学文献的正式科学用语。

(三)基于科学文献的科学用语研究

科研写作是科研过程的一个基本环节,科学文献是学者之间进行沟通

---

[1] 米哈依洛夫:《科学交流与情报学》,徐新民等译,科学技术文献出版社1980年版。
[2] 默顿:《科学社会学》,鲁旭东、林聚仁译,商务印书馆2009年版,第377—408页。

和交流的重要保障。科研写作在用语上与口语或其他形式的写作有明显区别。例如在写作格式上,科学文献广泛采用结构化的写作格式,如IMRD(引言、方法、结果和讨论)格式。此外,在用语特征上,科学用语更具复杂性,如比伯(Biber)与格雷(Gray)[①]在研究中发现,从句在对话中比在科研写作中更常用,科研写作在结构上是压缩的,含有较多的名词性短语嵌入修饰语,使得句子在结构上更加简洁和抽象。这样的用语特点可以使学者从相对较短的、精练的文字中快速得到大量信息。用于度量科学用语特征的指标有句法特征和词汇特征两类:句法特征包括句子长度、句子结构等指标,词汇特征包括词汇多样性、词汇密度和词汇复杂度等指标。通过句法和词汇可以定量地衡量用语形式的多样性和复杂性。计算语言学的研究以利用各种自然语言处理技术来设置定量研究文本数据的指标,例如CAF指标(即复杂性、准确性和流利度)是评价英语写作水平最常用的度量标准[②]。在衡量英语科学写作方面,句法与词汇复杂性指标可以用于科学文献的作者身份识别、可读性分类以及性别识别等,还有研究利用该指标证实了在科学写作中母语和非母语英语作家之间的差异[③]。

二、学科融合与正式科学用语研究

(一)学科融合现象研究

在科学发展的进程中,多个学科交叉融合的知识背景可以打破学者习惯性的思维定式,激发学者的科研创新能力。跨学科研究所具有的前沿性和创新性使得近年来,无论是各国政府机构还是科学界,都对跨学科研究给予了极大的关注。促进学科交叉融合发展的动力机制表现在两个方面:一是当代科学知识的生产方式发生转变,二是以应用问题为向导的科研模式的建立[④]。首先,学科融合发展的这一趋势是基于知识生产的需要而产生的。与以往边界分明的单一学科相比,学科知识的交叉融合可以为学者提供更丰富的理论基础和更多元的视角,从而更容易激发创新创造。此外,随

---

① Biber, D. and Gray, B., "Challenging Stereotypes about Academic Writing: Complexity, Elaboration, Explicitness", *Journal of English for Academic Purposes*, Vol. 9, No. 1, 2010, pp. 2-20.

② Ellis, R. and Yuan, F., "The Effects of Planning on Fluency, Complexity, and Accuracy in Second Language Narrative Writing", *Studies in Second Language Acquisition*, Vol. 26, No. 1, 2004, pp. 59-84.

③ Lu, C., Bu, Y., Wang, J., et al., "Examining Scientific Writing Styles from the Perspective of Linguistic Complexity", *Journal of the Association for Information Science and Technology*, Vol. 70, No. 5, 2019, pp. 462-475.

④ 杨良斌:《跨学科学的理论基础探讨》,《图书情报工作》2011年第16期。

着现代科学技术的发展,前沿的研究往往需要突破单一学科的限制,依靠多个学科的思维才有可能实现尖端领域的突破。

其次,科学研究活动的目的除推动知识进步之外,还需要通过知识生产来解决一些带有经济目标和社会目标的实际问题。应用研究的不断兴起,使得越来越多的研究需要结合多种学科领域的知识资源加以解决。因而学科之间的界限与壁垒被渐渐消解,不断出现多个学科合作的相关研究,由此形成了突破传统学科边界的知识生产模式,跨越了原有的学科发展框架。

有关跨学科的研究已经从最初关注不同学科工具和方法的借用、知识的边界跨越,渐渐发展为以跨学科的整体过程与规律为研究对象,强调不同学科知识整合的研究领域。对于学科融合这一现象,学界已发展出多个与之相近的研究概念,例如跨学科、交叉学科、学科交叉、多学科、边缘学科和超学科等。虽然这些概念有相近的内涵,但实际上却是学科发展过程中的不同发展阶段和结果。例如,"学科交叉"与"交叉学科"的研究对象基本相同,均是对不同学科的交叉融合现象的研究,但二者是该现象发展过程中的不同结果。学科交叉指的是这一动态进程,交叉学科则是指这个动态过程产生的结果。本章的研究则是基于前者这一动态过程,研究学科和学科之间交叉融合对于学科自身的影响。

(二) 学科融合与知识交流

在科学发展的历史进程中,学科之间渐渐产生了交叉融合,不同学科的知识产生了扩散和渗透,学科知识在不同学科间的交换转移成为形成交叉学科的基础。研究学科融合的产生及其随时间变化的趋势,实质上就是研究不同学科之间的知识流动现象。知识的流动可分为两种类型:一为学科的知识扩散,即知识的输出过程,是指学者在其他学科中发表作品,同时将自身学科的理论或方法输出至其他学科领域中。二为学科的知识吸收,即知识的输入过程,是指学者借鉴其他学科的方法或理论,并引入本学科[①]。在现有的相关研究中,学科之间知识的输入输出被描述为贸易进出口的形式:若某学科从其他学科吸收了大量的知识,但对其他学科知识只有少量贡献时,该学科则处于"贸易逆差"的状态,否则为"贸易顺差"状态[②]。此外,知识输入与输出的"差额"及其趋势可以用来观察学科的成熟度和学科的发展历史等,例如成熟的学科在知识贸易中有较大的影响力,相对新兴的

[①] 魏海燕、尹怀琼、刘莉:《基于引文分析的情报学与相关学科的研究》,《情报杂志》2010 年第 2 期。

[②] Goldstone, R. L. and Leydesdorff, L., "The Import and Export of Cognitive Science", *Cognitive Science*, Vol. 30, No. 6, 2006, pp. 983–993.

学科则更注重自身领域的应用。

知识交流无疑是学科融合背后的主要驱动力,在知识流动过程中,科学文献是承载知识的载体,记录着知识流动过程和知识发展之间的关系。科学文献自身就是各种知识组合的结果,因而本章以文献信息而非引文信息作为对象来研究学科融合现象,以及学科融合对于学科自身产生的影响。

(三)学科融合对科学用语的影响

不同学科间的交流往往伴随着知识的输入与输出过程,其中不同学科使用相似的科学术语即是学科融合的产物。例如孙海生[①]借助共词分析、引文分析和社会网络分析方法,对情报学与计算机科学、科学学的知识引用情况进行了实证研究。结果发现文本分类、信息检索、语义网、数据挖掘、本体等是情报学和计算机科学研究的共同领域。科学学中的知识网络、专利研究、知识转移、科学知识图谱等同样是情报学的研究对象,出现在情报学领域的科学文献中。可以看出,一些学科之间存在着科学用语使用的同质现象。

目前已有不少研究针对学科融合态势进行了相关分析,通常是面向一个或多个学科或者学者的跨学科特征,且多数是以科学论文的参考文献为分析对象。文献是由若干个具有语义信息的术语按照一定的逻辑结构排列组合而成,这些术语不仅存在着物理位置上的关联,还存在句法、篇章结构上的支配从属关系以及隐含的语义关系。术语是科学的专门语言,不同学科领域的术语使用特征不尽相同。而在科学发展过程中,学科之间产生了交叉融合,学科知识在不断地扩散渗透,基于术语角度研究学科融合现象则能够从另一角度揭示学科知识的具体集成和扩散过程。

三、正式科学用语的同质与异化特征研究

(一)科学用语视角下的学科融合现象

学科的融合发展一方面显现出不同学科用语层面的相似性,同样地,从科学用语视角出发,也能够揭示出学科融合现象的产生与发展。多学科间的用语特征研究能够揭示学科之间科学交流过程及相关特性,为探索跨学科研究的形成过程和发展提供了另一角度的补充。从目前的研究方法上看,引文分析是揭示学科融合现象的主流方法之一。引文分析是从宏观的角度描述学科融合的过程和机制,包括学科知识的输入输出和扩散路径,以及重要节点等方面。而对于科学交流过程中学科领域内知识的变化、科学交流和

[①] 孙海生:《情报学跨学科知识引用实证研究》,《情报杂志》2013年第7期。

学科融合研究领域之间的联系,新兴的学科融合现象探测则较难说明。

基于引文分析方法的学科交叉与跨学科知识转移研究目前主要停留在引证关系层面,对于学科融合的深层次分析,还需要深入语言内容中进行挖掘,从而更细致地研究学科融合的产生和发展。例如萨姆尔(Small)[1]利用引文的上下文术语集进行学科交叉的研究,他通过高被引论文的共被引关系构建科学地图网络,从其中的交叉学科节点的共被引引文内容中获取线索词进行相关分析。跨学科研究对于知识创新发展和解决复杂社会问题具有重要意义,因此对学科融合的研究不仅要明确跨学科科学交流过程和机制,还要能够通过识别或预判学科融合背景下科学交流过程在未来可能的发展趋势,才能从更微观的角度及时探测新兴的交叉领域。

(二) 不同学科正式科学用语的融合现象

一个学科的知识系统涵盖了其长期积累的和需要的各种知识,是一个学科完整的、能包含学科内全部知识的概念集合。每个学科都有各自相应独立的知识系统,但这些知识体系之间并不是割裂的,而是相互联系的,这样的联系又会以相互作用的形式表现出来。随着现代科学的发展,学科之间的壁垒被逐渐消解,各学科领域之间的相互渗透与交叉融合成为各个学科的发展趋势。从学科理论来看,一个学科的理论包含了该学科领域的理论、方法、工具、系统、历史和语言等多方面的概念,是学科发展的基础[2]。在学科交叉融合发展的背景下,学科之间借用其他学科的研究方法或理论等已成为学界较为普遍的现象,而不同学科语言的使用也在一定程度上产生了交融。其一方面体现在不同学科使用相同学术用语,另一方面则表现在语言学特征上。

关键词是表述文献研究主题的自然语言词汇,一般是在特定领域中发展成熟的术语或词组。一个学科领域在较长一段时间中的大量学术文献包含的关键词集合,能够揭示该学科的总体研究特征、研究内容及其内在联系,以及学科的发展脉络和发展方向等[3]。一篇文献的关键词是文章核心内容的浓缩和提炼,因此,如果某学科领域的关键词在其他领域文献中出现,则在大部分情况下能够说明两类学科具有相同研究内容并使用了相同的术语。两个学科关键词集合的交集能够反映两学科共同关注的研究主题

---

[1] Small, H., "Interpreting Maps of Science Using Citation Context Sentiments: A Preliminary Investigation", *Scientometrics*, Vol. 87, 2011, pp. 373–388.

[2] 郑艺、应吉:《基于交叉融合学科知识本体的研究与预测》,《情报杂志》2016 年第 3 期。

[3] 闵超、孙建军:《基于关键词交集的学科交叉研究热点分析——以图书情报学和新闻传播学为例》,《情报杂志》2014 年第 5 期。

和内容。因此从两学科期刊互引文献的关键词角度出发,可以探析两学科合作交流的主题,揭示学科交流的科学结构,能够从内容角度全面揭示两学科间知识交流和学科融合的发展结构①。

研究学科的语言学特征可以对该学科的学术论文进行用语特征分析。按照学术论文的基本结构和语言粒度,标题和摘要的长度、句子长度和结构、词汇密度与多样性、正文长度与段落长度等都能够用于表示其语言学特征。学科融合和用语分析的两个角度之间并不是相互独立的,不同学科的用语特征差异与其研究目标、研究方法等方面的差异有关,尤其是自然学科与人文学科之间差异较为明显。随着两门学科彼此借用越来越频繁、关系越来越密切,其对于术语的使用或在用语特征上,也会形成相似的风格。学科融合现象在一定程度上能够反映在不同学科相似的用语特征这一层面。陈(Chen)②等研究了科学公共图书馆(PLoS)期刊中高浏览和高下载论文的语言学特征,发现标题长度越短论文的下载量越高,摘要与正文中的词汇多样性,以及正文整体长度和其中句子长度与论文的下载量成正相关关系。此外,不同语种的学术论文均有各自独特的语言学特征,对于不同类别学术论文,语言学特征仍然具有一定影响。

(三)正式科学用语的同质与异化特征

本章基于以上理论基础和假设,将学科融合这一现象具象化为学科之间相同术语的使用,尝试从相似的科学用语特征发掘多学科的交叉融合现象,拟将关键词(术语)的引用和用语特征相结合,从语用角度探索学科融合对于学科发展的影响,并提出正式科学用语的同质与异化规律。

当一些术语同时出现在不同学科的论文中时,这些学科文献就使用了相同的术语。如果这些学科的学术论文存在许多的相同术语,本章就认为这些学科之间具有融合现象。如图 2-2-1 所示,学科 A 与学科 B 共同使用了一些术语,具有一

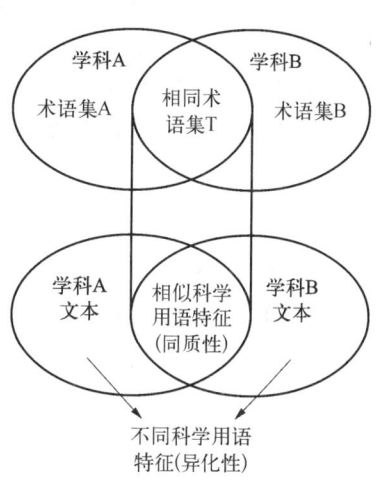

图 2-2-1 学科融合背景下正式科学用语的同质性与异化性模型

---

① 马秀峰、张莉、李秀霞:《我国图书情报学与新闻传播学间的学科知识交流与融合分析》,《情报杂志》2017 年第 2 期。
② Chen, B., Deng, D., Zhong, Z., et al., "Exploring Linguistic Characteristics of Highly Browsed and Downloaded Academic Articles", *Scientometrics*, Vol. 122, 2020, pp. 1769–1790.

定程度的学科交叉融合,显示出两学科的研究对象及对术语的使用具有部分同质性。在不同学科部分用语具有同质性的基础上,不同学科使用相同术语时其用语特征不完全相同。由此,本章将学科之间使用相同术语时所具有的相似用语特征定义为正式科学用语的同质规律,所具有的不同用语特征定义为正式科学用语的异化规律。在后文中,本章试图探索不同学科的文献具有哪些相似或相异的用语特征,并分析在学科融合背景下,学科之间的交流碰撞所带来的正式科学用语的同质与异化规律。

第三节　多学科正式科学用语特征研究

一、科学论文的用语特征选择

根据学术论文的基本结构及语言粒度,本章主要按照标题、摘要及其词汇与语句的思路开展分析。具体来讲,本章选择标题长度、摘要长度、摘要句子长度、摘要词汇多样性等指标来分析学科正式科学用语的语言学特征。

(一)论文标题与摘要分析

学术论文的标题在文献中具有重要的作用,论文标题信息的概括性和准确性使其能够展现出论文的重点和主要内容。随着科学研究的国际化发展,通过英文期刊平台发表的研究成果日渐增多,因而英文科学论文的语言写作特征越发重要。作为学术论文的首个内容,标题是一篇文章的整体浓缩和精练概括,对其词性、词汇长度等语言学特征的分析是正式科学用语特征研究的重要内容。

论文的摘要同样是学术论文不可或缺的重要组成部分,摘要位于论文正文之前,是对正文主体内容和结构的预先展示,能够让读者在阅读正文之前大概了解论文的研究主题、方法和结果。摘要虽然出现在正文之前反映正文的内容,但它具有独立的语篇结构和文体特征,并且对于传递论文内容信息起着十分重要的作用。摘要是围绕论文主体、由一系列概括论文主题和内容的句子组合成的一个语言整体。作为以提供论文内容概述为目的的短文,论文摘要具有和论文正文同等量的主干信息,因而对于摘要文本的语言学特征研究同样是研究正式科学用语特征的主要方面之一。

(二)词汇分析

词性类别和词汇长度代表着论文中正式科学交流用语的重要语言特征。英文词性分类主要包括名词、动词、形容词、副词、连词、介词、数词和代词等。在语言学领域中,英文词汇可分为开放类词(open-class words)和封闭类词（closed-class words）两种类型。开放类词也称为实义词或实词（content words），是指具有较稳定、清晰或实在意义的词汇，通常在论文中数量较多并能够持续增生，包括名词、动词、形容词和副词。封闭类词也称为功能词（function words），是指具有不太稳定或模糊意义的词汇，或者主要是起语法功能的词汇。这类词汇通常在论文中数量较少并很少增生，包括代词、介词、连词、限定词、助动词和感叹词。

英文的词汇密度是指实义词的数量占整体文本词数的比例，这个比例能够在很大程度上体现文本所含的信息量。这是因为实义词具有清晰明确的含义，能够传递大部分实质的内容信息。功能词主要起语法功能的作用，只能传递较少的实质性信息。因此，文本中的实义词占比越高，词汇密度就越大，文本就包含更丰富的信息；相反，若文本中的功能词占比越高，那么词汇密度就越小，文本就包含更少的信息量。同时，词汇密度也能在某种程度上表示文本的难易程度。一般来说词汇密度越高，文本的难度越大；反之文本难度越小。因此，词汇密度在一定程度上能够表现出用语的信息量和难易程度特征。本章对词汇密度的计算采用尤尔（Ure）[1]提出的方法，即词汇密度=（实词数量/词汇总数）×100%，来计算文本中各类实词的数量及其在总词数中所占比例。

文本的难易程度除与词汇密度关系密切外，和词汇长度也有紧密的关系。词汇长度是指组成每个词汇的字母数量。词汇长度能够表示一个文本中所用词汇是大词还是小词，词汇是难懂还是易懂。一般来说，文本中的平均词汇长度越长，那么文本中大词的使用频率也越高，文本难度也越大。根据爱德华·B. 弗莱（Edward B. Fry）[2]的观点，句子的长度和其中词汇音节的数量决定了文本的难易程度。通常来说，具有长句子和多音节的词汇的文本难度较大；相反，若文本中的句子较短且其中词汇的音节较少，文本的难度就较小。因此，英语文本的复杂度可依照如下两个方面来判断：一是对句子长度的测量，实际上是计算句子所含的平均词数；二是对词汇长度的测量，实际上是计算每个词汇的平均字母数量。

（三）语句分析

语句能够显示重要的语言特征，具备较高的研究价值。不管是对语言的发展分析，还是对不同语言之间进行比较，从句子整体和组成结构的角度分析语句都是其中关键的研究要素，包括句子长度、句子结构和文本复杂性等。

---

[1] Ure, J., "Lexical Density and Register Differentiation", in *Applications of Linguistics*, London: Cambridge University Press, pp. 443-452.

[2] Fry, E. B., *Elementary Reading Instruction*, New York: McGraw-Hill, 1977.

句法复杂度又称句法成熟度,代表着语言形式的复杂程度与变化范围,是语言输出过程中概念资源和知识资源结合的表现。语句既是语言的最大单位,也是话语的最小单位。句子作为语言单位,是由比它小的词汇或短语等构成的。句子的长度在一定程度上能够反映作者使用语法知识的能力。平均句长可作为评测语言能力发展的有效工具,已广泛应用于儿童母语习得研究和第二语言习得研究等。英文的句长是指一个句子中所含词汇的数量,句长是衡量语句特征的重要方式之一,它在一定程度上能够代表文本的句法复杂度。此外,句子本身的构成也直接体现着句子的复杂性。英文语句中通常将语句划分为简单句与复合句,常用的句子分类如图2-2-2。在本章对语句的分析中,将通过简单句和复合句的分类判别语句的复杂程度。

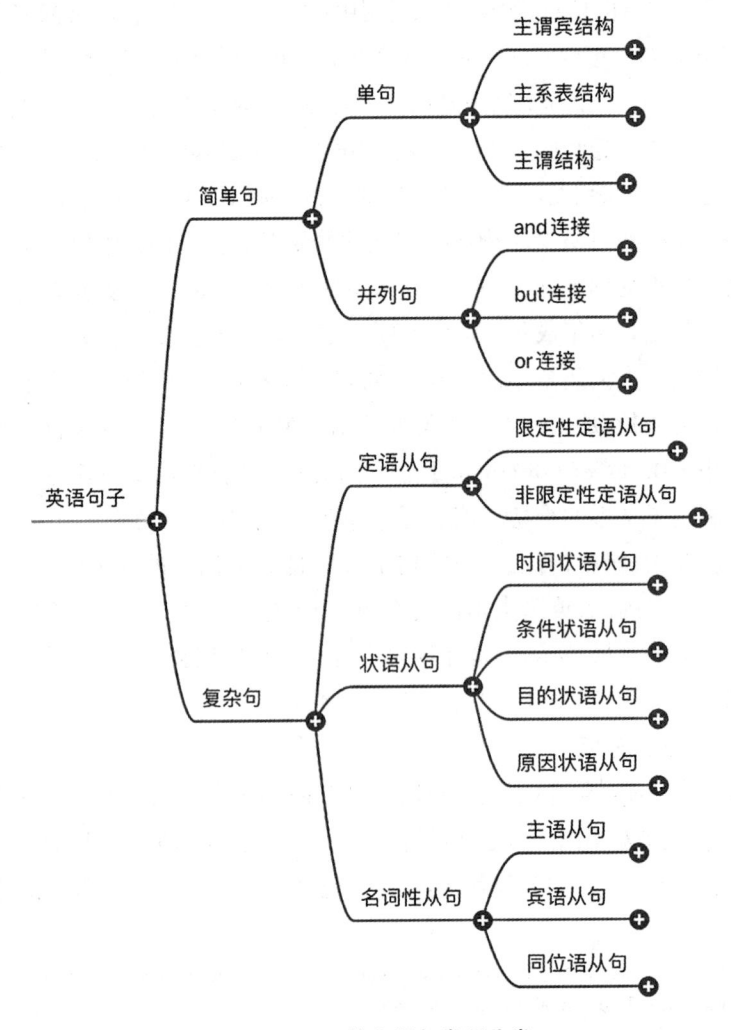

图2-2-2 英文语句常用分类

句子所含文本的复杂性也是衡量句子特征的主要内容。类符形符比（TTR,type-token ratio）也是表示文本语言复杂程度的标准之一。形符（token）是语言学领域中的一个术语，即我们通常所指的词汇。文本中的形符数量即指这个文本中的词汇总数。类符（type）是指文本中不重复的形符。类符形符比就是文本中类符数量和形符数量的比值，这个值的大小能够代表文本中词汇的丰富程度和用词的变化。当一个文本具有较大的类符形符比时，说明该文本使用了较为丰富的词汇；若文本的类符形符比较小，则说明该文本中的词汇使用变化较小，即使用了较为单调的词汇。此外，当一个文本篇幅较长时，其中例如 a、and、of 等这类的封闭类词会反复出现，这时形符数量相对而言是增大的，但类符的数量却不一定会随之增加。因此，有时文本越长，其中封闭类词的重复次数也越多，类符形符比反而会变小。如此，不同篇幅文本的类符形符比就无法进行合理比较。因而在实际研究中通常会使用标准类符形符比（STTR,standard type-token ratio）来代表文本的用词变化情况。标准类符形符比是根据每 1 000 个形符求一次类符形符比，然后再计算平均值。本章以摘要文本作为研究对象，摘要文本由于具有标准性，篇幅有限（不超过 1 000 词），因此在后续分析中不对标准类符形符比做严格限制。

二、数据处理与分析

本章利用汤森路透集团 WoS 平台，选取 SCI 和 SSCI 两个数据库获取论文的标题、摘要、关键词、出版年、WoS 学科类别等论文信息与文本，时间跨度为 1982—2020 年，文献类型为"article"。其中选取了 SSCI 所有学科类别期刊的全部文献，选取 SCI 所有学科类别各学科前 10% 的期刊所含文献，共获得 242 类学科的 8 695 189 篇文献。因而总体上，本章所获取的数据分别为由 SCI 收录与由 SSCI 收录两类文献。同时根据另一维度划分，即 WoS 中将学科类别分为生物医学与生命科学（Biomedical and Life Sciences）、自然科学（Natural Science）、应用科学（Applied Science）、艺术与人文（Arts and Humanities）和社会科学（Social Science）五大类，本章据此将所获各类别学科归属为该五种学科大类。受篇幅限制，其中 50 类学科基本统计信息如表 2-2-1 所示。

在本章的研究中，将利用 Python 进行分词、统计，使用 NLTK 等软件包进行语法分析。具体流程如下：首先对每篇文本进行分句处理，统计句子数量、句子长度等信息，并判断句子结构。其次对每篇文本进行分词处理并进行词形标注，统计词汇数量、词汇长度，并计算词汇密度、类符形符比等用语特征指标。最后处理得到以学科为分类的平均用语特征数据。具体用语特征指标及含义详见表 2-2-2。

表 2-2-1　50 类学科论文数量及摘要词汇统计(部分)

学 科 类 别	学 科 大 类	论文数量	平均每篇句子数量	平均每篇词汇数量
materials science, multidisciplinary	Applied Science	262 668	11.14	175.27
chemistry, physical	Natural Science	229 973	11.78	171.74
environmental sciences	Biomedical and Life Sciences	204 098	14.50	233.22
economics	Social Science	203 257	8.34	143.13
public, environmental & occupational health	Biomedical and Life Sciences	167 716	12.99	208.51
energy & fuels	Applied Science	153 123	12.77	225.62
psychiatry	Biomedical and Life Sciences	141 524	12.14	194.38
chemistry, multidisciplinary	Natural Science	125 311	8.48	154.09
metallurgy & metallurgical engineering	Applied Science	124 707	12.20	162.97
nanoscience & nanotechnology	Applied Science	124 526	10.77	164.28
food science & technology	Biomedical and Life Sciences	121 505	12.69	200.18
management	Social Science	117 115	8.49	165.17
chemistry, applied	Natural Science	116 873	10.70	150.80
engineering, electrical & electronic	Applied Science	116 868	8.51	165.57
neurosciences	Biomedical and Life Sciences	111 170	11.05	196.54
engineering, chemical	Applied Science	106 768	12.13	189.82
education & educational research	Social Science	104 441	8.29	166.45
psychology, multidisciplinary	Social Science	103 163	9.55	173.33
peripheral vascular disease	Biomedical and Life Sciences	102 234	15.92	244.63
engineering, environmental	Applied Science	101 076	13.44	200.64
cardiac & cardiovascular systems	Biomedical and Life Sciences	99 673	15.41	199.98
environmental studies	Biomedical and Life Sciences	98 115	9.25	186.86

续　表

学 科 类 别	学 科 大 类	论文数量	平均每篇句子数量	平均每篇词汇数量
physics, applied	Natural Science	92 527	8.34	157.02
mechanics	Applied Science	87 820	9.70	169.66
psychology, clinical	Social Science	87 543	10.15	171.04
physics, condensed matter	Natural Science	85 697	9.64	211.47
pharmacology & pharmacy	Biomedical and Life Sciences	85 298	15.05	238.54
biochemistry & molecular biology	Biomedical and Life Sciences	82 888	11.62	193.19
oncology	Biomedical and Life Sciences	81 153	13.97	194.35
green & sustainable science & technology	Biomedical and Life Sciences	78 415	11.53	215.00
business	Social Science	77 221	8.84	170.12
plant sciences	Biomedical and Life Sciences	75 542	12.96	223.43
mathematics, applied	Natural Science	74 042	7.82	113.11
engineering, civil	Applied Science	72 514	13.08	230.31
social sciences, interdisciplinary	Social Science	71 589	8.10	162.20
psychology, experimental	Social Science	71 535	10.38	172.96
clinical neurology	Biomedical and Life Sciences	70 603	13.38	224.14
sociology	Social Science	63 377	7.72	169.59
thermodynamics	Natural Science	63 218	12.17	199.55
engineering, mechanical	Applied Science	62 927	9.88	179.56
psychology, developmental	Social Science	62 380	10.03	168.14
cell biology	Biomedical and Life Sciences	61 897	9.76	184.08
electrochemistry	Natural Science	61 261	12.31	175.11
radiology, nuclear medicine & medical imaging	Biomedical and Life Sciences	58 861	15.95	229.07
ecology	Biomedical and Life Sciences	58 404	14.10	243.60

续 表

学 科 类 别	学 科 大 类	论文数量	平均每篇句子数量	平均每篇词汇数量
computer science, artificial intelligence	Applied Science	56 021	10.99	185.15
geosciences, multidisciplinary	Natural Science	53 900	15.15	257.61
obstetrics & gynecology	Biomedical and Life Sciences	53 469	16.50	228.26
political science	Social Science	52 741	7.00	144.21
construction & building technology	Applied Science	52 705	11.67	194.46
……				

表 2-2-2 语言学特征测度指标

测 度 对 象	测 度 含 义
标题长度	每篇论文标题的总词汇数量
标题词汇长度	每篇论文标题的平均词汇长度
摘要长度	每篇论文摘要的总词汇数量
摘要词汇长度	每篇论文摘要的平均词汇长度
摘要词汇密度	每篇论文摘要实词数量占总词汇数量的比例
摘要词汇类符形符比	每篇论文摘要的不重复词汇占总词汇数量的比例
摘要句子数量	每篇论文摘要的句子数量
摘要句子长度	每篇论文摘要的句子的平均词汇数量
摘要句子复杂度	每篇论文摘要中复合句占总句子数量的比例

三、用语特征分析

(一) 多学科正式科学用语的词汇特征分析

1. 标题词汇分析

由表 2-2-3 中的全体平均数据可知,科学写作的平均标题词汇数量通常超过 12 个单词,区间为 6.41 词至 31.08 词,差异较大。同时,标题中通常使用由7到10个字母组成的单词以达到更好的理解。据图2-2-3与图2-2-4所示,总体上五类学科在标题词汇数量与词汇长度上具有一定的用语特征差异,其中生物医学与生命科学类和艺术与人文类平均标题词汇数量较多。而根据标题词汇长度排序,可以发现自然科学类与应用科学类通常会使用较长的词汇作为标题。结合标题词汇数量特征可知,生物医学与生命科学类和艺术与人文类的标题通常较长,而所含词汇的长度则较短;自然科学类与应用科学类则通常使用词汇长度较长的组合为标题。此外,可以看出在两个十年的时间段中,五类学科的标题词汇数量均有下降趋势,而标题词汇长度则均呈上升趋势,这在一定程度上表现出不同学科用语特征的相同发展趋势。

表2-2-3 学科平均词汇指标统计

	标题词汇数量	标题词汇长度	摘要词汇数量	摘要词汇长度	摘要词汇密度
最小值	6.41	7.26	113.11	5.03	59.47%
最大值	31.08	9.74	294.96	6.35	69.19%
平均值	12.75	8.14	192.95	5.81	65.71%
中 值	12.46	8.09	186.05	5.83	66.11%

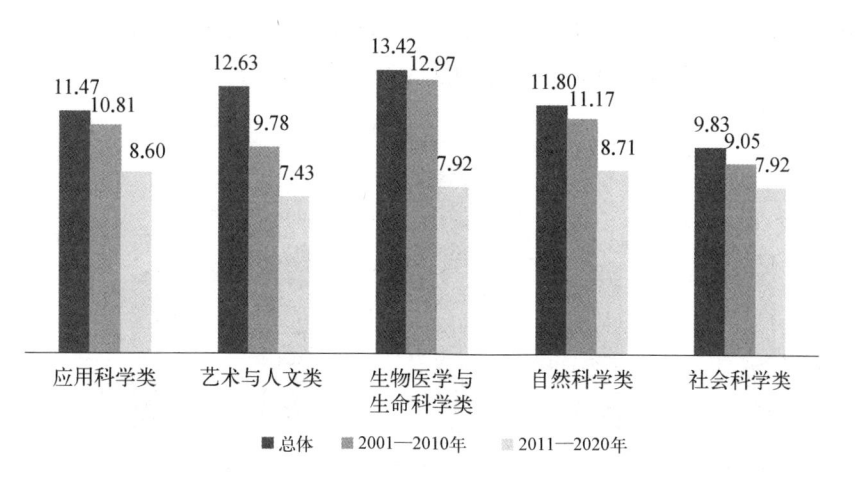

图2-2-3 标题词汇数量统计

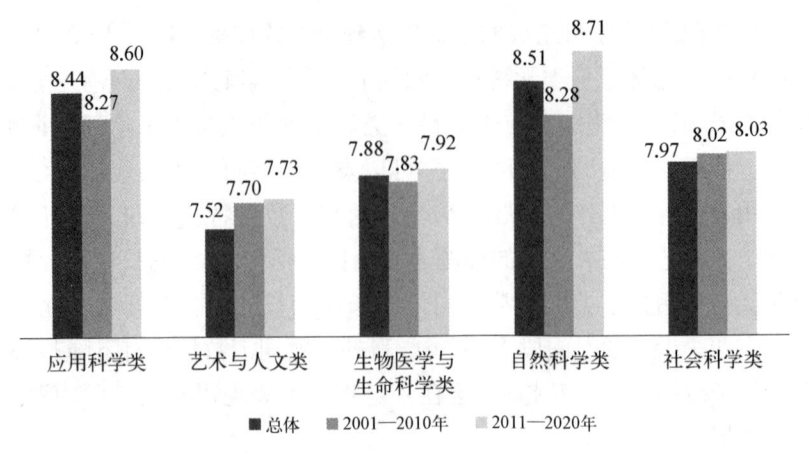

图 2-2-4 标题词汇长度统计

2. 摘要词汇分析

由表 2-2-3 所示,摘要词汇数量通常在 113.11 词至 294.96 词之间,体现出科学写作的规范性对于摘要长度的限制。摘要中的词汇长度介于 5.03 个到 6.35 个字母,均值为 5.81 个,其词汇长度区间与均值都小于标题词汇长度,可知标题的写作用语往往会选择比摘要中更长的词汇。标题是一篇文章的高度浓缩与精练概括,这一特征似乎对标题写作用语产生了重要影响。

在摘要特征方面,由图 2-2-5 和图 2-2-6 所示,生物医学与生命科学类摘要所含词汇数量远大于其他四类学科,而艺术与人文类的摘要词汇长度要小于其他四类。不同学科在摘要词汇数量和词汇长度上无明显特征规律。但同样地,在 2001—2010 年与 2011—2020 年的区间中,可以看出各类学科摘要词汇数量和词汇长度均随时间呈上升趋势。

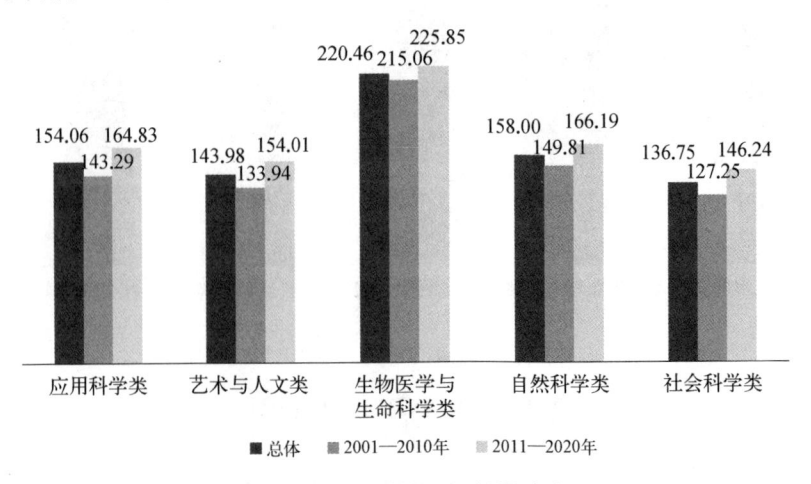

图 2-2-5 摘要词汇数量统计

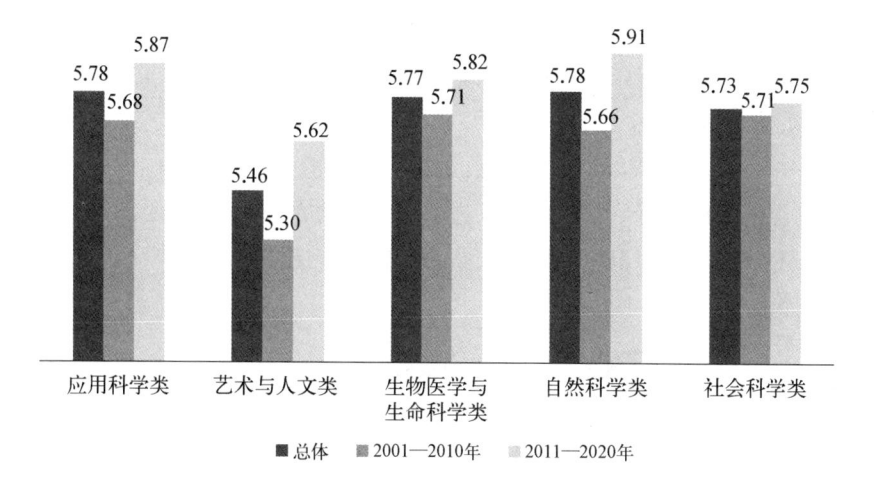

图 2-2-6 摘要词汇长度统计

摘要中的词汇密度是指摘要中名词、动词、形容词、副词这四类实词数量占词汇总数的比重。因为这类词汇能够传递大量具有实质性信息的内容，所以词汇密度的大小能够体现文本的信息量。由表 2-2-3 所示，摘要的词汇密度均值为 65.71%，可见摘要中的实词类词汇占大部分比重。摘要包含了整篇文章的主干信息，较大的词汇密度有利于在有限的篇幅内表达更充分的论文主体内容。

根据摘要词汇密度均值排序，由图 2-2-7 所示，能够发现应用科学类、艺术与人文类、自然科学类与社会科学类文章均具有较大的词汇密度，平均值在 65% 左右，可知该四类文章的实词类比重较大，生物医学与生命科学类则相对会使用更多的修饰性词汇。

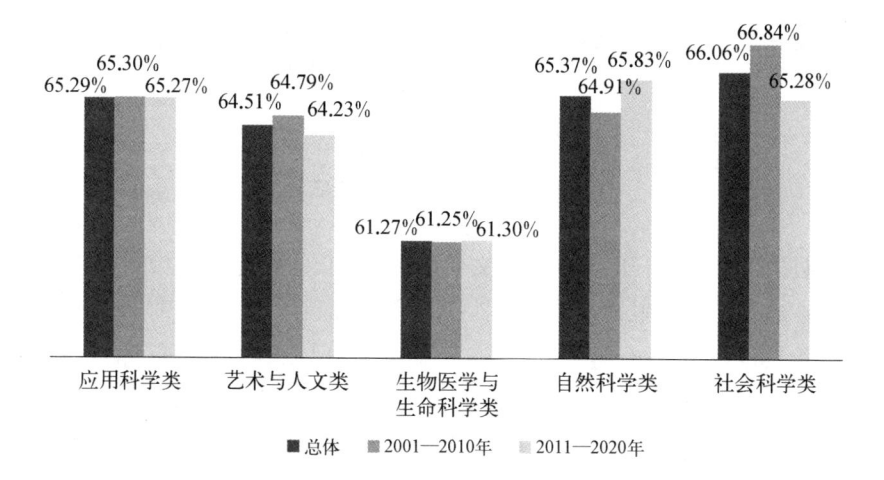

图 2-2-7 摘要词汇密度统计

（二）多学科正式科学用语的语句特征分析

据表2-2-4所示,科学论文摘要中的句子数量区间为6.45个至21.85个,表现出较大的差异性,而这一差异性也体现在学科类型上。如图2-2-8所示,根据摘要所含句子数量排序,生物医学与生命科学类摘要中往往包含更多的句子,其均值约为艺术与人文类的2倍。摘要的平均句子长度在11.54个至24.04个词汇之间,平均每个句子包含17.40个词汇,平均语句较长。

表2-2-4 学科平均语句指标统计

	句子数量	句子长度	复杂句子占比
最小值	6.45	11.54	35.44%
最大值	21.85	24.04	66.62%
平均值	11.48	17.40	52.50%
中　值	10.94	17.23	52.80%

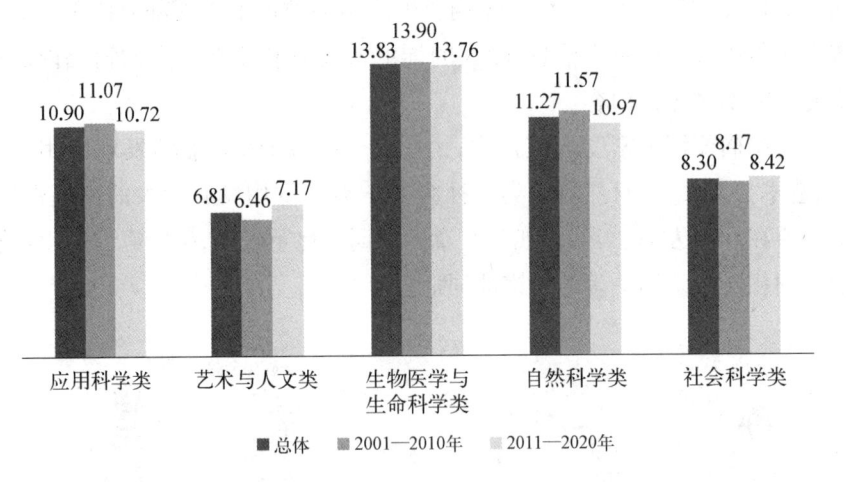

图2-2-8 摘要句子数量统计

据图2-2-9可知,艺术与人文类会使用更长的句子,结合句子数量特征可知,在摘要长度有限的背景下,生物医学与生命科学类的摘要倾向于使用较多的、句长较短的语句;而艺术与人文类的摘要则由较少的长句子组成。据图2-2-10可知,艺术与人文类复杂句占比最大,结合句长特征可知,句子越长时其使用从句的概率越大。此外,在二十年的学科发展进程中,可以看出五类学科具有摘要句子长度增加和复杂句子占比变大的发展特点。

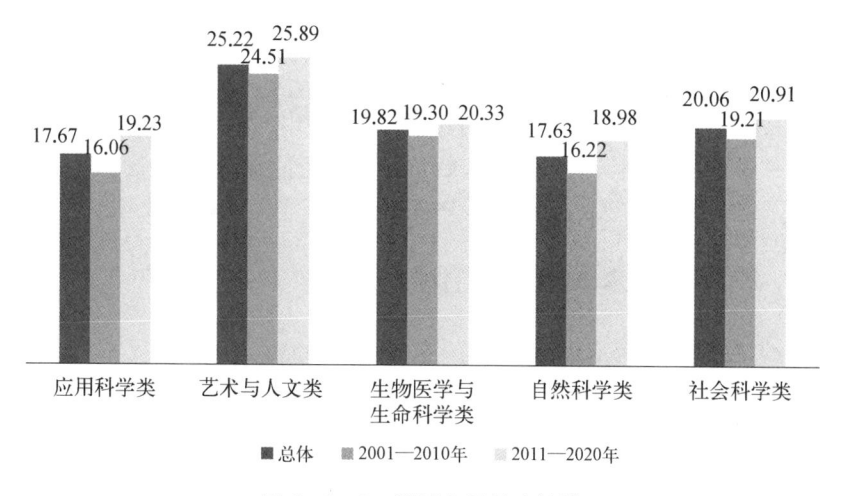

图 2-2-9 摘要句子长度统计

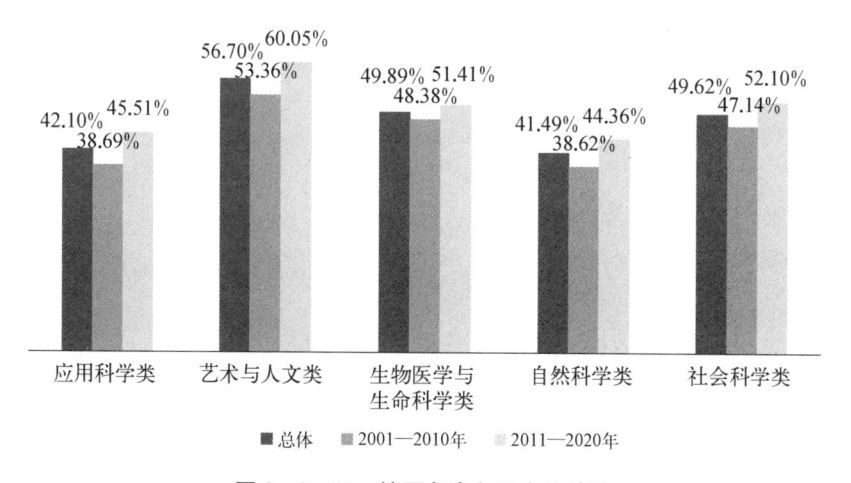

图 2-2-10 摘要复杂句子占比统计

综上所述,不同学科之间由于理论、历史、方法、工具等方面的差异,在论文写作中往往会表现出不同的语言学特征。在学科分类的维度上,本章根据应用科学、艺术与人文、生物医学与生命科学、自然科学与社会科学五类学科的对比分析,表现出各学科在词汇和语句中多个方面的不同特征。然而,在时间的维度上,随着学科发展的进程,本章发现各学科不同用语特征随时间的变化趋势大体上是相同的。在学科融合的背景下,正式科学用语的特征也具有融合发展的趋势。可以发现,正式科学用语所具有的相同的发展特征,一定程度上体现出如今学科交叉融合发展的特点。在此基础上,本章将结合学科与时间两个维度,探索不同学科在词汇和语句中的多类用语特征随时间变化所具有的规律。

第四节 学科融合背景下的正式科学用语特征研究

一、基于关键词术语使用的学科融合分析

(一) 数据获取与总体描述

本章选取图书情报学与计算机科学两种学科作为分析研究对象,自 WoS 平台获取该两类学科 1982 年至 2020 年的论文,共获得 226 576 篇类型为文章(article)的论文数据。根据 WoS 的学科分类,所获取的文献数据如表 2-2-5 所示。

表 2-2-5 图书情报学与计算机科学论文统计

学科	WoS 学科类别	论文数量
图书情报学	Information Science & Library Science	35 534
计算机科学	Computer Science, Artificial Intelligence	56 024
	Computer Science, Cybernetics	4 841
	Computer Science, Hardware & Architecture	6 145
	Computer Science, Information Systems	32 401
	Computer Science, Software Engineering	18 322
	Computer Science, Theory & Methods	20 646
	Computer Science, Interdisciplinary Applications	52 663
总计		226 576

(二) 基于关键词的学科融合分析

超出特定学科范畴的复杂问题的不断出现,促使不同学科之间的融合发展。为了解决这些复杂的问题,不同学科间存在着共同的主题,而研究主题则由具体的学科交叉点——学科术语构成。图书情报学和计算机科学虽然属于不同大类的学科,但两类学科之间存在相互交叉和融合的关系。图书情报学是新兴的社会科学,它结合了图书馆学、信息管理学、档案学等多个学科的研究基础,被认为是一门交叉学科。计算机科学作为应用型学科,被其他学科广泛引为研究工具。图书情报学与计算机科学有着密切的交叉

关系,例如信息检索、本体研究、知识图谱、信息抽取、语义网、数据挖掘等都是两类学科共同关注的研究领域。

当两篇文献使用了相同关键词时,它们在主题和内容上就存在着很大的相似性。延伸到学科领域,一个学科的关键词集合也能在总体上反映出该学科所关注的研究主题和内容,而不同时期的关键词集合则能在总体上表现出该学科在不同阶段的研究主题和内容。如果获取某两个学科关键词集合的交集,这个交集也应该能在某种程度上反映这两个学科共同的研究对象,体现出两个学科产生交叉融合的领域。本章基于以上背景,将两个学科之间的交叉融合具象化为关键词交集,以此交集说明两个学科在研究对象和关键词术语使用上具有同质性。在此基础上,本章将对比分析图书情报学与计算机科学在研究相同主题(使用了相同关键词术语)时文本的用语特征。

表2-2-6为所获得的图书情报学与计算机科学的关键词与文章数据,分别获取两个学科关键词交集数量148 350词与336 871词,去重后分别获取关键词所对应的论文34 941篇与132 985篇,提取其标题和摘要文本进行下一步分析。

表2-2-6 图书情报学与计算机科学论文及关键词统计

学科	关键词数量	关键词交集数量	关键词交集去重数量	论文数量	具有相同关键词论文数量
图书情报学	188 963	148 350	32 566	35 534	34 941
计算机科学	971 454	336 871		191 042	132 985
总计	1 160 417	485 221	32 566	226 576	167 926

二、正式科学用语的同质与异化特征

(一)正式科学用语的词汇特征分析

1. 标题长度与标题词汇长度分析

标题长度是指其所含单词的数量,由于科学论文具有规范性,标题长度通常是有限的。由图2-2-11可知,整体上图书情报学与计算机科学的论文标题长度平均值在7个至13个单词之间,且大体上标题长度逐年上升。两个学科30年间标题平均长度分别为10.26词和8.65词,同时在近30年中,图书情报学标题长度平均值每年均高于计算机科学。可见图书情报学领域的标题写作通常比计算机科学使用稍多的单词数量。这一结论与前文相似,即自然科学论文标题会使用较社会科学少的词汇量。

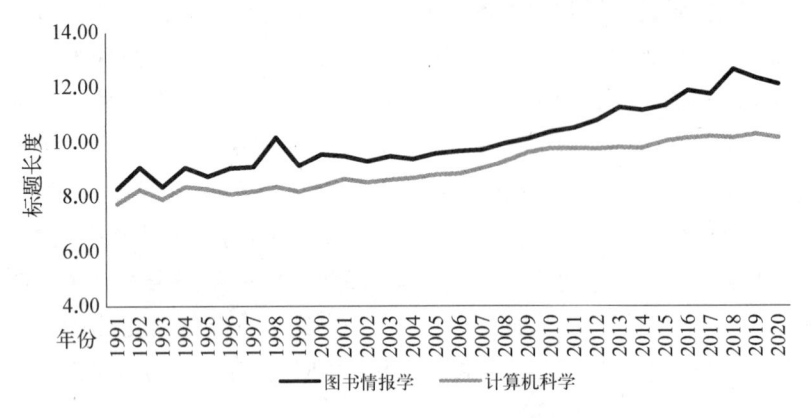

图 2-2-11　图书情报学与计算机科学标题长度对比

标题词汇长度是指其单词所含字母数量,词汇长度与文本的用词难度具有相关性,词汇的平均长度一定程度上能够反映该学科用词的复杂度特征。据图 2-2-12 所示,整体上图书情报学与计算机科学的论文标题词汇长度均值介于 7.9 至 9.1 之间,两个学科论文标题词汇长度均值分别为 8.10 与 8.53。计算机科学的标题词汇长度大于图书情报学,且除 1992 年外,前者词汇长度持续高于后者。这说明相较于图书情报学,计算机科学论文标题的用语更具复杂性。该特征同样对应于前文所得结论,即相较于社会科学,自然科学在标题中使用较长的词汇。

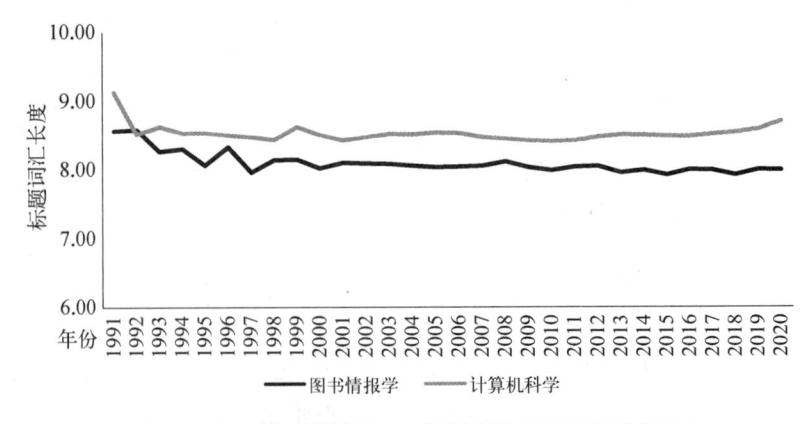

图 2-2-12　图书情报学与计算机科学标题词汇长度对比

本章所获取的分析文本为两类学科具有相似研究主题的论文(使用了相同的关键词),然而在论文标题的用语上,二者所具有的语言特征并不一致。

可见,尽管两类学科文本论述的主题是相同的,但描述相同主题所使用的语言有所差异,在标题的写作上体现出两类学科正式科学用语的异化性特征。

2. 摘要长度与摘要词汇长度分析

摘要长度是指摘要所含词汇数量。如图 2-2-13 所示,整体上图书情报学与计算机科学的论文摘要长度均值介于 100 个至 200 个单词,其摘要长度均值分别为 153.39 词与 155.37 词,两个学科摘要长度均值差异不大。但在 2005 年以前,两个学科摘要长度均值差异较大且未呈现明显分布特征,随后摘要长度均值逐渐接近。可见在近 15 年两个学科在摘要写作方面使用的单词数量比较相似。

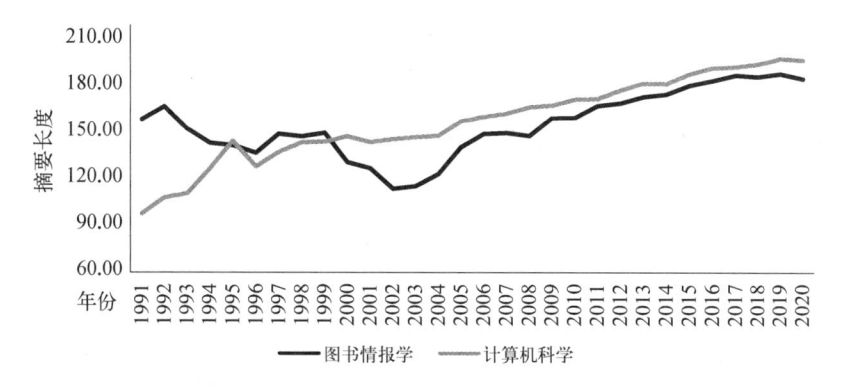

图 2-2-13　图书情报学与计算机科学摘要长度对比

摘要词汇长度即摘要中的单词所含字母数量。如图 2-2-14,两个学科论文摘要词汇长度均值在 4.3 至 6.0 之间,与介于 8.10 和 8.53 的标题词汇长度相比相差较大,可知标题词汇复杂程度高于摘要词汇。通常来说,标题需要在较短的长度内指明全文的重点与内容,用语往往更具概括性。与

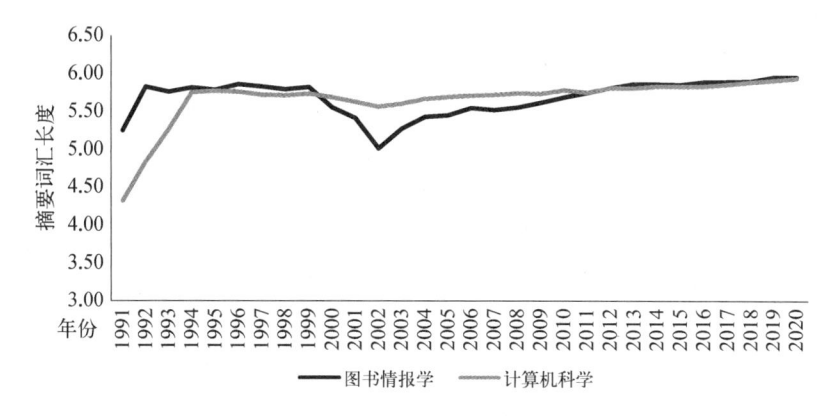

图 2-2-14　图书情报学与计算机科学摘要词汇长度对比

摘要和正文文本相比,其用语往往也更加复杂。图书情报学与计算机科学的摘要词汇长度均值为 5.69 与 5.67,差异极小,尤其在近 10 年间几近相同。可知两个学科在摘要词汇的使用上具有相似的复杂程度。综上,在摘要长度与摘要词汇长度特征上,图书情报学与计算机科学具有相似的用语风格,尤其在近几年来相似程度更加明显,表现出两个学科在摘要长度与摘要词汇长度方面的同质性特征。

3. 摘要词性与词汇密度分析

词汇密度是指包括名词、动词、形容词和副词这类实词占词汇总数的比例,词汇密度能够反映文本信息量的丰富程度,另外,与文本的难易度也有一定的关系。如图 2-2-15 所示,两类学科的平均词汇密度最小值为 46.67%,最大值为 50.50%,总体上词汇密度逐渐增大。图书情报学词汇密度均值为 48.56%,低于计算机科学的 49.33%,且在 20 多年中计算机科学的词汇密度始终大于图书情报学。这与前文中的结论相似,即自然科学使用较社会科学更多的实词类词汇。

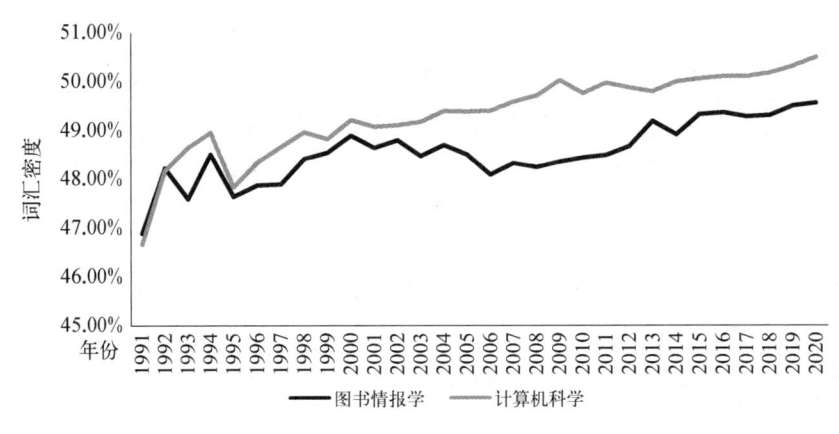

图 2-2-15　图书情报学与计算机科学摘要词汇密度对比

词汇密度能大致反映词汇的丰富度和复杂度,从更加微观的角度分析摘要的语言学特征,还需要进一步分析实词类词汇具体的词性分布情况。图 2-2-16 与图 2-2-17 分别为图书情报学与计算机科学实词类词汇平均使用分布情况。英语中的实词类包括名词、动词、形容词和副词。总体来看,两类学科在不同时间段中平均实词使用数量有所差异。在近 20 年间,计算机科学较图书情报学要更多地使用实词类词汇。具体到词汇类型,计算机科学的 4 种实词平均使用数量均高于图书情报学。

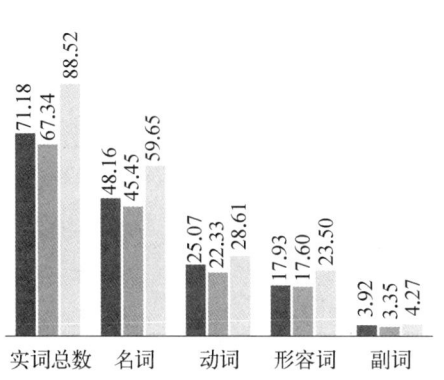

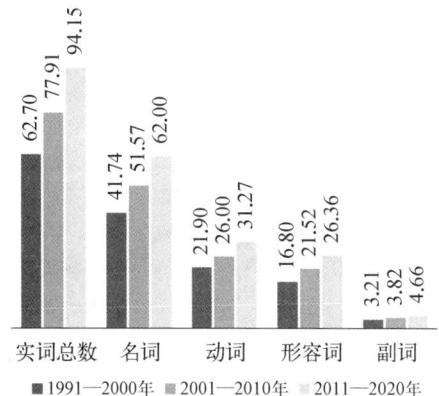

图 2-2-16　图书情报学实词类分布　　图 2-2-17　计算机科学实词类分布

(二) 正式科学用语的语句特征分析

1. 摘要句子数量与长度分析

摘要的句子数量体现着摘要篇幅的大小。如图 2-2-18 所示,两类学科摘要的句子数量介于 6 至 11 句之间,其中图书情报学平均使用 8.3 句,计算机科学为 9.43 句。根据每年学科平均摘要所含句子数量所示,计算机科学学科摘要的句子数量通常高于图书情报学。

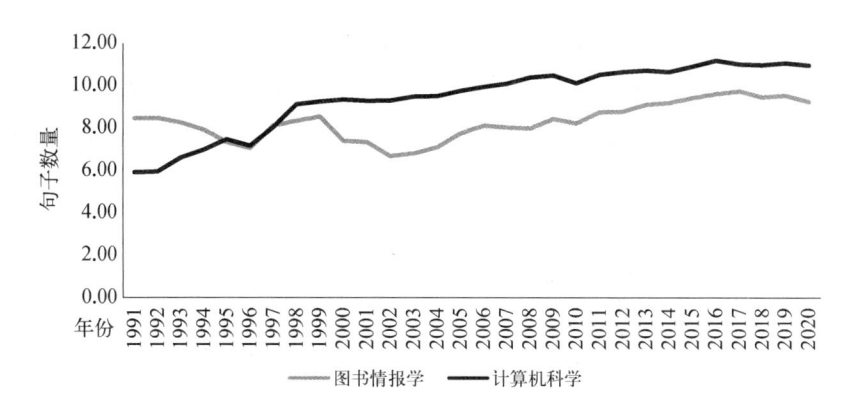

图 2-2-18　图书情报学与计算机科学摘要句子数量对比

摘要句子长度是指摘要每个语句平均所含词汇数量。据图 2-2-19 可知,两类学科摘要平均句子长度为 15.5 词至 20 词。图书情报学的平均句子长度为 18.7 词,高于计算机科学的均值 16.7 词。可见,图书情报学常用较长的句子撰写摘要。结合摘要的句子数量特征,可以发现图书情报学的摘要平均会使用较少的、句子较长的语句,计算机科学则会使用更多的、句长较短的语句,两学科在摘要的句子使用特征上具有异化性特征。在前文的分析中,本章发现自然科学论文摘要中往往包含更多的句子,同时社会科学平均会使用更长的句子,可见这一用语特征同样适用于图书情报学与计算机科学。

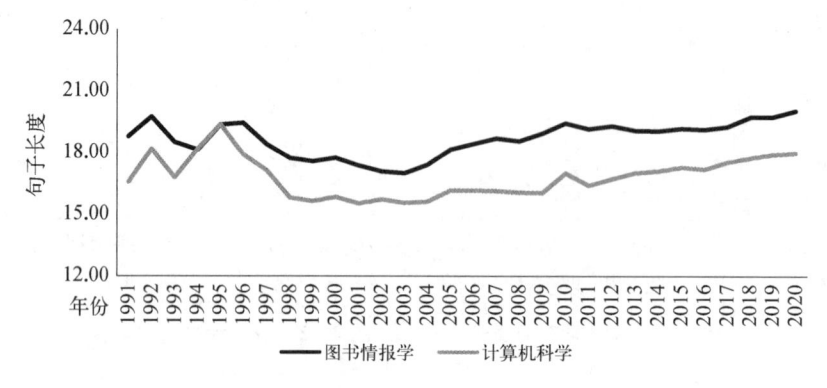

图 2-2-19　图书情报学与计算机科学摘要句子长度对比

2. 摘要用语复杂度分析

摘要的类符形符比是指摘要文本中不重复的词汇数量占词汇总数的比例,其值的大小可以在一定程度上反映文本用词的变化和丰富程度,是衡量文本语言复杂程度的标准之一。两类学科摘要的类符形符比均值介于60%至66%之间,其中图书情报学的类符形符比均值62.7%,计算机科学为63.5%,从均值来看两类学科不具有明显差异。如图2-2-20所示,根据逐年的平均值来看,两类学科的类符形符比的数值与变化趋势均不相似,体现出两类学科在摘要类符形符比方面的异化性特征。

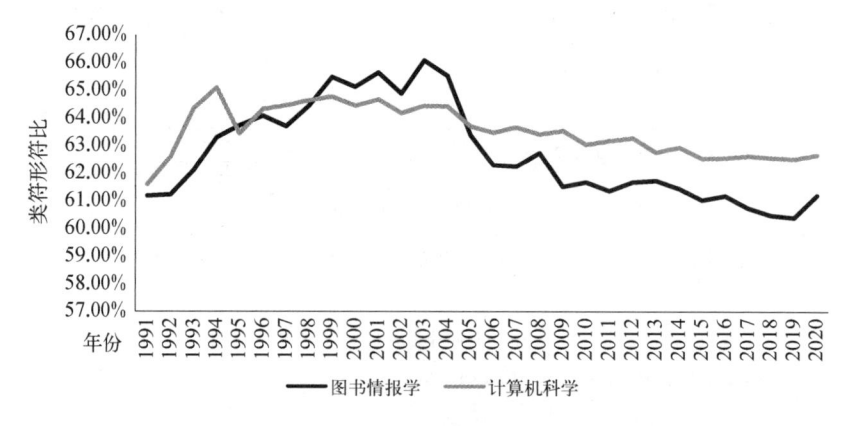

图 2-2-20　图书情报学与计算机科学摘要类符形符比对比

复杂句子占比是指复杂句子数量与句子总数的比值,本章将语句划分为简单句与复杂句两类,其中简单句是指单句和并列句,复杂句指各类从句。在1991年至2020年,两类学科平均复杂句子占比最大值为59.05%,最小值为35.69%,该差异性主要体现在1991年至2000年区间。图书情报学的平均复杂句子占比为52.6%,计算机科学为48.6%,总体上差异不大。且由图2-2-21可知,近20年中,两类学科平均数值与变化趋势十分接近,两类学科的复杂句子占比特征具有同质化趋势。

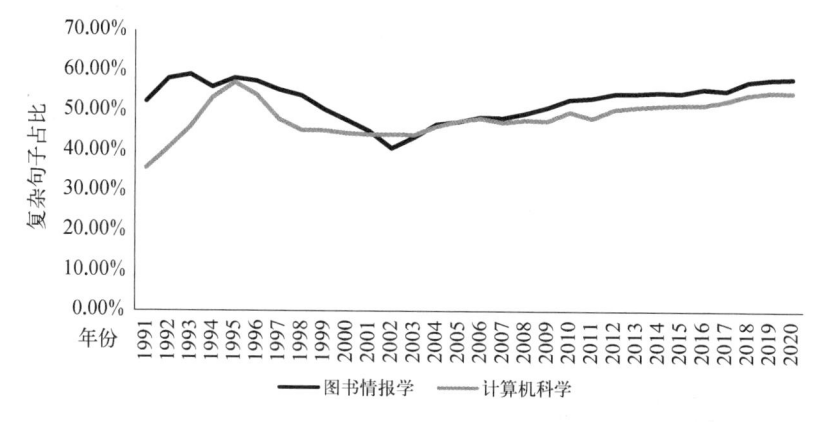

图2-2-21　图书情报学与计算机科学摘要复杂句子占比

三、基于上下文的学科用语特征分析

(一) 相同术语的异化特征产生原因

在前文的分析中,本章基于词汇与语句的外在特征进行了描述与分析,总结了不同用语特征在各个维度上的同质性与异化性。不同学科所具有的越来越多的相同关键词,在一定程度上体现了学科的交叉融合发展趋势。然而,当不同学科使用了相同关键词术语时,其研究主题和内容有时并不同样是相似的。这是因为部分关键词术语在不同文章中所代表的含义并不完全相同,这又体现在语义层面所具有的异化性质。例如,在以"召回(recall)"为关键词的文章中,既有关于"召回率"的研究主题,又有关于"回忆"的研究主题,二者所具有的含义与词性均不相同。据此现象,本节将继续以图书情报学与计算机科学为例,根据所取关键词的相邻上下文词汇分析其用语特征。本节所分析的数据为利用Python获取的关键词所在文本的左相邻与右相邻词汇。

(二) 基于上下文的词汇用语特征分析

1. 上下文实词类使用特征分析

分析统计基础词性的分布能够对关键词所处上下文特征有基本的认知。实词类词汇包括名词、动词、形容词和副词,其总占比代表着文本的词汇密度。如图2-2-22所示,在关键词的上下文词汇中,图书情报学与计算机科学平均实词占比分别为46.97%与51.43%。总体来看,名词的使用频率最高,动词和形容词均占有较大比重。副词主要用来修饰动词、形容词或其他副词等,而关键词大多为名词或名词短语,因而副词的使用频率在关键词所处上下文词汇中占比极小,两类学科上下文的副词占比均不足1%。对比可知,计算机科学的各类实词使用频率均高于图书情报学,其中动词、形容词和副词的使用差异较小。据图2-2-23可知,在2001年至2020年的20年期间,总体上两类学科的实词类占比始终具有一定差异,且其差异逐渐变大,体现出两类学科在关键词上下文词汇中实词使用的异化性特征。

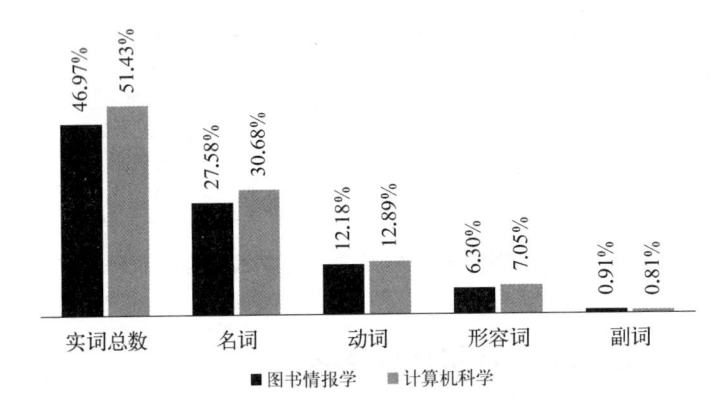

图2-2-22 图书情报学与计算机科学实词占比统计

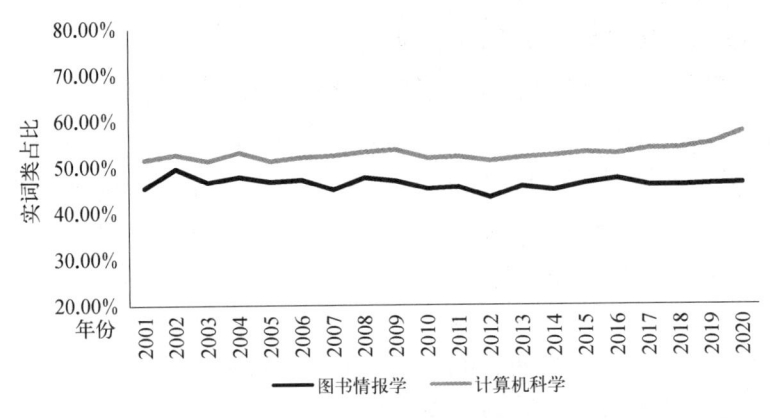

图2-2-23 图书情报学与计算机科学实词占比对比

2. 上下文连词类使用特征分析

连词是一种虚词,它无法独立承担句子成分,只具有连接词和词、短语和短语、句子和句子的作用,又分为并列连词与从属连词。如图2-2-24

可知,在关键词的上下文词汇中,连词类词汇的使用频率仅次于实词类。图书情报学与计算机科学平均连词占比分别为40.14%与34.98%,前者的并列连词与从属连词使用频率均高于后者,其中从属连词的使用频率差异较大。如图2-2-25所示,图书情报学的连词类占比始终大于计算机科学,总体上平均差值也随时间增加而增大,两类学科在连词的使用方面同样具有异化性特征。

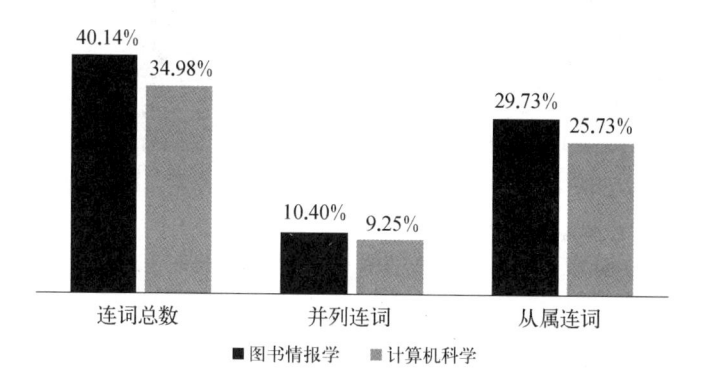

图2-2-24 图书情报学与计算机科学连词占比统计

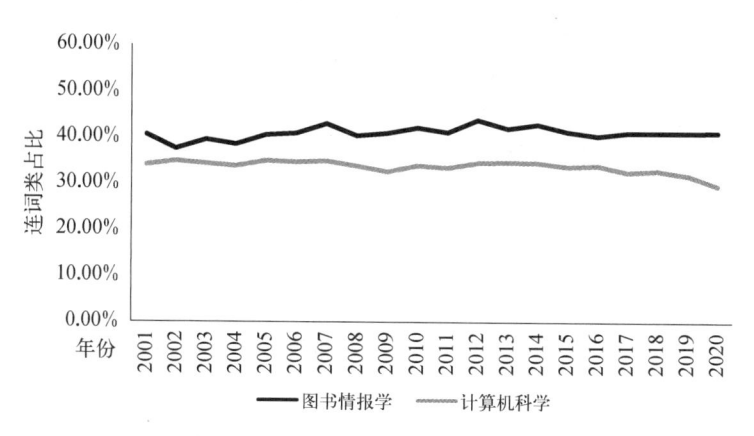

图2-2-25 图书情报学与计算机科学连词占比对比

3. 上下文代词类使用特征分析

代词是代替名词或名词短语的词,也指起名词作用的短语和句子的词。因为代词本身的词义较弱,代词必须从上下文来确定其含义。代词在功能上既可以单独取代名词的位置,也具有修饰某个语法成分的作用,在论文写作情境中具备指称和辅助成句的功能。如图2-2-26所示,相较于实词与连词,关键词的相邻词汇中代词占比较小,两学科占比分别仅为0.74%与0.46%,其中图书情报学代词占比要高于计算机科学。此外,据图2-2-27

所示,整体上两类学科的代词使用频率的变化趋势十分相似,二者的平均差值渐渐变小,体现出图书情报学与计算机科学在代词的使用频率上的同质性特征。

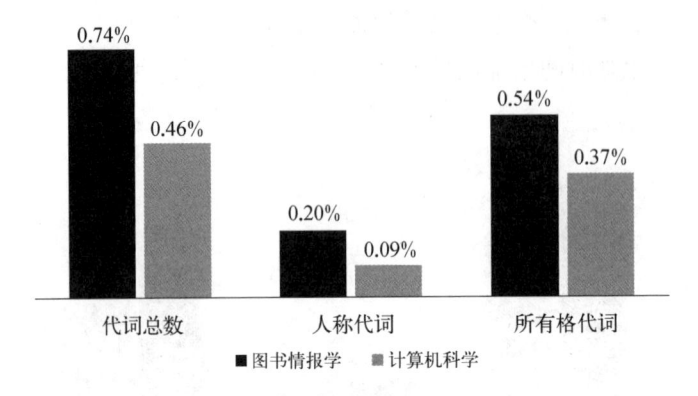

图 2-2-26　图书情报学与计算机科学代词占比统计

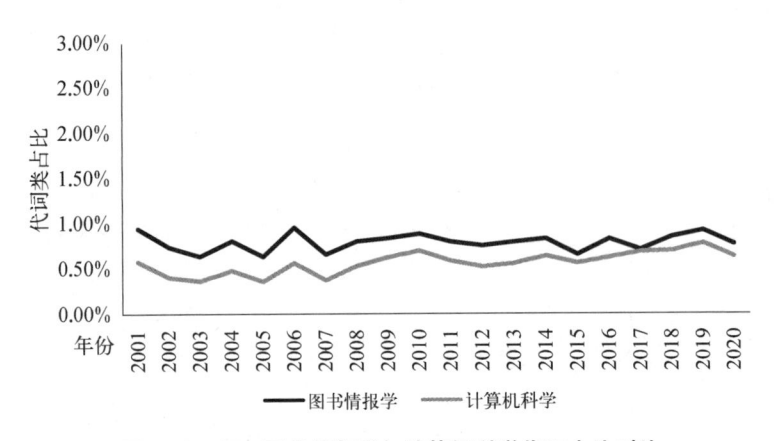

图 2-2-27　图书情报学与计算机科学代词占比对比

4. 上下文 Wh 词类使用特征分析

以 Wh 开头的词汇可分为 Wh 开头的限定词、代词和副词,其中 Wh 开头的限定词包括指示限定词、疑问限定词与关系限定词,如 Which(哪个)和 What(什么)。Wh 开头的代词包括 Whose(谁的)和 Whom(谁),Wh 开头的副词包括 Why(为何)、When(何时)、Where(何地)和 Wherever(无论何处)。如图 2-2-28 所示,与代词类似,以 Wh 开头的词汇在整体相邻词汇中占较小比重,两类学科占比均不超过 0.7%。尽管总体上两类学科的 Wh 类的词汇比重相似,但其中各类型词汇的数量特征并不相同。图书情报学有相对较多的 Wh 类代词和副词,而计算机科学的术语相邻词汇则更多地包含以

Wh 开头的限定词。同时,据图 2-2-29 所示,在 2012 年之前,两类学科的 Wh 类词汇的均值和趋势特征比较相似,但从 2013 年开始出现较大的差异并持续至今。因此,两类学科在 Wh 类词汇的使用方面也具有异化性特征。除实词类、连词类与代词类和 Wh 类词汇外,其他各封闭类词汇占比较小,因此在文中不再做整体描述。

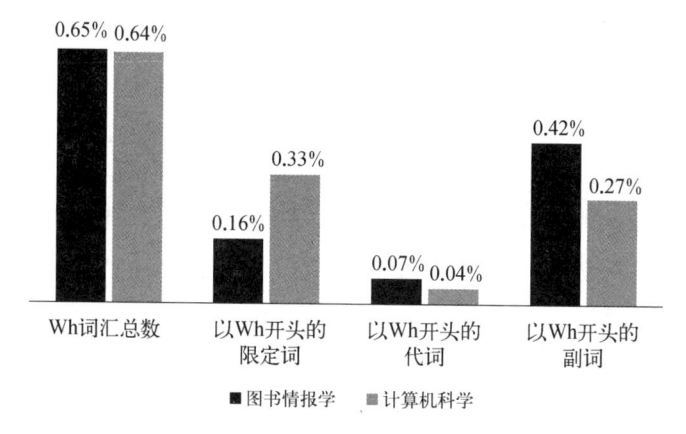

图 2-2-28　图书情报学与计算机科学 Wh 类词占比统计

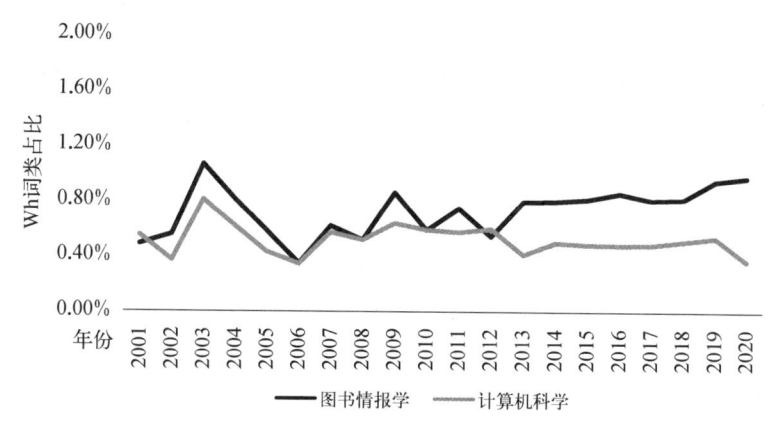

图 2-2-29　图书情报学与计算机科学 Wh 类词占比对比

四、正式科学用语的同质与异化特征总结

本章的研究对象为图书情报学与计算机科学中描述相同专业术语(关键词)的文本,分析了在学科融合背景下,该两类不同的学科在描述相同的术语对象时,其所使用的正式科学用语特征的相似与差异之处。文中通过对两类学科在词汇和语句使用的特征分析,在一定程度上刻画出了正式科

学用语的同质与异化特征。首先,图书情报学与计算机科学在摘要长度与摘要词汇长度方面表现出同质性特征。两学科的摘要长度均值分别为153.39 词与 155.37 词,摘要词汇长度均值为 5.69 与 5.67,差异极小且随年份变化逐年接近。其次,两学科在句子结构方面也体现着同质性特征,表现在两学科复杂句子占比平均数值与变化趋势均十分接近。最后,在对关键词上下文的词汇分析中发现,两学科的代词使用频率的变化趋势十分相似且差值逐渐变小,体现代词的使用频率的同质性。

在学科交叉融合发展的趋势下,两学科的彼此借用现象越来越频繁,体现在使用相同关键词作为研究主题的论文逐渐增多。然而,两学科对使用相同术语的描述用语仍体现出一定的学科异化性。首先从标题层面看,两学科在标题长度与标题词汇长度上具有不同的用语特征,图书情报学领域通常比计算机科学使用更多的、较短的词汇,这一异化性特征在近 30 年中均有所体现。其次,关于摘要的词性与词汇密度,计算机科学的词汇密度总是大于图书情报学,具体到四种实词词汇的分布情况,计算机科学的名词、动词、形容词和副词的平均使用频率均大于图书情报学。此外,两学科在摘要的句子数量、句子长度与用语复杂度上也具有异化性特征。计算机科学论文摘要中往往包含更多的句子,而图书情报学平均使用更长的句子。根据逐年的平均值来看,两学科的类符形符比的数值与变化趋势均不相似。最后,在关键词的相邻词汇使用特征中,两学科的实词类、连词类和 Wh 类词汇的使用特征均具有明显差异。

第五节 本 章 小 结

本章从学科融合发展的背景出发,分析了所有学科正式科学交流用语的基础语言学特征,并在此基础上,总结出了正式科学用语的同质与异化特征。本章分析处理了所有学科共计约 870 万篇的标题与摘要文本数据,具有一定程度的代表性。文中对论文标题与摘要的词汇长度、词性分布、词汇密度、句子长度、句子结构等多个语言学特征进行了分析,发现多学科正式科学用语特征具有学科差异性,例如:第一,生物医学与生命科学类、艺术与人文类和社会科学类的标题通常较长,而所含词汇的长度则较短;自然科学类与应用科学类则通常使用少量词汇长度较长的组合为标题。第二,生物医学与生命科学类摘要所含词汇数量远大于其他四类学科,而艺术与人文类的摘要词汇长度要小于其他四类。第三,生物医学与生命科学类的摘要倾向于使用较多的、句长较短的语句,而艺术与人文类的摘要则由较少的长句子组成。

尽管不同学科的用语特征具有学科差异性,但不同用语特征随时间具有相似的发展趋势:五类学科的标题词汇数量均有下降趋势,而标题词汇长度、摘要词汇数量和词汇长度、句子长度、复杂句子占比均呈上升趋势。可见在学科融合的背景下,正式科学用语的特征也具有融合发展的趋势。在此基础上,本章结合学科与时间两个维度,以图书情报学与计算机科学为例,分析两学科在词汇和语句特征层面上随时间变化所具有的特征与规律。

第一,两学科用语的同质性首先表现在摘要长度与摘要词汇长度方面。平均来看,两学科的摘要长度通常是相似的(均值分别为 153.39 词与 155.37 词),平均使用相似词汇长度的单词撰写摘要(均值为 5.69 与 5.67)。其次,两学科在使用复杂句子上也具有同质性,两学科复杂句子占比平均数值逐年接近。最后,在关键词上下文的词汇中,两学科的代词使用频率的变化趋势十分相似且差值逐年减少。

第二,两学科对使用相同术语的描述用语也体现出一定的学科异化性。从标题长度与标题词汇长度来看,图书情报学领域通常比计算机科学使用更多的、较短的词汇,该特征在 30 年的数据中未产生变化。同时相较于图书情报学,计算机科学的平均词汇密度始终大于图书情报学。此外,两学科在摘要的句子数量、句子长度与用语复杂度上也具有异化性特征。计算机科学论文摘要具有较多的句子数量,图书情报学的平均句子长度更长。最后,在关键词的相邻词汇使用特征中,两学科的实词类、连词类和 Wh 类词汇使用频率具有明显差异,且该差异随时间变化逐渐增大。由此可知,对于描述相同论文主题的文本,两学科在用语特征并不是完全相似的,具有部分同质性与异化性特征。

第三章 非正式科学交流的用语规律

第一节 非正式科学交流用语

非正式科学交流主要包括书信、邮件、讨论等形式的学术交流活动,以思想的碰撞激发出灵感的火花,有利于促进知识的传播、扩散与重组,从而促进额外的科学成果的产生。非正式科学交流以知识创新为根本出发点和落脚点,通过对其所形成的知识网络能力的分析评价,可以了解研究领域知识创新的环境,掌握研究领域知识创新的趋势。

其中,学术讲座作为非正式科学交流的主要形式之一,拥有相对高端的交流内容和较高的分析价值。本章围绕学术讲座中产生的非正式科学用语分析其规律。

第二节 研究方法、数据搜集与处理

一、研究方法与框架

目前,研究活动产生的学术信息的有效共享和传播是学术交流的一个重要课题。为了促进学术信息交流,大多数研究学术交流的文献集中在学者的信息需求和使用模式上。而非正式学术研究方面,国内外研究的多是网络交流平台信息,如推特平台和网络博客等。研究者对学术讲座信息的研究相对较少,本章试图以学术讲座作为非正式交流活动的一个类别,以此来分析学者和公众之间的交流活动。

本章的研究问题如下:
图书情报领域非正式交流的热点是如何分布的?
时间维度的交流热点趋势是如何变化的?

地区维度的交流热点有什么相同点和不同点？

本章结合时间维度、地区维度与词频可视化来追踪图书情报领域学者非正式学术交流的变化，采用文本挖掘、关键词共词分析、高频关键词分析、主题聚类、社会网络等多种分析法分析关键词，其中核心是确定核心关键词。在科学研究中，常通过表达文献核心内容的关键词或主题词的出现频次确定该领域的研究重点和发展动向。目前学界常用的高频词阈值选取方法主要有自定义选取法、高低频词界定公式选取法、普赖斯公式选取法及混合选取法四类。本章选择混合选取法，即利用普赖斯公式计算得出一个高频词阈值，再根据实际情况进行人工选词，得出高频词。高频词分析是对出现频次较高的词语进行分析进而确定研究热点的一种分析方法；主题聚类是采用最小距离原则对各个词语进行聚类的一种分析方法；社会网络分析是对社会网络中行动者之间的关系进行量化研究的方法，是社会网络理论的一个具体工具。本章以 iSchools（信息学院）学校为对象，选取学术讲座作为非正式交流活动的一个类别，以此来分析学者之间的非正式学术交流活动，提出图 2-3-1 所示的研究流程。

二、数据搜集

iSchools 是世界上最大的图书情报组织，致力于以信息、技术和人的关系为中心的研究与实践，其中的一类院校代表了图书情报科学较高的科研水平。iSchools 成员重视彼此及与外部机构的交流合作，开展了一系列学术讲座，促进各个领域的专家学者通过多学科思想的碰撞和交汇，衍生出新观点、新见解和新主张。截至 2021 年 12 月 1 日，iSchools 共有 122 个成员，按照其学校的规模、资源和结构划分为了 6 个等级，即 iCaucus（信息团体）、Enabling（赋能）、Sustaining（维持）、Supporting（支持）、Basic（基础）、Associate（联系），其中 iCaucus 一类院校共有 39 所，代表了图书情报科学最前沿的发展。因此，拟下载这 39 所院校开展的学术讲座信息作为研究样本，但由于其中 11 所院校的讲座信息缺失，如卡内基·梅隆大学、哥本哈根大学等，则将其数据视为无效数据，给予舍弃，故本章最终获取的数据样本为 28 所一类院校图书情报科学院系开展的学术讲座，时间跨度为 2003—2021 年，数据包含的字段有时间、院校、演讲人、标题，并保存到 Excel 文件中，下载时间为 2021 年 9 月 18 日—10 月 30 日。通过 Excel 对讲座信息的筛选、整理，剔除缺少时间或主题的数据，最终共检索到 2 402 条讲座记录，具体数据明细如表 2-3-1 所示。

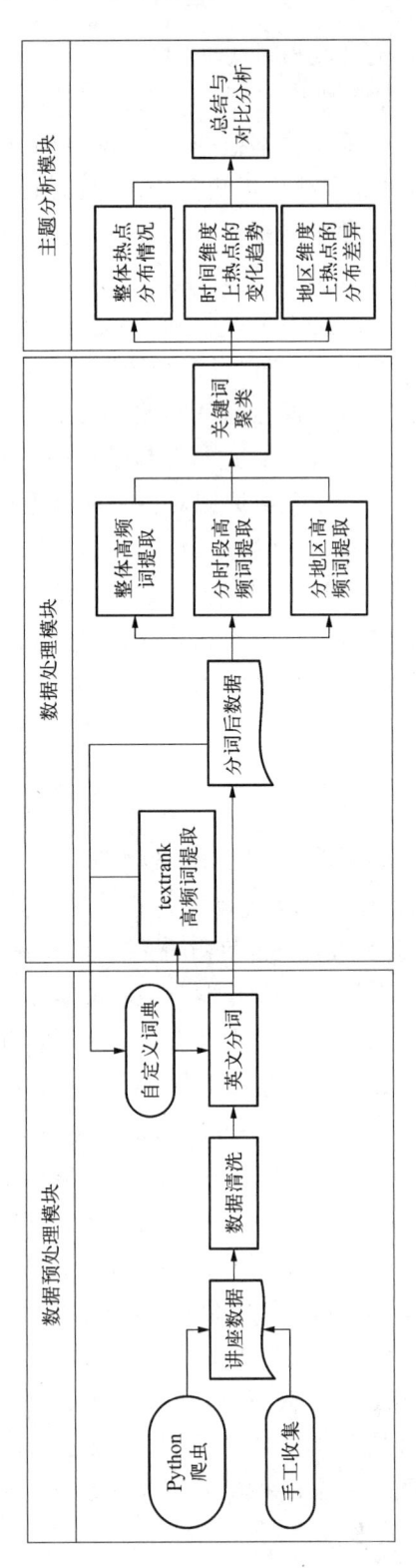

图 2-3-1 研究流程

表 2-3-1 28 所 iSchools 院校讲座分布表

序号	iSchools 成员	数量
1	加州大学伯克利分校信息学院	533
2	南京大学信息管理学院	301
3	武汉大学信息管理学院	144
4	柏林洪堡大学柏林图书馆和信息科学学院	140
5	华中师范大学信息管理学院	127
6	匹兹堡大学计算机与信息学院	117
7	得克萨斯大学奥斯汀分校信息学院	111
8	中国人民大学信息资源管理学院	106
9	吉林大学管理学院	103
10	莫纳什大学信息技术学院	101
11	马里兰大学信息研究学院	99
12	英属哥伦比亚大学信息学院	81
13	加州大学洛杉矶分校教育和信息研究研究生院	75
14	印第安纳大学布卢明顿分校卢迪信息学、计算和工程学院	52
15	北卡罗来纳教堂山大学信息与图书馆科学学院	41
16	加州大学欧文分校唐纳德-布伦信息与计算机科学学院	37
17	乔治亚理工大学计算机学院	37
18	郑州大学信息管理学院	35
19	康奈尔大学计算机与信息科学学院	31
20	谢菲尔德大学信息学院	30
21	马里兰州-巴尔的摩郡大学信息系统系	20
22	北德州大学信息学院	18
23	德雷塞尔大学计算机和信息学院	16
24	伊利诺伊大学厄巴纳-香槟分校信息科学学院	16
25	圣何塞州立大学信息学院	12
26	罗彻斯特理工学院信息学院	9
27	田纳西州大学信息科学学院	6
28	亚利桑那大学信息学院	4
	合 计	2 402

三、数据处理

对学者交流热点的探究需要对讲座标题进行文本挖掘。英文讲座数量占多数，少部分语种为中文和德语，为了统一综合分析，将讲座标题统一译为英文处理，使用 Python 工具对讲座题目进行英文分词处理，并通过文本排序（TextRank）算法进行关键短语抽取，并完成合并关键词与近义词操作，得到讲座标题分词之后形成关键词数据。根据混合选取法得出高频词阈值，得到整体高频词、分时段高频词、分地区高频词。为了分析的方便，本章还将需要分析的关键词转化为中文进行分析。基于处理后的数据，生成关键词共现矩阵，并利用 VOSviewer 可视化软件生成关键词聚类图，以直观了解学者的非正式学术交流的热点和趋势。

从单词的角度来探究 iSchools 讲座标题的特征，通过 Python 自然语言工具包 NLTK 模块对获取的 2 402 条 iSchools 讲座标题进行分词处理并识别这些词语的词性。此外，由于 NLTK 模块对词的划分粒度较小，例如，副词（RB）、副词比较级（RBR）、副词最高级（RBS），为了后续对词性的更好研究，将其统一为副词，其他五类词性完成类似合并。

第三节　数据分析

一、整体情况分析

本节先从宏观视角展示 iSchools 学术讲座交流的整体趋势，对 2004—2021 年讲座数量进行时序分析，再对年度高频词进行分析，并对年度突显词进行简单分析，最后对整体的关键词进行聚类分析，对整体的交流热点做宏观了解。

（一）讲座数量时序分析

通过对初始搜集的数据进行清洗，共搜集了 2 402 次讲座信息，图 2-3-2 为讲座数量时序图。由图 2-3-2 可知，随着时代的发展，2004—2021 年讲座的数量大致呈上涨的趋势。信息学院项目于 2004 年在美国正式创立，在 2004—2010 年间，学术讲座寥寥可数，学者之间的交流频率较低，说明此时图书情报科学的学术交流力量还有待壮大；到 2010 年之后，增长速度有所提高，2020 年的讲座数量骤降，可能是受全球范围内的新冠肺炎疫情的影响，线下的讲座受到较大约束，而 2021 年的讲座数量迎来了新高峰，可以预见在未来学者之间的非正式交流会更加频繁。因此，以学术讲座为对象探究学者非正式学术交流具有较大的意义。

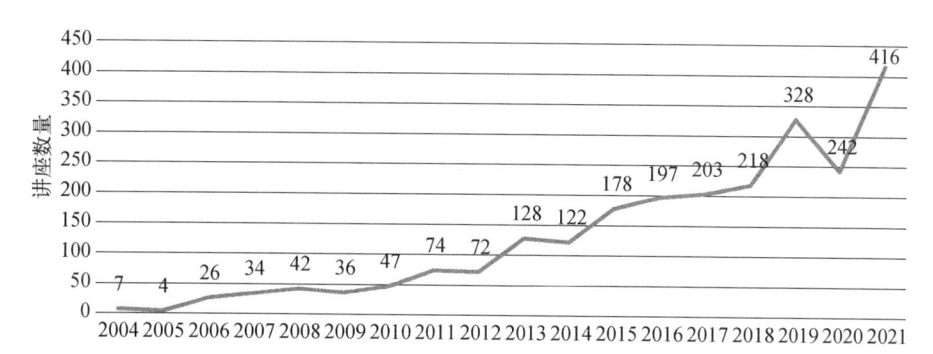

图 2-3-2　讲座数量时序图

（二）年度高频词分析

将搜集的讲座信息根据年份划分，使用 Python 软件分别对讲座标题数据按照年份分组，进行关键词提取、清洗并统计排序，根据混合选取法得出高频词阈值，得到每年的高频词，然后构建每一年关键词的词频序列，将排名前列的词构成年度高频词表，如表 2-3-2 所示，其中关键词的频次从左向右递减排序。

表 2-3-2　年度高频词表

年份	年　度　高　频　词
2021	研究　数据　信息　学习　图书馆　系统　分析　模型
2020	研究　图书馆　数据　信息　数字　系统　技术　档案
2019	研究　技术　数据　信息　发展　新　图书馆　系统　方法
2018	研究　信息　数据　发展　大数据　应用　实践　技术　系统　科学
2017	研究　信息　数据　应用　技术　大数据　新
2016	信息　研究　数据　图书馆　新　管理　创新
2015	研究　数字　图书馆　数据　信息　新　管理
2014	数据　研究　图书馆　信息　档案　大数据　搜索　社会媒体
2013	研究　信息　数据　图书馆　档案　发展　应用
2012	信息　研究　新　数字　图书馆
2011	信息　图书馆　研究　全球　发展
2010	信息　知识　网络　档案
2009	信息　社会　学生　服务　科学　未来
2008	数字图书馆　网络　信息检索　中文　游戏　背景　北京　文化　奥运文件

续 表

年份	年 度 高 频 词
2007	研究 图书馆 搜索 研究 数字图书馆 期刊
2006	信息 数字 iSchools 规模 数字图书馆
2005	检索 理解力 管理 儿童 物理学
2004	参考 信息
综合	研究 信息 数据 图书馆 数字 新 技术 发展 档案 系统

通过年度高频词分析，2004—2010 年的关键词比较丰富，有一些突显词，例如在 2008 年出现了北京、奥运等词，当年正好是北京举办奥运会，中国的学者就联系北京奥运会与图书情报的关联进行学术交流。而 2014 年，第一次出现了大数据，近 10 年间，每年靠前的关键词大部分是重复的，如研究、图书馆、数据、信息等词，只是排名有所波动。换言之，这些关键词很多属于图书情报领域学者之间的非正式学术交流热点，最近几年不会突然消失，变化的只是研究的相对热度。下一步是找出这些高频关键词的联系，构建关键词群，以充分代表某一研究热点。

（三）iSchools 非正式学术交流热点的主题分布

为了进一步全面地研究 iSchools 非正式学术交流的主要研究热点，本节利用 VOSviewer 的关键词聚类功能生成图 2-3-3。在图 2-3-3 中，圆球表示关键词，圆球大小表示关键词的频次多少；连线表示共现关系，连线粗细和长短表示共现关系的强度。由图 2-3-3 可见，iSchools 非正式学术交流内容丰富，共形成 6 个大的关键词聚类：信息系统与用户行为、新技术与挑战、档案学发展、图书馆应用研究、科学研究方法、大数据时代与服务创新。

聚类#1（信息系统与用户行为）主要包括信息、数据、数字、系统、模型、用户行为等热点词，反映了 iSchools 学者对信息系统与用户行为的探讨。信息系统与用户行为一直是学界关注的热点与重要议题。社交媒体环境下，医疗、电商等领域的用户行为均发生显著变化。如 2018 年举办的"社交媒体环境下用户行为"专题研讨会，对社交媒体环境下用户行为的研究前沿和方法进行交流分享。聚类#2（新技术与挑战）包含的关键词主要有新、技术、视角、在线、挑战、未来等。随着时代的发展，科学技术和社会发展迅猛，出现了如大数据、云计算、物联网、区块链等新兴前沿技术。学者的讲座主题也紧跟时代发展，探讨分享新技术给图书情报领域带来的机遇与挑战。聚

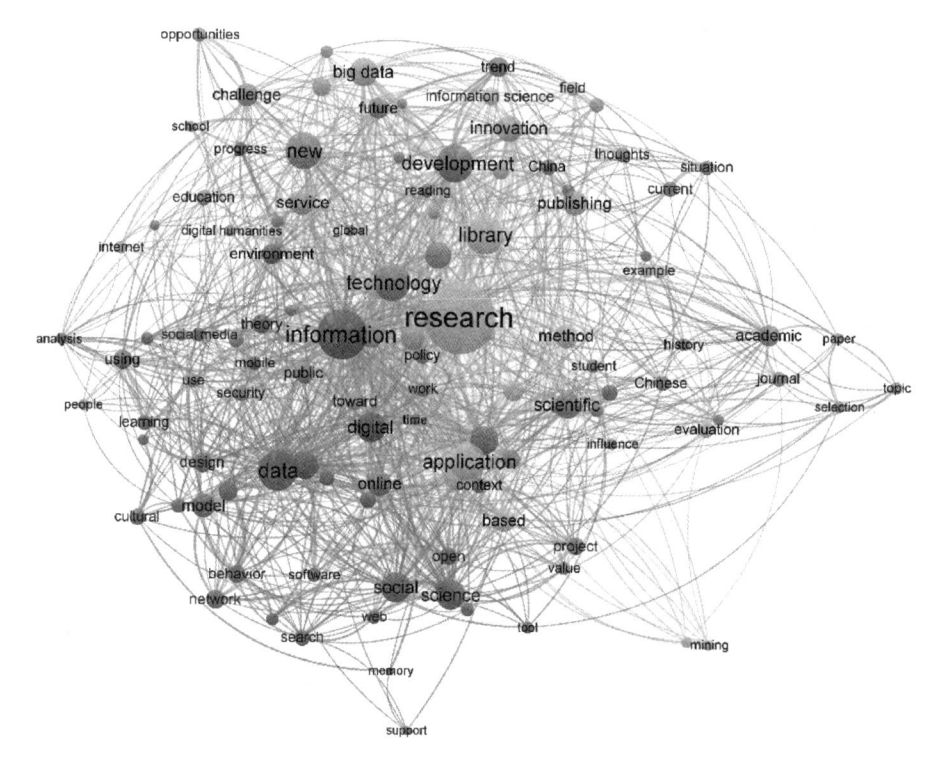

图 2-3-3　iSchools 讲座关键词共现频次聚类图谱

类#3(档案学发展)包含的关键词主要有发展、档案、趋势、项目、国家等。对于档案信息的不断增长,如何对档案信息进行有效管理成为当下信息建设的首要任务,数字档案为档案馆的未来发展提供了解决方案。档案作为原生的信息资源,是社会信息资源的重要组成部分。iSchools 学者在学术交流中也注重对档案学科的发展进行探究。聚类#4(图书馆应用研究)包含的关键词主要有研究、图书馆、应用、知识、信息科学、建设、挖掘、文本等。例如,华中师范大学举办了"典籍文本挖掘的方法与技术"讲座,主要从文本挖掘和知识的角度,分享一些技术手段来提升图书馆服务效能。聚类#5(科学研究方法)包含的关键词主要有科学、学术、研究、交流、期刊、学生、选题等。例如,"科学研究方法"和"科学发现信息"等讲座,分享了很多科学研究相关的内容,帮助学生了解一些期刊的知识和选题的技巧等。聚类#6(大数据时代与服务创新)包含的关键词主要有大数据、管理、创新、服务、出版、实践、企业、产业、战略、互联网、智能等。在图书情报科学的工作中,工作人员有了服务创新的意识。在信息资源多样化的情景下,用户与信息需求间的关系也发生了很大的变化,更多的是追求信息资源的全面化。转变观念,利用信息化技术,改进服务方式,实现服务创新,是图书情报科学的首要任务。

总的来说,可以看出图书馆应用研究、信息系统与用户行为、档案学发展这三个主题分别对应的是图书、情报、档案三个学科,而学术交流则帮助学生了解科学研究,提高学生的科研能力;面对新时代的发展,新技术与挑战和大数据时代与服务创新是iSchools学者分享的相关变革,一定程度上体现了学科的发展方向。

二、时间维度的iSchools交流热点趋势分析

本节的研究对象时间跨度为2004—2021年,因篇幅有限,无法对每年的数据逐一进行分析,故对主题相关性较高的年份做时间段分析。对全部关键词提取出高频关键词,并利用Excel软件得到年份—关键词二维矩阵。考虑到每年的关键词存在较大差异,对关键词词频做Z-score标准化,并完成关键词的标准化热图绘制,如图2-3-4所示。图中颜色的深浅代表关键词出现频次的高低,颜色越深的出现频次越高,反之则越低。

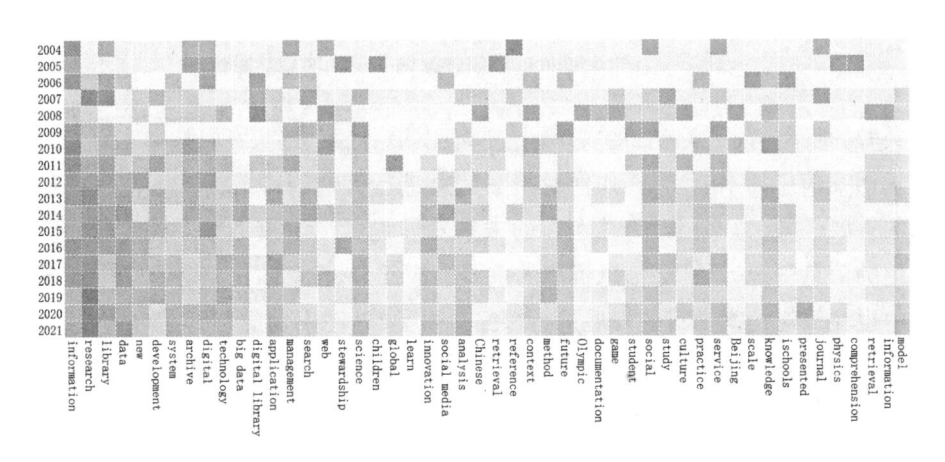

图2-3-4 关键词热力图

由图2-3-4可以看出,在2004—2009年,关键词的着色变化不均匀,表明该期间学者的交流主题较多,而2013—2021年,关键词的着色较为均匀,表明该期间学者的交流主题较为一致。因篇幅有限,无法对2004—2009年的数据逐一分析,将其看作一个整体。因此本节将时间分为三个阶段:2004—2009年(探索阶段)、2010—2012年(过渡阶段)、2013—2021年(成熟阶段)。通过对三个阶段学术交流的热点分析,利用VOSviewer的关键

词聚类功能分别生成2004—2009年、2010—2012年以及2013—2021年关键词共现频次聚类图谱,探索iSchools非正式学术交流研究热点的发展趋势。

通过2004—2009年关键词共现频次聚类图谱可以看出,共形成7个大的关键词聚类:档案学发展、数字图书馆、信息管理与信息检索、元数据、学术资源、科学服务、用户研究。这一时期,从图2-3-5可以看出,虽然相比后续时期的关键词数量较少,但是正如关键词热力图展示的一样,交流主题较多。这一时期的热点首次出现了数字图书馆,开展了主题为"数字图书馆定义特征与核心问题""数字图书馆的发展趋势与展望"等讲座。数字图书馆的发展是一个渐进的过程,前期的技术准备为后期的数字环境、数字化服务奠定了基础。数据、信息资源的管理也越来越朝数字化方向迈进,加快了资源共享的进程。数字图书馆成为iSchools学术交流的研究热点具有建设性的意义,扩大了图书情报科学上升的空间。元数据可以对信息对象的内容和位置进行描述,从而为信息对象的存取与利用奠定必要的基础,学者也开始讨论如何使用元数据来解决网上信息资源的描述问题,探讨元数据在图书馆的应用实践。

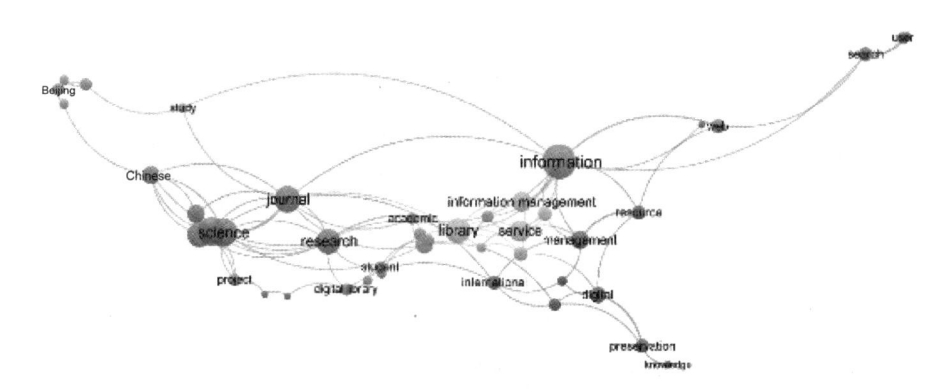

图2-3-5　2004—2009年关键词共现频次聚类图谱

通过2010—2012年关键词共现频次聚类图谱,可以看出共形成5个大的关键词聚类:人工智能、新时代、文献管理、政策实践、社会服务。这一时期相对上一时期更加重视技术,从图2-3-6可以看出,这一时期的学术讲座数量不断增加,说明iSchools成员间的互动性提高,合作意识增强,学术交流得到进一步发展。人工智能也被视为一门知识工程学,它以知识为研究单元,从而进行知识获取、知识表示、知识应用等活动。目前,人工智能技术已广泛应用于图书情报科学的工作中,如图书编目、索引、分类、情报检索等,发展智能化的图书情报科学技术,促进智能化图书馆的飞跃。人工智能技术是图书情报科学事业未来发展的中坚力量,能够提高图书情报科学机构的智能化水平。

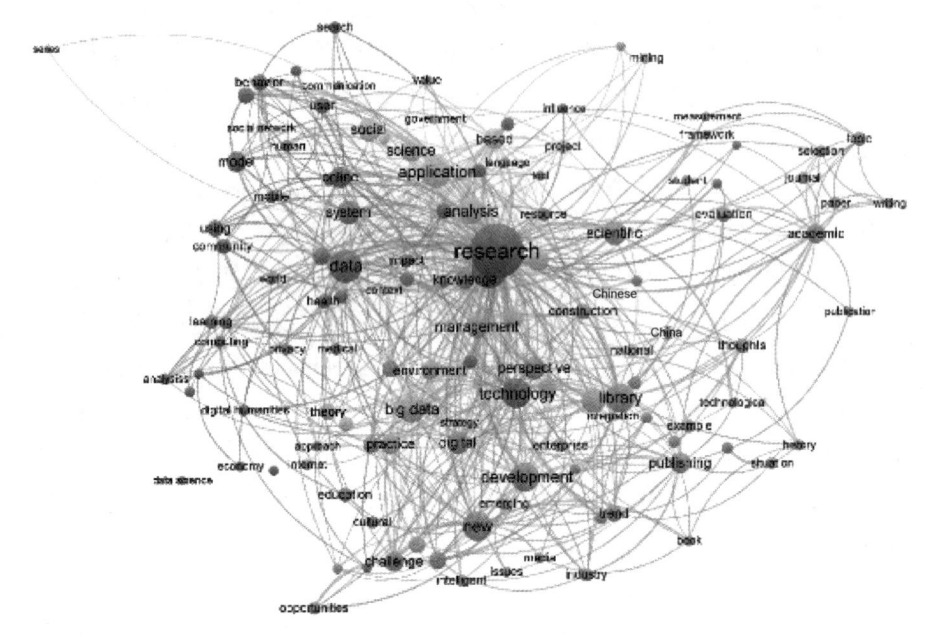

图 2-3-6 2010—2012 年关键词共现频次聚类图谱

通过 2013—2021 年关键词共现频次聚类图谱可以看出,共形成 5 个大的关键词聚类:人工智能、时代环境、图书馆、社交媒体、教学。从图 2-3-7 可以看出,这一时期的最大热点仍然是人工智能,可见科学技术对图书情报领域的影响力。社交媒体作为 Web 2.0 时代的产物,其发展速度和传播形式改变了人们获取信息的途径和思维方式,图书馆领域也抓住契机,将其应用到自身的服务转型中。教学作为教师的日常任务,增加了一些课堂之外的知识内容,如帮助学生了解期刊的知识和选题的技巧等。

不同时间段图书情报科学的发展既有共性又有差异,表明图书情报科学不仅继承了传统的研究特色,又紧密结合时代背景,不断融入新的研究内容,赋予了图书情报科学蓬勃的生命力。纵观三个时期的研究热点,可以发现 iSchools 学术交流主题的演变轨迹。第一,从关注人转变为更加关注技术。iSchools 成员一直秉持"信息、技术、人"的宗旨,促进了图书情报科学的学术交流,但不同时期,研究重心也有所不同。随着大数据时代的来临,各种信息技术在社会的发展中扮演着重要角色,图书情报科学也开始顺应电子化、信息化的浪潮,与计算机技术、网络通信技术等紧密结

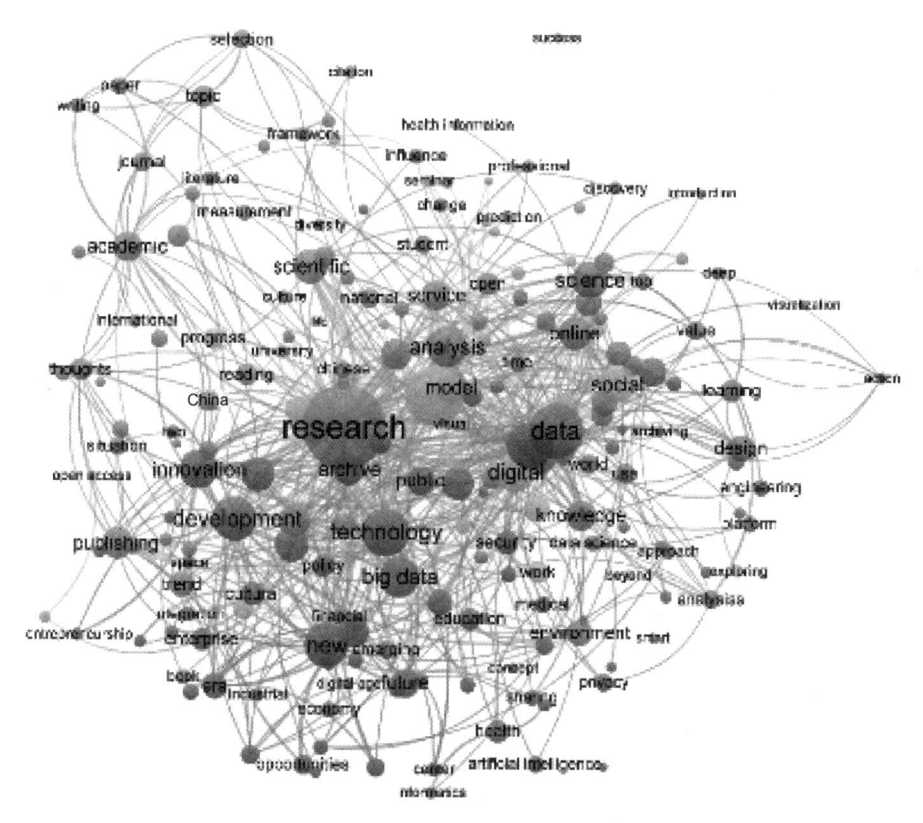

图 2-3-7 2013—2021 年关键词共现频次聚类图谱

合。但是后期加大技术研究力度,并不意味着忽视人文价值,数字人文实现了二者的统一,成为新时代学科特色的方向标。第二,从关注传统领域转变为更加关注新兴领域。图书情报科学的发展是一个不断深化的过程,信息科学和互联网技术促进了学科的前沿性研究。研究对象由传统的纸质文献信息发展到数字信息,从传统的信息检索、文本结构分析发展到文本挖掘、知识图谱等,这主要体现了图书情报科学领域研究的变化。

三、地区维度的 iSchools 交流热点分布分析

iSchools 联盟有 119 位成员,分别来自十几个国家,本节的研究对象主要集中在一类院校中的 28 所,对其学术交流进行探讨,而这 28 所院校从地理位置上看,主要集中于北美地区(20 所)、亚洲地区(6 所)和欧洲地区(2 所)。下面主要从地区维度探究 28 所图书情报科学院系的研究热点,展现不同地区的 iSchools 学术交流特色。

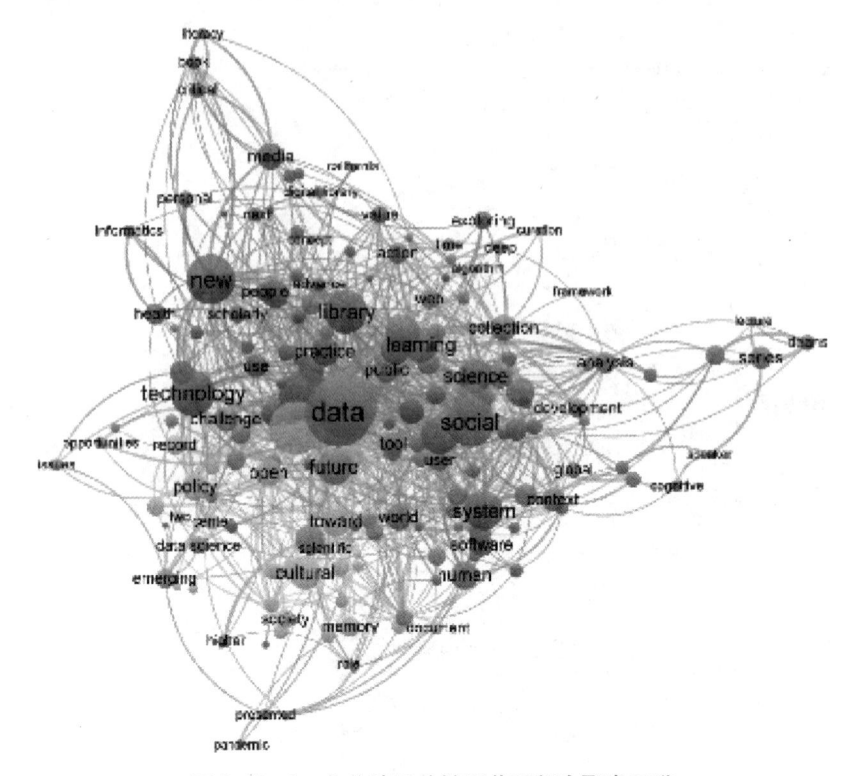

图 2-3-8　北美地区关键词共现频次聚类图谱

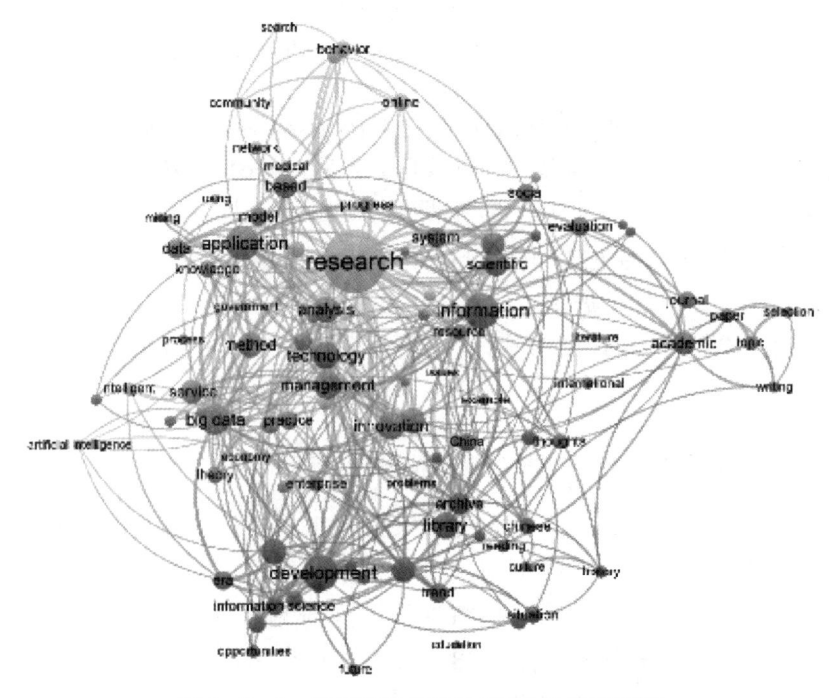

图 2-3-9　亚洲地区关键词共现频次聚类图谱

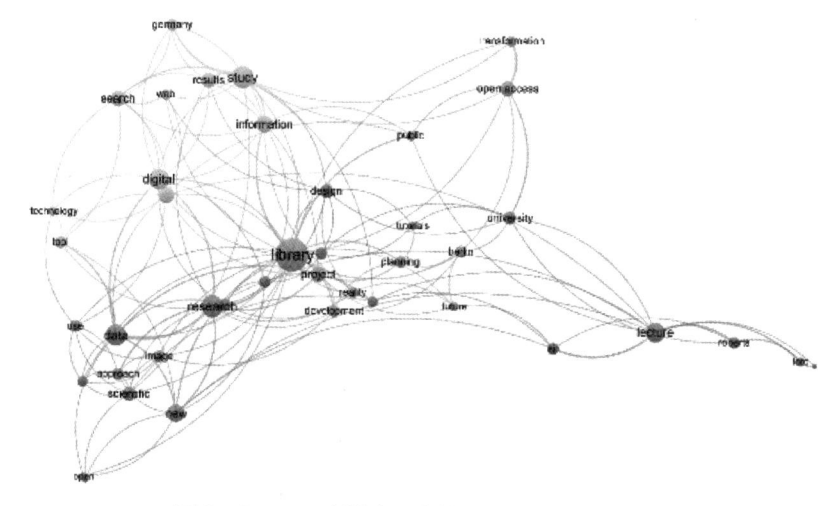

图 2-3-10　欧洲地区关键词共现频次聚类图谱

通过地区关键词共现频次聚类图谱可以看出,北美地区共形成 5 个大的关键词聚类:人工智能、数字图书馆、知识交流、社会网络、用户研究。亚洲地区共形成 5 个大的关键词聚类:人工智能、信息管理、图书馆、研究进展、用户研究。欧洲地区形成 4 个大的关键词聚类:信息科学、公共图书馆、数据科学、数字信息。整体上看,iSchools 学术交流区域维度上呈现求同存异的趋势,研究领域既有共性,又存在差异性。

比较分析可以看出北美地区与亚洲地区的交流热点类似,人工智能、图书馆和用户研究都是研究的热点。北美地区的特色热点为知识交流和社会网络。知识交流为图书情报学跨越机构之学,为站在社会交流的角度理解图书馆职业的理论内核提供了契机,在图书情报领域具有较高的理论地位。社会网络是指社会个体成员之间因为互动而形成的相对稳定的关系体系,图书情报领域应用社会网络分析法的研究不断增加,如作者合作网络和引文网络等,已成为国内社会网络分析应用最重要的研究领域。亚洲地区的特色热点有信息管理和研究进展。由于图书情报学科发展较慢,因此有较多讲座是邀请国外资深学者对图书情报研究前沿做介绍。欧洲地区的研究较前两个地区有较大的区别,关注更多的是信息领域,如信息科学、数据科学和数字信息。

第四节　iSchools 讲座标题语词分析

论文的标题在文献中具有重要的作用,论文标题信息的概括性和准确性使其能够展现出论文的重点和主要内容,讲座标题也是如此。本节选择标题长度、词汇长度和词汇词性等指标来分析 iSchools 讲座标题用语的语言学特征。

一、标题长度分析

语句能够显示出重要的语言特征,具备较高的研究价值。不管是对语言的发展分析,还是对不同语言之间进行比较,从句子整体和组成结构的角度分析语句都是其中关键的研究要素。从句子的长度来看,由图 2-3-11 中可以明显看出,讲座标题的单词数量中位数在 8 左右,而超过 18 的标题较少,整体偏离中位数程度较小。这说明学者拟定的讲座标题偏简短精练,使用了较少的长难句,语言复杂度较低。

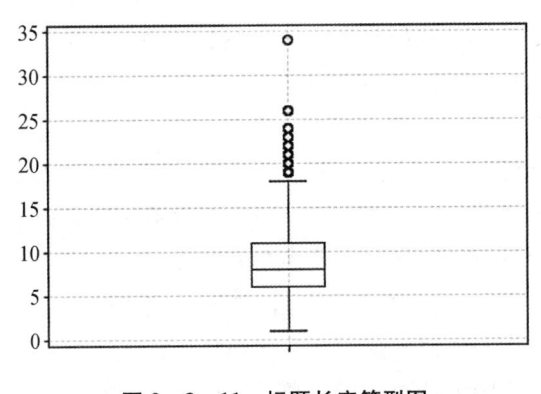

图 2-3-11 标题长度箱型图

二、词汇分析

词汇的不同词性类别、词汇长度以及特殊词汇的使用在论文中的分布是科学家正式科学交流用语的重要表征元素。英文词汇的词性区分主要包括名词、冠词、代词、形容词、副词、介词、动词,侧重体现非正式科学交流中经常使用的口头语和正式的书面语的内容词类的使用区别。本节主要针对实词进行研究。词汇长度在一定程度上反映了用词的复杂度,在英文中,词汇长度指的是构成每一个词汇的字母的数量。

从词性的分布来看,由图 2-3-12 中可以清晰地看出,名词占比最多,比例为 60.35%,其次为形容词和动词,最后副词、数词和代词占比较少。这与正常句子的词性分布较为吻合,名词和形容词居多。

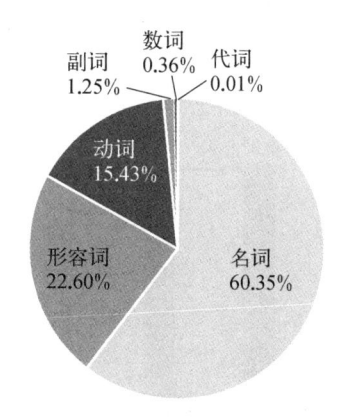

图 2-3-12 标题单词词性分布图

从单词词性的角度来看,由图 2-3-13 中可以清楚地看出,出现较多的单词为图书情报领域内的核心词,例如信息(information)、数据(data)、数字化(digital),而出现较多次数研究(research)的原因可能是讲座的主题多是研究性的内容。还可以发现,单词频次 TOP20 中的词性种类有名词、形容词和动词,这与单词词性分布较为吻合。

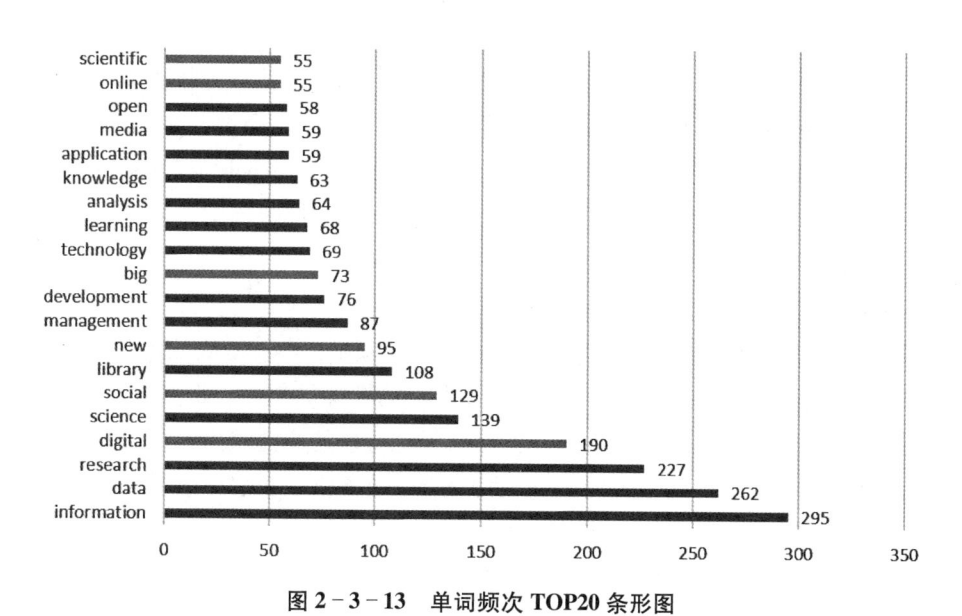

图 2-3-13 单词频次 TOP20 条形图

从单词长度的角度来看,词汇长度和词汇复杂度有相当程度的相关性,因此词汇的平均长度一定程度上反映了学者交流的用词复杂度特征。如图 2-3-14 所示,整体上单词的平均长度为 7.98,名词、形容词和动词的平均长度均在 8 左右,而数词和代词的平均长度较低,在 5 左右。全部英语单词的平均长度也恰好在 8 左右,这说明学者的用词复杂度处于中等水平。

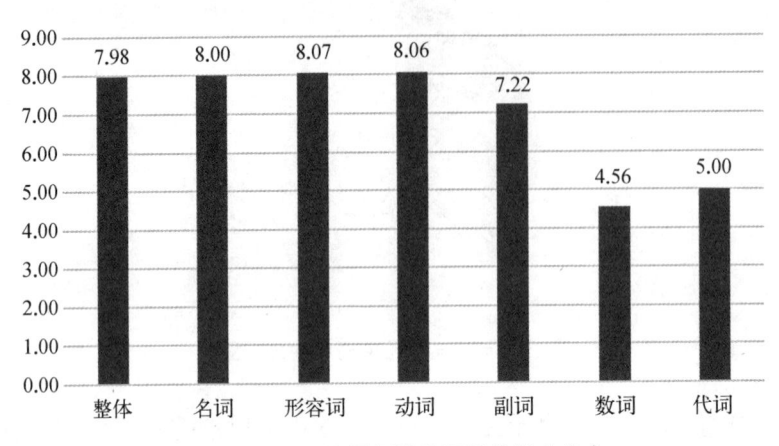

图 2-3-14 不同词性单词平均长度分布

第五节 本 章 小 结

本章以 iSchools 成员中的一类院校为研究对象,最终获取的数据为 28 所院校开展的学术讲座,通过文本挖掘对讲座信息进行聚类,完成 iSchools 交流热点识别与演化分析。首先,从宏观的角度分析 iSchools 交流热点的分布,发现交流热点为信息系统与用户行为、新技术与挑战、档案学发展、图书馆应用研究、科学研究方法、大数据时代与服务创新。然后,从时间维度对 iSchools 的交流热点趋势分析,发现:第一,从关注人转变为更加关注技术。第二,从关注传统领域转变为更加关注新兴领域。第三,从地区维度对 iSchools 的交流热点趋势分析,发现呈现出求同存异的趋势:北美地区和亚洲地区的热点较为相似,但各地区也存在各有特色的交流热点;欧洲地区较为不同,关注更多的是信息领域,如信息科学、数据科学和数字信息。

第三篇　科学交流主体之间的运动规律

　　学者的身份很特别,尤其是信息科学的学者,他们既是信息的使用者,又是信息的组织者。科学交流的主体是学者,他们既促成了科学交流中各种各样的交流方式,也被这些交流方式激励甚至督促着进行科研活动。这一篇章,我们将观察学者是如何进行科学交流的,有哪些学科特色,而作为信息的使用者,他们又是如何进行科学交流的。

第一章　学者之间科学交流的互动规律

第一节　科学交流中学者间的互动

学者作为科学交流的重要主体部分,在科学交流过程中起着重要作用。本章以科学家和科学家团体为研究对象,围绕学者间的知识交流与互动进行研究,对其在跨学科背景下的知识交流、知识互动、知识网络特征及知识共享现状进行分析与描述。

第二节　科学家之间的知识交流与互动

一、相关研究与理论基础

总结已有的关于跨学科研究的内容,可以将其归纳为以下三个方面:有益于跨学科研究成功进行的相关研究,即基础性研究;用于确定或划分跨学科性程度的必备工具研究,即关键技术研究;跨学科规律及知识转移与发现研究,即跨学科知识挖掘研究[1]。本章主要围绕基于跨学科数据探测的科学家知识共享模式与规律开展研究,即上述的第二、三方面内容。针对跨学科定义、知识共享定义、跨学科性探测方法等将在后续部分详细展开,本节主要围绕跨学科规律及知识转移与发现研究现状、跨学科知识共享研究现状进行综述。

(一) 跨学科规律及知识转移与发现研究现状

在跨学科规律方面,奥德尔(Odell)等通过对67种图书情报领域期刊

---

[1] 章成志、吴小兰:《跨学科研究综述》,《情报学报》2017年第5期。

的引文进行分析，指出图书情报领域的研究比早期引用了更多的相关学科研究工作①；常（Chang）等利用引文分析、文献耦合及作者合作分析方法分析了图书情报领域刊物论文的跨学科研究态势，指出图书情报学科研究论文引用较多的相关学科有基础科学、工商管理和计算机科学②；杨建林等利用文献之间的引文关系来研究情报学和其他学科的交叉信息③；卡尔洛夫切茨（Karlovčec）等基于作者之间协作图分析了科学领域中交叉学科规律④；利尼亚（Rinia）等对参考文献年份分布进行统计，发现跨学科引用存在明显的时间滞后现象⑤。

在跨学科知识转移方面，博登斯（Bordons）等认为可以利用学科之间的引证关系和学者学科领域之间的迁移来进行⑥，因此多数研究从以下两个角度分析：以学者为研究主体的方法，如基于作者合作、引证、链接关系等；引文分析方法，即通过构建（论文、作者、期刊、学科、机构等）引证网络，展开知识交流研究。赵星等以中国知网人文社会科学论文引文数据为基础，构建人文科学领域的引文网络来定量刻画我国文科领域的知识扩散⑦；朱（Zhu）等利用引用和被引间的关系，发现计算机科学子领域之间知识输出的关系⑧；邱均平等通过文献题录数据分析总结了图书情报与其他学科的知识扩散的跨学科特征⑨；孙海生通过统计高频关键词及关键词聚类分析

---

① Odell, J. and Gabbard, R., "The Interdisciplinary Influence of Library and Information Science 1996 – 2004: A Journal-to-Journal Citation Analysis", *College & Research Libraries*, Vol. 57, No. 1, 1996, pp. 23 – 33.

② Chang, Y. W. and Huang, M. H., "A Study of the Evolution of Interdisciplinarity in Library and Information Science: Using Three Bibliometric Methods", *Journal of the American Society for Information Science and Technology*, Vol. 63, No. 1, 2012, pp. 22 – 33.

③ 杨建林、孙明军：《利用引文索引数据挖掘学科交叉信息》，《情报学报》2004年第6期。

④ Karlovčec, M. and Mladenić, D., "Interdisciplinarity of Scientific Fields and its Evolution Based on Graph of Project Collaboration and Co-Authoring", *Scientometrics*, Vol. 102, No. 1, 2015, pp. 433 – 454.

⑤ Rinia, E. J., van Leeuwen, T. N., Bruins, E. E. W., et al., "Citation Delay in Interdisciplinary Knowledge Exchange", *Scientometrics*, Vol. 51, No. 1, 2011, pp. 293 – 309.

⑥ Bordons, M., Morillo, F., and Gómez, I., "Analysis of Cross-Disciplinary Research through Bibliometric Tools", in *Handbook of Quantitative Science and Technology Research*, Dordrecht: Springer Netherlands, 2005, pp. 437 – 456.

⑦ 赵星、谭旻、余小萍等：《我国文科领域知识扩散之引文网络探析》，《中国图书馆学报》2012年第5期。

⑧ Zhu, Y. and Yan, E., "Dynamic Subfield Analysis of Disciplines: An Examination of the Trading Impact and Knowledge Diffusion Patterns of Computer Science", *Scientometrics*, Vol. 104, No. 1, 2015, pp. 335 – 359.

⑨ 邱均平、曹洁：《不同学科间知识扩散规律研究——以图书情报学为例》，《情报理论与实践》2012年第10期。

方法,发现情报学输入的主要内容[1];楚(Chua)等对比不同阶段的文献核心关键词,发现核心关键词很大程度转向核心信息科学与其他分支科学[2]。此外,还有学者进行跨学科知识点发现及交叉主题识别研究,探索交叉研究热点领域主题划分、结构、演化等[3]。

(二)跨学科知识共享研究现状

知识共享的定义与测度从不同视角出发有多种研究侧重与方法区别,具体梳理将在后续展开。本节主要围绕从文献计量出发,综述跨学科知识共享的研究现状。

皮尔斯(Pierce)将学科间信息转移达到跨学科研究目的的方式归纳为三种:借用、论文合作、跨界出版[4]。其中借用是通过文献的引证与被引证进行的知识转移活动,引文内容涵盖施引文献和被引文献的知识,是研究学科间和学科内部知识交流的平台[5]。定量化测度科学知识共享主要有两种指标:一种是构建以参考文献为基础的引用网络或者以著者合作为关系的合著网络,而后根据社会网络分析指标中的中心性、密度等指标进行知识共享测度;另一种是从科学计量学和传统情报学的角度采用计量的方式,提出一些新指标衡量知识的扩散。还有学者通过知识流动的角度来衡量科学知识共享的研究,如知识流入与流出量、流动广度与强度等指标[6]。其中,研究的视角多从期刊、学科、机构展开,更多地关注于上述主体在跨学科研究时知识共享的广度、速度、强度等,或以著名科学家为例,通过个案研究展开,而鲜有从宏观层面落至微观科学家间由大及小的研究方法。

(三)研究现状整体述评

在跨学科知识共享规律研究中,可展开的维度很多,而主体多为学科间、期刊间、机构间,这类较为中宏观的层面。以科学家为主体的,多以已知

---

[1] 孙海生:《情报学跨学科知识引用实证研究》,《情报杂志》2013年第7期。

[2] Chua, A.Y.K. and Yang, C.C., "The Shift towards Multi-Disciplinarity in Information Science", *Journal of the American Society for Information Science and Technology*, Vol. 59, No. 13, 2008, pp. 2156–2170.

[3] 商宪丽:《基于潜在主题的交叉学科知识组合与知识传播研究》,博士学位论文,华中师范大学,2017年。

[4] Pierce S J., "Boundary Crossing in Research Literatures as a Means of Interdisciplinary Information Transfer", *Journal of the American Society for Information Science*, Vol. 50, No. 3, 1999, pp. 271–279.

[5] 马晓雷:《被引内容分析:探究领域知识结构的新方法尝试》,外语教学与研究出版社2011年版。

[6] 王旻霞、赵丙军:《中国图书情报学跨学科知识交流特征研究——基于CCD数据库的分析》,《情报理论与实践》2015年第5期。

的跨学科科学家或影响力较大的科学家为研究对象展开细致深入的研究。本节将通过跨学科性测度指标的改进,测度出跨学科性程度高的文献,并在此基础上对科学家利用该类文献知识共享的规律展开研究,以改进测度指标的难操作性等问题,并补充科学家跨学科知识共享研究视角。

二、知识共享理论研究

(一) 跨学科

1. 跨学科定义

跨学科也称交叉科学,是交叉科学领域最为常用的学术术语,虽有细微差别,但二者常相互替代或混用①。中文"跨学科"一词是由英文跨学科性(interdisciplinarity)翻译引进的,最早来源于 R. S. 伍德沃斯(R. S. Woodworth),被定义为超越一个已知学科边界,涉及两门或两门以上的多学科实践研究活动②。随着跨学科概念的兴起,许多与其概念相似或相关的术语也大量诞生,如多学科(multidisciplinary)、横学科(crossdisciplinary)、超学科(transdisciplinary),它们属于跨学科活动的不同层次。梳理现有对跨学科、多学科、横学科、超学科的研究,列举具有代表性和影响力的概念界定与应用,比较其余三者与跨学科定义的区别,按学科交叉与渗透程度由低到高,整理得到表3-1-1。

表 3-1-1 跨学科概念明晰

	定义	应用	与跨学科比较
跨学科	超越一个已知学科边界,涉及两门或两门以上的多学科实践研究活动	强调学科知识的整合、共享和交融,以有效解决单一学科无法解决的问题为目的	
多学科	不同学科的并置,有时学科之间并没有显著的联系	围绕某一特定主题分块合作,缺少学科间界限突破、知识的整合以及新学科的产生	学科间合作独立展开,局限于进度上的协调,较少有方法和理论的整合,少知识整合与共享
横学科	在同一层次上,将一门学科的公理加于其他学科,因而围绕这一特定学科公理,发生固定的极化	较多以共性规律、原理和科学方法贯穿各门学科,未涉及知识整合	涉及学科门类广于跨学科,整合程度低于跨学科

---

① 张琳、黄颖:《交叉科学:测度、评价与应用》,科学出版社2019年版。
② 刘仲林:《交叉科学时代的交叉研究》,《科学学研究》1993年第2期。

续 表

	定 义	应 用	与跨学科比较
超学科	在一个普遍的公理和新兴认识论模式的基础上,教育或创新系统中所有学科和交叉科学的协调	打破了局限于学科知识体系内部的研究模式,谋求学科和非学科知识的整合,以形成全新的科学发现	要求专业研究者和利益相关者共同参与决策,与跨学科合作研究的参与者(仅限科学界)不同

从中可以看出,四种概念在学科间如何联系、联系是否紧密、是否进行知识整合、整合程度、参与者以及新的学科知识产生方面有显著区别。本书旨在揭示科学家知识共享的规律,从定义与应用角度出发,跨学科数据为最合适的研究对象。

2. 跨学科研究

对于跨学科研究的定义,波特(Porter)等指出目前关于"跨学科研究"没有统一定论,也没有广泛认可的、有效可信的评估方法[1]。学者从不同角度予以定义,如1997年,纽厄尔(Newell)等指出,跨学科研究是一项回答、解决或提出某个问题的过程,该问题涉及面和复杂度超过了某个单一学科或行业所能处理的范围,跨学科研究借鉴各学科的视角,并通过构筑一个更加综合的视角来整合各学科视角下的见解[2]。美国国家科学院(US National Academy of Science)2004年将跨学科研究定义为团队或个人进行研究的一种模式,其来自两个以上的学科或专业知识团体的信息、数据、方法、工具、观点、概念和理论融合,从根本上加深理解或解决那些超过单一学科范围或研究实践领域的问题[3]。2013年,安格尔斯塔姆(Angelstam)等认为跨学科研究是集成不同学科领域以及研究人员和实践者,以此提高创新性问题解决能力的一种方法[4]。同年亚历山大(Alexander)等将跨学科研究描述成来

---

[1] Porter, A. L., Roessner, J. D., and Heberger, A. E., "How Interdisciplinary is a Given Body of Research", *Research Evaluation*, Vol. 17, No. 4, 2008, pp. 273–282.

[2] Newell, W. H. and Klein, J. T., "Advancing Interdisciplinary Studies", in *Handbook of the Undergraduate Curriculum: A Comprehensive Guide to Purposes, Structures, Practices, and Change*, 1997, pp. 393–415.

[3] National Academies Committee on Facilitating Interdisciplinary Research, Committee on Science, Engineering and Public Policy (COSEPUP), *Facilitating Interdisciplinary Research*, Washington, DC: National Academies Press, 2004.

[4] Angelstam, P., Andersson, K., Annerstedt, M., et al., "Solving Problems in Social-Ecological Systems: Definition, Practice and Barriers of Transdisciplinary Research", *Ambio*, Vol. 42, No. 2, 2013, pp. 254–265.

自多个专业知识库的理论、方法、工具和概念的整合工作,其通常被视为变革研究的代名词①。

在跨学科研究模式上,部分学者从主体规模上将其划分为"个体模式"和"团队模式"两类,分别指单个研究人员将多学科知识融合,以及不同学科背景科研人员组成研究团队协同解决科学问题。他们又从广义的跨学科概念入手,按照所涉及的学科广度和深度,将其分为多学科研究、借用研究和跨学科研究三种模式。与多学科、横学科定义相仿,跨学科研究强调知识的共享与融合,更易揭示科学家知识共享的规律。

3. 跨学科数据定义

通过梳理跨学科及跨学科研究的定义,本节认为,跨学科研究不应局限于单次的知识共享与科学家合作,而是学科边界合作的可能性探究及以跨学科知识的融合与创新为目的进行的研究。

弗里曼(Freeman)等认为,如若一篇文献引用其自身学科以外的文献,即为跨学科研究②。而当今学科间分化整合,知识共享密切频繁,除综述类文章外,鲜有文献不引用外学科文献,且引用外学科文献也可能为横学科研究,而非本节定义的跨学科研究。

因此本节对跨学科数据的定义是以跨学科性的高低为界定,其中跨学科性是指跨学科研究中的跨学科特征,如跨学科知识交叉的广度与强度、知识跨学科扩散与分布的特征等③。跨学科性测度从跨学科知识共享的各个维度予以全面综合的考量分析,使本节的跨学科数据真正体现跨学科及跨学科研究的定义,并且作为研究对象揭示科学家跨学科知识共享的特征与规律。

(二)知识共享

1. 知识共享定义

国内外相关文献中,基于不同视角,对知识共享的定义略有差别。从静动态出发,可归结为注重互动过程和强调行为结果两种。南希(Nancy)提出知识共享是将知识分享给他人,与对方共有知识④。森格(Senge)认为知识

---

① Alexander, J., Bache, K., Chase, J., et al., "An Exploratory Study of Interdisciplinarity and Breakthrough Ideas", in *2013 Proceedings of PICMET'13*: *Technology Management in the It-Driven Services*, Washington, DC: IEEE Computer Society, 2013, pp. 2130-2140.
② Freeman L. C., Newman M. E. J., and Girvan M., "Economics of Industrial Innovation", *Social Science Electronic Publishing*, Vol. 7, No. 2, 1997, pp. 215-219.
③ 李江:《"跨学科性"的概念框架与测度》,《图书情报知识》2014年第3期。
④ Nancy, M. D., "Common Knowledge: How Companies Thrive by Sharing What They Know", *Long Range Planning*, Vol. 34, 2001, pp. 270-273.

共享的传递方应帮助另一方了解并从中学习,使知识转化为对方内化内容,并发展个体新的行动能力[1]。将知识共享过程细化,达文波特(Davenport)和普鲁萨克(Prusak)认为,知识共享是知识转移和知识吸收两个过程的有机统一[2]。进一步地,亨德里克斯(Hendriks)提出知识共享是一种沟通的过程,在接受知识的同时必须有知识重构行为[3];埃里克森(Eriksson)和迪克森(Dickson)认为共享知识的过程中同时创造出新的知识[4]。知识共享的相关概念知识流动是指源于知识拥有者的知识经由一定的传播途径流向知识利用者的过程[5];华连连等认为知识共享不是动态概念,是知识流动这一动态过程的最终结果和目的,知识流动实现了知识共享,成就了知识创新[6]。

从知识性质出发,知识共享的对象被定义为信息、隐性知识、显性知识等,由此知识共享定义也不同。彼得森(Petersen)和波尔费尔特(Poulfelt)认为知识共享的发生可以为任何时间、任何地点、任何信息和任何媒介[7]。野中(Nonaka)将知识创造和传播过程划分为社会化(隐性知识到隐性知识的转化)、外在化(隐性知识到显性知识的转化)、组合化(显性知识到显性知识的转化)、内化(显性知识到隐性知识的转化)[8],知识共享可以发生在其中的任何一个环节。李涛等认为知识共享应包括知识拥有者的知识外化及知识重构者将别人的知识内化两个方面[9]。

本节对知识共享定义更着重于显性科学知识与共享行为结果,即研究将以易于测度的知识共享行为与结果为对象展开。

---

[1] Senge, P., "Sharing Knowledge", *Executive Excellence*, Vol. 16, 1997, p. 6.
[2] Davenport, T. H. and Prusak, L., "Working Knowledge: How Organizations Manage What They Know", *The Journal of Technology Transfer*, Vol. 26, 2001, pp. 396–397.
[3] Hendriks, P., "Why Share Knowledge? The Influence of ICT on the Motivation for Knowledge Sharing", *Knowledge and Process Management*, Vol. 6, 1999, pp. 91–100.
[4] Eriksson, I. V. and Dickson, G. W., "Knowledge Sharing in High Technology Companies", in *Proceedings of Americas Conference on Information Systems*, 2000, pp. 1330–1335.
[5] 徐仕敏:《知识流动的效率与知识产权制度》,《情报杂志》2001年第9期。
[6] 华连连、张悟移:《知识流动及相关概念辨析》,《情报杂志》2010年第10期。
[7] Petersen, N. J. and Poulfelt, F., "Knowledge Management in Action: A Study of Knowledge Management in Management Consultancies", in *Knowledge and Value Development in Management Consulting*, Greenwich: Information Age Publishing, 2002.
[8] Nonaka, I., "The Knowledge-Creating Company", *Harvard Business Review*, Vol. 69, No. 6, 1991, pp. 96–104.
[9] 李涛、王兵:《我国知识工作者组织内知识共享问题的研究》,《南开管理评论》2003年第5期。

2. 知识共享测度

与知识共享定义相对应,知识共享的途径也十分多样,如基于正式学术渠道的方式,或通过口头交流等人际化非正式途径。针对本节知识共享的定义,即针对显性科学知识的共享,研究多数通过著者合作、引用文献展开。

本节将构建以参考文献为基础的引用网络及以著者合作为关系的合著网络,在此基础上从不同的主体测度知识共享的广度、深度与密度,并通过加入时间维度探寻其中的规律。

(三) 跨学科数据与知识共享关系

结合对跨学科及知识共享相关研究的综述与本节对各概念的定义,本节对科学家跨学科知识共享的理解为:被引作者是知识的传递方,引证作者通过学习跨学科文献获取跨学科知识,吸收融合后通过新论文的发表将跨越学科边界的新知识表达出来,是跨学科知识的接收方和新知识的传递方。在这一知识转移、吸收再转移的过程中,形成以跨学科数据为媒介的科学家知识共享,如图3-1-1所示。

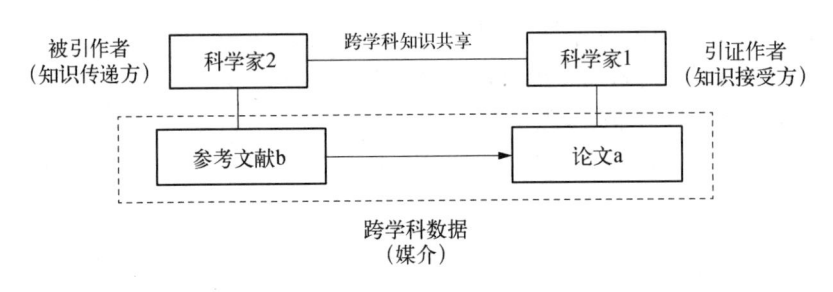

图3-1-1 跨学科知识共享定义

以单条跨学科数据为例,图3-1-2中粗虚线框展示了其构成结构。在利用跨学科数据测度知识共享时,本节将从以下三个角度展开:第一,利用跨学科数据中参考文献"论文—期刊—学科类别"的逐层上升结构,测度跨学科知识共享的广度;第二,通过跨学科数据中关键词共现聚类不同研究主题,测度同一研究主题下科学家互动关系,反映跨学科知识共享深度;第三,根据跨学科数据中作者跨学科发文与时间维度的关系,测度跨学科知识共享密度。

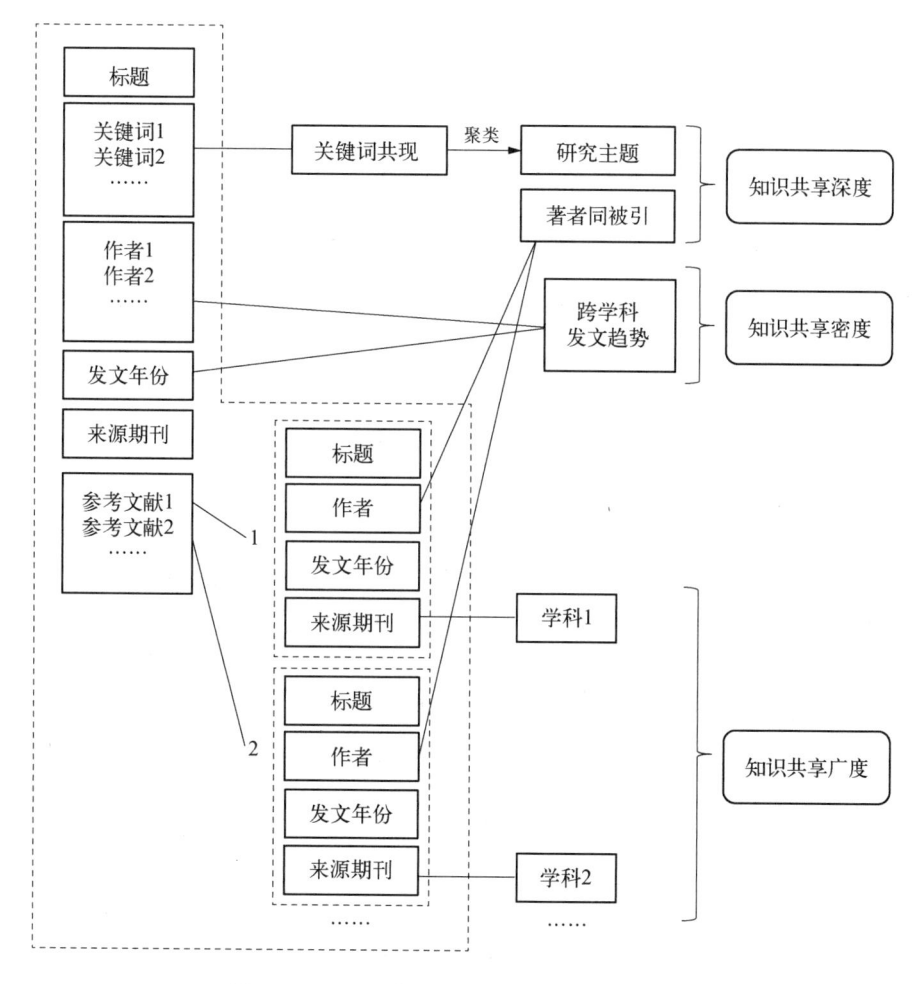

图 3-1-2 跨学科数据与知识共享关系结构

三、知识交流理论的跨学科数据测度

(一)跨学科性测度方法比较

如表 3-1-2 所示,从不同维度出发,现有的跨学科性测度方法可从方法、指标视角、研究对象进行分类,再进一步将这三者组合,从而形成不同跨学科性测度方法。如李江将跨学科性概念归结为跨学科发文与跨学科引用[①],前者以作者自身背景、机构、学术成果等为调研对象,后者以文献的参考文献为研究对象,基于多样性的三个要素即丰富性、均衡性、差异性进行测度。

---

① 李江:《"跨学科性"的概念框架与测度》,《图书情报知识》2014 年第 3 期。

拉夫尔斯(Rafols)等认为跨学科性可基于多样性与凝聚性两个角度测度①,并在先前研究②③的基础上提出凝聚性测度的三个维度,与多样性的维度进行对比分析④。

表 3-1-2 跨学科性测度方法分类

方　法	指　标　视　角	研究对象
调研 文献计量	多样性:测度文献的异质性 凝聚性:揭示知识的整合性	参考文献 作者、机构 期刊 文本内容

波特等认为参考文献的特性或状态从逻辑上来说是跨学科的最好测度⑤,不同学科的知识从参考文献流向施引文献的过程实现了跨学科知识共享。从现有的研究也可以看出,基于引文关系的学科多样性测度是跨学科性测度的主流方法⑥⑦。因此本节将整理基于引文关系的学科多样性测度指标,提出改进的测度方法,并加以实证研究。

(二) 基于引文关系的学科多样性测度指标

斯特林(Stirling)提出跨学科性三维测度⑧,分别为:丰富性(指研究

---

① Rafols, I. and Meyer, M., "Diversity and Network Coherence as Indicators of Interdisciplinarity: Case Studies in Bionanoscience", *Scientometrics*, Vol. 82, No. 2, 2009, pp. 263 - 297.
② Leydesdorff, L., "Betweenness Centrality as an Indicator of the Interdisciplinarity of Scientific Journals", *Journal of the American Society for Information Science and Technology*, Vol. 58, No. 9, 2007, pp. 1303 - 1319.
③ Rafols, I., Leydesdorff, L., O'Hare, A., et al., "How Journal Rankings Can Suppress Interdisciplinary Research: A Comparison between Innovation Studies and Business & Management", *Research Policy*, Vol. 41, No. 7, 2012, pp. 1262 - 1282.
④ Rafols, I., "Knowledge Integration and Diffusion: Measures and Mapping of Diversity and Coherence", in Ding, Y., Rousseau, R., and Wolfram, D., *Measuring Scholarly Impact: Methods and Practice*, Cham: Springer, 2014.
⑤ Porter, A. L., Cohen, A. S., David Roessner, J., et al., "Measuring Research Interdisciplinarity", *Scientometrics*, Vol. 72, No. 1, 2007, pp. 117 - 147.
⑥ Wanger, C. S., Roessner, J. D., Bobb, K., et al., "Approaches to Understanding and Measuring Interdisciplinary Scientific Research (IDR): A Review of the Literature", *Journal of Informetrics*, Vol. 5, No. 1, 2011, pp. 14 - 26.
⑦ Porter, A. L. and Rafols, I., "Is Science Becoming More Interdisciplinary? Measuring and Mapping Six Research Fields Over Time", *Scientometrics*, Vol. 81, No. 3, 2009, pp. 719 - 745.
⑧ Stirling, A., "On the Economics and Analysis of Diversity", SPRU Electronic Working Paper, 1998.

对象涉及的不同学科类别数目,数目越多,学科多样性越高)、均衡性(指研究对象融合的其他学科类别分布程度,均衡性越高即跨学科程度越高)、差异性(指不同学科之间的差异化,差异性越高跨学科性越高)。由多样性的三个要素出发,多样性测度指标可分为单维、二维和三维测度指标,其各自代表性指标如表3-1-3所示。

表3-1-3 基于引文关系的学科多样性测度指标

	多样性测度元素	代表性指标
单维	丰富性 均衡性 差异性	COC指标[52] GE指标[53] Cos相似度;Salton相似度[54]
二维	丰富性+均衡性	SH指标[55];Simpson指标[56];Herfindahl指标[57];Brillouin指标[58]
三维	丰富性+均衡性+差异性	D指标[59];I指标[49];TD指标[60]

随着跨学科研究的不断深入,单维及二维指标没有完全融合多样性的测度元素,而三维指标通过对学科差异性的计算,能够更全面地测度跨学科性。在三维指标方面,斯特林[1]提出的D指标将学科距离纳入计算。波特[2]等利用余弦相似度将学科相似度考虑进I指标之中。伦斯特(Leinster)等[3]在希尔(Hill)指标[4]基础上,将差异度填入得到qDS公式,使多样性测度结果更符合直观的预测。张琳等[5]在此基础上取q=2将指标转换为2DS,使指标值之间具有可量化操作的可比性。莱德斯多夫(Leydesdorff)

---

[1] Stirling, A., "A General Framework for Analysing Diversity in Science, Technology and Society", *Journal of the Royal Society Interface*, Vol. 4, No. 15, 2007, pp. 707-719.

[2] Porter, A. L., Cohen, A. S., David Roessner, J., et al., "Measuring Research Interdisciplinarity", *Scientometrics*, Vol. 72, No. 1, 2007, pp. 117-147.

[3] Leinster, T. and Cobbold, C. A., "Measuring Diversity: The Importance of Species Similarity", *Ecology*, Vol. 93, No. 3, 2012, pp. 477-489.

[4] Hill, M. O., "Diversity and Evenness: A Unifying Notation and its Consequences", *Ecology*, Vol. 54, No. 2, 1973, pp. 427-432.

[5] Zhang, L., Rousseau, R., and Glänzel, W., "Diversity of References as an Indicator of the Interdisciplinarity of Journals: Taking Similarity between Subject Fields into Account", *Journal of the Association for Information Science and Technology*, Vol. 67, No. 5, 2016, pp. 1257-1265.

等①称该改进指标为真实多样性(True-diversity)指标。

(三) 跨学科性测度方法改进

如表3-1-4所列的几个具有重要影响力的公式,三维多样性测度指标的重要一环为学科差异性(可通过1减学科相似度计算),而目前的研究在学科相似度计算上多通过构建学科间交叉引用矩阵,以索尔顿(Salton)等相似度公式标准化计算得到。当学科分类较细(如WoS的分类体系)时,学科间互引数据量十分庞大,获取与计算耗费成本高。而在研究某一学科时,该学科所有文献的参考文献所代表的该学科与其他学科、该学科研究背景下其他学科之间的关系更具代表性、专指性,更能体现该领域跨学科知识共享现状,同时相较而言具有数据量小、更易计算的优势。

表3-1-4 三维多样性测度指标

指标	公式
Rao-Stirling diversity (简称D指标)	$D = \sum_{i \neq j}^{i,j} (d_{ij})^{\alpha} (p_i p_j)^{\beta}$ (式1) 其中,$d_{ij} = 1 - S_{ij}$ 表示学科 i 和 j 间的距离,S_{ij} 是学科 i 和 j 的相似程度;$p_i = X_i/X; X = \sum X_i$,$X_i$ 是属于第 i 个学科类别的文献数量;α 和 β 是调整学科和比例之间的参数
Integration (简称I指标)	$I = 1 - \sum (f_i \times f_j \times S_{ij}) / \sum (f_i \times f_j)$ (式2) 其中,f_i 表示学科 i 的参考文献数量占参考文献总量的比例;S_{ij} 为学科 i 和 j 的余弦相似度
True-diversity (简称TD指标)	$TD = \dfrac{1}{\sum_{i,j=1}^{n} S_{ij} p_i p_j}$ (式3) 其中,$p_i = X_i/X; X = \sum X_i$,$X_i$ 是属于第 i 个学科类别的文献数量,S_{ij} 是学科类别 i 和 j 的相似度

因此本节试图从共现方法入手,基于"论文—期刊—学科类别"的逐层上升结构,通过目标学科参考文献的学科共现计算学科间相似度,从而代入TD指标计算跨学科性。综合前文梳理的跨学科测度指标,本节主要采用的测度指标如表3-1-5所示。

---

① Leydesdorff, L., Bornmann, L., and Zhou, P., "Construction of a Pragmatic Base Line for Journal Classifications and Maps Based on Aggregated Journal-Journal Citation Relations", *Journal of Informetrics*, Vol. 10, No. 4, 2016, pp. 902 – 918.

表 3-1-5 主要采用的跨学科测度指标

维 度	指 标	公 式
丰富性	不同学科数目	涉及的不同学科类别数量
差异性	1-Cos 相似度	$S_{ij} = \dfrac{\sum_{p=1}^{n} c_{ip} \times c_{jp}}{\sqrt{\sum_{k=1}^{n}(c_{ki})^2} \times \sqrt{\sum_{k=1}^{n}(c_{kj})^2}}$ （式4） 其中，S_{ij}是学科类别 i 和 j 的相似度，c_{ip}是学科 i 和 p 的共现次数
综合测度	True-diversity 指标	$TD = \dfrac{1}{\sum_{i,j=1}^{n} S_{ij} p_i p_j}$ （式3） 其中，$p_i = X_i/X; X = \sum X_i$，$X_i$是属于第 i 个学科类别的文献数量，$S_{ij}$是学科类别 i 和 j 的相似度

四、跨学科性测度方法应用

（一）数据搜集说明

本节利用 WoS 引文数据库核心合集进行数据采集，时间区间为 1982 年至 2019 年，信息科学与图书馆学（Information Science & Library Science）学科下类型为 Article（文章）及 Review（综述）的所有文章信息，以文本格式导出，得到数据约 10 万条。

（二）数据处理说明

数据处理包括数据清洗、数据抽取、数据分类、数据再清洗。

在数据清洗过程中，将后续研究所需运用的题名、作者、引文、关键词中空值的数据予以删除。

在数据抽取过程中，运用 Python 抽取每条记录的参考文献条目，从中挖掘参考文献所在期刊名。

在数据分类过程中，根据 Journal Citation Report（JCR，期刊引证报告）中期刊的学科分类，通过"参考文献—期刊—学科"的所属关系确定每篇参考文献的所属学科。为保证数据更加完整有效，本节下载了 JCR 及 Scopus（文摘与引文数据库）的期刊学科信息，并将 Scopus 学科不重复地映射至 JCR 学科分类；同时对期刊的大小写、缩写问题予以人工处理。而介于一些参考文献期刊录入时存在拼写、缩写错误，以及部分引文未被汤森路透和 Scopus 数据库收录，如图书、部分会议论文、部分 SCIE/SSCI/A&HCI 之外的期刊论文等，按照波特的建议,将这些数据剔除。

最后每条记录以"该记录中有学科分类的参考文献数量/该记录所有参考文献数量>0.8"这一规则再次清洗数据,得到有效样本 12 872 篇及其参考文献 673 375 篇。

(三) 跨学科性计算

在测度跨学科性 TD 指标中,涉及的差异性(或相似性)计算步骤如下:(1) 如图 3-1-3 所示,基于处理后的"文献—参考文献(Ⅰ—Ⅱ)"数据库,建立"文献—学科(Ⅰ—Ⅳ)"数据库;(2) 将"文献—学科"数据库中每行记录的重复学科剔除,建立学科共现矩阵,共现意义为学科共现的文献数量,如文章 A 引用学科 x 的文献 2 篇、学科 y 的文献 3 篇,学科 x 和 y 的共现次数记为 1;(3) 通过 Cos 相似度对学科共现矩阵进行标准化,得到标准化后的相似度矩阵,当 i 和 j 为同一学科时,$S_{ij}=1$。考虑到文章篇幅,选取与信息科学和图书馆学学科共现最强的前 10 个学科为例,见表 3-1-6。

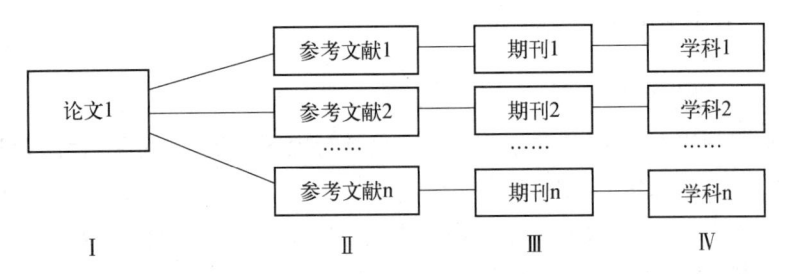

图 3-1-3 参考文献的学科分类划分过程

表 3-1-6 信息科学与图书馆学的共现学科及对应学科相似度

学　科	共现论文数	学科相似度
Information Science & Library Science	10 197	1
Computer Science, Information Systems	6 242	0.964
Management	3 333	0.903
Business	3 130	0.893
Computer Science, Interdisciplinary Applications	2 554	0.883
Computer Science, Hardware & Architecture	1 459	0.871
Sociology	1 110	0.860
Communication	1 969	0.858
Computer Science, Artificial Intelligence	1 426	0.855
Economics	1 445	0.855

而后根据 TD 指标公式(见式 3),利用 VBA(可视化基础应用程序)计算每篇文献的 TD 值,选取 TD 值大于 3 的 1 503 篇文献作为本节的实证研究对象。考虑到文章篇幅,选取 TD 值前十的文献为例,见表 3-1-7。

表 3-1-7 TD 值前十文献名及 TD 值

文　献　名	TD 值
Adapters, Struggles, and Case Managers: A Typology of Spouse Caregivers	3.715
Making Sense of Sibling Responsibility for Family Caregiving	3.678
Exploration of the Independent and Joint Influences of Social Norms and Drinking Motives on Korean College Students' Alcohol Consumption	3.557
The Influence of Parental Communication and Perception of Peers on Adolescent Sexual Behavior	3.544
Exploring Patients' Experiences of Eating Disorder Treatment Services from a Motivational Perspective	3.535
Personality Traits and Psychological Motivations Predicting Selfie Posting Behaviors on Social Networking Sites	3.530
To be Able to Change, You have to Take Risks #Fitspo: Exploring Correlates of Fitspirational Social Media Use among Young Women	3.530
HolisticKids. org — Evolution of Information Resources in Pediatric Complementary and Alternative Medicine Projects: From Monographs to Web Learning	3.507
African American Women's Breastfeeding Experiences: Cultural, Personal, and Political Voices	3.486
Unrealistic Optimism in Smokers: Implications for Smoking Myth Endorsement and Self-Protective Motivation	3.472

五、图书情报科学家跨学科知识共享现状

(一) 知识共享广度

本节将围绕目标文献的参考文献跨学科广度展开研究,探测科学家跨学科知识共享的学科跨度偏好。

在 1 503 篇目标文献中,参考文献数量为 81 639,涉及不同学科 170 个,每篇文献的学科平均相似度为 0.841。为更直观地展示信息科学与图书馆学学科 1 503 篇跨学科文献的学科分布以及相似度较高的学科类簇,本节利用 Vosviewer 软件,将出现频次为 5 以上的 127 个学科绘制覆盖图,形成 6

个大的研究学科,如图3-1-4所示。从与信息科学与图书馆学亲疏关系可以看出,该专业科学家主要同经济与管理、计算机科学与工程、社会与公共环境、心理、通信等专业领域展开知识共享。

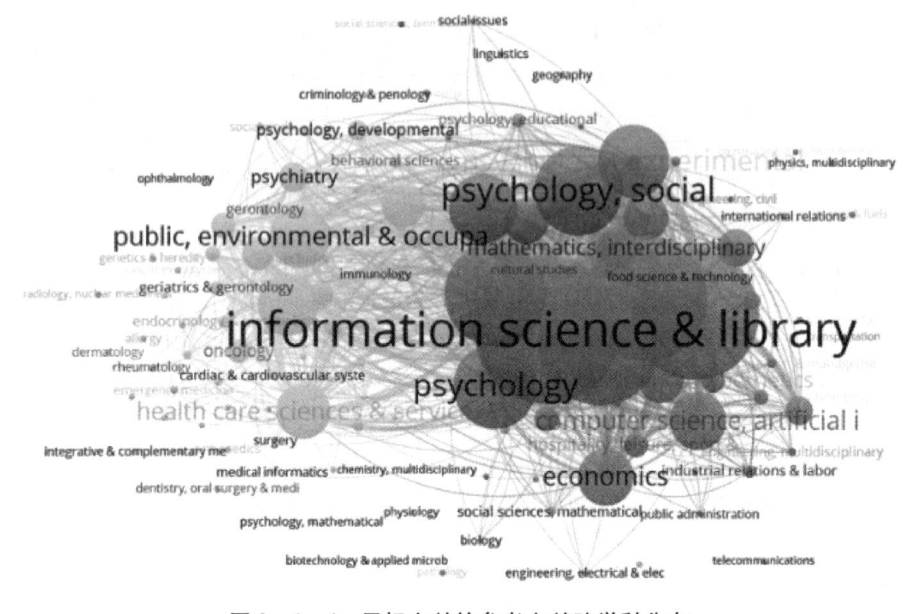

图3-1-4 目标文献的参考文献跨学科分布

从关键词分布来看,出现频次为5以上的174个关键词绘制覆盖图,形成10个大的研究领域,如图3-1-5所示。笔者将该10类研究主题归纳为医疗护理(S1)、公共环境与健康(S2)、知识管理与创新(S3)、市场营销(S4)、公共媒体(S5)、通信决策技术(S6)、电子商务(S7)、社会关系(S8)、网络社群(S9)、其他(S10)。

从目前的学科与关键词分析可以得出,信息科学与图书馆学的知识共享扩散广度很大,涉及学科170个,与相似度最低的显微术(microscopy)学科也存在知识共享。其中,与同专业相似度高的经济管理、计算机科学、通信专业联系十分紧密,知识共享活跃。同时,其与心理学、社会学、公共健康等相似度较低专业的知识共享也在逐渐增强,未来应更注重该类学科和信息科学与图书馆学的学科边界,融合不同学科,整合并发掘新的跨学科知识,完善跨学科知识共享。

而后本节通过加入论文发表年份这一时间维度,探寻跨学科知识共享广度随时间变化的规律。在1 503篇目标文献中可以发现,2004年前发表的跨学科性程度高的论文均只有零散几篇,使分析结果难以具有代表性。为年份的连续性及对比性,本节选取2004年至2010年的249篇、2014年至

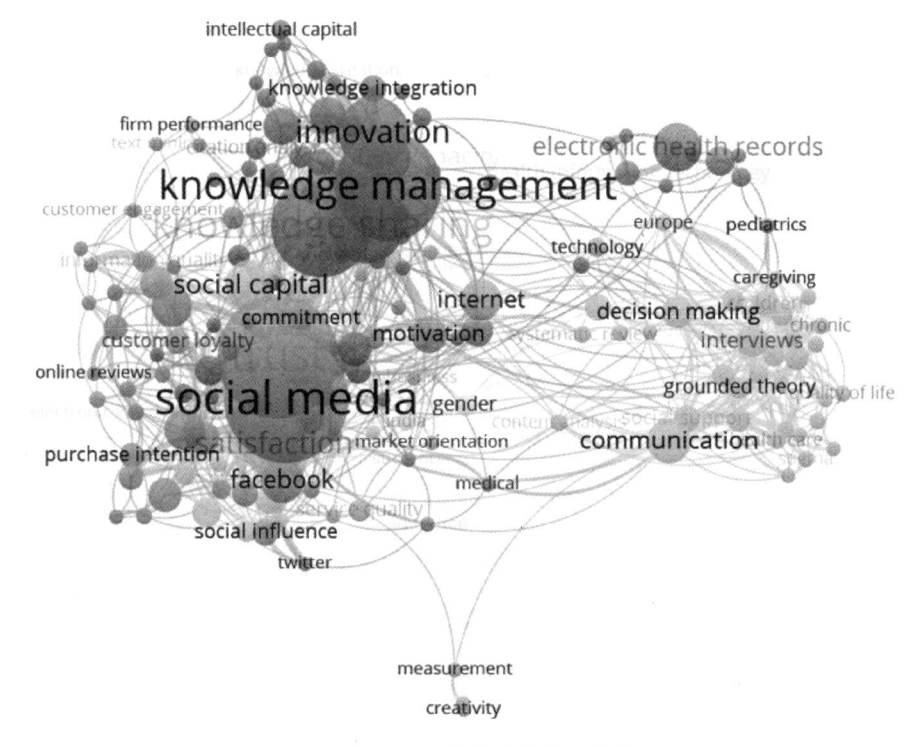

图 3-1-5　目标文献关键词分布

2019 年的 1 179 篇文献作为研究对象。从每年的跨学科性高文献数量即可看出,高跨学科性发文呈逐年增长趋势,2014 年至 2019 年比 2004 年至 2010 年文献量增长了约 3.7 倍。

在分析跨学科知识共享广度时,本节以发表年份为单位,构造每年的目标文献参考文献学科分布图,由于文章篇幅,选取 2004 年和 2019 年的学科分布图予以展示,见图 3-1-6、图 3-1-7。从中可以看出,跨学科分布广

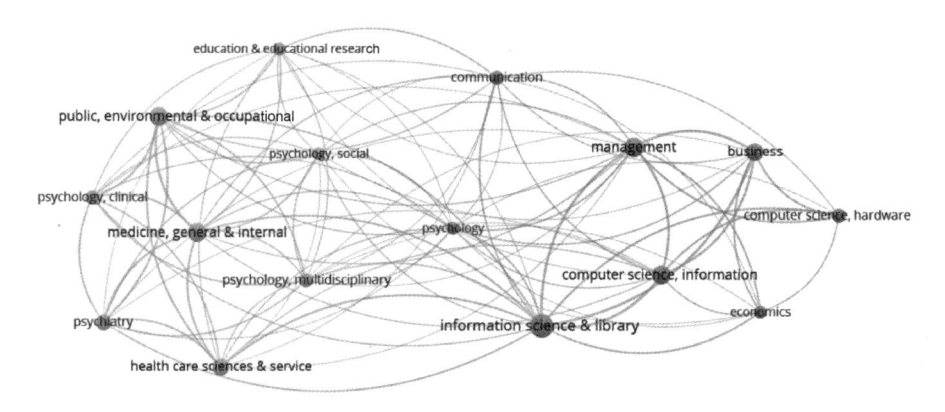

图 3-1-6　2004 年目标文献参考文献学科分布

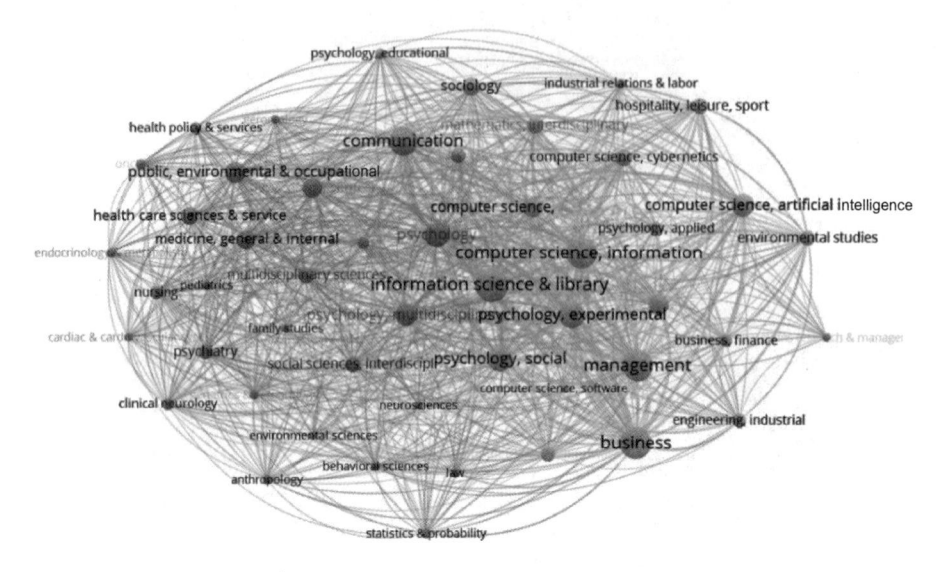

图 3-1-7　2019 年目标文献参考文献学科分布

度有着显著的差异。一方面,跨学科知识共享涉及的学科种类变多;另一方面,逐渐与相似性较低的学科展开知识共享。由此可以得出,跨学科知识共享广度随时间不断增加,将与更多差异度大的学科展开知识共享。

（二）知识共享深度

本节将围绕前文关键词聚类形成的 10 类研究主题,利用著者同被引探测同一主题领域下科学家知识共享的互动关系。

根据前文关键词聚类形成的 10 类研究主题,本节对 1 503 篇目标文献的标题、关键词、摘要等研究内容进行分类,得到医疗护理(S1)101 篇、公共环境与健康(S2)259 篇、知识管理与创新(S3)422 篇、市场营销(S4)112 篇、公共媒体(S5)100 篇、通信决策技术(S6)205 篇、电子商务(S7)108 篇、社会关系(S8)68 篇、网络社群(S9)53 篇、其他(S10)75 篇。经过 Vosviewer 可视化分析后,除知识管理与创新、通信决策技术两个领域外,其余领域难以形成较好的作者同被引网络图,因此将 S1 与 S2 合并、S4 与 S7 合并,加之 S3 和 S6 两个领域,共得到 4 幅较为完整有效的著者同被引网络图(考虑到本书篇幅,此处不作展示)。

首先,从著者同被引网络图绘制过程可以得出,经济管理、通信等知识共享活跃的领域,往往已形成一定的知识共享结构,科学家在这些领域进行跨学科知识共享时,可以从大方向下的小主题出发,以现有的脉络深入研究,或根据现有的架构探索新的研究支路。而如医疗护理、公共环境与健康、社会学等其他与信息科学与图书馆学较为疏远的学科领域,知识共享架构尚未定型,科学家进行跨学科知识共享时更应从学科合作边界出发挖掘新的跨学科知识点,以形成完善的跨学科研究群体和架构为目标,展开跨学科知识共享活动。

其次,本节将分析著者同被引较完整的领域(S1&S2、S3、S4&S7、S6)。以知识管理与创新这一研究主题为例,选取被引次数20次以上的129位作者,形成4大类,如图3-1-8所示。笔者又整理每类节点最大(即被引次数最多)的作者被WoS核心合集收录的文章研究方向,如表3-1-8所示,括号内为记录数量,为全计数。本节及下一节引入专业化指数(Speicializaion Index)来测度作者发表论文的学科多样性程度[①]。如果某一科学家发表文章越集中在某几个学科领域,其专业化指数越大;反之其跨学科性越高。具体计算公式如下:

$$S = \frac{\sum (P_{sc1}^2 + P_{sc2}^2 + \cdots + P_{scn}^2)}{\sum (P_{sc1} + P_{sc2} + \cdots + P_{scn})^2} \quad (式5)$$

其中 Pscn 指学科 n 中的文献数量,S 取值范围在[0,1],作者的跨学科性越高,S 越趋近于 0;反之若作者只在一个学科领域发表过论文,则 S 值为 1。

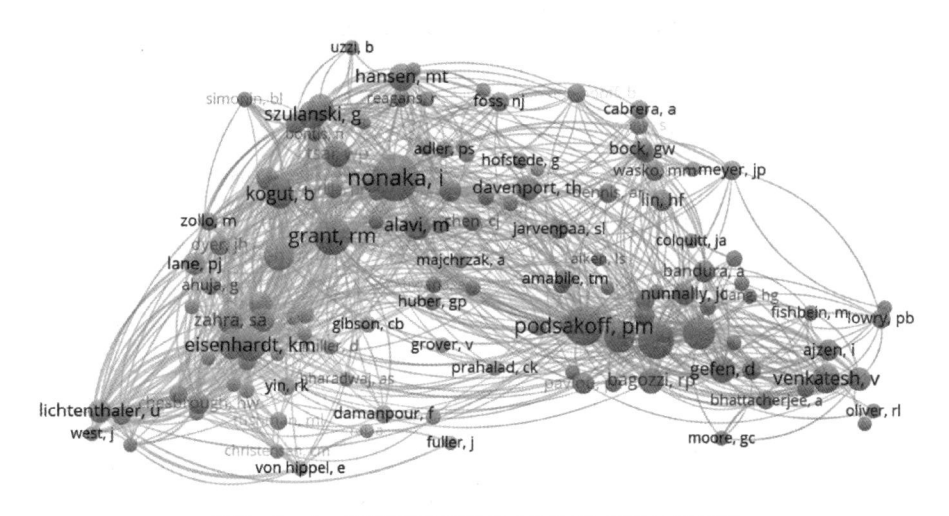

图 3-1-8 知识管理与创新主题下作者同被引情况

[①] Porter, A. L., Cohen, A. S., David Roessner, J., et al., "Measuring Research Interdisciplinarity", *Scientometrics*, Vol. 72, No. 1, 2007, pp. 117-147.

表 3-1-8　知识管理与创新领域代表作者

组	代表作者	研　究　方　向	专业化指数
Cluster1	Nonaka, Ikujiro	Management(15), Business(6), Computer Science Information Systems(1), Economics(1), Information Science Library Science(1)	0.458
Cluster2	Eisenhardt, Kathleen M	Management(31), Business(26), Economics(1)	0.487
Cluster3	Podsakoff, Philip M	Management(18), Psychology Applied(14), Business(6), Computer Science Information Science(2), Information Science Library Science(2), Education Educational Research(1), Psychology(1), Psychology Multidisciplinary(1)	0.280
Cluster4	Davenport, Thomas H	Business(26), Management(31), Business Finance(1)	0.484

从中可以发现,除与信息科学与图书馆学密切相关的研究主题 S3 以外,其余研究主题下(S1&S2、S4&S7、S6,见表 3-1-9、表 3-1-10、表 3-1-11)被引次数多的核心作者,即跨学科知识共享的传递方,其自身发文的跨学科程度很高。由此得出结论,在有较完整的同被引著者网络主题下,当研究主题与本专业相近时,跨学科性高的文献所形成的知识共享传递方群体将围绕具有高专业性发文的科学家展开,以此使研究更为深入;当研究主题与本专业跨度较大时,跨学科性高的文献所形成的知识共享传递方群体将围绕具有高跨学科性发文的科学家展开,以此使研究的方向具有更多可能性,拓宽跨学科知识共享边界。

表 3-1-9　医疗护理、公共环境与健康领域代表作者

组	代表作者	研　究　方　向	专业化指数
Cluster1	Niederdeppe, Jeff	Public Environmental Occupational Health(52), Communication(51), Health Policy Services(30), Health Care Science Services(13), Information Science Library Science(12), Substance Abuse(11), Medicine General Internal(9), Environmental Sciences(8), Social Sciences Biomedical(8), etc.	0.127

续　表

组	代表作者	研　究　方　向	专业化指数
Cluster2	Bandura，A	Psychology Multidisciplinary（35），Psychology Social（26），Psychology Applied（15），Psychology Clinical（12），Psychology（11），Mathematics（9），Management（8），Neurosciences（7），Psychology Development（6），Psychology Educational（6），Materials Science Multidisciplinary（5），etc.	0.079
Cluster3	Green，M C	Religion（17），Ecology（14），Ornithology（14），Biodiversity Conservation（13），Oncology（10），Meteorology Atmospheric Sciences（3），Zoology（3），Environmental Sciences（2），Evolutionary Biology（2），Genetics Heredity（2），Pediatrics（2），Clinical Neurology（1），Critical Care Medicine（1），Medicine General Internal（1），etc.	0.120

表3-1-10　市场营销、电子商务领域代表作者

组	代表作者	研　究　方　向	专业化指数
Cluster1	Bagozzi，Richard P	Business（47），Psychology Applied（22），Management（20），Ethics（6），Neurosciences（5），Computer Science Information Systems（4），Information Science Library Science（4），Psychology（4），Psychology Multidisciplinary（4），Behavioral Sciences（3），Social Sciences Mathematical Methods（3），Communication（2），etc.	0.154
Cluster2	Gefen，David	Computer Science Information Systems（24），Information Science Library Science（20），Management（12），Computer Science Software Engineering（4），Computer Science Theory Methods（4），Computer Science Hardware Architecture（3），Operations Research Management Science（3），Computer Science Artificial Intelligence（2），etc.	0.185
Cluster3	Oliver，R L	Business（37），Management（12），Computer Science Software Engineering（4），Computer Science Information Systems（2），Information Science Library Science（2）	0.473

组	代表作者	研究方向	专业化指数
Cluster4	Bhattacherjee, A	Computer Science Information Systems(36), Optics(34), Information Science Library Science(25), Physics Multidisciplinary(24), Management(20), Mining Mineral Processing(7), Computer Science Software Engineering(6), Computer Science Theory Methods(6), etc.	0.154

表 3-1-11 通信决策技术领域代表作者

组	代表作者	研究方向	专业化指数
Cluster1	Fornell, Claes	Business(7), Management(3), Information Science Library Science(2), Computer Science Information Systems(1), Economics(1)	0.327
Cluster2	Chin, Wynne W	Computer Science Information Systems(14), Information Science Library Science(11), Management(10), Business(6), Mathematics Interdisciplinary Applications(3), Social Sciences Mathematical Methods(3), Computer Science Artificial Intelligence(2), Operations Research Management Science(2), Computer Science Software Engineering(1), etc.	0.144
Cluster3	Davis, F. Daniel	Social Sciences Other Topics(6), Social Issues(5), Pathology(4), Social Work(4), Behavioral Sciences(3), Psychology(3), Public Environmental Occupational Health(3), Science Technology Other Topics(3), Sociology(3), Biomedical Social Sciences(2), Business Economics(2), Government Law(2), Information Science Library Science(1)	0.090

(三) 知识共享密度

本节主要围绕目标文献中发文量较高的科学家展开研究,通过研究他们的发文情况,对科学家跨学科知识共享的频率与密度进行分析。

在1503篇目标文献中,Vosviewer检测到4754个作者,其中发文数量3次以上的共有135位作者,对135位作者中有合作的进行著者共现作图,结果如图3-1-9所示,作者被分成了8个聚类,节点的大小代表发文数量的多少。劳瑞(Lowry)、保罗·本杰明(Paul Benjamin)和本巴萨特(Benbasat)、伊扎克(Izak)分别发文12篇和11篇,位居前二。可以发现,发文数量3次以上的作者合作共著并不紧密,因此本节将从发文量为7及7以上的8位作者展开分析。

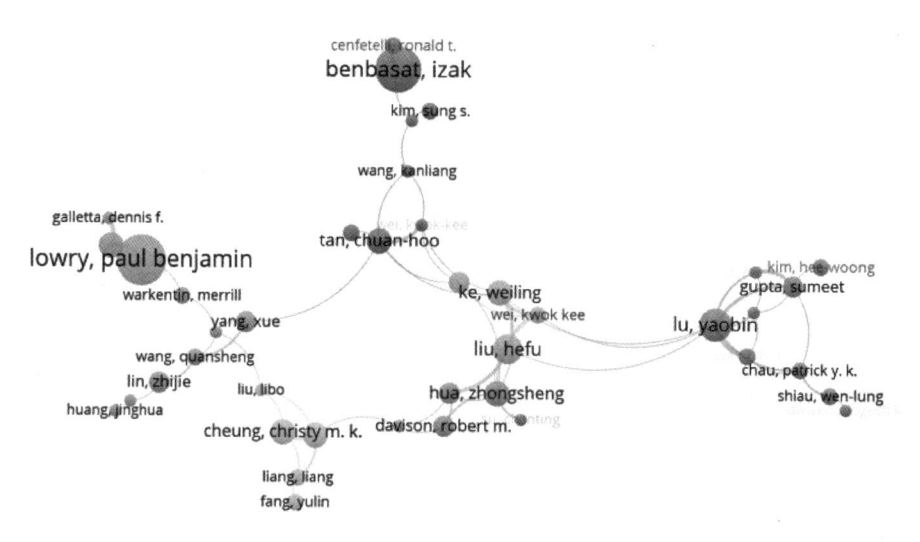

图 3-1-9 135 位作者共现情况

本节根据8位科学家在WoS核心合集中收录的文章所属学科情况,计算他们的专业化指数(见表3-1-12),从中可以发现,在图书情报专业TD值3以上发表7篇及以上论文的科学家自身发文拥有很高的跨学科性。而后,下载、清洗这些科学家被WoS核心合集收录的文献数据,通过前文的跨学科性探测方法,即改进后的TD指标算法,求出每一篇文献的TD值,以作者为单位求取TD均值。TD均值为基于科学家单篇论文的跨学科性均值,由此测得每位科学家发文跨学科性的整体平均情况。再而后以本书对跨学科数据的定义,测得每位科学家的跨学科知识共享频率。

表 3-1-12 图情专业 TD 值 3 以上发文量 7 及 7 以上的 8 位科学家

科 学 家	图情专业 TD值3以上发文量	WoS核心合集收录文章数量	专业化指数	TD均值	TD值3以上/收录文章总数
Lowry, Paul Benjamin	12	96	0.196	2.962	51.042%
Benbasat, Izak	11	72	0.254	2.829	42.029%

续表

科　学　家	图情专业TD值3以上发文量	WoS核心合集收录文章数量	专业化指数	TD均值	TD值3以上/收录文章总数
Keil, Mark	9	68	0.175	2.963	50.746%
Chang, Hsin Hsin	9	62	0.164	2.962	54.098%
Lu, Yao Bin	8	16	0.184	3.041	68.750%
Liu, He Fu	7	50	0.112	2.893	50.000%
Venkatesh, Viswanath	7	82	0.215	3.033	69.136%
Dennis, R. Alan	7	57	0.265	2.944	41.818%

从中可以发现,除陆(Lu)、姚滨(Yao Bin)和文卡特什(Venkatesh)、维斯瓦纳特(Viswanath)两组科学家高跨学科性发文比达到近70%,本巴萨特、伊扎克和丹尼斯(Dennis)、艾伦(Alan)在40%左右以外,其余科学家的高跨学科性发文比均在50%—55%。由此得出,发表较多高跨学科性论文的科学家所发文章约为一半并未达到较高跨学科性,即以发文量为单位时,科学家跨学科知识共享的频率与密度并不大。

进一步地,对每位作者每年的发文情况进行统计分析。以前三位作者为例,统计其每年发文TD均值,如图3-1-10、3-1-11、3-1-12所示,TD均值与年份呈波浪形变化。其余5位作者每年TD均值也呈相似波浪形变化,并以3—5年为一个周期。可以得出,高跨学科性发文作者并非一直具有很高的跨学科性,其在进行跨学科知识共享前需有自身专业化知识的储备,跨学科知识共享后需更深化对自身专业的认识与发展。

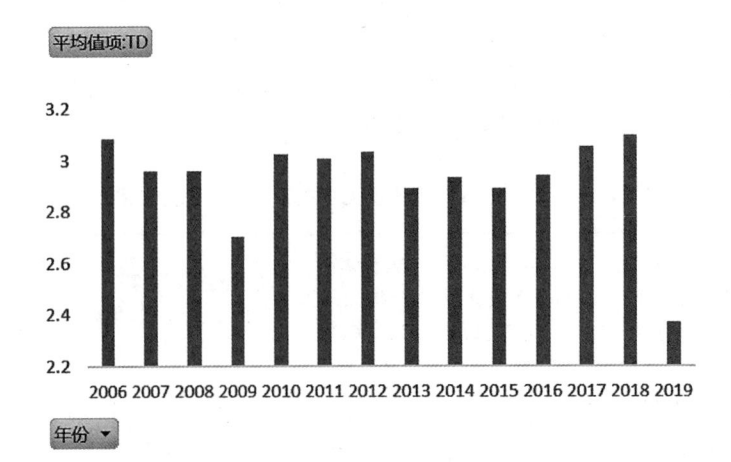

图3-1-10　Keil、Mark每年TD均值变化情况

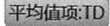

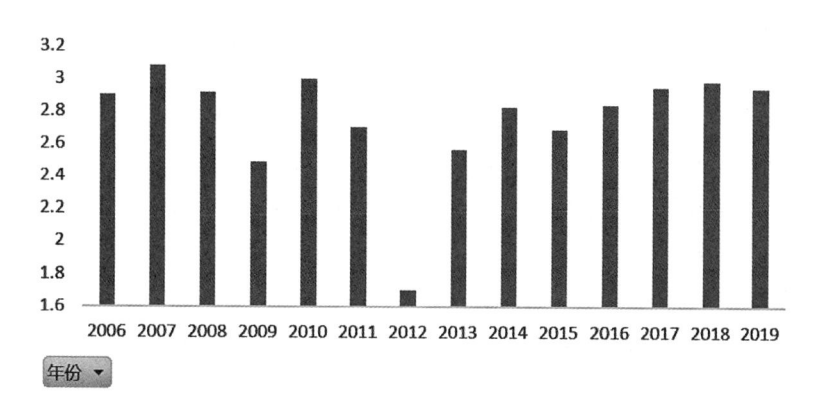

图 3-1-11　Benbasat、Izak 每年 TD 均值变化情况

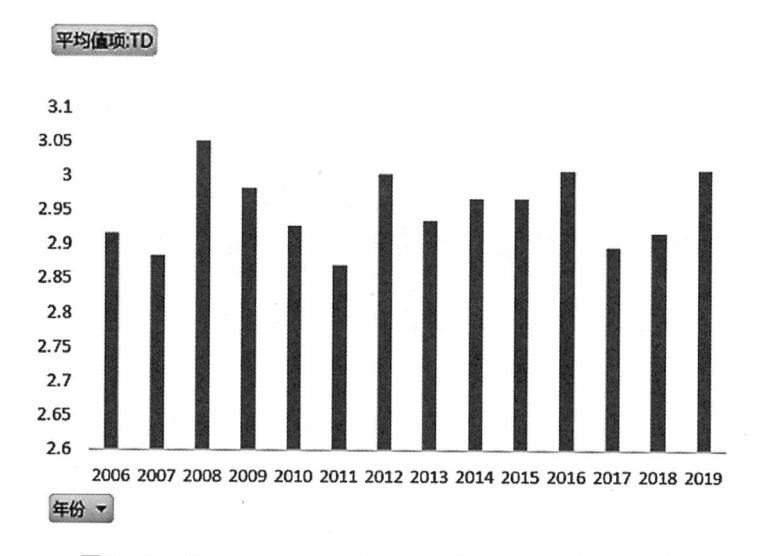

图 3-1-12　Lowry、Paul Benjamin 每年 TD 均值变化情况

六、小结

本节根据对信息科学与图书馆学科高跨学科性论文的研究,从引文涉及学科情况、关键词共现、著者同被引、著者合作网络图等文献计量研究方法,得出信息科学与图书馆学科学家跨学科知识共享的规律如下:

第一,跨学科性发文量、跨学科知识共享涉及的学科种类逐年增长,跨学科知识共享广度随时间不断增加,将与更多差异度大的学科展开知识共享。就目前而言,信息科学与图书馆学科学家主要同经济与管理、计

算机科学与工程、社会与公共环境、心理、通信等专业领域展开知识共享。知识共享扩散广度很大,与同专业相似度高专业知识共享活跃。与心理学、社会学、公共健康等相似度较低专业的知识共享也在逐渐增强,应予以重视。

第二,在知识共享活跃的领域,往往已形成一定的知识共享结构,科学家在进行跨学科知识共享活动时有较为清晰的脉络助以深入研究或另辟新支。而在较为疏远的学科领域,知识共享架构尚未定型,科学家进行跨学科知识共享时更应从学科合作边界出发挖掘新的跨学科知识点,以形成完善的跨学科研究群体和架构为目标展开跨学科知识共享活动。

第三,当研究主题与本专业相近时,跨学科性高的文献呈现知识共享传递方群体将围绕具有高专业性发文的科学家展开这一规律,以此使研究更为深入;当研究主题与本专业跨度较大时,跨学科性高的文献呈现出知识共享传递方群体将围绕具有高跨学科性发文的科学家展开这一规律,以此使研究的方向具有更多可能性,拓宽跨学科知识共享边界。

第四,以发文量为单位时,科学家跨学科知识共享的频率与密度并不大。加入发文年份这一时间维度后可以得出,科学家跨学科知识共享程度随年份呈波浪形,并以3—5年为一个周期。即其在进行跨学科知识共享前需有自身专业化知识的储备,跨学科知识共享后需更深化对自身专业的认识与发展。

第三节 科学家团队之间的知识交流与互动

一、相关研究

(一) 科学家团队的相关研究

1. 科学家团队定义的相关研究

在对科学家团队进行界定之前,要先明确团队的定义。"团队"一词最早出现于企业之中,它在企业中的迅速普及得益于丰田和沃尔沃等大企业引入该形式后得到的显著绩效提升[1]。斯蒂芬·P.罗宾斯(Stephen P. Robbins)认为团队的特殊性在于实现目标的一致性和个体间的相互协作[2]。因此团

---

[1] 伟传:《团队建设"三加一"》,《企业科协》2002年第9期。
[2] Robbins, S. P., *Management* (4th ed.), New Jersey: Prentice Hall Inc., 1994.

队与一般群体是有所区别的。美国学者乔恩·R.卡岑巴赫(Jon R. Katzenbach)则对团队的概念做出了更进一步的区分,认为团队除了一起工作,还应该包含倾听与回应、支持与尊重等一系列的价值观[1]。作为团队的一种,科学家团队具有团队的共性,但也具有其特性。从科学家团队的组织模式和实际运作出发,国内众多学者纷纷对科学家团队给出了自己的定义。蒋日富等围绕科研项目,将科学家团队界定为"由两个以上研究成员组成,以探索或求解某科学或技术问题为共同研究目标,有一定组织形式、相对稳定、相互合作的研究人员组成的研究小组"[2]。康旭东等则对科学家团队提出了更高的内在要求,其要求科学家团队必须成员优势互补、具有学术民主氛围,同时领导者应该具备战略眼光和协调能力[3]。

2. 科学家团队识别的相关研究

当前对科学家团队识别方法的研究主要分为三种:传统的科学家团队识别方法、基于社会网络分析的科学家团队识别方法和基于机器学习算法的科学家团队识别方法。传统的科学家团队识别方法多是基于一些显性数据,比如科研机构组织信息、科研立项信息和问卷调查数据等,主要针对实体科研团队。传统的方法更加强调的是科学家团队物理上的相似性和有形资源的共享程度[4],简单易行但大范围实施时成本较高且局限于实体团队。基于机器学习算法的科学家团队识别方法通过关联规则、层次聚类等算法对文献数据等进行挖掘,解决了传统识别方法无法应用与大规模合作数据的问题,但又存在无法突出团队领导人或是指标计算方法多样影响识别效果等问题。基于社会网络分析的科学家团队识别方法实际上是对科学家在科研活动中形成的关系网络进行定量分析,关系网络的建立则往往基于大型作者合著、文献引用与被引用信息等。与前两种方法相比,基于社会网络分析的识别方法既能够挖掘地域上关联较弱的隐性科学家团队,也能增强团队识别效果的可信度。

(二)知识共享的相关研究

1. 知识共享定义的研究

对知识管理的研究始于彼得·F.德鲁克(Peter F. Drucker),其在1988

---

[1] Katzenbach, J. R., *The Wisdom of Teams: Creating the High-Performance Organization*, Boston: Harvard Business Review Press, 2015.
[2] 蒋日富、霍国庆、谭红军、郭传杰:《科研团队知识创新绩效影响要素研究——基于我国国立科研机构的调查分析》,《科学学研究》2007年第2期。
[3] 康旭东、王前、郭东明:《科研团队建设的若干理论问题》,《科学学研究》2005年第2期。
[4] 李纲、李春雅、李翔:《基于社会网络分析的科研团队发现研究》,《图书情报工作》2014年第7期。

年就指出信息技术的发展将导致知识型企业成为企业新的组织形态,知识型企业中,知识是企业的重要资产和决定企业能否在市场竞争中取胜的关键所在,推动管理学发展进入知识管理时代[1]。但知识共享成为知识管理研究的热点话题却始于保罗针对进行知识共享的组织,提出系统的设计方案后。此后,学者开始从不同角度对知识共享展开研究,包括其内涵、动因、影响因素和实现方式等。野中和竹内从知识转化的角度对知识共享进行解读,认为知识共享是个体与组织、隐性知识和显性知识的互动过程[2]。温霍芬(Wijnhoven)则把知识共享阐释为知识转移,以信息作为媒介手段,知识从知识持有者转移到知识需求者[3]。亨德里克斯对知识分享的接收方提出了要求,认为其只有具备一定的相关知识,才能将知识提供者的知识内化[4]。

与国外对知识共享的多方研究相比,国内的研究尚处于探索阶段,有关知识共享理论还不够系统成熟,但知识共享问题已经得到日益广泛的关注。初期阶段国内的相关研究以企业内的知识共享为主。魏江等认为知识共享就是组织中个体所拥有的知识转变为整个组织能够利用的知识的过程,这个过程依靠个体使用各种交流方式来与其他个体共享自己的知识[5]。杨溢指出企业知识共享泛指与他人分享知识,实现知识从个体拥有向群体拥有的转变,这个转变通过知识传播的多向循环回路得以实现[6]。谭大鹏等对知识共享、知识转移和知识传播做出了区分,认为知识共享分为广义和狭义两个层面:广义的知识共享泛指缩小人类个体或组织之间知识差距的所有活动和过程,包括但不限于知识传播和知识转移;狭义的知识共享专指上述活动与过程的结果[7]。当以团队为基础的组织结构为众多企业所采用后,一部分中国学者开始关注团队内部知识共享的问题。蒋跃进等指出知识共享的实现是团队不同于官僚式组织结构的核心能力,并从心理学和经济学

---

[1] Drucker, P. F., *Managing in a Time of Great Change*, New York: Dutton Adult, 1995.
[2] Nonaka, I. and Takeuchi, H., *The Knowledge-Creating Company*, New York: Oxford University Press, 1995, p. 273.
[3] Wijnhoven, F., "Knowledge Logistic in Business Contexts: Analyzing and Diagnosing Knowledge Sharing by Logistic Concepts", *Knowledge and Process Management*, Vol. 5, No. 3, 1998, pp. 143–157.
[4] Hendriks, P., "Why Share Knowledge? The Influence of ICT on the Motivation for Knowledge Sharing", *Knowledge and Process Management*, Vol. 6, 1999, pp. 91–100.
[5] 魏江、王艳:《企业内部知识共享模式研究》,《技术经济与管理研究》2004年第1期。
[6] 杨溢:《企业内知识共享与知识创新的实现》,《情报科学》2003年第10期。
[7] 谭大鹏、霍国庆、王能元、吴磊、蒋日富、喻缨、董纪昌:《知识转移及其相关概念辨析》,《图书情报工作》2005年第2期。

的角度对团队知识共享的理论基础进行了分析研究①。

2. 科学家团队知识共享的研究

虽然知识管理和知识共享发源于企业,初期研究也多以企业内部知识共享的机制机理为主,但伴随知识经济的发展,知识管理理论被广泛应用于各大领域中。科学家团队作为典型的知识密集型的组织形式,担负着知识创新和发展科学技术的使命,而对于这样的使命,知识共享是必不可少的。国内对科学家团队知识共享的研究起步较早,在2006年王明明等就指出科研团队知识管理的核心在于知识创新,而知识分享的文化和价值观是知识创新的一部分②。而后我国涌现了一批致力于从各个方面对科学家团队知识共享展开探索的学者。王丽丽等认为高校科研团队的知识共享障碍分别来自知识共享双方、知识共享的渠道和环境三个方面,基于这些障碍,从团队成员结构、考核激励机制、沟通氛围等方面提出了建议③。陶裕春等从实证角度对影响科研团队内部知识共享的主要因素进行定量分析,认为考核激励、沟通氛围和团队领导是影响科研团队知识创新点的最主要因素,从而提出相应的对策建议④。李霞运用结构方程模型对创新性科研团队知识共享行为、学习行为和团队绩效之间的关系进行检验,指出学习行为是知识共享对团队绩效产生正向影响的中介变量,并就此提出相应的优化知识共享和学习行为的策略⑤。

(三)相关研究述评

随着研究的深入,国内外对知识共享的分析探索从多个学科角度展开,涉及的领域范围越来越广。不同的理论研究出发点不同,但都丰富了知识共享的研究方法和内涵,如个体和组织行为的角度着重于分析知识共享的动机⑥,统计学研究的角度则重点在于搭建模型并从实证角度进行定量分析。虽然对知识共享多角度的研究已经取得了一定的成就,但就目前的研究方法而言,知识共享研究还有较大的拓展空间。

---

① 蒋跃进、梁梁、余雁:《基于团队的知识共享和知识形成机理研究》,《运筹与管理》2004年第5期。
② 王明明、李艳红、戴鸿轶:《基于知识创新的科研团队知识管理系统研究》,《情报杂志》2006年第9期。
③ 王丽丽、张亚晶:《高校科研团队内部隐性知识保护与知识分享》,《煤炭高等教育》2008年第1期。
④ 陶裕春、解英明:《高校科研团队知识共享影响因素分析》,《科技进步与对策》2008年第12期。
⑤ 李霞:《高校创新型科研团队知识共享行为、学习行为及团队绩效研究》,《软科学》2012年第6期。
⑥ 韩国元:《高校科研团队知识共享研究》,博士学位论文,哈尔滨工程大学,2012年。

1. 对团队知识分享的定量分析和测量鲜有涉及

目前国内对于科学家团队知识共享的研究,大多是基于案例或前人的理论展开的定性分析,少有数据和统计分析的支撑。现有的实证分析也大多通过问卷形式搜集数据,样本较为局限,影响结论的客观性和普适性,使用文献数据来研究知识共享和团队交流的尤为少见,这正是本研究提出的意义之一。

2. 团队知识共享的研究方向集中

国内学者对科学家团队知识共享的研究大多集中在知识共享对绩效的影响、组织激励手段、影响知识共享的因素和障碍等方面,从这些角度展开的讨论和相应提出的对策已经比较系统完善。但由于多为定性分析,很难进行团队知识共享的横向与纵向比较,对团队知识共享交流规律的研究并不太多。

二、数据采集与研究方法

(一) 数据获取与处理

本节旨在通过对图书情报学领域的科学家团队文献数据的计量分析,对团队知识流动和知识共享进行研究,因此本节数据来源于 WoS 数据库中学科分类为信息科学与图书馆学并发表在 1982—2019 年的学术期刊论文数据,共 110 880 条,每条文献记录包括作者简称、作者全名、文献标题和作者关键词等字段。然后对采集到的文献数据进行清洗与处理,主要处理如下:

第一,删除无作者和单作者的论文数据,将数据用于科学家团队识别。

第二,根据科学家团队的识别结果,使用团队核心成员名单在论文数据的字段 AF(作者全称合集)中进行检索,从中提取出各团队所著的论文数据,共得到数据 4 909 条,其中 1982—1991 年 185 条,1992—2001 年 629 条,2002—2011 年 1 783 条,2012—2019 年 2 312 条。提取团队论文数据后,通过正则表达式抽取出字段 CR(参考文献)中每篇参考文献的第一作者名,使用对应的团队编号对字段 AF 和 CR 中的作者名进行替换,跨团队的作者替换为其所在的所有团队编号。剔除字段中不属于任何一个团队的作者名,并对替换后每条论文数据的字段 AF 进行去重处理。

(二) 科学家团队领导人与成员发现

中间中心度作为基本的社会网络分析指标,主要用于衡量或表征网络节点对网络资源的控制程度以及和其他节点联系的紧密度,因此常被用作识别科学家团队领导人的指标。但基于中间中心度识别科学家团队的方法可能因为同一科学家团队内部存在多名中间中心度排名靠前的科研人员而将一个团队错误地识别为多个团队,影响团队识别的准确性。通过查阅相关文献并结合科研合作网络的特点,本节决定采用迭代计算中间中心度与2-clique 方法结合来识别科学家团队。首先对输入的作者合著数据进行中间中心度的计算,选取中间中心度值最高的节点作为科学家团队的领导人,然后在合著网络中删除该节点,循环以上步骤直至剩余节点的中间中心度值小于1。以各科学家团队领导人为基点,通过 2-clique 方法识别该团队的核心科研人员。该方法保留了基于社会网络识别科学家团队的优点,同时又对同一团队因为多名科研人员指标值排名靠前的现象予以克服,从而提高了团队识别的效果。

同时,由于科学家团队不同于企业团队的特殊性,团队成员是动态变化的,作者间的合著网络和合作关系也是随时间不断变化的。因此,本研究考虑将 1982—2019 年这 38 年间的论文数据按照时间段进行划分,滚动识别不同时间段的科学家团队,以契合科研团队发展的实际状况。在于永胜等[1]、郭美荣[2]、刘璇等[3]的研究中,采集了不同领域的文献数据进行科学家合作网络的构筑与团队识别,并取得了良好的识别效果,本节采用这个参数,以 10 年作为时间跨度单位,设置作者发文数量最小阈值为 5,将预处理的论文数据分成 4 个时间段进行处理,即 1982—1991 年、1992—2001 年、2002—2011 年和 2012—2019 年。本研究对科学家团队的识别主要采取从团队领导人即团队中心出发,由内向外扩展的方式,具体的识别过程如图 3-1-13 所示:

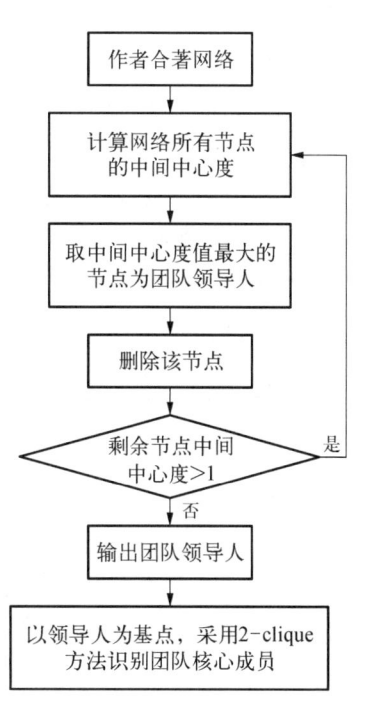

图 3-1-13 科学家团队识别过程

---

[1] 于永胜、董诚、韩红旗、李仲:《基于社会网络分析的科研团队识别方法研究——基于迭代的中间中心度排名方法识别科研团队领导人》,《情报理论与实践》2018 年第 7 期。

[2] 郭美荣:《基于合著网络的学术团队识别研究》,硕士学位论文,中国科学技术信息研究所,2011 年。

[3] 刘璇、朱庆华、段宇锋:《社会网络分析法运用于科研团队发现和评价的实证研究》,《信息资源管理学报》2011 年第 1 期。

此外,由于本节研究各团队间的知识流动与共享情况,因此如果在识别过程中遇到跨团队合作的情况,允许团队领导人和团队核心成员在其他科研团队中出现。

(三)知识共享网络构建与整体网络指标

本节主要使用社会网络分析法,分别构建科学家团队合作网络和引用网络来表征团队间的隐性知识共享和显性知识共享。在此基础上,选取用于衡量和表征整体知识共享网络特征的指标,对科学家团队的合作网络和引用网络进行指标结果分析和相关分析,指标的计算和网络的绘制使用社会网络分析(Ucinet)软件和网络分析(Gephi)软件来完成。

将图书情报学领域科学家团队论文数据的字段 AF 分别抽取出来构建团队共现矩阵,即合作网络。引用网络的构建则是通过分别抽取科学家团队论文数据的字段 AF 和 CR,形成非对称矩阵。矩阵的行代表引证团队,矩阵的列代表被引团队,计算团队之间的引证次数并录入矩阵(考虑自引),即得到不同时间段科学家团队间的有向引证网络。

从网络集聚度、网络整体结构和网络传输效率3个方面出发,本研究选取了7个网络整体指标,对科学家团队的知识共享网络进行整体结构与特征及其演变的分析,指标及其含义如表3-1-13所示。

表3-1-13 整体网络指标

指标名称	表 征 含 义
中心势	由中心度推出,表征网络的集中趋势(本研究采用点度中心度计算)
网络平均度	节点的平均点度,表征网络凝聚性
聚类系数	网络节点之间相互连接的程度,用于评估网络整体集聚程度
组元数	网络孤立子网络的个数
密度	网络节点之间联系的密集程度,介于0—1之间
平均路径长度	相连的所有节点对之间的平均最短距离,表征网络的传输性能和效率
直径	节点间最长的最短路径长度,表征网络的传输性能和效率

(四)知识共享网络相关分析

某两个团队之间建立了合作关系,可以认为这两个团队具有相似的研究方向或共同的研究兴趣。同样地,只有研究方法相近或研究内容相似的文献才会被另一个团队的论文引用为参考文献。因此当某两个团队之间存在文献引用关系时,说明这两个团队的研究方向存在关联。对研究目标与兴趣的共同感知和分享知识的共同愿望都是科学家团队之间知识流动与知识共享的表现与结果①，他们从不同的角度对科学家团队的相似性进行衡量，因此本研究对科学家团队合作网络和引用网络间可能存在的某种相关关系进行分析。

常规的相关分析对变量间的独立性有着一定的要求，因此不适用于社会网络分析中的关系数据，否则会出现共线性影响分析准确度。因此本节采用了社会网络分析中常用的比较两个矩阵相关性的二次指派程序（Quadratic Assignment Procedure，QAP）法。QAP 是一种随机化检验方法，以重新抽样和矩阵置换为基础，给出两个矩阵的相关性系数并进行非参数检验。

三、科学家团队的知识共享模式

（一）科学家团队识别

通过中间中心度的迭代计算，得到 4 个时间段科学家团队领导人共 273 位。在不同时间段的作者合著网络中，通过 Ucinet 软件，以输出的团队领导人为基点，使用社会网络分析中的 c 派系法，设置阈值 c 为 2，得到与团队领导人存在合作关系的节点集合。手动筛选出各科学家团队领导人所处派系并进行去重合并，得出各团队核心科研人员，即完成了科学家团队的识别过程。共识别出 1982—2019 年科学家团队 273 个，其中 1982—1991 年 12 个，1992—2001 年 34 个，2002—2011 年 79 个，2012—2019 年 148 个。总的来说，科学家团队的数量随时间发展而增多，规模也随之扩大，从 1982—1991 年时间段的平均每个团队 7 位成员增至 2012—2019 年时间段的平均每个团队 11 位成员。科学家团队领导人及其成员在不同团队中出现的次数增多，意味着跨团队的合作现象在后期开始普遍出现。2012—2019 年部分科学家团队构成如表 3-1-14 所示。

表 3-1-14　2012—2019 年部分科学家团队成员构成

编号	团队领导人	团队核心成员	总人数
1	Liu, Xiaoping	Li, Xia; Liu, Yu; Ye, Xinyue; Wang, Fang; Chen, Yimin; Yao, Yao; Liu, Yaolin; Shaw, Shih-Lung; Zhang, Yi; Wu, Yi; Hong, Song	12

---

① 秦宝宝：《学术型实践社区内部知识交流规律——基于南京大学情报学专业的实证研究》，《情报科学》2014 年第 5 期。

续 表

编号	团队领导人	团队核心成员	总人数
2	Wu, Dan	Zhang, Chengzhi; Du, JiaTina; He, Daqing; Shen, Si; Sun, Jianjun; Li, Lei; Liu, Yang	8
3	Abramo, Giovanni	D'Angelo, CiriacoAndrea; Zhang, Lin; Cicero, Tindaro; DiCosta, Flavia; Lariviere, Vincent; Saeed-UlHassan; Bonaccorsi, Andrea	8
4	Barrett, Michael	Davidson, Elizabeth; Constantinides, Panos; Constantinides, Panos; Nandhakumar, Joe	5
5	Brown, Susan A.	Sarker, Suprateek; Lee, Allen S.; Burton-Jones, Andrew; Baskerville, Richard L.; Hsu, Carol	6

（二）知识共享网络特征分析

1. 科学家团队合作网络

将科学家团队合作网络导入 Gephi 软件中作图，移除孤立节点后如图 3-1-14 至图 3-1-17 所示。合作网络由节点和边构成，节点的大小代表了团队度中心性的大小，节点越大，该团队的度中心性越大，在合作网络中就越重要，边的粗细代表了两两团队间合作次数的多少。从由 5 个节点和 18 条边构成的 1982—1991 年合作网络到由 142 个节点和 3 172 条边构成的 2012—2019 年合作网络，可以看出，在图书情报学领域，随着时间的变化，科学家团队不断发展壮大，团队之间的合作持续增多，合作网络也趋于复杂。将合作网络进行模块化并以不同的颜色加以表示，可以看出合作子网络的发展过程。1982—1991 年，团队 12 威里特（Willett）在整体合作网络中处于绝对的中心地位，和其他团队都进行了较多合作。1992—2001 年，合作子网络开始发展，团队 4 西米诺（Cimino）、团队 24 穆森（Musen）、团队 26 马查多（Ohno-Machado）和团队 20 麦克唐纳德（McDonald）间的合作相当频繁，在所在的合作子网络中居于核心的位置。团队 5 克罗宁（Cronin）和团队 6 达文波特（Davenport）、团队 32 魏（Wei）和团队 19 雷缇恩（Lyytinen）则进行较多的两两合作，从而形成了另外两个合作子网络。2002—2011 年，合作子网络进一步发展，团队 74 文卡特什（Venkatesh）和团队 46 雷缇恩、团队 61 卢梭

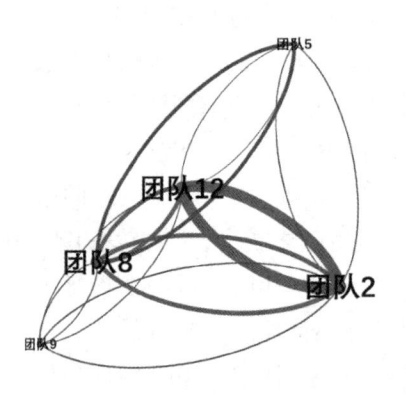

图 3-1-14 1982—1991 年科学家团队合作网络

(Rousseau)及团队 77 威尔逊(Wilson)、团队 65 斯宾克(Spink)都是各自子网络中与其他团队广泛合作的团队,但这一阶段子网络间的合作还较为少见。2012—2019 年,合作子网络间孤立的形势被打破,子网络间开始建立密切的合作关系,团队 8 德威迪(Dwivedi)、团队 15 卢梭和团队 125 特尔沃(Thelwall)是整体合作网络中度中心性最高的三个节点。

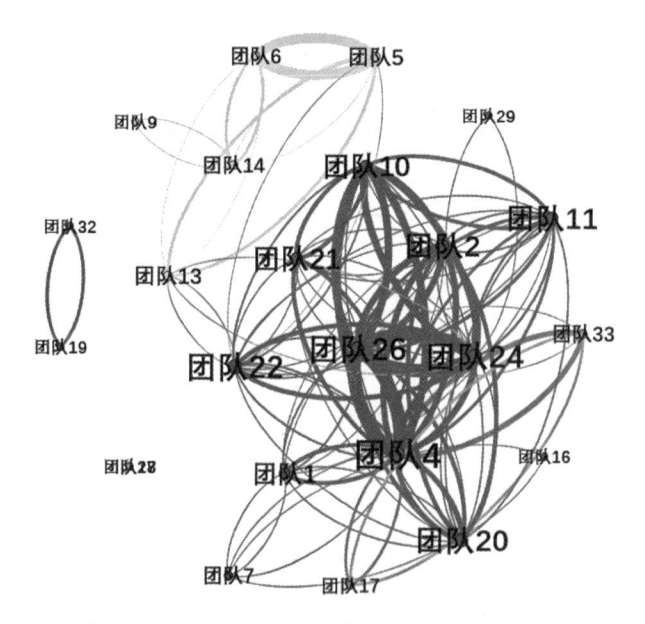

图 3-1-15　1992—2001 年科学家团队合作网络

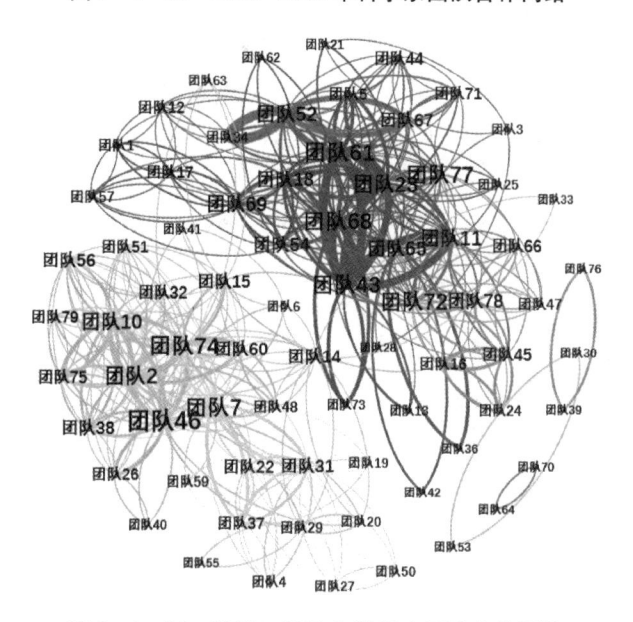

图 3-1-16　2002—2011 年科学家团队合作网络

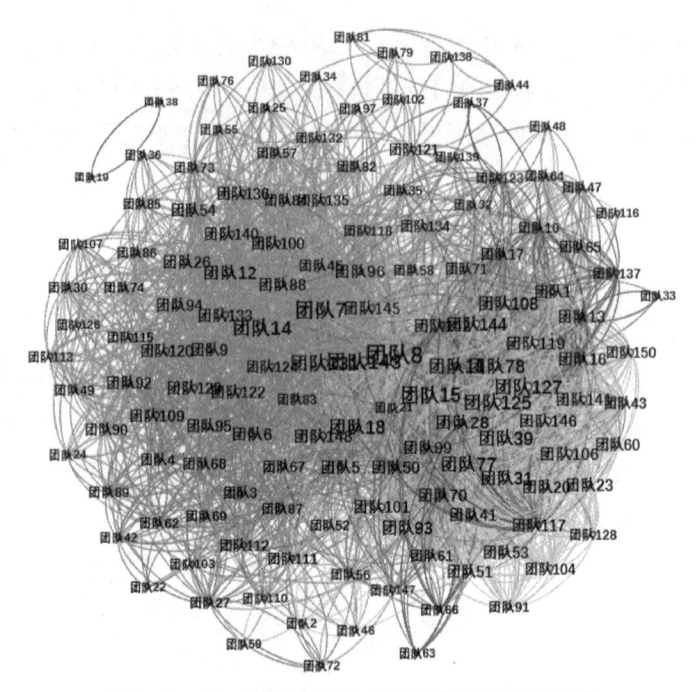

图 3-1-17 2012—2019 年科学家团队合作网络

2. 科学家团队引用网络

将科学家团队引用网络导入 Gephi 作图,结果如图 3-1-18 至图 3-1-21 所示。引用网络中,节点的大小代表团队被引次数的多少,边的方向代表被引方向,边的粗细表示引证次数的多少。从引用网络来看,团队 3 博伊斯(Boyce)、团队 6 达文波特(Davenport)、团队 52 尼古拉斯(Nicholas) 和团队 8 德威迪分别是 4 个时间段中被引次数最多的团队,且边的箭头多为双向,在一定程度上说明知识在科学家团队之间的流动与共享也是双向的。

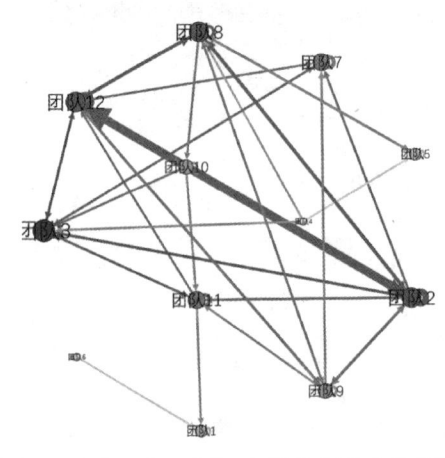

图 3-1-18 1982—1991 年科学家团队引用网络

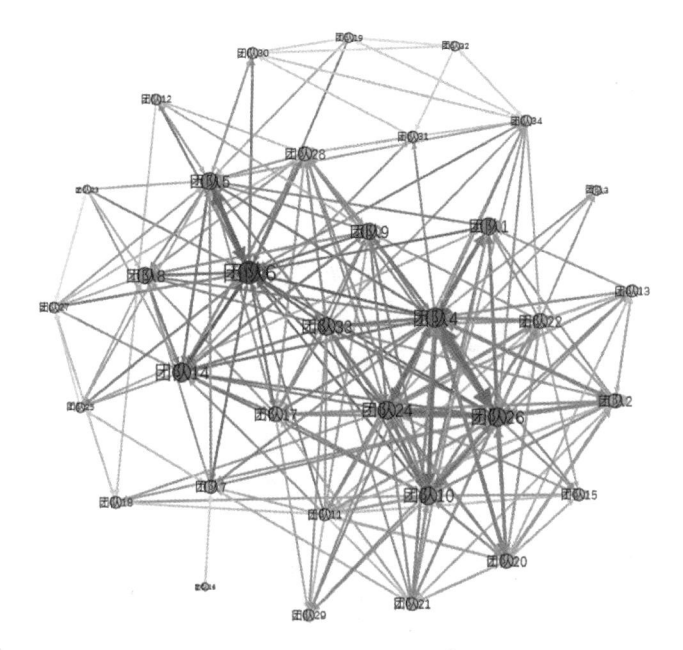

图 3-1-19　1992—2001 年科学家团队引用网络

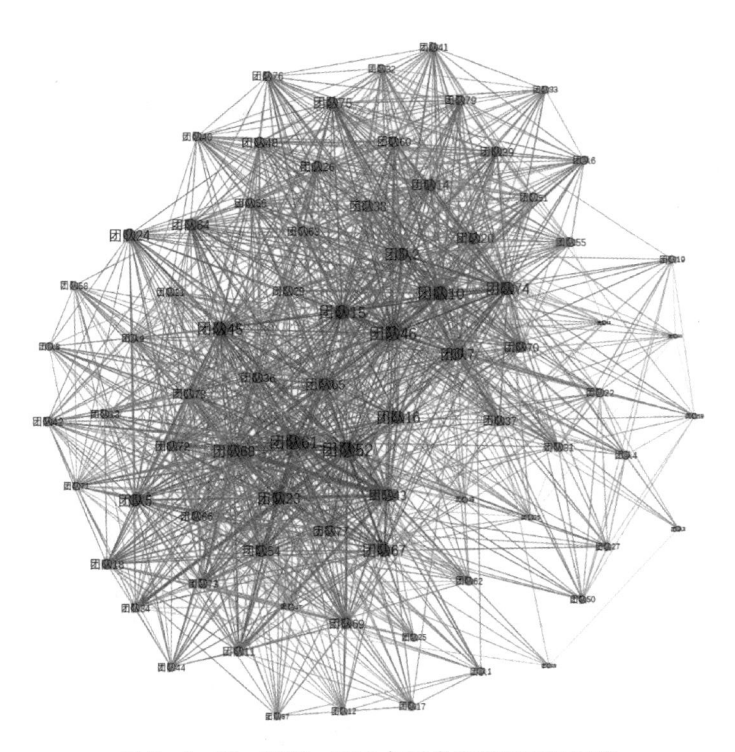

图 3-1-20　2002—2011 年科学家团队引用网络

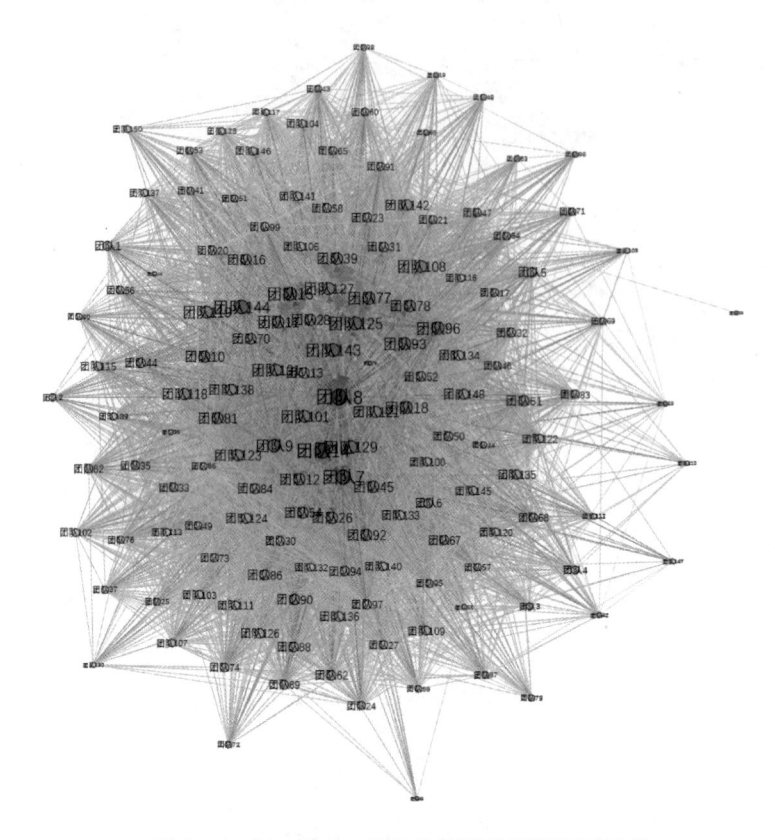

图 3-1-21　2012—2019 年科学家团队引用网络

3. 整体网络指标分析

整体网络指标的计算主要通过 Ucinet 软件得出,1982—2019 年图书情报学领域科学家团队合作网络和引用网络的指标计算结果如表 3-1-15 所示。

表 3-1-15　科学家团队合作网络与引用网络整体指标计算结果

时间段	网络	中心势	网络平均度	聚类系数	组元数	密度	平均路径长度	直径
1982—1991	合作网络	0.13	0.27	0.90	8	0.14	1.10	2
	引用网络	出度:0.12 入度:0.09	48.42	0.59	1	0.41	1.91	5
1992—2001	合作网络	0.27	1.33	0.70	13	0.11	2.24	6
	引用网络	出度:0.10 入度:0.73	199.53	0.48	1	0.26	2.00	5

续 表

时间段	网络	中心势	网络平均度	聚类系数	组元数	密度	平均路径长度	直径
2002—2011	合作网络	0.05	108.22	0.71	9	0.08	3.74	9
	引用网络	出度：0.04 入度：0.41	657.10	0.43	1	0.32	1.72	4
2012—2019	合作网络	0.06	286	0.66	6	0.15	2.20	4
	引用网络	出度：0.03 入度：0.02	1 937.54	0.48	1	0.37	1.64	3

从网络中心势指标的计算结果来看，科学家团队合作网络和引用网络的中心势分布在 0.02—0.41 的区间内，随时间推移没有明显的上升或下降趋势。作为表征网络中心趋势的指标，合作网络和引用网络的中心势值都比较小，这反映出科学家团队知识共享网络中没有一个绝对的网络中心，即没有哪一个团队在团队间知识共享中是特别重要的。但相比较而言，团队合作网络的中心势要略高于引用网络，说明在合作网络中相对中心的团队重要性更高，对知识共享所产生的影响更大。

网络平均度和聚类系数均为表征网络凝聚性和集聚程度的指标，其中，网络平均度排除了网络规模对凝聚性的影响。从时间上来看，无论是科学家团队的合作网络还是引用网络的网络平均度值均呈现明显的上升趋势，且上升幅度大。引用网络的网络平均度要远远高于合作网络，因此从网络平均度来看，科学家团队之间的显性知识共享要强于隐性知识共享。而合作网络的聚类系数虽然随时间变化而逐年下降，但仍要高于引用网络的聚类系数，说明合作网络中与同一个团队有过合作关系的两个团队合作的概率高于在引用网络中团队互引的概率，即科学家团队之间的隐性知识共享有更明显的聚类效应。

组元是指整体网络中孤立的子网络，组元的数量和网络密度都是描述网络结构的重要指标。1982—1991 年科学家团队合作网络由 8 个组元组成，最大的组元中包含了 5 个节点（41.7%）；1992—2001 年团队合作网络由 13 个组元组成，最大的组元中包含了 20 个节点（58.8%）；2002—2011 年团队合作网络由 9 个组元组成，最大的组元中包含了 68 个节点（86.1%）；2012—2019 年团队合作网络由 6 个组元组成，最大的组元中包含了 140 个节点（94.6%）。而科学家团队在 4 个时间段的引用网络均由 1 个组元组成

(100%)。从合作网络的最大组元节点占比的变化情况来看,科学家团队的合作网络结构呈现从松散到集聚的趋势,团队间的知识流动和知识共享愈发普遍和广泛。而100%的节点占比说明科学家团队引用网络中不存在孤立的节点,每个团队都与其他团队存在直接或间接的关联,结构比合作网络更加紧凑。科学家团队合作网络和引用网络的密度值随时间变化的幅度都比较小,其中合作网络的密度值介于0.08和0.15,引用网络的密度值介于0.26和0.41,较小的密度值反映出科学家团队的知识共享网络节点之间的关联比较稀疏,结构松散。但相对而言,引用网络的密度值要高于合作网络。因此从密度指标来看,在科学家团队的知识流动网络中,显性知识的共享较隐性共享更加密切而普遍,这也与组元数指标的计量结果相吻合。

科学家团队知识共享网络的传输性能与效率主要通过平均路径长度和直径这两个指标来反映。根据平均路径长度的计算结果,在团队合作网络中,两个团队要建立合作关系平均需要通过2—4个团队,而在引用网络中建立关系平均只需要2个团队,小于合作网络。从直径指标的值来看,团队合作关系的建立最多需要9个团队,而建立引用关系最多只需要5个团队,除1982—1991这一时间段外,其余3个时间段合作网络的直径均大于引用网络。两个指标值共同说明了图书情报学领域科学家团队引用网络的知识流动更快,即显性知识共享的效率更高。此外,合作网络的两个指标最大值出现在2002—2011年,而引用网络则是1992—2001年,都不是网络规模最大、复杂程度最高的2012—2019年,这在一定程度上说明网络的传输性能与网络的大小不一定成反比。

(三)知识共享网络相关分析

网络间相关性的计算通过Ucinet软件完成,科学家团队合作网络和引用网络的相关分析结果如表3-1-16所示。

表3-1-16 团队合作网络与团队引用网络相关分析结果

	Obs Value	Significa	Average	Std Dev	Minimum	Maximum	Prop ≥0	Prop ≤0
1982—1991	-0.056	0.014	0	0.120	-0.056	0.863	0.995	0.014
1992—2001	-0.021	0.368	0	0.043	-0.043	0.360	0.632	0.368
2002—2011	-0.012	0.154	0	0.014	-0.022	0.120	0.846	0.154
2012—2019	-0.006	0.404	0	0.014	-0.021	0.102	0.596	0.404

从表 3-1-16 可以看出,在 5 000 次随机置换后,图书情报学领域科学家团队合作网络和引用网络的相关系数平均值为 0,标准差在 0.014—0.02 之间,这反映出相关分析的计算结果离散程度小,不确定性较低。合作网络与引用网络之间的相关系数在 1982—2019 年间呈现逐渐变小的趋势且均为负数,说明两个网络之间为负相关关系,且相关关系随网络规模的扩大而减弱。将相关分析的显著性水平设置为 0.05 时,仅有 1982—1991 年时间段的相关性能够通过检验,此时相关系数为-0.056,即当两个团队建立合作关系后,他们之间出现引用关系的可能性更小。

第四节 本章小结

首先,本章基于 1982—2019 年 38 年间 WoS 数据库中图书情报学领域的 11 余万条期刊论文数据,以 10 年为时间跨度单位,对论文数据进行划分。对划分后的论文数据以迭代计算中间中介性的方式,识别科学家团队的领导人,再以每个团队领导人为基点,采用 2-clique 法识别团队核心科研人员,最终识别出 4 个时间段科学家团队共计 273 个,团队个数随时间增加,其中 1982—1991 年 12 个、1992—2001 年 34 个、2002—2011 年 79 个、2012—2019 年 148 个。

其次,本研究对科学家团队知识共享网络进行了定量与相关分析。根据科学家团队的识别结果,对论文数据进行整理和清洗,构建出团队合作网络与团队引用网络以分别表征团队间隐性知识共享和显性知识共享,并进行网络可视化。从网络凝聚性、网络结构和网络传输性能三方面选取指标,对科学家团队知识流动网络进行特征分析。对比指标计算结果可以发现,从 1982—2019 年,伴随团队数量的增多,知识共享网络趋于复杂。在网络凝聚性方面,两个网络都没有绝对的中心,隐性知识共享的聚类效应虽然随时间发展而变弱,但仍要强于显性知识共享。在网络结构方面,两个网络的结构都由松散趋于紧凑,说明科学家团队之间的知识交流与知识共享正在加强,且显性知识共享比隐性知识共享更普遍。在网络传输性能方面,知识的传输与网络复杂度无关,科学家团队间建立引用关系更容易,即显性知识共享的传输效率更高。

最后,对科学家团队合作网络和引用网络进行相关分析,发现知识共享网络间的相关性不显著,隐性知识共享和显性知识共享间没有明显的相关关系,且相关系数均为负数。换言之,当两个团队建立合作关系后,他们之间出现引用关系的可能性不会出现变化甚至可能更小。

  从研究结果看,科学家团队之间的显性知识共享效率更高且更为普遍,但隐性知识共享的聚类效应更好,这可能与科学家团队多为高校或研究所科研人员内部组建而成,成员比较固定有一定关系。要加快图书情报学领域的知识共享,在隐性知识共享层面有很大的发展空间。该领域的科学家团队及其成员在充分考虑自身和组织利益的基础上,应该积极加强跨团队合作,通过团队间知识交流和共享,吸收借鉴其他团队的创新成果,增强自身知识积累,并在学科知识共享网络中占据有利地位。

第二章　学者之间利用文献数据的科学交流

第一节　基于文献数据的学者科学交流

学术文献所产生的数据是科学交流和学术大数据的主要部分,具有数据量大、质量高、科学性强等优势,在学术交流与发展中具有深远的意义。本章围绕农业、经济、图书情报三大学科,以文献数据为研究对象,分析学者在学术交流中的互动特征,同时对文献数据的管理和利用进行探讨。

第二节　相关学术进展

一、学术交流的发展历程

学术交流领域的研究总体可以分为三个阶段,分别为1267—1950年的萌芽期、1950—1980年的初步发展期和1980年至今的快速发展期。学术交流的研究从一开始的社团和沙龙式的非正式、面对面的学术交流,发展到基于学术出版的正式学术交流,再到近年来基于电子出版和文献数据库的学术交流,学术交流一直随着时代进步处于不断的变化和完善中[1]。自1996年以来,学术交流领域的研究主要聚焦于电子或开放出版对学术交流的影响、社交媒体或学术社交网络对学术交流的影响以及网络学术(替代计量学)三方面,这三个主题之间还存在着密切的联系[2]。

---

[1] 邓国民:《国际学术交流研究知识图谱:起源、现状和未来趋势》,《图书馆工作与研究》2018年第7期。
[2] 丁敬达、鲁莹:《学术交流领域发展的历史和现状探究》,《图书馆杂志》2019年第6期。

网络环境的产生①和信息技术的发展②促使学术交流过程向电子化的趋势发展,如电子刊物和数字出版③,在变化中也催生出了学术交流论坛④和新的评价方法等⑤。在数据密集型科研范式的时代,传统的科学交流体系难以应对当前的挑战,黄鑫等在分析了数据密集型科研范式的特性⑥和"互联网+"思维模式下⑦的科学交流特征后,提出了科学交流新的发展趋势,从科研人员、科研机构、出版机构和图书馆四个部分探讨其未来的方向。而在新冠肺炎疫情的影响下,预出版模式⑧受到科学界青睐,可能会改变之后的科学交流模式。

在学术交流的研究方面,主要是探讨信息传递方式的变化对学术交流的影响,即环境变化导致的学术交流方式以及分布等的变化,而专注于科学家之间的互动则较少。

二、学术交流的模型

国内外学者热衷于探讨学术交流的各种模式,并对其进行优化完善。国外的加维-格里菲思学术交流模型⑨、UNISIST 学术交流模型⑩、生命周期模型⑪

---

① Goodrum, A. A., McCain, K. W., Lawrence, S., et al., "Scholarly Publishing in the Internet Age: A Citation Analysis of Computer Science Literature", *Information Processing & Management*, Vol. 37, No. 5, 2001, pp. 661 – 675.

② Borgman, C. L. and Furner, J., "Scholarly Communication and Bibliometrics", *Annual Review of Information Science & Technology*, Vol. 36, No. 1, 2010, pp. 2 – 72.

③ Kling, R. and McKim G., "Scholarly Communication and the Continuum of Electronic Publishing", *Journal of the American Society for Information Science*, Vol. 50, No. 10, 1999, pp. 890 – 906.

④ Kling, R. and McKim, G., "Not Just a Matter of Time: Field Differences and the Shaping of Electronic Media in Supporting Scientific Communication", *Journal of the American Society for Information Science*, Vol. 51, No. 14, 2000, pp. 1306 – 1320.

⑤ Cronin, B., "Bibliometrics and Beyond: Some Thoughts on Web-based Citation Analysis", *Journal of Information Science*, Vol. 27, No. 1, 2001, pp. 1 – 7.

⑥ 黄鑫、邓仲华:《数据密集型科学交流研究与发展趋势》,《数字图书馆论坛》2016年第5期。

⑦ 黄鑫、邓仲华:《"互联网+"思维模式下的科学交流发展研究》,《图书馆》2017年第3期。

⑧ 韩丽、倪婧、安瑞、任胜利:《COVID-19对学术交流的影响及学术出版机构的应对举措》,《中国科技期刊研究》2021年第2期。

⑨ Garvey, W.D. and Griffith, B.C., "Communication and Information Processing within Scientific Disciplines: Empirical for Psychology", *Information Storage and Retrieval*, Vol. 8, No. 3, 1972, pp. 123 – 136.

⑩ UNESCO, *UNISIST: Study Report on the Feasibility of a World Science Information System*, New York: UNIPUB Inc., 1971, p. 30.

⑪ Björk, B.C., "A Life Model of the Scientific Communication Process", *Learned Publishing*, Vol. 18, No. 3, 2005, pp. 165 – 176.

等比较主流;在国内,余厚强等①提出了基于替代计量学的在线科学交流模型,胡德华等②、孙玉伟③对不同的学术交流模型进行了对比分析,评述各自的优势与不足。

张小平等④阐述了清华大学在"互联网+"背景下积极探索学术交流新模式,建立了微沙龙平台,即"O2O"学术交流平台,基于移动互联网实现线上发起、报名和线下参与、讨论相结合,有利于开展跨学科交流。

受到开放出版运动和数字图书馆建设的影响,为满足学术研究的出版需求,赵惠芳等⑤提出将图书馆出版服务作为学术交流的新模式。图书馆可以通过新成立出版社、与现有的出版社合作以及建立学术出版或交流办公室等来开展出版服务。成全⑥在梳理了网络环境下科学知识交流和共享的5种模式后,分析相关模式的特征。

任红娟等⑦以学术交流中的文献为研究对象,对作者的合著行为、文献间的引用行为以及关键词信息等,进行学术交流的直接交流模式和隐性交流模式研究。

可以发现,随着科研环境的变化以及对学术交流过程认知的演变,各种各样的学术交流模型被提出并得到完善。不过,当下主流的学术交流模型大多是研究信息传播的完整过程,是信息从产生到被引用一个递进过程,缺少关注于科学家视角的信息交互模型。

第三节 研 究 设 计

一、数据来源

本节的研究数据是科学家的文献数据,我们定义"科学家"是指在某一个或多个学科领域内从事专门研究的并有论文发表的科研人员,而非特指

---

① 余厚强、邱均平:《替代计量学视角下的在线科学交流新模式》,《图书情报工作》2014 年第 15 期。
② 胡德华、韩欢:《学术交流模型研究》,《图书情报工作》2010 年第 2 期。
③ 孙玉伟:《数字环境下科学交流模型的分析与评述》,《大学图书馆学报》2010 年第 1 期。
④ 张小平、刘博涵、吴锦鹏等:《基于社交媒体的"互联网+"学术交流模式探究——以清华大学微沙龙为例》,《学位与研究生教育》2016 年第 10 期。
⑤ 赵惠芳、毛一国:《学术交流新模式:图书馆出版服务》,《大学图书馆学报》2012 年第 2 期。
⑥ 成全:《网络环境下科学知识交流与共享模式研究》,《科学学研究》2010 年第 11 期。
⑦ 任红娟、张志强、张翼:《学术交流研究领域的交流模式研究》,《情报科学》2010 年第 6 期。

做出突出贡献、具有杰出成就的科学工作者;我们定义"文献数据"是指科学家经过科研活动形成的文字性成果,并将其发表在期刊上,且被学术数据库收录,可以被其他科学家阅读、下载、引用。

文献数据选取自 WoS 核心数据集,期刊类别为农业(Agriculture)、经济学(Economics)以及图书情报学(Library and Information Science)。其中,农业属于自然科学,经济学以及图书情报学属于社会科学。论文发表的时间为2000年至2020年,下载时间是2021年12月6日。

二、数据处理

论文元数据中,可供分析的字段有论文作者、参考文献第一作者(WoS数据库仅提供参考文献的第一作者,简称"参考文献作者")、论文发表年份以及参考文献年份这四个字段。数据预处理部分,本节利用 Python 编码将参考文献作者为组织名或者机构名的数据进行了删除。因为参考文献作者为组织或者机构的数据过多,容易影响后续对被引作者的选取;随后对论文作者以及参考文献作者的姓名进行清洗。由于元数据中的可参考字段过少,本节认定姓名完全一样的为同一科学家。

在分析科学家之间利用文献数据进行学术交流时,有三种互动形式可供选择:高产作者互动、高被引作者互动、高产和高被引作者互动。本节选取高产和高被引作者互动作为互动现象进行分析处理,主要揭示高产作者与高被引作者之间的互动关系,对应于本节所述的互动可能性较高。因此,本节选取三科发文数量前1 000的以及被引数量前1 000的作者,作为分析的科学家来源。

处理数据时,将高产作者、高被引作者根据引用情况组成关系对,并将每一对按照论文作者、被引作者、参考文献年份、发文年份、被引次数的方法排列,如表3-2-1所示,便于后续互动指标的处理。

表3-2-1 科学家利用文献数据互动的处理过程

论文作者	被引作者	参考文献年份	发文年份	被引次数
glaeser el	kahn me	2005	2009	2
glaeser el	kahn me	2010	2013	1
kahn me	glaeser el	2003	2008	1
gleaser el	kahn me	2003	2009	3
kahn me	glaeser el	1998	2011	1

最终,将数据预处理部分整理的农业、经济、图书情报三门学科发文排名前1 000的高产作者和被引排名前1 000的高被引作者的互动情况进行配对,按照表3-2-1方式依次排列后,三科分别得到816 220条、588 537条、344 533条数据。

三、互动指标

为了更好地量化科学家之间的互动情况,本节设定了互动次数、互动频率、互动强度以及互动时间四个指标。

(一) 指标含义

指标1　互动次数 N = 相互引用的交叉次数

如果科学家A引用科学家B的文献后,科学家B也引用了科学家A的文献,即他们之间的引用出现了交叉,则判定科学家A与科学家B互动了一次,否则只是科学家A对科学家B单方面的引用,不算作一次互动。互动次数反映了科学家之间的互动频繁程度,也从侧面体现该科学家对科研水平的接近程度。互动次数越高,互动越频繁,水平可能越接近。

如例1,科学家B在2009年引用了科学家A发表于2008年的文献,科学家A在2011年引用了科学家B 2010年的文献,随后科学家B又在2015年引用了科学家A完成于2012年和2013年的两篇文献。在这整个过程中,科学家A和科学家B互动了2次,第一次互动发生的时间为2011年,第二次互动发生的时间是2015年。

指标2　互动频率 F = 互动次数÷总引用次数 = N/M

在科学家A与科学家B的交流过程中,互动的次数与总引用次数的比值称为互动频率。互动频率反映了科学家对互动意愿的强烈程度,也从侧面体现科学家的互动习惯。互动频率越高,说明该对科学家中一方的引用越可能引起另一方的反引,其对引用自身文献的科学家也会更关注。

例1中,科学家A与科学家B共发生引用4次,即总引用次数 M 为4,科学家A与科学家B的互动频率 F 即为互动次数2÷引用次数4=0.5。

指标3　互动强度 I = 互动次数×总引用次数 = $M×N$

互动强度反映了科学家之间交流的密切程度。若有两对科学家之间的互动次数都是2,第一对科学家仅仅经过少量的交流就完成了互动或者说两次互动之后就再无交集,而第二对科学家在两次互动之外还存在着大量的引用行为,那么显然第二对科学家之间的交流密切程度远高于第一对科学家。

例 1 中,科学家 A 与科学家 B 之间的互动强度为 2×4=8。

指标 4　互动时间 $T = \sum (每次互动的时间) \div 互动次数 = \sum_{I=1}^{N} T_I/N$

互动时间是科学家之间完成一次互动所需要的平均时长,"每次互动的时间"为本次互动出现的时间减去前一次互动出现时间的差值。互动时间反映了科学家之间互动的紧密程度,也侧面体现科学家对当下研究内容的相似程度。互动时间越短,说明该对科学家中一方的引用会在越短时间内引起另一方的反引,其当下的研究主题可能更贴近,也更可能是合作伙伴的关系。

例 1 中,科学家 A 和科学家 B 第一次的互动时长为 2011 年减去 2009 年等于 2 年,第二次互动的时长为 2015 年减去 2011 年等于 4 年。所以科学家 A 与科学家 B 的互动时间为(2+4)/2=3,即科学家 A 与科学家 B 平均每 3 年互动一次。

（二）指标计算

如表 3-2-2 所示,以科学家 C 和科学家 D 的互动情况为例,对以上四个互动指标进行详细计算。

表 3-2-2　一组科学家的互动情况示例

论文作者	被引作者	参考文献年份	发文年份	引用次数	互动次数
C	D	1998	2006	1	0
C	D	2002	2008	3	0
D	C	1999	2009	1	1
C	D	2002	2009	1	2
D	C	2006	2012	1	3
C	D	1999	2013	2	4
C	D	2010	2019	1	4

从表 3-2-2 可以看出,科学家 C 和科学家 D 的交流起源于 2006 年科学家 C 对科学家 D 的单方面引用。2009 年,科学家 D 也开始引用科学家 C 在 1999 年的文献,也就是说在 2009 年引用次数出现了交叉,记作 1 次互动。在这次互动后,科学家 C 又一次引用了科学家 D,出现了第 2 次互动。此后,在 2012 年、2013 年,这两位科学家之间又完成了第 3、第 4 次互动。所以互动次数 N=4。计算其余三个指标结果为:

互动频率 $F = N/M = 4/(1 + 3 + 1 + 1 + 1 + 2 + 1) = 4/10 = 0.4$

互动强度 $I = M \times N = 4 \times 10 = 40$

互动时间 $T = (3 + 0 + 3 + 1)/4 = 7/4 = 1.75$

第四节 研 究 结 果

一、数据描述

将农业、经济、图书情报三门学科的互动科学家对按上述指标计算过程进行大规模批量化处理后，分别得到每科科学家关系对（下文简称"科学家对"）的四个互动指标数据。删除并未产生互动的科学家对后，分别得到18 846 对、2 232 对、4 487 对互动科学家的互动指标。对该三科的四个指标进行描述统计，得到结果如表3-2-3所示。

表3-2-3 三科科学家对的互动指标描述

		互动次数	互动频率	互动强度	互动时间
农业高产高被引前1 000	平均值	3.20	0.37	84.50	2.25
	中位数	2	0.33	10	1.25
	众　数	1	0.50	2	1.00
	方　差	20.69	0.02	509 142.33	5.67
	偏　度	7.98	0.27	33.42	2.54
	峰　度	121.61	-0.42	1 560.14	8.26
	最小值	1	0.01	2	0.06
	最大值	142	0.91	46 718	20.00
经济高产高被引前1 000	平均值	3.39	0.33	107.74	3.00
	中位数	2	0.33	12	2.00
	众　数	1	0.50	2	1.00
	方　差	21.93	0.02	217 435.46	9.86
	偏　度	4.86	0.43	12.34	2.03
	峰　度	36.71	-0.32	200.36	4.40
	最小值	1	0.02	2	0.06
	最大值	60	0.86	9 420	20.00

续　表

		互动次数	互动频率	互动强度	互动时间
图情高产高被引前1 000	平均值	2.68	0.35	110.50	3.07
	中位数	1	0.33	7	2.00
	众　数	1	0.50	2	1.00
	方　差	27.32	0.03	2 738 675.87	8.50
	偏　度	15.62	0.28	48.24	1.84
	峰　度	428.47	-0.58	2 715.07	3.96
	最小值	1	0.01	2	0.03
	最大值	189	0.88	97 524	20.00

对农业、经济、图书情报三门学科的四个指标的各项数据进行对比,发现该三科各项指标的平均值、中位数、众数、方差均相差较小,表明其科学家之间的互动分布情况接近:大多数科学家对的互动次数较低,在3次以内;互动频率则维持在0.3左右,即大约每3次引用会出现一次互动;互动时间在3左右,表明科学家之间大约每3年会产生一次互动。综合这三个指标看,科学家之间互动整体呈现频次低,但互动意愿较强的状态。不过值得注意的是,互动强度的中位数和众数均在10以内,但均值则近100甚至超过,这很可能是因为存在互动强度极高的科学家对,从而拉高了整体的平均值。这也从侧面反映出科学家对之间互动强度的差距极大,以十万甚至百万计的方差也能佐证这一点。这表明科学家之间互动尽管整体频次偏低,但也存在"鹤立鸡群"的研究人员。

进一步研究四个指标的峰度和偏度,发现该三科的互动次数、互动强度以及互动时间这三个指标的值都偏高,属于高度正偏态分布。这表明,科学家对之间的互动存在显著的差异性:大部分的科学家对保持着较低的互动,有较高互动的是少数部分,进一步说明科学家之间的互动特征符合管理学中的"二八定律"。其中,互动强度峰值过高的原因可能与算法有关:互动强度是两个量的乘积,这就导致不同科学家对之间的差距进一步扩大。相较而言,互动频率则属于正态分布,表明科学家学术交流的意愿分布比较均衡。

二、三科互动指标对比

(一)数据分类

由上文的结论可知三科科学家对之间的互动有明显的差异,存在少数互动较多的科学家对以及大多数互动较少的科学家对。因此，为了避免二者数据的相互影响，本节依据统计学箱型图方法对数据进行筛选，将互动次数大于等于 $Q_U+1.5IQR$ 的数据筛选出，互动次数较高的科学家对称为"异常点"科学家对（简称"异常点"）；其余的值则称为"常规点"科学家对（简称"常规点"），即互动次数相对较少的科学家对。选用互动次数作为筛选指标的原因是互动次数是这四项指标的基础，以其作为分类的标准能避免其他因素的影响。具体筛选后的数据结果见图3-2-1。

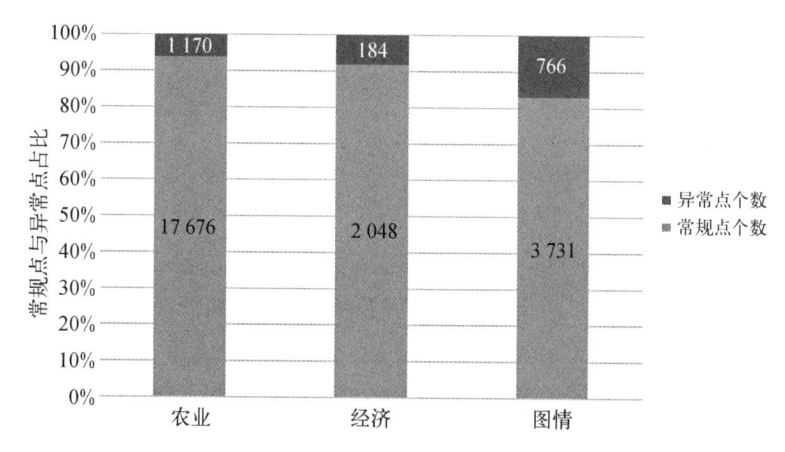

图3-2-1 农业、经济、图书情报学科的常规点与异常点统计

观察可知，三科异常点的比例均在10%上下浮动，属于少部分群体。其中，图书情报学科异常点的比例相对较高，达到了17%。这可能是因为图书情报学科范围窄，其领域内的科学家相对较少，可选互动合作的科学家变少，使得相当一部分科学家的互动较为密切；也可能是因为图书情报学科的特性，使得科学家的自繁衍能力、独立性不是很明显。

（二）互动指标分析

在将初始数据分为常规点和异常点两类的基础上，统计出三科在四个互动指标上的科学家对数量分布比例，并绘制各个指标数值的箱型图，结果见图3-2-2、图3-2-3、图3-2-4、图3-2-5。

从互动次数的分布情况看，无论是常规点还是异常点，也无论是哪一学科，互动次数的增加伴随的是科学家对的减少，这符合常规认知，也符合先前的结论。

从互动次数的数值看，常规点的互动次数分布范围较小，仅为1—8，波动较小；而异常点的分布更广，最小为4，最高接近200，波动较大。说明常

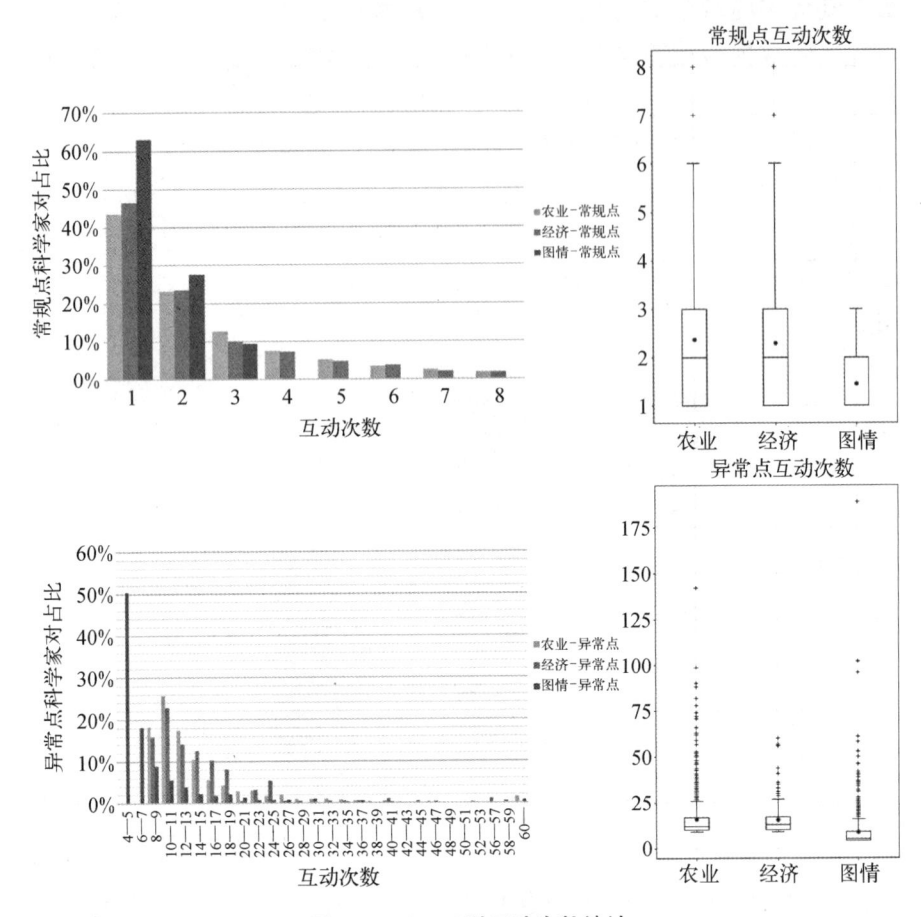

图 3-2-2 三科互动次数统计

规点科学家整体互动相差不大,比较稳定;而异常点内部还是存在较大差距。这可能是因为常规点之间的研究水平、研究主题各有差异,使得互动的难度加大;也有可能是其偏向于跨学科之间的引用合作,所以整体的互动并不频繁。异常点则因为本身相对水平更接近一些,互动意愿也相仿,所以研究主题的相似程度很大程度上影响了互动的频繁程度,导致其中的差异。

学科方面,农业与经济的常规点与异常点,其数值的分布都更为接近,而与图情则差距较大。常规点中,农业与经济的互动次数几乎一致,只有均值存在一点差异;但图书情报则与这两科相差较大,常规点最大值只有3,与另两科的8相比显然小很多。异常点中,农业与经济两科也只有最大值部分存在一点差异,农业的互动次数更高一些。而图书情报则是整体跨度更大,最小值更小,最大值更大,内部差异比较大。这也部分说明自然科学与社会科学之间互动交流未必存在差异,且自然科学内部或社会科学内部之间也未必不存在差异,互动次数与科学种类的关联并不大。

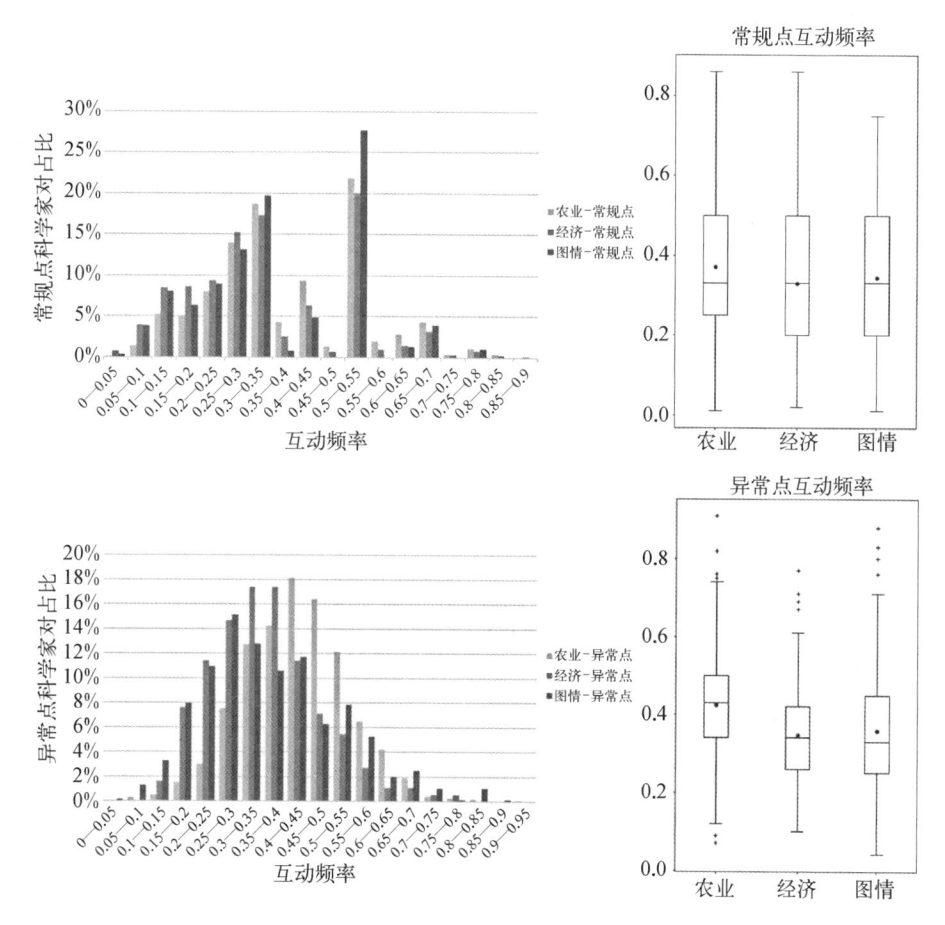

图 3-2-3 三科互动频率统计

从互动频率的分布情况看,常规点与异常点之间有较大的不同。常规点的互动频率主要是 0.25—0.35 以及 0.5—0.55 这两个区间内,有"两种派别"的意味;而异常点则是 0.25—0.45 整个区间都分布较多,相对正态分布一些。这表明常规点之间内部互动的意愿有比较大的分歧,有一部分不倾向于互动,大约引用 3—5 次会产生一次互动;而另一部分则相反,引用意愿较强,大约每 2 次引用产生一次互动。异常点的互动意愿大部分相同,大约每 2—3 次引用会产生一次互动。学科方面,三科常规点的分布整体相差不多,均是 0.25—0.35 以及 0.5—0.55 这两个区间;但三科异常点分布则有明显不同:农业更多分布在 0.4—0.55 区间,经济是 0.25—0.4 区间,图书情报则是 0.25—0.45。也即相较而言,农业学科内部更具有互动的意愿,科学家间的引用行为更有可能产生互动,经济和图书情报则相对意愿没有那么强烈。这也反映出自然科学与社会科学的不同点。

从互动频率的数值看,常规点的互动频率分布范围更广,上下界的区间将近1,这也印证了上述常规点内部互动意愿差别更大的结论。而异常点则范围更小一点,下界大约在0.1,上界不到0.8,也与上述异常点的互动意愿更稳定的结论相同。不过值得注意的是,异常点存在互动频率值过高的离群点,说明在异常点存在互动意愿极高的科学家对。学科方面,常规点三科相差不大,只有图书情报学科的上界较小。异常点三科则各有不同,农业整体数值偏高,经济整体居中,图书情报则是范围更广,也即说明农业的互动意愿整体偏强;经济则不高不低,意愿相差不大;图书情报则存在明显区别,与分布得出的结论相同。

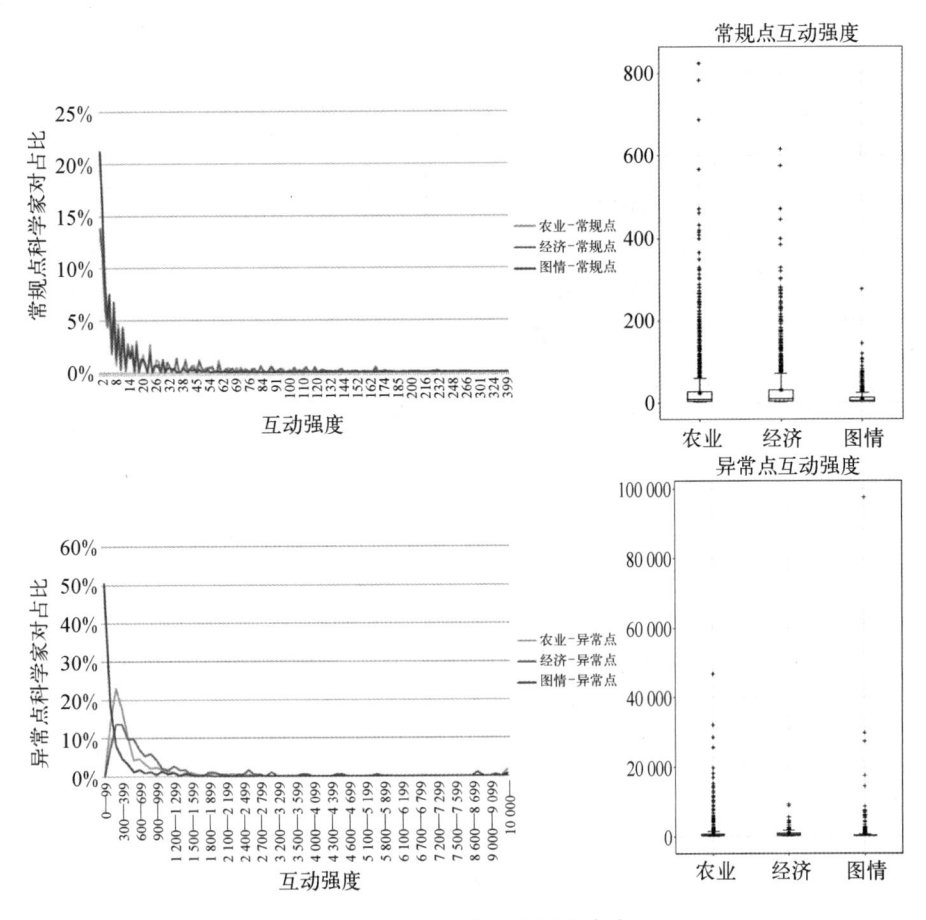

图 3-2-4　三科互动强度统计

从互动强度的趋势看,三科的常规点与异常点均随着互动强度递增,科学家对数递减。但不同的是,常规点波动的峰值更多,而异常点相对平缓。不过这可能是图表中横坐标的范围不同导致的。常规点图横坐标范围狭小,波动明显;而异常点图区间大,波动不明显。

从互动强度的数值看,常规点整体的互动强度偏低,绝大多是在300以内;而异常点则有相当一部分大于300,通过这一对比可以很明显地发现:常规点的交流密切程度远低于异常点。学科方面,农业和经济相差不多,仅农业异常点中离群点的互动强度更高一些。图书情报则有较大的区别:其常规点与异常点的上界都更低,表明图书情报常规点与异常点的互动强度整体偏低。不过,图书情报异常点的最大值却是三科最高的,说明图书情报异常点的互动强度分布更广,内部差异更大。这与互动次数的情况的几乎保持一致,也就是说在引用次数方面,不同学科、不同点间并没有太大的变化,只是产生交互的次数不同。

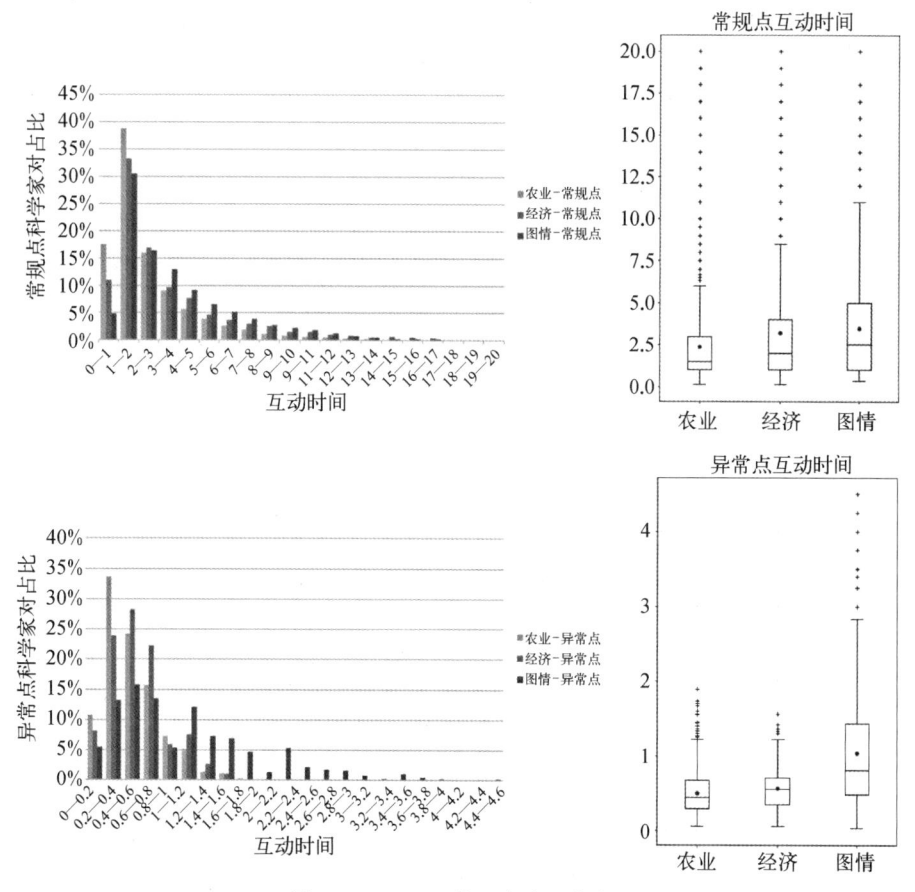

图 3-2-5　三科互动时间统计

从互动时间的分布情况看,常规点与异常点的分布相似,大多集中在前小半段这一区间内,并大致保持随着互动时间的增加,科学家对数递减的趋势,说明科学家之间反引的意愿大多比较急切,偏向于在较短时间内反引对方的论文。这可能一方面因为科学家之间的互动意愿相差不大,另一方面因为研究的主题具有时效性,短时间的引用产生的效果更好。学科方面,常规点三科相仿,异常点有较大的不同。农业与经济基本上分布在前半段时间区间内,而图书情报则分布在整个区间,范围更广。表明农业与经济学科平均产生互动行为的时间更短,反引意愿更强烈。这可能与图书情报领域的更新迭代速度较慢有关。

从互动时间的数值看,常规点与异常点有显著不同。常规点的分布范围更广,在 0—20 年这个区间内,而异常点则范围更小,0—5 年。这就很明显地对比出,异常点的互动的急切程度显著高于常规点。这可能是由于异常点研究水平更为接近,遇到相仿研究主题的论文会急切地产生互动。学科方面,农业、经济与图书情报三科的常规点呈现互动时间递增的趋势。农业常规点大多分布在 0—3 之间,经济是 0—4 之间,图书情报是 0—5 之间。互动时间的长短可能与各科普赖斯指数有关。农业的数值更大,因此越短时间内互动产生的效果越好。异常点中,经济与农业有些许类似,但农业平均值更低一些。而图书情报则具有明显区别,互动时间的平均值大约是 1.2,接近农业和经济的离群点。这表明图书情报学科对于短期内反引的意愿较低,可能是因为图书情报学科的更新迭代速度相对较慢,使得反引的时间拉长,与常规点的结论相同。

第五节 本 章 小 结

本章以农业、经济和图书情报三门学科内高产作者以及高被引作者前 1 000 名的文献数据为基础,并设定互动次数、互动频率、互动强度以及互动时间这四个指标,分析科学家在学术交流中的互动特征。发现学术交流中存在两类互动次数有较大差异的科学家,并运用统计学的方法将其分为交互次数偏高的"异常点"科学家以及互动次数偏低的"常规点"科学家。后通过对四个交互指标在学科维度以及类型维度上的比较,得到如下结论:

从点的类型看,异常点是互动次数较高的科学家对,其互动强度大,互动时间短,互动频率稳定,但数量少。常规点则是互动次数偏低的科学家对,其互动强度偏低,互动时间长,互动频率两极化,但数量多,近 90%。二者特征不同的一个影响因素在于科学家的研究水平与研究内容。异常点科学家通常研究水平相近,因此一旦遇到相近的研究内容,更可能在短时间内频繁互动,使得整体指标升高。此外,随着科学专业化程度的不断加深,科学研究愈发需要依靠广泛而深入的协作完成,因此部分科学家会寻找水平相近或者研究内容相近的同行作为固定且紧密的合作伙伴,在科研方面相互帮助,互动指标也就会更高。常规点则相对水平不接近,因此即便研究主题接近也未必促成互动。在各个指标的分布情况方面,二者比较类似,常规点与异常点均呈现随着指标数值的增加个数减少的分布状态,"二八定律"在这里也是适用的。

从学科的种类来看,农业、经济以及图书情报三个学科中,农业的四项互动指标整体更突出,经济其次,图书情报最后,表明科学家之间的互动也会受到学科方面的影响。农业属于自然科学,科学实验是该领域科研方法的显著特征之一,而科学实验往往需要大量的时间和金钱成本。因此,农业科学家更倾向于寻找研究方向相同或者相近的科学家,从而从潜在的伙伴那里获得所需要的数据或资源,提升科研的效率,这也许是农业互动指标更高的原因之一。经济与图书情报同属社会科学,一般来说,社会科学领域偏向于理论研究,对于互助需求本身就低于自然科学,这就导致社会科学更难寻找固定的互动伙伴,在互动指标上的表现就是数值整体偏低。此外,自然科学的普赖斯指数相对社会科学会更大一些,所以农业的互动时间也呈现更短的情况。

基于此,本章总结出以下管理启示:

在"数智"环境下,文献的生产、传递的速度加快,科研项目也越来越复杂化和交叉化,将文献数据融入学术交流的过程,促进知识融合创造的活动不仅要注重"及时",还需要注重"有效"。而文献处理的过程,应当类似于人类个体吸收知识的过程,将其打造成一个随知识发展的有机体。因此,基于本章对科学家之间互动特征的研究,对文献的处理与管理首先需要结合科学家自身以及学科种类的特性。此外,学科的组成并不是一成不变的,在学科融合的趋势下,原有学科很可能会被融合而产生新兴学科。因此,对学科的动态把握更是达成有效学术交流与知识融合的重要环节。

第三章　用户之间利用科学数据的科学交流

第一节　基于科学数据的用户科学交流

虚拟社区是非正式科学交流的媒介之一,用户能够借助虚拟社区发布和讨论科学数据,以促进科学交流和提高科学数据的使用效果。虚拟社区中的科学交流更具针对性和目的性,科学数据在此过程中也得以展现其特征。

本章针对虚拟社区中发布和存在的科学数据研究用户之间的科学交流行为模式,对科学交流过程和模式进行分析和初步探讨。

第二节　相关研究与理论基础

一、虚拟学术社区

虚拟学术社区是在指定的专业学术领域内,以专业知识为交流主题,用户用以开展知识交流与共享的开放性互联网社区[1]。关于虚拟社区的定义,最早由国外学者瑞格尔德于 1933 年提出,他认为,虚拟社区(Virtual Community)是以计算机网络为主要沟通渠道,连接人群,使其共同分享知识并进行交流,进而形成的网络空间中的以关系网络为集合的共同体[2]。同时,国内学者管磊[3]认为,虚拟学术社区作为社区平台的一种,具有虚拟社

---

[1] 丁敬达、鲁莹:《学术交流领域发展的历史和现状探究》,《图书馆杂志》2019 年第 6 期。
[2] 杨楠:《虚拟学术社区用户知识交流模式及效果评价研究》,硕士学位论文,吉林大学,2018 年。
[3] 管磊:《虚拟学术社区成员知识交流——以科学网为例》,硕士学位论文,南京大学,2015 年。

区的一般性与学术交流的特殊性,借助于互联网计算机技术,能够促进学者们高效、快速、便捷地进行学术科研交流合作。

在虚拟学术社区的交流过程中,存在诸多影响其交流效果的因素。甘春梅等[1]揭示了欲望、忧虑感、价值怀疑、帮助他人的意愿、声誉和人际信任这六大影响学术博客知识交流和共享的因素。刘丽群等[2]从社会学和群体动力学的角度探究了影响虚拟社区成员进行知识交流与共享的激励因素。

虚拟学术社区的交互模式与共享机制也成为不少学者的研究重点。方婷[3]等学者在归纳社区知识共享的影响因素的基础上,创立了虚拟学术社区的知识共享模型。而丁敬达等[4]则基于对虚拟学术社区用户类型和交互关系分析,分别以链接、会话、引证关系为基础,总结归纳出相应的三种知识交流模式。

因而,随着互联网技术的不断发展,虚拟学术社区正深刻影响着人们的交流讨论与研究分享,成为国内外学者的重要研究热点问题。当前的研究主要集中于虚拟学术社区的定义、影响交流的因素以及虚拟学术社区的交流共享模式的研究,从不同层次、不同维度对虚拟学术社区交流问题进行相关系统性研究。

二、科学数据交流

自国务院办公厅2018年发布《科学数据管理办法》以来,科学数据的管理、利用、传播便成了研究热点话题。

不少学者对国内外科学数据平台及其相关管理方式进行了比较与分析,以对科学数据的平台管理提出建议。崔旭等[5]从纵向时间轨迹和横向国内外对比两个视角,研究分析了我国科学数据管理平台取得的成就和存在的问题。卫军朝等[6]通过比较国内外十余个科学数据管理平台的建设现状、建设目标、系统平台、数据来源、经费情况、平台功能、数据管理功能等方

---

[1] 甘春梅、王伟军、田鹏:《学术博客知识交流与共享心理诱因研究》,《中国图书馆学报》2012年第3期。

[2] 刘丽群、宋咏梅:《虚拟社区中知识交流的行为动机及影响因素研究》,《新闻与传播研究》2007年第1期。

[3] 方婷:《基于SNS的网络虚拟学术社区知识共享模型构建研究》,《农业图书情报学刊》2017年第8期。

[4] 丁敬达、杨思洛、邱均平:《论学术虚拟社区知识交流模式》,《情报理论与实践》2013年第1期。

[5] 崔旭、赵希梅、王铮等:《我国科学数据管理平台建设成就、缺失、对策及趋势分析——基于国内外比较视角》,《图书情报工作》2019年第9期。

[6] 卫军朝、张春芳:《国内外科学数据管理平台比较研究》,《图书情报知识》2017年第5期。

面,考察其异同点,并为我国科学数据建设管理平台的建设提供参考。

科学数据出版与使用也是学者们研究的热点问题。邱春艳[1]认为,科学数据出版是对科学数据共享和开放的深化与拓展,并给学术交流体系带来了深刻的影响。秦顺等[2]根据科学数据出版的生命周期,从科学数据出版政策或愿景、出版与分发、引用、生命周期管理与出版质量控制五个方面展开调研,归纳其服务特点与经验。邢文明等[3]提出了增强出版驱动的科学数据出版的五种模式:纸质、网页、数据库/平台、微信和 App。

在科研工作者对于科学数据的共享意愿以及共享模式研究方面,盛小平等[4]从科研人员、政策、数据、技术、组织、平台、法律和资金八个方面综述了国内外科学数据开放共享的影响因素。陈欣等[5]研究了社会科学数据共享驱动因素:经济补偿、数据管理意识、节省成本、道德激励、数据回报、学术交流、学术认可、政策驱动和社会评价。章琰等[6]通过研究中关村肾病血液净化创新联盟搭建的数据共享平台,分析总结了我国第三方机构提供数据共享服务的模式和运行机制。

因此,目前对于科学数据交流的研究主要介于平台管理、出版发行以及基于科研工作者分享视角的共享交流因素与模型分析,缺乏从虚拟学术社区交流这一视角下的科学数据传播与分享的研究。

第三节 数据采集与研究方法

一、数据采集

本节以 Github 平台中的数据作为主要研究对象。在平台中检索以"data"作为主题之一且子文件扩展名中包含 xlsx 的数据集(Repository)基本

---

[1] 邱春艳:《国内外科学数据出版理论研究述评》,《中国科技期刊研究》2019 年第 3 期。

[2] 秦顺、汪全莉、邢文明:《欧美科学数据开放存取出版平台服务调研及启示》,《图书情报工作》2019 年第 13 期。

[3] 邢文明、刘婷:《增强出版驱动的科学数据出版:动因、模式及路径》,《中国科技期刊研究》2019 年第 8 期。

[4] 盛小平、袁圆:《国内外科学数据开放共享影响因素研究综述》,《情报理论与实践》2021 年第 8 期。

[5] 陈欣、叶凤云、汪传雷:《基于扎根理论的社会科学数据共享驱动因素研究》,《情报理论与实践》2016 年第 12 期。

[6] 章琰、杨一图、吴健、张辉:《我国科学数据共享运行机制模式创新探讨——以产业技术联盟为例》,《科学学研究》2021 年第 11 期。

信息,例如名称、简介(About)、创建者、点赞量(Star)、复制量(Fork)、讨论标题(Issue Title)、发起人、最后上传时间、维护人员(Contributors)、时间与标题等。利用爬虫技术,最终共获取到 26 847 条数据信息;经去重与清洗,共得到 20 973 条数据集数据及其相关讨论交流数据 8 875 条。

二、研究方法

人们在虚拟学术社区中的交流信息内容体现了其对科学数据的需求,故本节从平台中科学数据的简介、基于数据的交流内容出发,通过社会学中质性分析的方法对科学数据的类型进行分类,从而探讨虚拟学术社区中的科学数据交流的主题重点与模式。以用户上传数据、浏览数据、数据更新、数据分享与交流这一信息交流过程为主要分析脉络,定量分析数据量、交流量、时间等统计性数据,并探讨其背后存在的交流模式与规律。

利用 Nvivo12 作为定性分析软件,对用户上传的数据集进行结构化编码。Nvivo 能够帮助整理分析定性数据,通过对非结构化文本数据进行贴标签的方式对其进行编码与分类。本节先利用少量数据集(80 条),采用边分析边添加节点进行编码的方法确定编码方案,再对剩余信息利用已确定的编码方案进行具体分类。

利用 Python 与 Excel 工具,对数据的各项指标进行描述性统计以及相关的数据呈现;利用 Gephi 软件进行平台相关人员的交流信息共现网络特征分析。

第四节 科学交流过程分析

本节将信息交流的过程分为数据发布、数据更新维护、数据浏览、数据交流分享四个阶段,依次进行相关分析。

一、概况

如表 3-3-1 所示,本研究共有 20 973 条涉及科学数据的数据集信息,其中共有点赞 83 587 次,平均每个数据集约 3.985 5 次点赞;复制 92 329 次,平均每个数据集约 4.402 3 次;数据库共计更新了 23 418 次,每个数据库下的话题讨论帖共 8 875 条,平均每个数据集约拥有 0.423 2 次讨论。

表 3-3-1　数据总量概况

	数据集	点赞	复制	话题讨论	更新
总　数	20 973	83 587	92 329	8 875	23 418
平均数	—	3.985 5	4.402 3	0.423 2	1.116 6

二、数据发布

在数据发布阶段,数据集拥有者将相关数据发布在平台之中,通过标题、简介和数据集使用须知进行数据集相关信息的初步介绍,让平台中的其他用户了解该数据集的相关情况。

(一)数据集类型

通过对数据集简介的定性分析,将涉及不同类型数据的数据集分为如下四种(见表 3-3-2):原始数据、分析数据、模型数据及测试数据。

表 3-3-2　数据集类型定义

分类	名　称	定　　义	计数
1	原始数据	可能为研究提供帮助的原始(补充)材料	1 464
2	分析数据	记录研究过程/初步探索/数据分析学习/实验数据	2 509
3	模型数据	已经形成创新性研究成果项目的支持数据	2 008
4	测试数据	代码程序或其他工具设计的测试数据	2 540
	总　计		8 521

其中,原始数据是指该数据集所在的存储库只包含简单的原始数据,没有其他后续的人为加工处理,如"新冠肺炎病例数据库""东京大学材料档案"等数据集;分析数据则是在研究过程中产生或需要用到的数据,例如"学习数据分析""关于集资行为的案例分析""我的实验过程数据"等;模型数据是指数据来源的项目中已经形成的相关理论模型或完整的创新性研究成果,如"关于汽车发动机的参数回归模型理论""博士项目"等;测试数据则是在设计测试相关代码软件时用到的数据等,包括"能实现某功能的应用插件""自动更新某数据的软件"等。

由于部分数据集上传者并未填写"简介"部分的内容或填写过于潦草,相关语言描述无法判定该数据集的具体类型,故最终有效识别出的数据集共 8 521 条。

相关数据分类后的数量占比情况如图 3-3-1 所示。其中测试数据与分析数据占比最高,分别为 30% 和 29%;模型数据次之,为 24%;原始数据含量较少,仅为 17%。整体来看,不同类型数据集的数量占比并未出现较大不同。

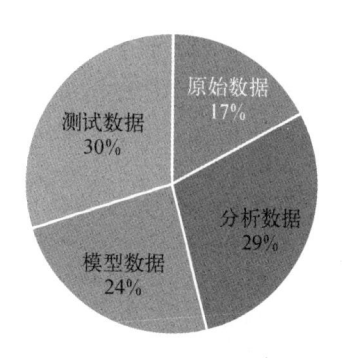

图 3-3-1 数据集类型分布情况

(二)发布人

所有数据集共由 19 217 位发布人上传,其中有 17 999 位发布人仅上传了 1 个数据集,有 963 位发布人上传了 2 个数据集;而上传数据集最多的一位发布人上传了 27 个数据集(见表 3-3-3)。故发布人整体来看较为零散,但仍有部分较为积极上传数据的用户。

表 3-3-3 发布人上传数据集数量总览

上传数据集数量	人　　数
1	17 999
2	963
3	166
4	40
5	19
6	10
8	7
7	4
17	2
9	1
10	1
11	1
14	1
18	1
23	1
27	1
总　　计	19 217

其中，表 3-3-4 呈现了上传数据集数量最多的 10 位发布人相关数据信息。从发布主题的分布情况来看，分析数据较受他们的喜爱，可能与具有记录上传自己的学习研究实验过程的习惯有关。

表 3-3-4　上传数量前十的发布人数据

昵称	计数	类型	类型占比
BIOL275-MSUM	27	2	100%
stat4decision	18	1	45.45%
syncfusion	17	1	76.47%
fairfield-university-is510-fall2017	16	2	100%
PacktPublishing	16	2	50%
Apress	10	4	40%
BBC-Data-Unit	8	4	25%
ccb60	8	2	87.50%
Energy-Innovation	8	3	25%
datacarpentry	7	1	85.71%

三、数据更新维护

通过对数据集中每份数据文件上传更新的时间分析，比较不同类型数据集的更新维护次数与频率。

（一）更新类型排名

表 3-3-5 呈现了更新次数最多的 10 个数据集的更新次数以及类型分布情况。如表所示，原始数据的更新最为频繁，其次为测试数据，而研究性数据较为稳定。

表 3-3-5　更新次数前十的数据集及其类型

数据集	更新次数	数据集类型
surveillance_data	936	1
coronavirus	162	1
texvax	156	1
covid-19_sorveglianza_integrata_italia	133	1

数　据　集	更新次数	数据集类型
Coronavirus-Update-Server	126	1
ShrForms	30	4
covid19-data	25	1
sura	16	3
DeepsphereProjects	15	4
Aspose.Cells-for-Java	12	1

（二）更新频率分布

将相邻两次的更新时间作差，得到每次更新的时间间隔。进行相关统计性指标的计算，得到总体以及每个数据集类型下的更新频率情况。其中，20 973 个数据集，总体平均 0.125 天更新一次，最多间隔了 65 天更新，最少采集数据时刚刚更新。

图 3-3-2 和图 3-3-3 展现了总体以及各数据类型下的更新频率箱型图。图 3-3-2 是更新频率的原始数据，箱型较窄且大多处于表格下方，故对更新频率数据取其对数，得到图 3-3-3 所示的箱型分布图。

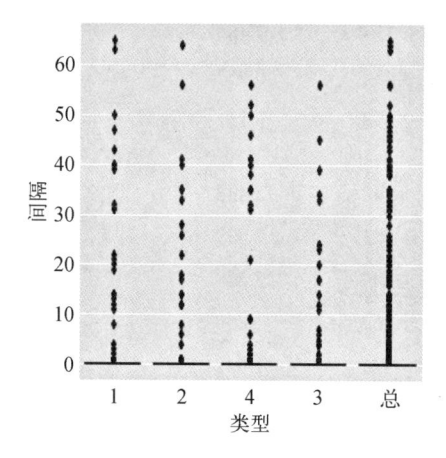

图 3-3-2　数据集更新频率箱型图

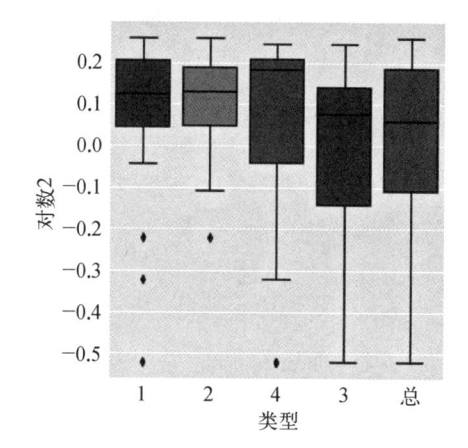

图 3-3-3　数据集更新频率箱型图（两次取对数）

分析图 3-3-2 可知，数据集更新频率的差异性较大，部分数据集更新次数非常多，而大部分数据集更新次数较少；从图 3-3-3 中可以看出，不同数据类型的更新次数差异不大，而测试数据更新的平均值最高，原始数据更新普遍比较多。

四、数据浏览

以点赞和复制两个数据指标作为主要研究参数,比较不同类型数据集的相关浏览情况。

(一)浏览量类型排名

将点赞与复制的值相加,得到新的"浏览受欢迎度"参数,对其进行降序排列得到了浏览后最受欢迎的数据集信息。如表3-3-6所示,在Github虚拟学术社区平台中,最受用户欢迎的仍然是代码程序存储库,故相关存储库的测试数据受到的关注度也较高;其次为模型数据和过程数据,原始数据受平台用户的欢迎程度不太高。

表3-3-6 点赞与复制量排名前列的数据集信息

数据集	复制量	点赞量	浏览受欢迎度	数据集类型
kobocat	9 993	9 932	19 925	4
Basset	8 274	2 298	10 572	3
molgenis	8 205	2 203	10 408	2
jupyter	3 725	3 762	7 487	2
open-retail	3 761	3 723	7 484	4
excel-writer-xlsx	3 485	3 452	6 937	3
openag-basil-viability-experiment-foodserver-2	533	2 598	3 131	4
Laravel-Excel	874	1 548	2 422	2
pancanmet_analysis	798	1 541	2 339	2
ocean_python_tutorial	399	1 849	2 248	1
malini	602	1 267	1 869	4
public-uk-education-data	821	821	1 642	1
evosql	500	1 106	1 606	4
Emergency-Management-Model-Content	351	1 127	1 478	3
IMO-Maritime-Single-Window	287	1 150	1 437	4
BEAR-toolbox	845	533	1 378	2

(二)浏览量分布

虽然测试数据和分析、模型数据在受欢迎程度较高的数据集中占比较大,但从整体分布来看,四种数据类型的差异性不大(见图 3-3-4、图 3-3-5)。

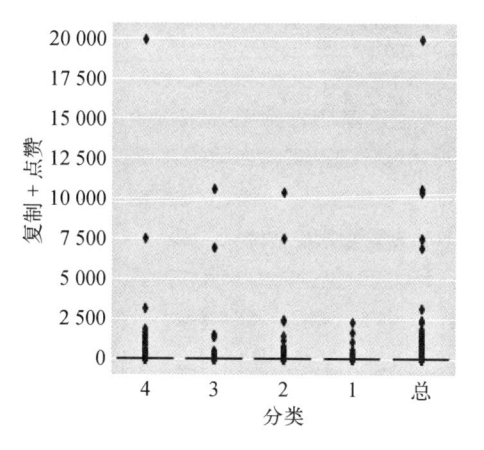

图 3-3-4 数据集浏览量箱型图

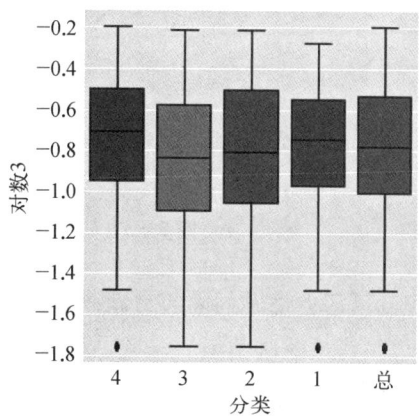

图 3-3-5 数据集浏览量箱型图(三次取对数)

五、数据交流分享

本部分对每个数据集下的话题讨论区(issue)内的话题交流帖进行数据分析,以探讨用户在自己感兴趣的数据集下如何进行交流讨论、反馈其浏览数据集后的想法。

(一)交流数据类型分布

将交流帖按照其相关的数据集分类,如表 3-3-7 和图 3-3-6 所示,占比最高的为测试数据和原始数据,而关于分析数据和模型数据的讨论度不高。

表 3-3-7 交流帖中各类型数据集数量与占比

分　类	讨论话题量	占　比
1	1 272	29.19%
2	629	14.43%
3	675	15.49%
4	1 782	40.89%
总　计	4 358	1

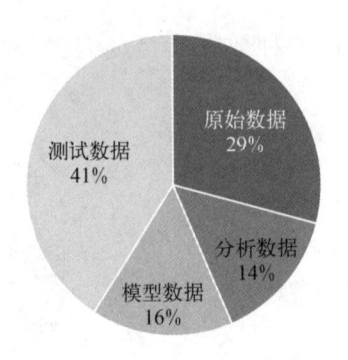

图 3-3-6 交流帖中各类型数据占比情况

(二) 话题间隔与更新频率分布

将第一次与最后一次话题发布的发布时间作差,得到每个数据集讨论话题的时间跨度。进行相关统计性指标的计算,得到总体以及每个数据集类型下的话题发布的时间跨度情况。

图 3-3-7 和图 3-3-8 展现了总体以及各数据类型下的讨论话题发布时间跨度箱型图。图 3-3-7 是发布时间跨度的原始数据分布情况,如图所示,整体数值上,数据集发布跨度的差异性较大,部分讨论发布的间隔较长,而大部分话题发布时间跨度较小、历时较短,因而箱型较窄且大多处于表格下方。故对发布跨度数据取其对数,得到图 3-3-8 所示的箱型分布图。

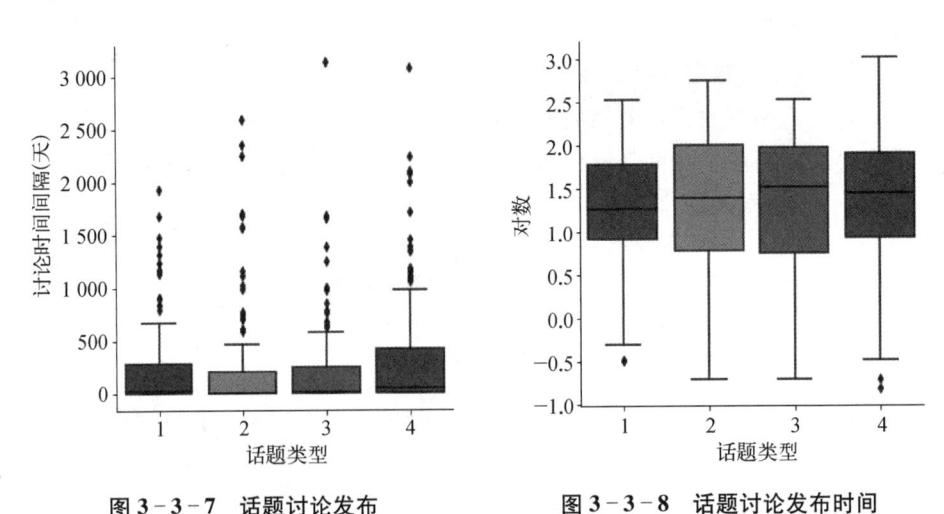

图 3-3-7 话题讨论发布时间跨度分布

图 3-3-8 话题讨论发布时间跨度取对数后分布

如图 3-3-8 所示,整体看来,不同数据类型的时间跨度差异不大,模型数据的平均时间跨度较大,而原始数据的时间跨度分布较为集中。

将每个数据集下相邻两次的话题讨论时间作差,得到话题讨论的发布时间频率箱型图。如图3-3-9和图3-3-10所示,讨论话题发布的数据整体差异较大,但大多数话题的更新频率间隔较小,箱型图整体靠下方。故取其对数,得到图3-3-10所示的箱型图,不同数据类型下的话题讨论发布的更新频率大致相同,并未有明显差异。

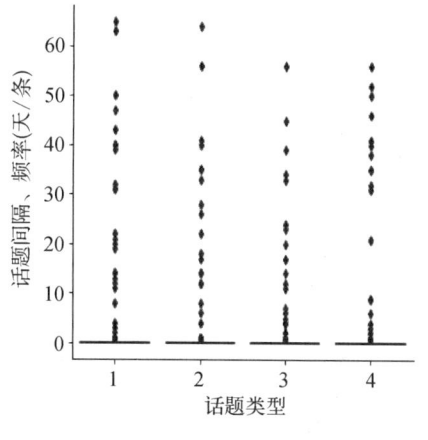

图3-3-9 话题讨论发布频率分布

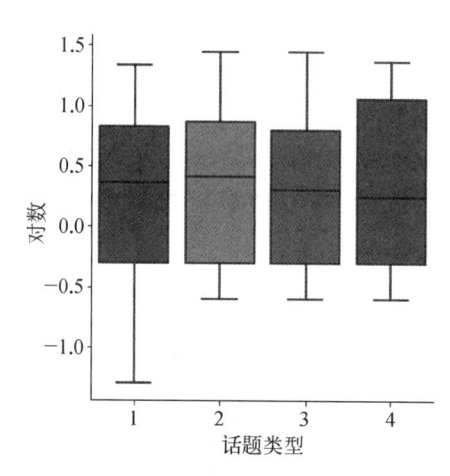

图3-3-10 话题讨论发布频率取对数后分布

(三)话题类型主题特征

利用话题讨论数据中的用户自主设定的"标签(label)"数据,选取用户最常使用的五大标签:enhancement(数据集内容更新或提高)、bug(错误)、new data(新数据)、feature(特征)、question(提问),分别统计其在不同类型数据集的话题讨论区的数量分布情况。

表3-3-8 不同类型数据集的话题讨论的标签数量分布

话题标签	原始数据	分析数据	模型数据	测试数据
enhancement	169	53	68	340
bug	50	26	47	141
feature	50	45	8	66
new data	19	2	0	10
question	15	15	14	18

如图 3-3-11 所示，不同类型数据集的话题讨论主题分布不尽相同。整体看，enhancement 占比最高，但对于模型数据与测试数据而言，bug 占比第二，而 feature 较受访问交流者欢迎。new data 在原始数据中讨论度较高，在其他三种数据中占比相对较少；question 在各类型数据集中占比较为一致。

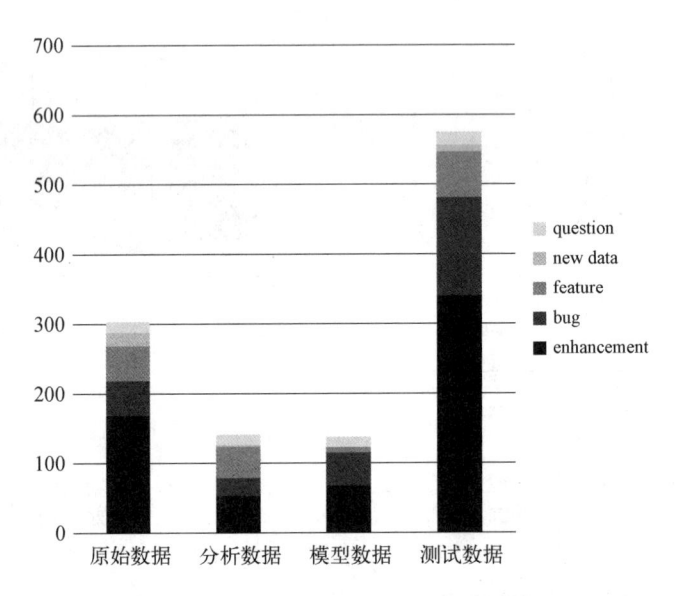

图 3-3-11　不同类型数据集话题讨论标签的占比分布

（四）交流主体

提取讨论交流帖的发起人，以及讨论所属数据集的发布人相关信息后发现，大多数的讨论是由发起人与发布人双方的交流为主，其中，相关数据帖共有 952 位参与讨论的发起人，544 位数据集发布者。故在数据集发布人以及相关讨论的发起人之间建立起名称对，并对其共同出现的次数进行统计与研究。

如图 3-3-12 所示，部分数据集发布人与交流话题发起人之间存在一定次数的共现情况，但大多数的交流话题参与人较为零散，数据交流分享之间没有重复性，并不能展现其是否拥有固定的交流合作伙伴。

计算具有讨论交流关系的人之间共现的次数，并建立如图 3-3-13 所示的网络节点图。整体来看，交流讨论较为局限于单一数据集本身，鲜有不同聚集性节点之间的互动交流。

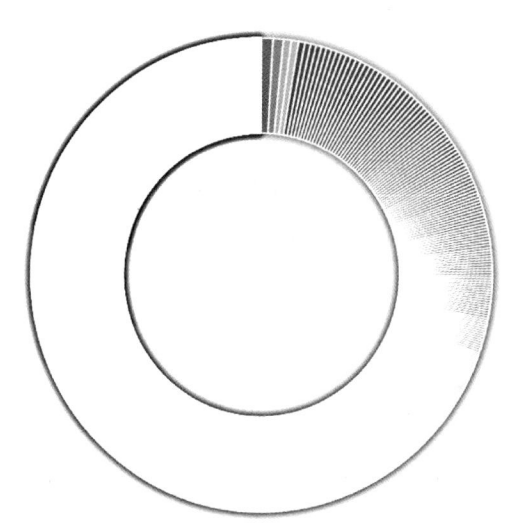

第三章 用户之间利用科学数据的科学交流 ·239·

- MarineGEO-mlonneman
- OpenWaterFoundation-smalers
- WSWCWaterDataExchange-amabdallah
- iDataVisualizationLab-Zipexpo
- Ecotrust-rhodges
- leppott-leppott
- szekelydata-csaladenes
- OpenCDSS-smalers
- AGROFIMS-celineaubert
- BenW0-BenW0
- bfeldman89-bfeldman89
- chudkins-chudkins
- FHIMS-MulrooneyG
- frankreporting-frankreporting
- heidsoft-heidsoft
- krumsieklab-KelseyChetnik
- PMA-2020-joeflack4
- tri-ad-triad-moritz
- BuildingCityDashboards-LiamOSullivan
- Institut-Zdravotnych-Analyz-MartinHBA
- jaybraun-burke-tim
- kan-qi-kan-qi
- WSWCWaterDataExchange-rwjam
- akrherz-akrherz
- CIAT-DAPA-haachicanoy

图 3-3-12 "数据集发布人—交流话题发起人"共现频数

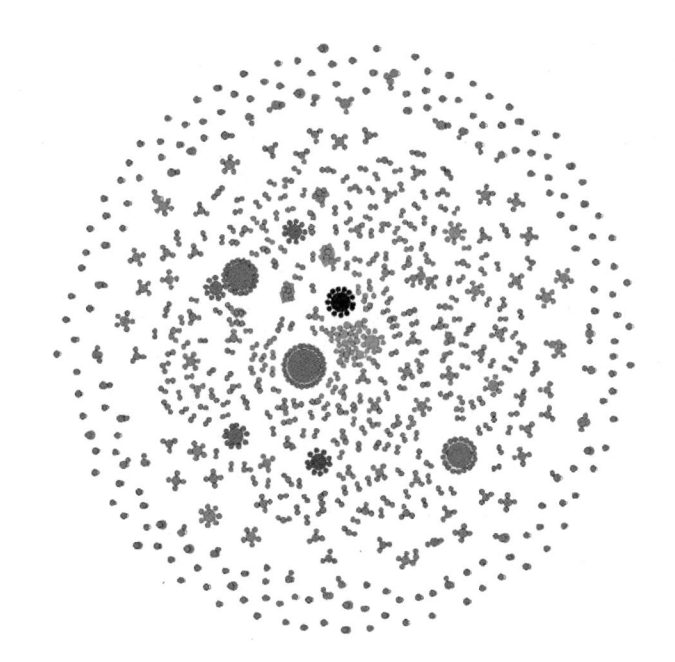

图 3-3-13 数据集交流人员网络图

第五节　科学交流模式研究

一、共享科学数据特征

在虚拟学术社区中的共享科学数据可分为原始数据、分析数据、模型数据与测试数据，通过上文的统计分析可知，这几类科学数据集在更新速度、浏览量以及讨论交流主题等方面依次有不同的特征（见表3-3-9）。

表3-3-9　不同类型科学数据的区别特征

	原始数据	分析数据	模型数据	测试数据
更新速度	快	较慢	慢	较快
浏览量	低	较高	较高	高
交流主题	数据更新	特征	特征	修复漏洞

二、信息交流模式

虚拟学术社区的科学数据交流模式可以抽象简化为图3-3-14所示的模式流程。其中，社区中有数据分享者与数据需求者两个交流主体，数据分享者将自己拥有的数据集上传至平台，需求者在社区平台中通过检索关键词、筛选主题类型等操作寻找符合要求的潜在数据集，并通过标题、简介、话题、语言等数据集基本信息筛选出自己需要的数据集，进行复制、下载等操作。若数据需求者对于该数据集有更新数据、发现问题、交流讨论等需求，可以在平台中的讨论交流区进行发帖，阐明问题，与数据发布者进行交流讨论。

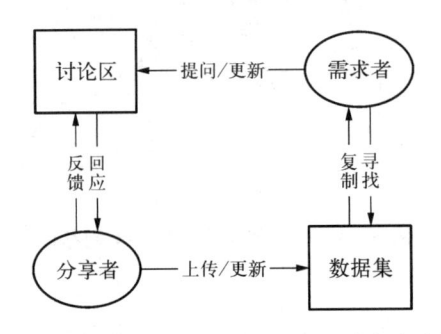

图3-3-14　虚拟学术社区科学数据信息交流模式

三、交互行为模式

无论是虚拟社会还是现实生活,人们在进行信息交流的过程中都会进行相关的交互行为,交互双方分别基于互动者与互动对象的身份进行相关行为互动。在虚拟学术社区的科学数据交流中,人们的交互常常以一对一、针对性强、目的明确为主要特征模式。以科学数据或相关理论研究、应用设计作为交流讨论的核心,人员之间没有明显的聚集特征。

第六节 本章小结

用户在虚拟社区中发布、使用科学数据的意愿及行为模式是学术交流的一大热门研究问题。本章聚焦科学数据,对用户上传的数据集进行结构化编码,采用定性和定量相结合的方法描述数据,分析和总结用户之间利用科学数据的科学交流模式与特征。

科学交流过程方面,主要包括数据发布、数据更新维护、数据浏览和数据交流分享。

数据发布阶段,将数据集类型分为原始数据、分析数据、模型数据及测试数据,其中测试数据与分析数据占比最高,分别为30%和29%;模型数据次之,为24%;原始数据含量较少,仅为17%。整体来看,不同类型数据集的数量占比并未出现较大不同。同时,对数据集发布人进行统计分析,结果表明发布人分布较为零散,但仍存在较为积极上传数据的用户。

数据更新维护阶段,就更新类型排名而言,原始数据的更新最为频繁,其次为测试数据,而研究性数据较为稳定。就更新频率分布而言,不同数据类型的更新次数差异不大,而测试数据更新的平均值最高、原始数据更新普遍比较多。

数据浏览阶段,就浏览量类型排名而言,在Github虚拟学术社区平台中最受用户欢迎的是代码程序存储库,故相关存储库的测试数据受到的关注度也较高;其次为模型数据和分析数据,原始数据受平台用户的欢迎程度不太高。就浏览量分布而言,从整体分布来看,四种数据类型的差异性不大。

数据交流分享阶段,就交流数据类型分布而言,讨论帖中占比最高的为测试数据和原始数据,而关于分析数据和模型数据的讨论度不高。就话题间隔与更新频率分布而言,整体看来不同数据类型的时间跨度差异不大,模型数据的平均时间跨度较大,而原始数据的时间跨度分布较为集中。就话题类型主题特征而言,enhancement 占比最高,new data 的更新在原始数据中讨论度较高但占比较少,question 在各类型数据集中占比较为一致。就交流主体而言,大多数的讨论是以发起人与发布人双方的交流为主,同时,部分数据集发布人与交流话题发起人之间存在一定次数的共现情况,但大多数的交流话题参与人较为零散,数据交流分享之间没有重复性,并不能展现其是否拥有固定的交流合作伙伴。

科学交流模式方面,主要包括信息交流模式和交互行为模式。前者是指数据集分享者和需求者围绕数据集及相关问题在讨论区进行交流的模式,后者是指针对性更强的、没有明显聚集特征的、以科学数据为核心的一对一的科学交流模式。

# 第四篇 科学交流主体与数据的运动规律

大数据时代的到来,让学界和社会经历"是控制,还是共存"的抉择,我们认为学者和数据是存在互动关系的,学者使用数据,数据的各种变换形式也影响着学者使用数据的方式。这种互动关系是多样性的,同时在大数据时代呈现螺旋上升的形式,这一篇我们提出的双螺旋互动规律将重点阐述这种互动关系。

第一章 学者与数据的双螺旋互动规律

第一节 学者与数据的双螺旋互动

科学家与学术数据在科学交流过程中产生的互动行为随时间变化而变化,由点型互动发展至线型互动、网状互动,直至出现双螺旋互动模式。

本章总结了学术交流的模型,围绕科学家之间、学术数据之间、科学家和学术数据之间的互动分析和验证了科学家与学术数据之间的双螺旋互动规律,该互动模式主要包括平面双螺旋互动模式和立体双螺旋互动模式。

第二节 学者与数据互动的基础理论

一、学术交流模型

(一)加维-格里菲思模型

1970 年,约翰斯·霍普金斯大学(Johns Hopkins University)的加维与其同事格里菲思绘制了科学交流系统信息流程图[1]。在此基础上,他们对心理学领域科学家的研究过程进行详细记录,发布了加维-格里菲思科学交流模型[2](Garvey-Griffith Model,简称 G - G 模型)。研究开始后,科学家会首先报告前期研究发现,研究完成后形成非正式报告即初稿。之后科学家可以在学术会议上阐述会议报告,或者向出版商提交手稿形成预印本,它在被期刊正式出版后会被收录到文摘索引中,最后被其他论文引用。这一过程

---

[1] Garvey, W. D., *Communication: The Essence of Science*, Elmsford: Pergamon Press, 1979, p. 169.
[2] 徐佳宁:《加维-格里菲思科学交流模型及其数字化演进》,《情报杂志》2010 年第 10 期。

从时间角度完整地描述了信息交流的过程,而且同时包含正式交流和非正式交流两种形式。1996年,赫德①考虑了网络环境的影响,对加维-格里菲思模型进行数字化的改进。最主要的变化是引入了服务器、电子会议报告、电子数据库、电子期刊等数字化的元素,顺应了技术发展的趋势。但是无论是加维-格里菲思模型还是后来的修正模型,二者都是从学术交流的客体即所产生的科研成果的角度研究学术交流的过程,没有针对学术交流的主体即科学家构建模型。

(二) UNISIST 模型

1971年,经过联合国教科文组织(UNESCO)和国际科学联盟理事会4年的共同合作,世界科学技术情报系统发布了一个科学交流模型,被称为UNISIST模型②。该模型的参与者有生产者、用户以及出版商、图书馆等第三方中介,包含的信息为原始的一次信息、加工处理后的二次信息和浓缩合成的三次信息,科学交流的过程包括正式交流、非正式交流和表单交流③。生产者提供信息源,即未经加工处理的一次信息,之后可以通过演讲、会议等非正式渠道与用户之间进行信息传递。正式交流又分为正式出版物和未出版的文献两类,正式出版物经出版商编辑后发表在图书、期刊上,后被收录进文摘和索引,图书馆可以订购图书、期刊或文摘索引,用户通过购买文摘、索引、期刊或者享受图书馆的参考咨询服务等实现信息交流。未被出版的论文报告则可以存储在数据交换中心供用户使用。表单交流主要针对以图表形式出现的科技数据,虽然它们属于正式出版物和非正式出版的文献的内容,但UNISIST模型将其作为一种独立的信息源存储在数据中心,它们也会由于加工处理从一次信息源变为二次、三次信息源。

UNISIST模型在当时提出的有些理念在现在看来仍不过时,如数据中心、信息中心等,而且其将科技数据作为表单另行处理的方式可以看作现在科学大数据的雏形。桑德加德等④于2003年提出UNISIST模型的三种改进方向:一是在网络环境下对其进行改进;二是将UNISIST模型从最初

---

① Hurd, "Models of Scientific Communication Systems", in *From Print to Electronic: The Transformation of Scientific Communication*, Medford, NJ: Information Today, 1996.

② UNESCO, *UNISIST: Study Report on the Feasibility of a World Science Information System*, New York: UNIPUB Inc., 1971, p. 30.

③ 徐丽芳:《UNISIST 模型及其数字化发展》,《图书情报工作》2008 年第 10 期。

④ Søndergaard, T. F., Andersen, J., and Hjørland, B., "Documents and the Communication of Scientific and Scholarly Information: Revising and Updating the UNISIST Model", *Journal of Documentation*, Vol. 59, No. 3, 2003, pp. 278–320.

的自然科学领域拓展到人文社科领域,使其成为一种通用的科学交流模型;三是将其用于某一具体学科领域,反映科学信息交流情况的学科间差异。

(三)信息流模型

1993年,科尔斯(Coles)[1]研究了英国的科技医疗信息系统(The Scientific, Technical and Medical Information System, STM),在此基础上提出了学术交流的信息流模型。该模型不仅包括学术交流的主要传统路径,如读者和作者之间的正式交流和非正式交流,还标出了新的路线(如文献传递服务)和早期潜在的路径(如在线服务和全文电子服务器等)。该信息流模型的主要服务对象是作为读者和作者的科学家、工程师和医学家,但也适用于其他学科的科研人员。读者和作者可以通过学术会议、电子邮件等进行个人间的非正式交流,也可以通过线下的图书馆以及线上的学术数据库进行正式交流。

随着信息技术的发展和学术交流过程中参与者的增多,考克斯(Cox)[2]对信息流模型进行了修正。最为明显的是增加了图书馆服务,图书馆可以提供文摘和索引服务、文献投递服务、在线出版服务、在线信息服务、光盘等在线内容的订阅代理等,使得图书馆得以应对学术出版行业的变革。信息流修正模型摒弃了之前的非正式交流过程,专注于正式交流过程,并且增加了相应的参与者,如图书馆出版联盟、版权组织等。

(四)生命周期模型

2000年,提诺匹(Tenopir)和金(King)提出了学术交流的生命周期模型[3]。该模型以知识的产生为出发点,以科学家和工程师的各种活动为核心,包括11种活动和5种角色。科学家和工程师首先研究信息产生,然后进行创作、记录和复制,在传播之后能够获取和存储、组织和控制、鉴别和定位。经由物理访问被用户吸收,最后导致了研究和信息的产生,如此周而复始,循环往复,形成一个完整的闭环。该模型阐述了作者、出版者、图书馆和信息中心、文摘索引服务商、用户等在学术交流中扮演的不同角色及他们之间的信息流动,基本包含了学术交流过程中的所有直接或间接的参与者。

---

[1] Coles, B. R., *The Scientific, Technical and Medical Information System in the UK: A Study on Behalf of The Royal Society, The British Library and The Association of Learned and Professional Society Publishers*, London: The Royal Society, 1993.

[2] Cox, J. E., "The Changing Economic Model of Scholarly Publishing: Uncertainty, Complexity, and Multimedia Serials", *Library Acquisitions Practice & Theory*, Vol. 22, No. 2, 1998.

[3] Tenopir, C. and King, D. W., *Towards Electronic Journals: Realities for Scientists, Librarians, and Publishers*, McLean: Special Libraries Assn, 2000.

生命周期模型并没有包含非正式的学术交流。

(五) 比约克模型

2003年,瑞典经济和商业管理学院的博-克里斯特·比约克(Bo-Christer Björk)教授采用制造业中的企业流程再造模型方法函数模型集成定义(Integration Definition for Function Model, IDEFM)对学术交流系统进行建模,这种方法的基本思想是结构化分析方法,可以全面地描述系统。2004年,比约克教授推出了学术交流的正式模型[1],胡德华等称之为比约克模型[2]。2005年,比约克模型发展到第三版本,由一系列层次图来描述学术交流的层次结构。

比约克模型提供了一个学术交流的详细路线图,涵盖正式和非正式学术交流,由33—35个功能图以及103—113种主要活动组成,基本包含了学术交流过程中的所有活动,且易于扩充。相对于之前的学术交流模型,比约克模型考虑到了信息技术的发展,对学术交流机制进行了较为详细的阐述,增加了许多新的功能。参与者也较为广泛,从科学家到出版者、编辑、图书馆、第三方服务机构以及读者、从业者等。

以其顶层结构为A0研究、交流、成果的应用的综合图表为例,主要包括:资金研究和研究交流,如社会、商业所需资金,公共/税收资金,政府、慈善机构的赞助;进行研究和交流结果,如经济动机、科学好奇心引发的科学问题的研究等;出版科学和学术作品,与之有关的商业、社会出版机构;传播、检索和保存,如图书馆信息中介;研究出版文献和应用知识,包括对出版文献的访问。

(六) 开放存取模型

魏林等[3]于2011年提出基于OA期刊的科学交流过程模型,该模型的起点为已有的科学知识和新的科学问题,包括五大模块和14项活动。引发阶段是科研活动的源头,已有的科学知识无法满足事物发展的需求,产生新的科学问题。随后进入知识生产阶段,依次包含四项活动,首先从事相关的科学研究,随后撰写对应的数字手稿,之后对数字手稿进行修改,最后提交手稿,是一个完整的知识生产过程。知识生产过后流动到OA期刊,开始刊前质量控制阶段,在该阶段会经过编辑初审、同行评议和主编或编委会终审三项活动来决定稿件的去留。在确定稿件录用后,进

---

[1] Björk, B.C. and Hedlund, T., "A Formalized Model of the Scientific Publication Process", *Online Information Review*, Vol. 28, No. 1, 2004, pp. 8–21.

[2] 胡德华、韩欢:《学术交流模型研究》,《图书情报工作》2010年第2期。

[3] 魏林、万猛、金学慧:《开放存取式科学交流系统模型研究》,《出版科学》2011年第5期。

入稿件组织与传播阶段,包括制作出版、存档和建立索引,便于读者快速利用。在读者知识利用阶段,读者在阅读刊物后会出现利用或弃用两种选择,与此同时伴随着刊后质量控制,即读者对文章做出评议或不做评论。

这个科学交流模型是按照 OA 期刊的出版过程进行的,在每个阶段也会有对应的参与者。引发和知识生产阶段主要是科学家群体,科研人员在对科学问题产生兴趣后开展相关研究。刊前质量控制和稿件组织与传播阶段则主要是 OA 期刊出版者和 OA 中介,如编辑部人员、评审专家、编委会以及数字图书馆等。知识利用和刊后质量控制阶段针对的是读者群体,即科研活动的受众,他们可以是科研人员,也可以是普通公众,针对自己所要解决的问题选取相关的文章,并对其做出评价。

(七)替代计量学模型

余厚强、邱均平[①]于 2014 年提出了基于替代计量学的在线科学交流新模式,主要针对的是科学家之间的科学交流,包括正式交流和非正式交流。该模式主要由传递机制和过滤机制两个机制组成,传递机制是指科研成果能在科学家之间顺利流通,过滤机制则是指科学家能通过过滤获得自己所需要的科研成果。该模式还对传递机制和过滤机制的主流程度进行了排序,线条越粗表示该机制越主流,虚线则说明该机制虽然现在比较主流,但随着其他机制的发展会逐渐转化为次要。

正式交流包含五个传递机制和四个过滤机制。五个传递机制分别为:第一,出版商与数据库。科学家的科研成果由出版商出版并被数据库收录,目标科学家可以在数据库中使用科研成果。第二,期刊网站。科学家的科研成果被期刊发布在网站上,目标科学家可以在期刊网站上自行使用科研成果。第三,开放存取。第四,预印本。第五,自出版平台。这五种传递机制都可以实现科学家和目标科学家之间的科研成果的传递。四个过滤机制分别为:第一,同行评议。科研成果经过同行评议之后在内容和质量上受到把关。第二,文献计量学指标。目标科学家可以参考文献的被引频次等指标选取影响力较大的科研成果。第三,社会网络。目标科学家经过社会网络的推荐选择与自己科研方向相关的科研成果。第四,替代计量指标。目标科学家可以自行定制自己所需的文献,借助计算机实现精准筛选和推荐。

[①] 余厚强、邱均平:《替代计量学视角下的在线科学交流新模式》,《图书情报工作》2014 年第 15 期。

非正式交流包含五个传递机制和两个过滤机制。五个传递机制分别为：第一，学术会议。科学家之间通过线上或线下的学术会议进行面对面的直接交流。第二，学术博客。科学家在学术博客上对自己最新的科研成果或科研感悟进行即时分享。第三，学者网站。科学家将自己的研究成果上传到个人网站以供同行下载或阅读，扩大自己的学术影响力。第四，学术讨论平台。采用论坛、群组等方式实现某一主题的学术讨论。第五，邮件系统。学者之间直接通过邮件进行沟通交流，反馈较快，效率较高。两个过滤机制分别为社会网络和替代计量指标。

（八）数字网络模型

沈兰妮等[1]提出了数字网络语境下的科学交流模型，包括正式交流和非正式交流两部分。数字网络语境下的正式交流过程为信息生产者将自己的研究成果提交到数字信息平台，平台经过审核后以电子期刊论文、会议论文、图书、报告等数字形式进行出版，还可以在此基础上以纸质论文、图书、研究报告等纸质形式出版，这两种形式出版的信息都被存储于信息资源库中，同时都能被信息利用者使用。数字网络语境下的非正式交流过程为信息生产者将自己的信息以电子邮件、电话、微博、日志等形式发布在数字信息平台上，不需要经过平台的审核就能直接被信息利用者使用。由此可以得出数字网络环境下划分正式和非正式交流过程的依据为是否经过第三方数字信息平台审核，但无论是否经过审核，信息利用者都能以订阅、评价、链接、转发等形式对正式和非正式交流的信息加以利用。

随着科研环境的变化以及对学术交流过程认知的演变，国内外学者提出了各种各样的学术交流模型，不断地推动学术交流模式的发展。但由于学术交流所涉及的活动、参与者多种多样，学术交流所采用的技术不断更新换代，学术交流模型也需要不断的改进完善。

二、知识转化模型

1995年，野中郁次郎（Ikujiro Nonaka）和竹内弘高（Hirotaka Takeuchi）合作出版了《创新求胜》(*The Knowledge-Creating Company*)一书，在书中他们提出了SECI知识转化模型。他们将知识分为显性知识和隐性知识：显性知识是指客观的、可以规范化表达的、系统的、明确的、经过编码处理的、

---

[1] 沈兰妮、刘艳笑、丁文姚、毕奕侃、韩毅：《非正式交流回归视角下Altmetrics评价的利益相关者识别研究》，《图书与情报》2018年第5期。

易于传播的知识;而隐性知识则与其相对立,是一种主观的、具有浓厚个人色彩的、依赖经验直觉的、不甚明确的、难以传播的知识。显性知识和隐性知识之间是一种对立统一的关系,二者可以相互转化①,正是在这种转化过程中,才发生了知识创新。

如图 4-1-1 所示,SECI 知识转化模型提出了四种知识转化方式:一是社会化(Socialization):社会化是隐性知识转化为隐性知识的过程。个体之间通过观察、对话交流等方式,直接将他人的隐性知识吸收为自己的隐性知识,是知识共享的体现。社会化需要个体共同处于同一场景,因此多发生在组织成员之间。组织可以通过举办论坛、沙龙等活动促进成员之间的隐性知识的相互转化,将极大地促进组织的发展。二是外化(Externalization):外化是隐性知识向显性知识的转化。将个体头脑之中的隐性知识通过文字、音

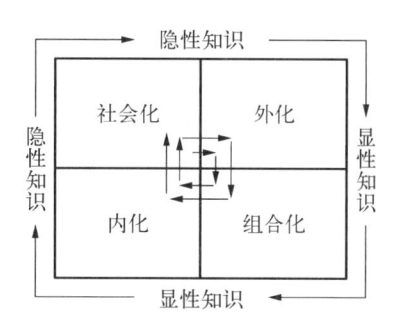

图 4-1-1 SECI 知识转化模型

频、视频等方式表达为显性知识,便于他人的理解和知识的传递。外化使大量的知识高效产生,是知识转化模型中最基础的转化方式。三是组合化(Combination):组合化是显性知识和显性知识之间的转化。多个个体产生零散的显性知识依据不同的类别被系统化地组合起来,如由于概念、主题相同等被封装在一起,存储在文件或者数据库中。组合化绝不是显性知识的简单叠加,而是经过分析、重组之后聚合成新的知识。四是内化(Internalization):内化是将显性知识转化为隐性知识的方式。个体在实践中实现对知识的学习、消化和吸收,将书本上的显性知识变为专属于自己的隐性知识,补充自己的知识结构,提高自身的能力。知识在这四种模式之间不断转化,实现量的积累和质的突破。在学术交流过程中,也存在着学术信息的知识转化。科学家的知识可以看作隐性知识,而学术数据则是显性知识,科学家和学术数据之间的互动在一定程度上也是显性知识和隐性知识的转化。科学家内部的交流则是社会化,数据内部则是组合化,科学家与学术数据的双螺旋互动模式可以看作知识转化模型在学术交流领域的展开。

知识转化贯穿学术交流的全过程,最终推动科学的发展与进步。

---

① 廖先玲、陈颖、姜秀娟等:《企业知识创新能力模型构建及其网络结构研究——知识流动视角》,《科技管理研究》2020 年第 8 期。

知识量在知识的流动转化过程中会不断积累①,比如某一隐性知识通过外化为显性知识后再内化成新的隐性知识时,知识量是一个增加的过程。

野中等基于SECI知识转化模型的四种知识转化模式②,指出组织的知识创新是这四种模式之间的一种相互转换的螺旋上升过程③。基于上述观点,赵蓉英等提出了知识转化螺旋模型④。如图4-1-2所示,该模型立体地揭示了知识在显性状态和隐性状态的不断转化中,知识量也在不断积累、增加。知识转化螺旋模型整体呈圆柱形,显性知识在圆柱的表面转化,隐性知识在圆柱的内部流动,点A、C、E、G、I、K代表不同层次的隐性知识,点B、D、F、H、J代表不同层次的显性知识。

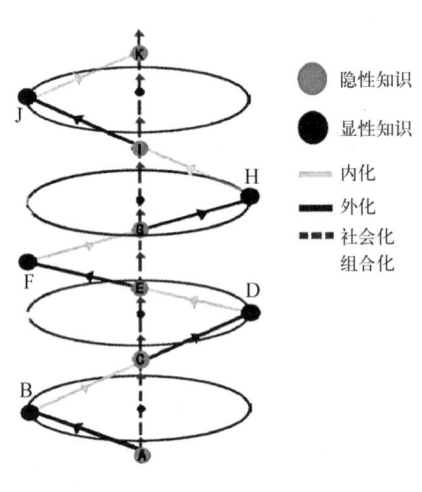

图4-1-2 知识转化螺旋模型

虽然野中郁次郎认为显性知识和显性知识之间、隐性知识和隐性知识之间可以相互转化,但实际上显性知识在转化为显性知识时是分两步进行的,首先将他人的显性知识吸收为自己的隐性知识,再将自己的隐性知识表达为全新的显性知识,即内化和外化组合在一起形成了组合化。同理,隐性知识转化为隐性知识也需要两步,个体在进行隐性知识的交流时所使用的语言即为隐性知识转化为了显性知识,再传递给接收者,转化为接收者自己的隐性知识,即外化和内化组合在一起形成了社会化。因此在模型中用线条表示知识转化的方式时,深色线段表示外化,浅色线段表示内化,一组深色线段加浅色线段表示社会化,一组浅色线段加深色线段表示组合化。

该模型还包括四种知识转化方式,每一次知识转化完成后都会推动知识量的积累和知识质的提升:

---

① 袁红军:《基于知识位势的图书馆知识整合中知识获取研究》,《图书馆理论与实践》2015年第9期。
② Nonaka, I., "A Dynamic Theory of Organizational Knowledge Creation", *Organization Science*, Vol. 5, No. 1, 1994, pp. 14-37.
③ Nonaka, I., Umemoto, K., and Senoo, D., "From Information Processing to Knowledge Creation: A Paradigm Shift in Business Management", *Technology in Society*, Vol. 18, No. 2, 1996, pp. 203-218.
④ 赵蓉英、刘卓著、王君领:《知识转化模型SECI的再思考及改进》,《情报杂志》2020年第11期。

第一,显性知识向隐性知识的转化。

低质量的显性知识向高质量的隐性知识的转化,即内化。该模型中知识的转化是带有方向和质量的,从而能够体现知识量的积累和质的提升。在图 4-1-2 中线段 DE、FG、HI、JK 都代表了内化的过程。

第二,隐性知识向显性知识的转化。

低质量的隐性知识向高质量的显性知识的转化,即外化。在图 4-1-2 中线段 AB、CD、EF、GH、IJ 体现外化,所有的线段方向都是向上的。

第三,隐性知识向隐性知识的转化。

低质量的隐性知识向高质量的隐性知识的转化是间接的,是由隐性知识外化后再内化形成的,二者共同组成了社会化。在图 4-1-2 中线段 AB 和 BC、EF 和 FG、IJ 和 JK、CD 和 DE、GH 和 HI 的组合都代表了社会化的过程,实现了点 A 到点 K 的螺旋上升。

第四,显性知识向显性知识的转化。

低质量的显性知识向高质量的显性知识的转化是间接的,是由显性知识内化后再外化形成的,二者共同组成了组合化。在图 4-1-2 中线段 BC 和 CD、DE 和 EF、FG 和 GH、HI 和 IJ 的组合都代表了组合化的过程。

知识转化模型呈一种螺旋式上升的态势,从低质量的显性知识、隐性知识不断地向更高层次的显性知识和隐性知识转化,这种转化并不是平面的、同层次的,而是实现了知识量的积累和质的提升。知识转化螺旋模型也适用于学术交流过程,科学家在学术交流的过程中通过显性知识和隐性知识的累积,实现更高层次的知识转化和科学创新。

三、DNA 双螺旋结构

1953 年,美国生物学家沃森(Watson)和英国物理学家克里克(Crick)解锁了人类基因的密码,发现了 DNA(脱氧核糖核酸)双螺旋结构,该结构被认为是生物遗传发展进程中最稳定的螺旋结构。如图 4-1-3 所示,DNA 双螺旋结构主要由两条核苷酸链及中间的碱基对组成,这两条链以反向平行的方式盘旋成双螺旋结构。在 DNA 的平面展开图里,核苷酸链由主成分脱氧核糖和辅助的磷酸共同组成,碱基共有 4 个,分别是腺嘌呤(A)、鸟嘌呤(C)、胸腺嘧啶(T)和胞嘧啶(G)。碱基总是互补配对的,A 和 T 两两配对,C 和 G 两两配对,所以只要知道了其中一条链的碱基顺序,另一条链也就随之确定,这也是 DNA 的一个重要特点,即半保留复制机制。碱基对中间由氢键连接。

学术交流的过程也可以用 DNA 双螺旋结构来解读。学术交流的主体

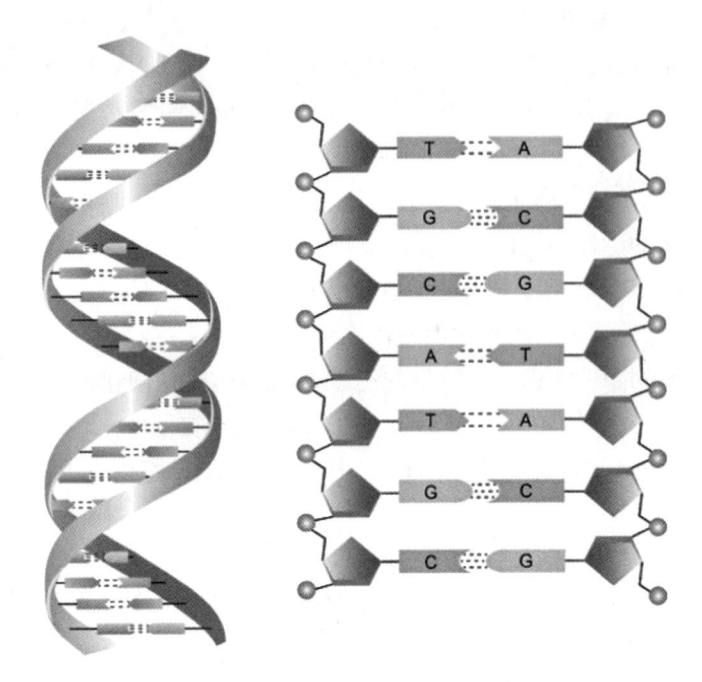

图 4-1-3　DNA 双螺旋结构示意图

和客体即科学家和学术数据可以被看作两条核苷酸链,中间连接的碱基对则对应科学家与学术数据之间的正式交流和非正式交流,第三方信息中介或其他参与者可以以磷酸或氢键的方式辅助存在于学术交流过程中。这只是将生物学的结构模型应用于社会科学的初步设想,仅仅借鉴结构造型,并不对应其生物学性质。

第三节　学者与数据的互动机理

一、基本概念

科学家是在一个或多个科学领域受过训练的专家,并以科学的方式进行实验以进行研究。任何从事科学研究、科研活动的人都被称为研究人员。但这并不意味着一项研究在本质上是科学的,比如许多关于宗教的研究者仍然被称为研究人员。因此本研究中的科学家是指深入研究诸如物理或其他自然科学等科学课题的研究人员的一个子类。已知的研究可以被划分为两种类型,即基础研究和应用研究。基础研究是增加已经存在的知识的主题研究,而应用研究则有助于创新或改进产品、药物或任何其他的研究。科学家既可以从事基础研究,也可以从事应用研究。

从广义上看,学术数据是由科研人员在从事科学研究的过程中搜集到的各类数据,如实验细节、数据集、化学结构、图像、表格、音频和视频文件等,以及在研究结束后所形成的文献数据等一切推动学术发展,供学者交流、学习使用的数据,它们大都被收录于学术数据库中。学术数据是学界创新发展和科学研究进步的重要基础性战略资源。在本研究中,考虑到数据搜集的便利性等因素,特将学术数据定义为收录于学术文献数据库中的各类文献的题录数据。其中特别要注意的是,在现实世界中,科学家作为科研活动的主体,学术数据则为科研活动的客体。但在题录数据中,科学家以名字的形式作为题录数据的一部分,也属于本研究所界定的学术数据。

二、科学家与学术数据的"点型"互动

"科学家"这一概念是在17世纪由惠威尔提出的,特指以自然科学研究作为专门职业的学者①。古代中西科学家的科学活动方式基本上相同,都是个体式的,即科学家之间基本相互独立。早在古希腊时期,西方的自然哲学家就已经开始尝试以实验的方式开展科学研究;中世纪之后,实验方法开始被西方科学家作为科学研究的主要方法;近代以后,西方科学家普遍运用实验方法进行研究。从古至今,西方科学家对实验方法情有独钟。而古代中国的自然科学家主要采用观察法和经验法,对自然现象加以观察,同时总结背后的经验方法;到了近代,中国的科学家仍旧采用传统的典籍整理和经验总结的研究方法。虽然采用的科研方法不尽相同,但无论是实验法还是总结法,科学家都可以独立完成。因此,无论是西方还是中国的科学家,在科学开始发展的过程中均与学术数据相互独立。

综上,从科学家层面看,科学家通过观察或实验的方式开始科学研究,对自然界进行首次探索,并不需要借助太多的文献资源,同时没有太多的前辈涉足该领域的研究。从学术数据层面看,由于交通堵塞以及印刷术并未广泛普及,当时的学术数据(即科学著作)多以手稿的形式存在,没有大规模传播,大都不被科学家所知或所接受。所以在科学最初发展的时代,科学家之间、学术数据之间、科学家与学术数据之间基本相互独立,鉴于此,将这一

---

① 任玉凤:《古代中西科学家状况比较研究》,《内蒙古大学学报(人文社会科学版)》1999年第6期。

时期二者之间的互动机理总结为"点型"(见图4-1-4),即科学家与学术数据的相互独立模式。

图4-1-4 科学家与学术数据的"点型"互动

三、科学家与学术数据的"线型"互动

(一)科学家—学术数据模式

1. 科学家—学术数据的生成模式

传统的学术交流是由科学家主导的,科学家在特定的研究环境中使用各种科研装置生产学术数据,再经过投稿、同行评议、出版等一系列操作,学术数据被录入学术数据库中。科学家对学术数据的作用模式首先是生成模式,该模式主要表现在两个方面。从数量上说,学术数据的数量在千百年来一直在不断增长,普莱斯提出的文献指数增长规律即可作为一条重要的佐证[①]。科学家通过观察、实验、统计分析等方式进行科学研究,产出科研成果,国家对科学研究的扶持力度越来越大,吸引了更多的科学家投身科研建设,科学家数量的提升会导致学术数据数量的提升。同时随着科学技术的发展,科研过程中遇到的困难克服起来相对比较容易,科学家个体的科研能力有所提升,科学家的单篇发文量的提升也会导致学术数据量的增多。

科学家对学术数据的生成模式的另一个体现是在质量方面。质量的生成既表现在学术数据影响力的提升,也表现在学术数据内容的增加。科学家数量的增多意味着同一篇文献可能被更多的科学家发现、阅读并引用,所以说学术数据影响力也会随之提升。科学家会对不同的科学问题产生研究兴趣,不断地探索人类科学的边界,在前人的研究基础上进行更深入的分析,同时不断衍生出新的研究内容,反映在学术数据上就是研究主题的增

---

① 高劲松、韩牧哲:《学科热点概念的增长规律及属性分选研究——以我国图书情报学领域为例》,《图书情报工作》2019年第20期。

加。因此,不论是学术数据的质还是量,科学家都对其发挥着积极的作用,这种作用对于整个科学研究来说也是正向的。

2. 科学家—学术数据的合作模式

值得研究的科学问题一定是复杂的、有一定深度的,仅凭单个科学家的有限认知是无法完成对某个科学问题的全面解决的。三人行,必有我师。和不同的科学家一起讨论交流才能更加逼近真理的方向,这样可以发挥每个人的专长,充分利用现有的资源与能力。同时,正式交流与非正式交流渠道的不断畅通,更加促进了科学家开展团队合作。还有一个重要原因是科学家往往需要开展跨学科研究,那么不同学科的科学家之间的合作不失为最优解决方案。因此学术数据数量的增长也应归功于科学家的团队合作。不仅科研成果产出,科学家团队合作也影响学术数据数量。

从质量上看,随着科学家研究方向的细化,学术数据的内容也更加充实。在无数科学家连续不断的耕耘下,科学的边界愈发清晰,科学家们为了找到新的创新点,不得不向更细微的学科领域探寻。在这个过程中,各学科发生交叉碰撞,学科融合随之出现。科学家研究兴趣点以及研究方向的变化会衍生出许多全新的学术数据的主题,这就是学术数据在质量上发生变化。同时科学家对学术数据的生成模式在质量上也体现为由于科学家团队合作或展开新的研究方向后,学术数据在影响力方面的提升。

3. 科学家—学术数据的使用模式

在数据密集型科研范式和开放科学环境下,学术数据共享和引用的需求日益强烈,除国际组织和国家政府出台政策促进学术数据共享之外,学术界也在积极实践。包括可查找性、可获取性、互操作性和可复用性在内的4条基本原则和内含15条具体指导原则的Fair(公平性)原则已成为欧盟制定数据战略、政策和法规的重要指导原则,在保障开放数据的可持续发展上发挥着积极作用[1]。科学家作为学术数据共享的一线人员和主力军,除会受到发表刊物政策、基金资助要求等制度性因素影响外,更主要的是自身是否有学术数据共享的意愿。科学家对学术数据的共享是学术数据得以出版和收录的基础。

科学发展离不开科学家的努力与创新,更离不开后人对前人研究成果进行继承、质疑和完善[2]。科学家在科研过程中,需要查阅大量的文献资

---

[1] 翟军、梁佳佳、吕梦雪等:《欧盟开放科学数据的FAIR原则及启示》,《图书与情报》2020年第6期。

[2] 赵勇、武夷山:《追根溯源:优秀科学计量学家引用的重要文献识别及引用内容特征研究》,《情报学报》2017年第11期。

料,了解自己的研究现状、进展,吸收消化其他学者的理论来为自己提供科学依据。为了对前任的劳动成果表示尊重以及说明自己观点的来源依据,科学家对学术数据进行引用标注。科学家对学术数据的引用使得学术数据得以流动,能够更好地发挥其该有的价值,促进知识的交流和科学的发展。

(二)学术数据—科学家模式

1. 学术数据—科学家的合作模式

大科学时代,科学家之间单打独斗已经难以应对日新月异的发展态势,唯有科学家之间分工合作才能在变化中求生存。科学研究的难度越来越大,分工越来越细,实验仪器也越来越复杂,迫使科学家联合起来,实现知识、能力等各方面的互补,同时能避免研究的重复,使得科研经费、实验仪器得到充分利用,提高科学研究效率。

过去 40 年间,单篇科学论文的平均作者数量已经翻倍,科研团队的规模也增长到 3 倍多①。科学家之间的合作趋势越来越明显,这种合作不仅仅是顺应学术数据发展的必然要求,更是科学家的主动选择。科学家之间的合作不能只局限于单个学科或单个研究机构,而是要在多个层面加强合作,实现学科间、学术机构间、国家间的合作,组成不同年龄层次、不同性别的研究人员联合攻关的人才队伍。合作的方式也应该多种多样,不拘泥于正式的书面交流,学术会议、学术沙龙、短期访问均不失为良好的选择。

图 4-1-5 科学家与学术数据的"线型"互动(Ⅰ)

图 4-1-6 科学家与学术数据的"线型"互动(Ⅱ)

2. 学术数据—科学家的学科模式

在海量学术数据的支撑下,出现了材料基因工程、人工智能、生物信息学等一批高度依赖信息的新型交叉研究领域或学科专业。学术数据中学科

---

① 蒋易、侯海燕、黄福等:《高被引科学家在社交媒体网络中的影响力研究》,《科学与管理》2020 年第 3 期。

类别的变化会影响科学家的研究方向。因此,除学术数据的规模会驱动科学家合作外,新的学术数据主题也会催生不同学科科学家的合作,产生大量具有学科交叉性的论文。学术数据—科学家的学科模式既体现在学术数据会影响科学家的研究方向,从而催生新的学科的出现;又体现在学术数据会促使不同学科的科学家进行合作,进一步推动交叉学科的发展。

四、科学家与学术数据的"网状"互动

如图4-1-7所示,一个科学家能发表、阅读和引用多篇文献,一篇文献也可能被多个科学家阅读、引用,在浩如烟海的学术数据库中,科学家和学术数据纵横交错,形成复杂的互动网络。科学家之间可以通过共同的文献进行交流,文献之间根据科学家的操作产生联系,从而使这个"网状"结构更加完整,科学家和学术数据可以从多个方面进行互动,即科学家与学术数据的多向互动模式。

图4-1-7 科学家与学术数据的"网状"互动

如果说"线型"互动是对"点型"互动的发展,那么"网状"互动则是对"线型"互动的进化。在"网状"互动中,科学家和学术数据之间由单一的横向联系延伸出科学家之间、学术数据之间的纵向联系,横向联系和纵向联系共同作用形成复杂的关系网络。科学家之间、学术数据之间、科学家和学术数据之间的联系既可以是单向的,也可以是双向的。如某位科学家单方面拜读过另一位科学家的作品产生单向联系,或两位科学家在某学术会议上交流产生双向联系;某学术数据单方面引用其他学术数据产生单向联系,或同一位科学家针对某一研究问题从不同的角度撰写形成了不同的学术数据,这两种学术数据之间就产生了双向联系;科学家和学术数据之间更是包含了"线型"互动中所提出的科学家对学术数据的生成、合作、使用的单方面关系以及学术数据对科学家的合作、学科的单方面关系,这两类单向联系可以相互组合形成多向联系。

第四节 学者与数据的双螺旋互动模式

经过以上对科学家与学术数据的互动机理的分析,可以看到科学家与学术数据之间存在相辅相成、相互依赖的关系,受到DNA双螺旋模型的启发,本章提出科学家与学术数据的双螺旋互动模式,由平面和立体两部分共同组成。

一、平面双螺旋互动模式

平面双螺旋互动模式是指在一年内科学家和学术数据的互动过程,体现了学术交流的共时性。如图4-1-8所示,平面双螺旋互动模式主要由科学家螺旋与学术数据螺旋组成,两个螺旋之间通过互动联系在一起。科学家螺旋和学术数据螺旋分别代表科学家之间和学术数据之间的联系,二者的互动则是本研究的重点。

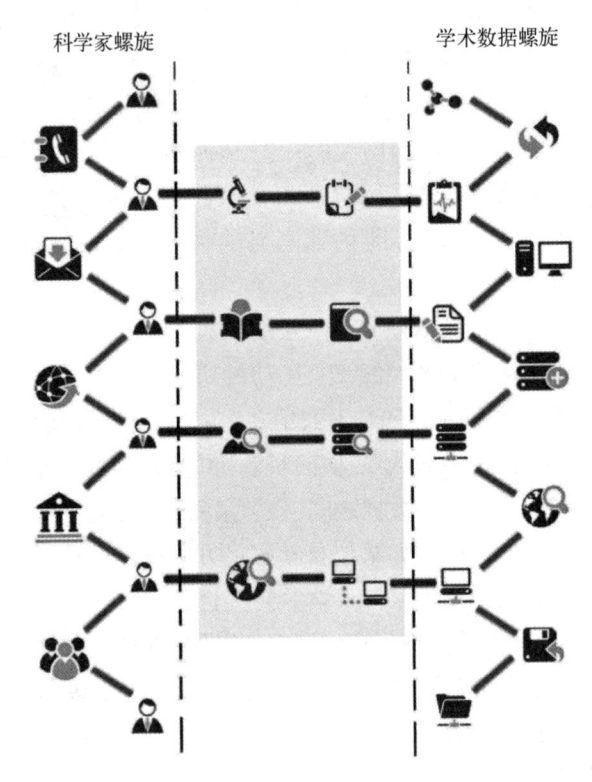

图4-1-8 科学家与学术数据的"网状"互动

(一)科学家螺旋

在科学家螺旋中,科学家之间可以不通过学术数据就联系在一起,如属于同一个研究机构,他们是同事关系,或者是参加了同一个学术会议,以线下或线上的方式相互认识等,在科学家螺旋上产生纵向联系。科学家也可以先与学术数据产生联系,再通过学术数据进一步认识其他的科学家,即科学家通过与学术数据之间的互动产生横向联系。如科学家在学术数据库中检索到自己研究急需的文献,希望能与文献作者取得联系进行直接交流,就可以通过学术数据中包含的文献作者的通信地址进行联系。或者是两个科学家都引用了同一篇文献或者都被同一篇文献所引用,那么这两个科学家之间也会产生间接联系。

(二)学术数据螺旋

同样地,在学术数据螺旋中,学术数据之间不需要通过科学家就可以联系在一起,如共同发表在同一研究期刊上,或者是同时被某一个科研基金所资助,这是学术数据在存储或者被检索时就天然取得了联系,体现为学术数据螺旋上的纵向联系。学术数据也可以先与科学家产生联系,再通过科学家进一步扩大自己的影响力,实现科学家与学术数据互动之后学术数据之间的横向联系。如学术数据之间通过科学家以参考文献的方式产生交集,可以通过引文的数量和学科等从不同的方面研究学术数据交流的特征。

(三)科学家螺旋与学术数据螺旋的互动

科学家和学术数据二者互动关系的体现,是本研究的中心与重点。在第四篇第一章第三节科学家和学术数据的互动机理的研究基础上,在此提出"合作型互动"和"学科型互动"两大互动类型。这两大互动类型分别与第四篇第一章第三节所提出的科学家与学术数据的互动机理所对应。

1. 合作型互动

对于科学家螺旋而言,合作型互动体现为科学家之间的合作会激发学术数据在质和量上的增长,质指的是合作后学术数据影响力的提升,量指的是合作后学术数据数量的增长,即科学家—学术数据的生成模式和合作模式共同发挥作用。对于学术数据螺旋而言,合作型互动代表海量的学术数据会倒逼科学家进行合作,即学术数据—科学家的合作模式。这种合作也有质和量两个方面的含义:质是指海量的学术数据催生了新的研究主题的出现,需要不同研究方向的科学家通力合作;量则指的是面对海量的学术数据,单个科学家的精力和能力都有限,需要多人合作提高效率。综上,两个螺旋刚好在合作层面实现科学家与学术数据的互动。

2. 学科型互动

对于科学家螺旋而言,学科型互动体现为科学家不断地对自然科学进行探索,研究的方向也越来越专深,甚至萌生了许多新的学科,导致学术数据在文章数量和学科类别上都有所变化,是科学家—学术数据的生成模式和使用模式的共同作用,科学家研究方向发生改变时会产出新的学术数据,在这个过程中也会使用其他科学家的有关新学科的学术数据。对于学术数据螺旋而言,学科型互动则对应学术数据—科学家的学科模式。学术数据由于其客观性,会根据收录的数据自动调整学科类别和研究方向,提醒学界新学科的诞生,同时吸引更多的科学家投身新的研究方向。两个螺旋分别从学科层面实现了科学家与学术数据的互动。

科学家螺旋和学术数据螺旋之间的互动需要一定的载体完成,即科学家和学术数据之间互动的桥梁。无论是合作型互动还是学科型互动,都是通过学术期刊产生联系。科学家之间合作或科学家改变研究方向后均是通过投稿在期刊上来发布学术数据,海量的学术数据收录在电子期刊资源库中获得科学家的关注。

二、立体双螺旋互动模式

在引入"时间因素"中心轴后,科学家与学术数据的双螺旋互动由平面变成立体,形成如图4-1-9所示的科学家与学术数据的立体双螺旋互动模式。该模式将研究单一年份的平面模式拓展为研究所有时间的立体模式,体现了学术交流的历时性。立体双螺旋互动模式是平面双螺旋互动模式在时间层面上的无限延伸,可以简单理解为平面模式代表某一年的互动情况,而立体模式则涵盖从科学起源以来的所有年份并且会随着科学的发展不断增加。

科学家与学术数据的立体双螺旋互动模式的主体部分由科学家螺旋和学术数据螺旋两大螺旋构成,科学家螺旋从宏观上看为每一年的科学家整体排列在一起形成一个螺旋,从微观上则是每一个科学家个体以纵向或横向的方式联系在一起。学术数据螺旋从宏观上看为每一年的学术数据整体排列在一起形成一个螺旋,从微观上则是每一个学术数据个体以纵向或横向的方式联系在一起。中间的联结部分从宏观上看为科学家与学术数据的互动年份,从微观上则拆解为每一年的平面模式,包含合作型互动和学科型互动。

该立体双螺旋互动模式基本可以囊括世界上所有的科学家和学术数据,形成四条知识流通的渠道,具体为科学家之间、科学家流向数据、数据流向科学家以及数据之间的知识流动。科学家的

图4-1-9
科学家与学术数据的立体双螺旋互动模式(部分)

隐性知识外化到学术数据成为显性知识,学术数据所承载的显性知识相互组合,又内化为科学家的隐性知识,科学家之间通过社会化实现隐性知识的交流。不断地有新生的科学家和学术数据进入该双螺旋,也不断地有科学家和老化的学术数据退出正在活跃的历史舞台。科学家和学术数据在数量和质量上不断优化,成为一个螺旋上升的过程,由此循环往复,帮助科学家对学科边界的探索,推动科学发展。

第五节 双螺旋互动模式的验证

一、数据来源与处理

以物理学领域为研究对象,选择 WoS 引文数据库中 SCI 收录的物理学领域(包括应用物理学,原子、分子与化学物理学,凝聚态物理学,流体与等离子体物理学,数学物理学,综合物理学,核能物理学,粒子与场物理学等学科大类)的期刊为数据源,使用 Python 爬虫技术爬取这些期刊收录的所有论文的题录数据,时间设置为 1996—2015 年,文献类型为"article"。全部爬取完成后,将这些数据导入 Mysql 数据库中,后用 Python 和 R 语言对其进行统计分析。

二、平面双螺旋互动模式

首先选取科学家和学术数据量最多的 2015 年的数据来分析科学家和学术数据的双螺旋平面互动结构。

（一）科学家螺旋

2015 年物理学领域共有 61 519 名科学家。在这 61 519 名科学家中,仅有 131 名科学家没有引证参考文献,其余均或多或少地与不同的科学家之间存在正式交流,体现科学家之间的联系。大多数科学家的参考文献引用量在 50 条左右(见图 4-1-10)。

（二）学术数据螺旋

2015 年物理学领域共有 57 712 条学术数据。这些学术数据共发表在 289 本期刊上,表 4-1-1 展示了学术数据量最多的 10 本期刊,其中学术数据之间交流最多的是天文学和天体物理学类别的《皇家天文学会月报》(MNRAS),在 2015 年一年就收录了 2 987 条学术数据。

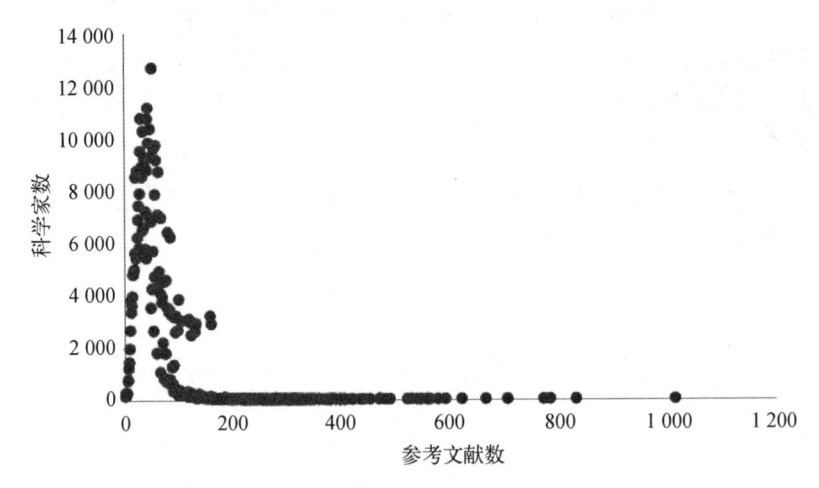

图 4 – 1 – 10　科学家与参考文献的统计情况

表 4 – 1 – 1　期刊与学术数据的统计情况（部分）

期　　　刊	学术数据
monthly notices of the royal astronomical society	2 987
applied surface science	2 683
journal of high energy physics	2 015
materials letters	1 817
journal of nanoscience and nanotechnology	1 563
nano letters	1 252
journal of magnetism and magnetic materials	1 140
biosensors & bioelectronics	9 62
nuclear instruments & methods in physics research section b-beam interactions with materials and atoms	891
nanotechnology	847

　　在这 57 712 条学术数据中,仅有 30 条数据没有引证参考文献,其余均或多或少地与不同的学术数据之间存在交流,体现学术数据之间的联系。大多数学术数据的参考文献引用量在 30 条左右(见图 4 – 1 – 11)。

（三）合作型互动

统计在科学家合作基础上的学术数据产出量和产出影响力[①],得到结

---

① 邱均平、温芳芳:《作者合作程度与科研产出的相关性分析——基于"图书情报档案学"高产作者的计量分析》,《科技进步与对策》2011 年第 5 期。

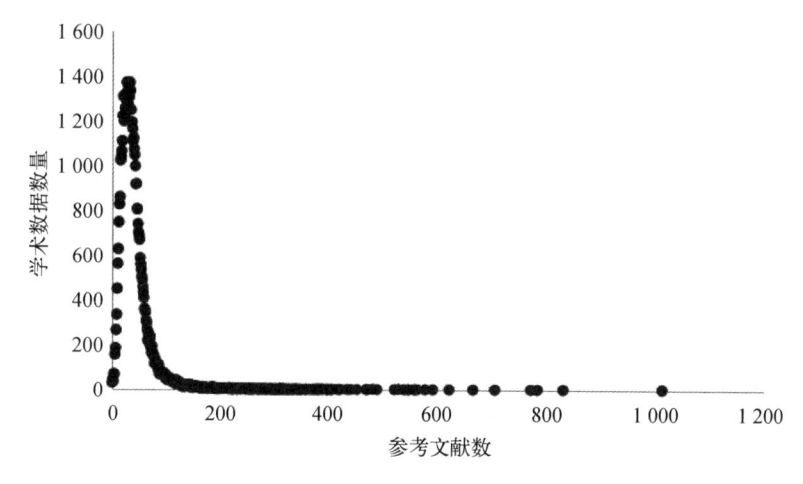

图 4-1-11 学术数据与参考文献的统计情况

果如表 4-1-2 所示。如有 10 801 条学术数据是由 3 名科学家合作完成的,约占学术数据总数的 18.7%,这些学术数据总共被引用了 149 715 次,篇均约被引 13.86 次。也就是说科学家合作数量为 3 人时,学术数据的产出量最高;当科学家合作数量为 4 人时,学术数据的产出影响力最好。

表 4-1-2 科学家合作与学术数据产出的情况统计(部分)

科学家数量	文献数量	总被引量	篇均被引
3	10 801	149 715	13.861 2
2	9 695	121 243	12.505 7
4	9 638	152 214	15.793 1
5	7 613	130 000	17.076 1
6	5 650	109 015	19.294 7
7	3 937	84 084	21.357 4
8	2 632	66 100	25.114 0
1	2 441	31 139	12.756 7
9	1 741	47 149	27.081 6

进一步对科学家合作与学术数据产出做相关性分析(见表 4-1-3),会发现科学家合作与学术数据的产出数量和产出影响力之间均不存在正相关关系,而体现为一种负相关。虽然从数值上看与本研究所提出的科学家与学术数据之间的合作互动相悖,但应注意科学家数量为 1 即科学家之间

无合作的学术数据数量仅有 2 441 条,占学术数据总量的 4.23%,这意味着绝大多数的学术数据是由科学家合作完成的,同时可以得出的结论是当科学家的合作数量越高时,是不利于科研成果的产出和学术影响力的提高的。出现这种情况的原因可能是当多名科学家合作时,沟通效率降低,难以高效率地分工合作,或者是有的科学家仅署名但毫无任何研究贡献。还应注意的一点是在物理学科中,有大量的团体作者,如一篇文章的作者有 2 000 多人。这些学术数据的作者数目过高也会影响分析结果。

表 4-1-3 科学家合作与学术数据产出的相关性分析

	科学家合作数量	学术数据数量	总被引量	篇均被引
科学家合作数量	1			
学术数据数量	-0.164 34	1		
总被引量	-0.183 01	0.980 793	1	
篇均被引	-0.004 78	-0.064 05	-0.062 36	1

(四)学科型互动

2015 年物理学领域涉及 64 个学科,从物理学到数学、化学,再到计算机科学、心理学等,科学家不只将眼光单纯地局限于物理学领域,而是向自然科学、社会科学等拓展。每条学术数据也会涉及不同的学科,如表 4-1-4 所示,大多数学术数据会有两个以上的学科类别,这也体现了物理学的学科融合趋势。

表 4-1-4 学科与学术数据产出的情况统计

学科数量	文章数量	总被引数	篇均被引
2	16 351	193 878	11.857 3
1	15 587	267 502	17.161 9
3	10 963	133 150	12.145 4
4	9 133	169 163	18.522 2
5	3 380	86 019	25.449 4
6	2 298	166 653	72.520 9

进一步对学科数量与学术数据产出做相关性分析(见表 4-1-4 和表 4-1-5),与合作型互动相同,学科数量与学术数据的产出数量和产出

影响力之间均不存在正相关关系,而体现为一种负相关。虽然从数值上看与本研究所提出的科学家与学术数据之间的学科互动相悖,但应注意学科数量为2时学术数据的产出数量最高,学科数量为6时篇均被引量最高,侧面体现出学术数据的产出影响力。这个结果也能说明物理学目前正处于学科融合的进程当中,但受本学科性质的影响,多只与另外的1—2个学科进行交叉,多学科的交叉研究还比较少,而且要求也比较高。

表4-1-5 学科与学术数据产出的相关性分析

	学科数量	文章数量	总被引数	篇均被引
学科数量	1			
文章数量	-0.967 07	1		
总被引数	-0.695 85	0.689 319	1	
篇均被引	0.746 53	-0.727 82	-0.112 15	1

学术期刊是科学家和学术数据之间的桥梁,即科学家与学术数据的合作、学科互动都要通过期刊来完成。表4-1-6列出了科学家与学术数据互动最多的10个期刊,《高能物理学报》在2015年促成了164 221名科学家和2 015条学术数据的互动。

表4-1-6 学术期刊的联结作用(部分)

学 术 期 刊	科学家	学术数据
journal of high energy physics	164 221	2 015
physics letters b	62 868	269
monthly notices of the royal astronomical society	20 701	2 987
applied surface science	14 181	2 683
nano letters	146	1 252
materials letters	9 012	1 817
journal of nanoscience and nanotechnology	7 653	1 563
astrophysical journal letters	5 844	606
journal of magnetism and magnetic materials	5 458	1 140
nuclear instruments & methods in physics research section b-beam interactions with materials and atoms	5 376	891

三、立体双螺旋互动模式

(一) 科学家螺旋

从 1996 年到 2015 年,共有 389 373 名科学家出现在学术数据中。1996 年到 2005 年呈一种缓慢增长的态势,2006 年开始井喷式增长,2008 年以后,继续稳定增长(见图 4-1-12)。

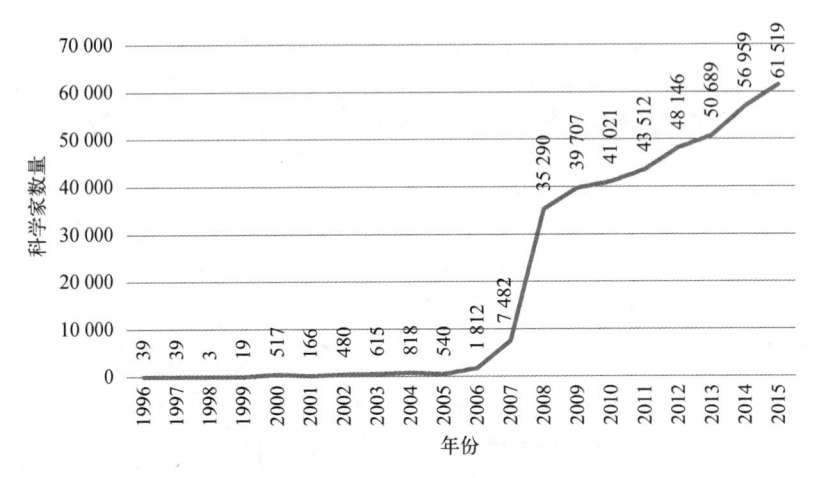

图 4-1-12 科学家数量

(二) 学术数据螺旋

从 1996 年到 2015 年,共有 368 120 条学术数据,与科学家的增长趋势相似,学术数据也是从 1996 年到 2005 年缓慢增长,2006 年开始井喷,到 2009 年到达峰值,虽然 2010 年又有所回落,但此后一直呈上升态势(见图 4-1-13)。

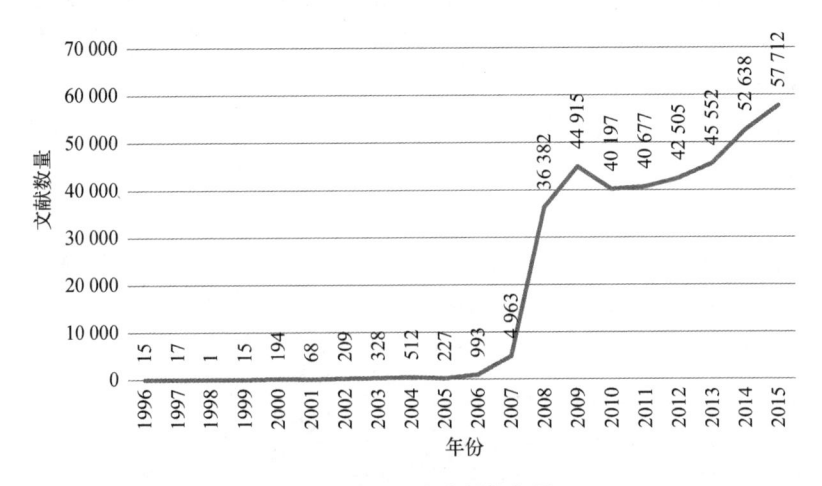

图 4-1-13 学术数据数量

(三) 合作型互动

进一步将科学家数量和学术数据数量绘制在同一坐标系中,可以直观展现科学家和学术数据互动的动态机理。如图4-1-14所示,科学家和学术数据之间呈"双螺旋"上升态势,科学家与学术数据之间的作用不是线性的,也不是单向的,而是以双螺旋模式相互作用、共同进退。对其做相关性分析,科学家和学术数据之间的相关系数高达0.996,呈显著正相关。2005—2007年,科学家优先带动学术数据的发展;2008—2009年,学术数据优先带动科学家的发展;2010—2015年,再次回归科学家优先带动学术数据的发展。虽然从1996年至2015年,科学家和学术数据之间基本呈同进退的态势,但应注意的是2009—2010年,科学家的上升反而伴随着学术数据的下降,这是另一种类型的互动。

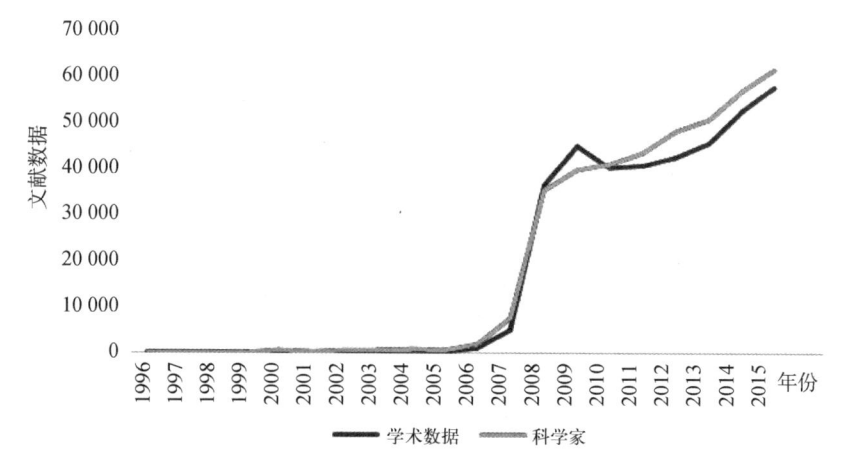

图4-1-14 科学家与学术数据的合作型互动

科学家和学术数据的交替发展体现了科学家和学术数据的同步互动,可以是科学家的合作带动了学术数据增长,也可以是学术数据的激增催生了科学家之间的合作。至于反向互动则可以解释当科学家的合作数量越高时,是不利于科研成果的产出和学术影响力的提高的现象。

进一步计算人均发文量可知(见图4-1-15),物理学科的人均发文量从1996年的0.38篇增长到2015年的0.94篇,呈不断上升的态势。由此可以初步判定科学家对学术数据量的影响,科学家数量不断增加且科学家人均发文量不断增多导致学术数据量也不断上升。

(四) 学科型互动

分别将科学家数量和学术数据数量及科学家数量和学科数量绘制在同一坐标系中,可以直观反映科学家和学术数据的学科型互动的机理。如图4-1-16所

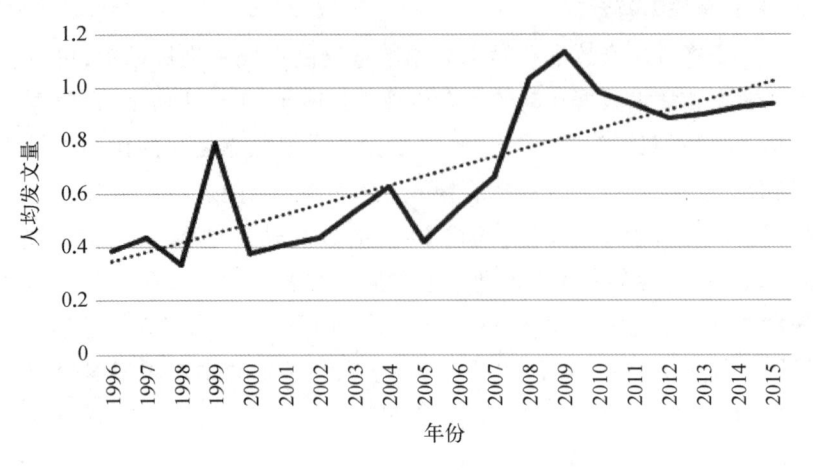

·270· 科学交流中学术大数据的运动规律研究

图 4-1-15 人均发文量

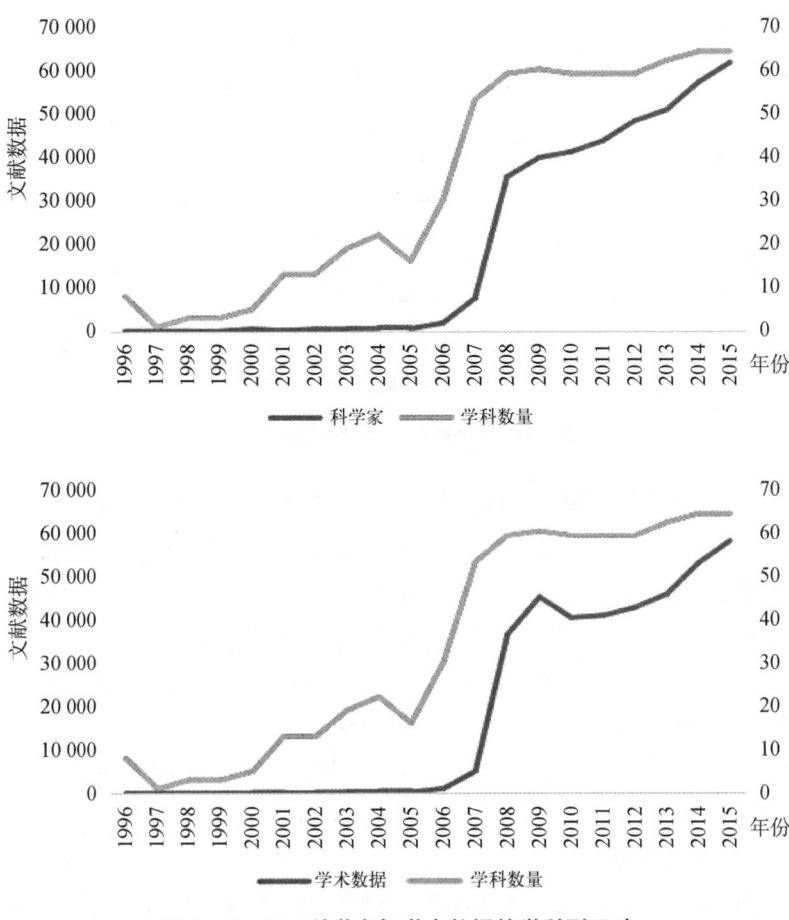

图 4-1-16 科学家与学术数据的学科型互动

示,科学家和学术数据之间的学科型互动基本呈共生的态势,科学家与学科数量的相关系数为 0.908,学术数据与学科数量的相关系数为 0.907,均为显著正相关。也就是说,科学家在影响学科变化的同时受学科的影响,同样地,学术数据在影响学科变化的同时受学科的影响,科学家和学术数据之间通过学科数量实现螺旋式互动。

(五)双螺旋互动阶段

同时对期刊数量和学科数量的变化情况(图 4-1-17)进行统计,变化趋势也符合科学家和学术数据变化的三个阶段,即期刊数量从 1996 年至 2005 年基本稳定呈小幅上涨趋势,2006 年激增,到 2008 年已经增长了 10 倍,2009 年至 2015 年继续平稳增长。就学科数量而言,也可划分为 1996 年至 2005 年虽出现波动但依旧呈增长态势,2005 年开始爆发,2009 年进入平稳增长期。

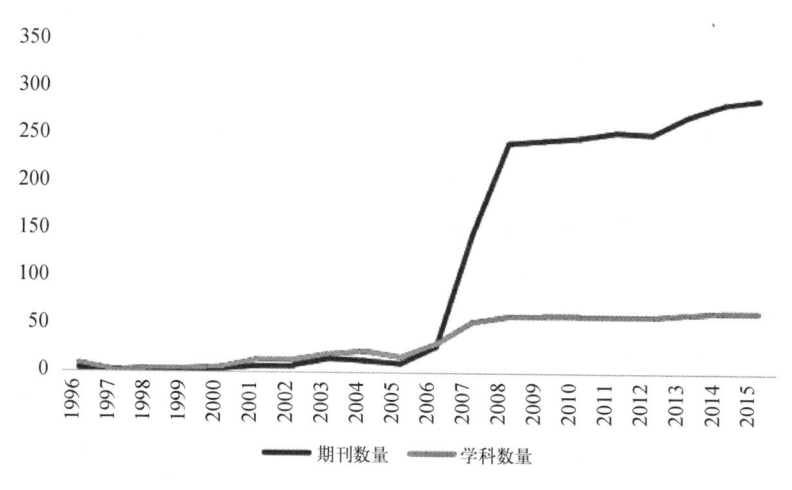

图 4-1-17 期刊数量和学科数量的变化情况

第六节 本章小结

科学家与学术数据之间存在双螺旋互动规律。科学家与学术数据的双螺旋互动模式由平面和立体两部分组成,平面双螺旋互动模式由科学家螺旋、学术数据螺旋两条螺旋,"合作型互动""学科型互动"两大互动关系,学术期刊等载体共同组成。立体双螺旋互动模式则引入时间因素,体现学科不同的发展阶段。科学家之间、学术数据之间、科学家和学术数据之间都存在着正式交流和非正式交流的通道。

不同学科的双螺旋互动规律略有不同。在物理学领域,科学家与学术数据之间的作用不是线性的,也不是单向的,而是以双螺旋模式相互作用、共同进退。科学家与学术数据之间存在合作型互动和学科型互动两种互动形式。当科学家的合作规模为3人时,学术数据的产出量最高;合作规模为4人时,学术数据的产出影响力最好。当科学家的合作数量更高时,不利于科研成果的产出和学术影响力的提高。物理学领域的学科融合程度还不深,多只与1—2个其他学科进行交叉。物理学领域的螺旋式上升发展分为三个阶段,分别为1996—2005年的基础增长阶段、2006—2009年的快速增长阶段和2010—2015年的缓慢增长阶段。

科学家与学术数据之间存在"合作型互动"。对于科学家来说,科学家应主动与其他科学家开展合作研究,实现跨国家、跨地区、跨机构、跨年龄、跨性别的合作,实现思维的碰撞与能力的互补,以促进学术数据量的积累和质的提升。但同时注意要从人数、研究方向、技能等方面对合作的人选和团队加以限制和过滤,达到有效的合作,提高科研效率。对于学术数据来说,也应加强学术数据之间的"合作",即从作者、研究主题、引文网络等方面入手,将同类型的学术数据组合在一起,以便提高科学家搜集、获取、利用学术数据的效率,更好地为科学家服务。

科学家与学术数据之间存在学科型互动。对于科学家来说,应该主动开展跨学科研究,从思想上和技能上武装自己,认识到跨学科研究的重要性,并努力修炼"内功"使自己能够胜任跨学科的研究。在进行跨学科研究时,尽量选择距离较远的学科进行交叉,如人文学科和自然学科,而不是人文学科内部或人文学科与社会学科这类相差不大的学科,为科学的进步贡献自己的力量。对于学术数据来说,对学术数据所属学科类别的准确识别则显得至关重要,任何一个新学科都有可能产生与原始学科类别库有细小差别的学术数据,因此学科类别的划分应及时讨论更新,为科学家的研究指明方向。同时学术数据的组织、分类和整理等也可以借鉴语义出版模式,实现针对科学家的个性化定制和精准推荐。

第二章 用户与数据的互动规律

第一节 用户与数据的互动

了解读者的阅读兴趣和习惯,对畅销书的推荐和预测起着重要的作用。目前,公共图书馆实行开架借阅,将藏、借、阅融为一体,读者与图书的距离更加亲近,可以更加充分地利用馆藏资源,然而大量的图书也更容易使读者产生信息迷航,图书的借阅量与借阅率在不断下降。针对这一现象,本章对影响图书馆用户借阅行为的各种因素进行分析和探讨,以期望深入了解读者的阅读偏好,有利于推动图书馆提高馆藏资源利用效率,优化馆藏资源和改善服务水平。

第二节 相关研究综述

关于借阅行为的相关研究,芬兰学者米克宁(Mikkonen)等[1]的研究结果表明,小说类读者的阅读偏好与图书馆目录的搜索行为的差异相关;索罗亚(Soroya)等[2]采用定量研究的方法,通过问卷调查说明信息技术的发展影响了读者的阅读选择,年轻读者当中电子资源的占比在不断提高;日本学者余(Yu)等[3]研究调查了日本的本科生和研究生在狭窄空间中的阅读情况,

---

[1] Mikkonen, A. and Vakkari, P., "Reader Characteristics, Behavior, and Success in Fiction Book Search", *Journal of the Association for Information Science and Technology*, Vol. 68, No. 9, 2017, pp. 2154-2165.

[2] Soroya, S. H. and Ameen, K., "Millennials' Reading Behavior in the Digital Age: A Case Study of Pakistani University Students", *Journal of Library Administration*, Vol. 60, No. 5, 2020, pp. 559-577.

[3] Yu, H. and Akita, T., "The Effect of Illuminance and Correlated Colour Temperature on Perceived Comfort According to Reading Behaviour in a Capsule Hotel", *Building and Environment*, Vol. 148, 2019, pp. 384-393.

发现阅读环境能够影响读者的阅读行为；索罗亚等[1]向各高校科学和技术、社会科学以及艺术和人文科学的硕士研究生发放调查问卷，结果表明不同知识领域的学生中，阅读方式和借阅偏好有显著差异。国内姚晓彤[2]通过问卷调查法，对高校学生阅读行为类型及影响因素进行了实证研究，说明高校信息素养教育、家庭因素以及外向因素影响学生的阅读行为类型；金奇文[3]以上海图书馆图书的流通数据为依据，分析出儿童读者的借阅偏好和年龄分布情况相关；王红等[4]通过馆藏图书分类和流通数据，发现专业方向和读者入学时间等特征与馆藏流通之间的关联，探索读者与图书流通之间的隐含规律；黄海云等[5]利用贝叶斯模型整合高校图书馆的读者信息和借阅记录，用以预测读者的借阅行为，为读者提供图书借阅的参考。

阅读推荐方面，目前的研究主要侧重于高校学生的学科背景和借阅历史的相似性分析。金姆(Kim)等[6]提出一种情境信息感知模型，利用该模型提取协同过滤过程中的用户偏好缺失值，为普适环境开发了一种新的基于情境的协同过滤方法；雷陶(Leitão)等[7]通过实证分析研究影响书籍购买的因素，研究的结果表明，影响决策的5个主要因素分别是书名、概要、主题、家人和朋友的推荐及特价书籍；萨里基(Sariki)等[8]提出了一个基于书目内容信息挖掘开发的书目推荐系统，该系统能够实现用各种文本挖掘方法来挖掘电子图书书目内容相关信息，再基于内容对书籍进行排名和推荐。国内孙辉等[9]

---

[1] Soroya, S. H. and Ameen, K., "Subject-Based Reading Behaviour Differences of Young Adults under Emerging Digital Paradigm", *Libri*, Vol. 70, No. 2, 2020, pp. 169–179.

[2] 姚晓彤：《高校学生阅读行为类型及影响因素研究》，《图书馆杂志》2021年第3期。

[3] 金奇文：《公共图书馆少年儿童读者借阅分析及馆藏优化建议——以上海图书馆为例》，《图书馆杂志》2018年第7期。

[4] 王红、袁小舒、原小玲、黄建国：《高校图书馆读者借阅趋势线性回归建模预测探析》，《图书情报工作》2020年第3期。

[5] 黄海云、韩育、张达瀚、李伟、樊晶晶、牛晓燕、张屹：《贝叶斯模型大数据分析的软件实现——以河北科技大学图书馆为例》，《图书馆论坛》2018年第5期。

[6] Kim, J., Lee, D., and Chung, K. Y., "Item Recommendation Based on Context-Aware Model for Personalized U-Healthcare Service", *Multimedia Tools and Applications*, Vol. 71, No. 2, 2014, pp. 855–872.

[7] Leitão, L., Amaro, S., Henriques, C., and Fonseca, P., "Do Consumers Judge a Book by its Cover? A Study of the Factors that Influence the Purchasing of Books", *Journal of Retailing and Consumer Services*, Vol. 42, No. 1, 2018, pp. 88–97.

[8] Sariki, T. P. and Kumar, B. G., "A Book Recommendation System Based on Named Entities", *Collection Building*, Vol. 66, No. 1, 2018, pp. 77–82.

[9] Sun, H., Hou, Z., and Shen, C., "Research on Interest Reading Recommendation Method of Intelligent Library Based on Big Data Technology", *Web Intelligence*, Vol. 18, No. 2, 2020, pp. 121–131.

在阅读兴趣挖掘结果的基础上,建立了基于语义主题的用户兴趣模型,提出了一种基于大数据技术的智能图书馆兴趣阅读推荐方法;陈淑英等[1]提出的关联规则的推荐方法,是针对具有相似学科背景的学生推荐同一类书籍;楼雯等[2]以武汉大学图书馆馆藏书目为样本,提出基于资源本体的图书馆知识检索模型,实现了面向用户的个性化推荐、专业知识关联服务等功能;许鹏程等[3]详细阐述数字图书馆用户画像模型的构建流程,并将用户画像应用于数字图书馆的精准推荐、个性化检索、精准宣传以及参考决策中,以促进数字图书馆的知识服务升级;郭文玲[4]对113所"211工程"高校图书馆的新浪微博阅读推荐服务进行调查分析,提出深化高校图书馆微博阅读推荐服务的建议;余以胜等[5]同时考虑图书与用户自身的因素,提出了一种基于改进的协同过滤算法的推荐方式,从而提升推荐的可解释性、准确性及实时性。

总体而言,现有研究通常选取样本容量较少,缺少应用于大量数据的实证分析,且大多偏向于对高校图书馆的研究,针对公共图书馆的读者借阅行为的分析较少。本章利用大规模的数据来分析公共图书馆中影响读者借阅偏好的影响因素,比如借阅历史、阅读习惯和对图书馆的黏性。为此我们可以建议图书馆采购有价值的书籍,同时图书馆也可以向读者进行个性化推荐。

第三节 数据来源和处理

一、数据采集和清洗

本节采集2015年上海市某公共图书馆全年的借阅记录,主要包括三个组成部分,读者的基本数据:读者的身份信息,如读者ID、出生时间、性别等

---

[1] 陈淑英、徐剑英、刘玉魏、山洁:《关联规则应用下的高校图书馆图书推荐服务》,《图书馆论坛》2018年第2期。
[2] 楼雯、姜晓烨、陈雨晨、董克:《基于资源本体的图书馆知识检索平台功能设计》,《图书馆论坛》2017年第11期。
[3] 许鹏程、毕强、张晗、牟冬梅:《数据驱动下数字图书馆用户画像模型构建》,《图书情报工作》2019年第3期。
[4] 郭文玲:《基于微博平台的高校图书馆阅读推荐调查分析》,《图书馆杂志》2017年第4期。
[5] 余以胜、韦锐、刘鑫艳:《可解释的实时图书信息推荐模型研究》,《情报学报》2019年第2期。

馆藏信息数据;读者借阅的图书信息,如书名、ISBN 国际标准书号、作者、条码号、出版商、出版时间,以及读者的借阅数据;读者与图书之间的借阅信息记录,包括每次借阅和归还的时间。采集到的数据存在重复、不完备和残缺值等问题,还存在不具有研究意义的字段,本节将原始数据导入 MySQL 软件,然后对数据进行清洗和筛选,共得到 117 376 位读者,662 047 本书籍以及 44 264 301 条读者与图书之间的借阅信息记录,保留读者性别、出生时间、书名、索书号、ISBN 国际标准书号、出版社、作者、馆藏类型以及借阅时间等字段。

二、数据转换

在数据清洗过后,可以得到一个符合规范的数据集,从而保障数据的可靠性和准确性。但这些数据的字段并不能够满足做个性化推荐的需求,因此还需对某些属性做变换。本节首先将读者出生时间转换为年龄,同时原始数据中每位读者的借书和还书是单独的两条记录,为方便统计为借阅时长,将借还记录合并为一条。此外对索书号的转换,中国图书馆分类法是目前国内应用最为广泛的图书分类方法。按照中国图书馆分类法,可以将借阅过的图书分成 22 个基本大类,代表读者对图书内容的偏好,转换后的数据如表 4-2-1 所示:

表 4-2-1 借阅记录表(部分)

序号	读者身份信息			图书馆藏信息					借阅记录		
	性别	出生时间	书名	CSC	出版社	作者	ISBN	馆藏类型	出版时间	借书时间	还书时间
1	男	1971	图说中医自然疗法速查手册	R	中国人口出版社	王彤 编著	978-7-5101-0629-3	普通外借资料	2011	2015-02-18 15:50:00	2015-03-08 10:27:00
2	女	1976	占卜者之门 = Das druidentor	I	春风文艺出版社	[德]沃尔夫冈·霍尔拜恩 著	978-7-5313-3538-2	普通外借资料	2010	2015-08-18 15:43:00	2015-08-31 13:39:00
3	女	2011	God gave us Christmas	I	Waterbrook Press	Lisa Tawn Bergren	9781400071753	少儿参考外借资料	2009	2015-09-19 16:07:00	2015-10-25 09:34:00

第四节　基本借阅特征统计分析

一、读者借阅特征分布

如图 4-2-1 所示,在 2015 年有借阅记录的读者中,读者年龄分布范围为 0—84 岁,其中 0—10 岁以及 25—40 岁的读者人数最多,其他读者尤其是年龄超过 50 岁的读者人数逐渐减少,说明这部分读者该年不太活跃。在图 4-2-2 中,年龄 15 岁以下的读者中男女人数基本相同,20—40 岁的女性读者人数多于男性读者,活跃度更高,50 岁以上的读者刚好相反。

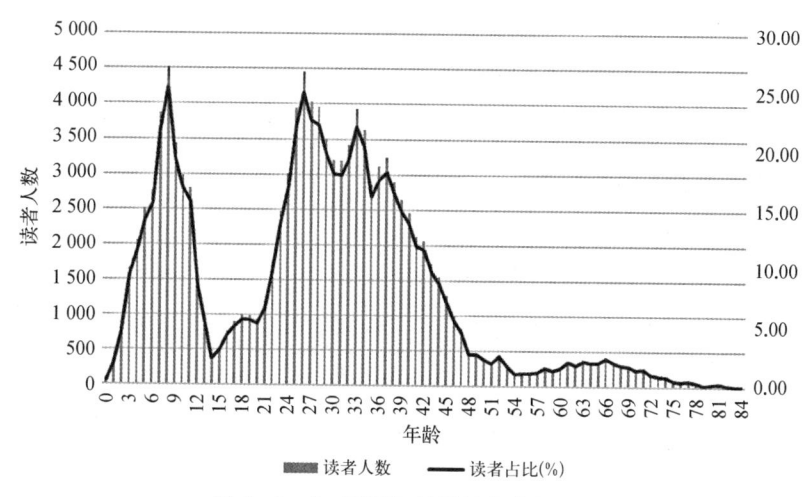

图 4-2-1　不同年龄的读者人数分布

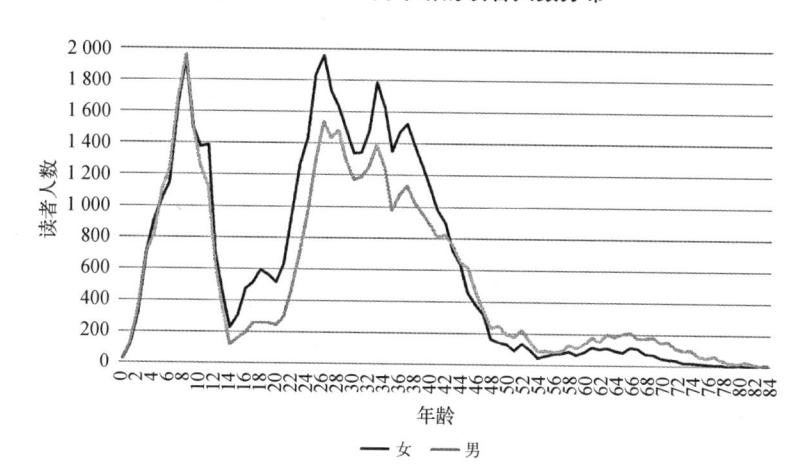

图 4-2-2　不同年龄的读者性别分布

图4-2-3表示不同出版时间图书的借阅人数分布,时间分布范围为1947—2013年。最近5年出版的图书借阅人数远大于5年之前出版的图书,说明读者可能更倾向于借阅新书,新书更受欢迎,而出版时间大于10年的旧书借阅人数较少,尤其是1985年之前出版的图书几乎没有借阅量,读者偏爱程度较低,图书馆可以适当增加新书的馆藏数量,减少旧书的采购。在图4-2-4中,不同图书类别的借阅人数也有很大差异,I(文学)类的借阅人数最多,说明读者最倾向于借阅文学类的书籍,其次是K(历史、地理)、H(语言、文字)、T(工业技术)、G(文化、科学、教育、体育)以及F(经济)。

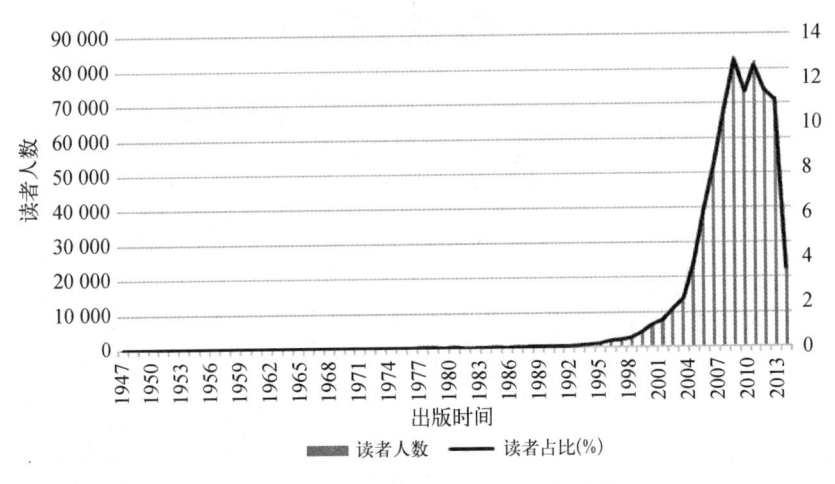

图4-2-3 不同出版时间的读者分布

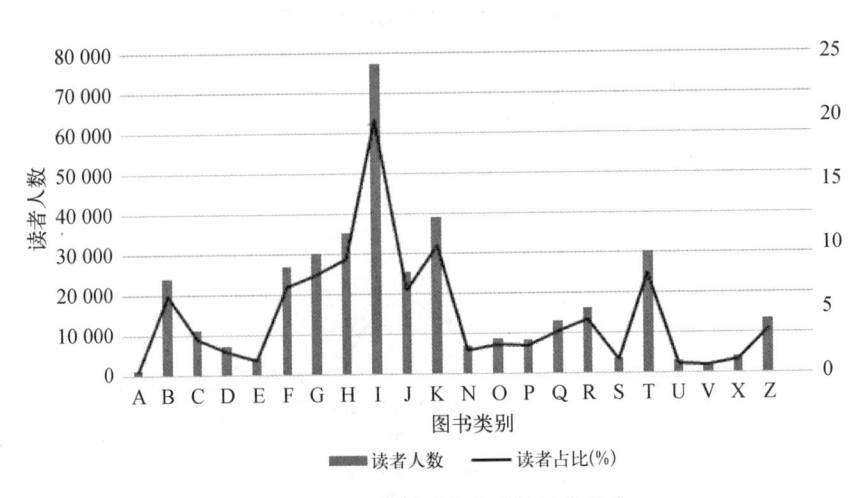

图4-2-4 不同图书类别的读者分布

二、图书借阅情况分布

不同年龄的读者借阅数量对比如图 4-2-5 所示,在 2015 年有借阅记录的读者中,0—10 岁的读者人数最多,借阅量也最多。25—40 岁的读者虽然人数较多,但借阅数量较少,说明这部分读者办读者证可能是出于新鲜感,黏性不高,图书馆应该考虑如何提高对这类读者的吸引力,个性化推荐图书。其他年龄段的读者借阅数量较少,和人数基本保持一致。

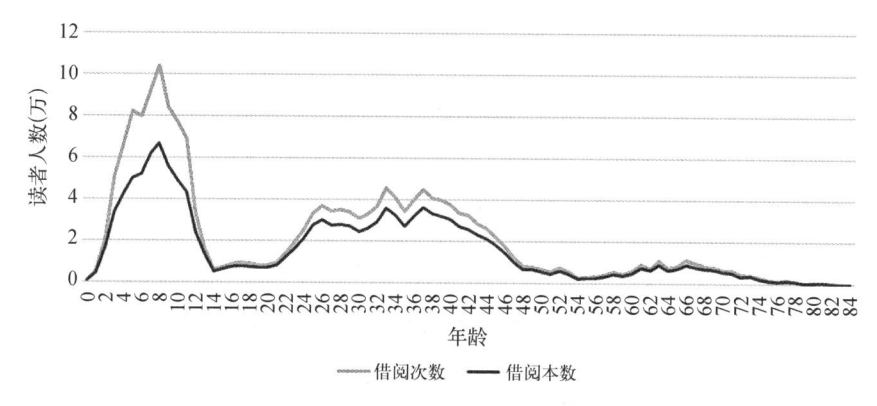

图 4-2-5　不同年龄的读者借阅量对比

图 4-2-6 表示最近 5 年出版的图书借阅数量最多,出版时间越长的图书借阅数量越少,与读者人数的构成基本相同。在优化馆藏结构的同时,对于出版年代久远的旧书,图书馆应该思考如何推荐其中有价值的经典图书,需要将它们推荐给哪一类读者。图 4-2-7 表明了读者在内容方面的借阅偏好,I 类图书借阅量最多,其次是 K、T、H、F、G。

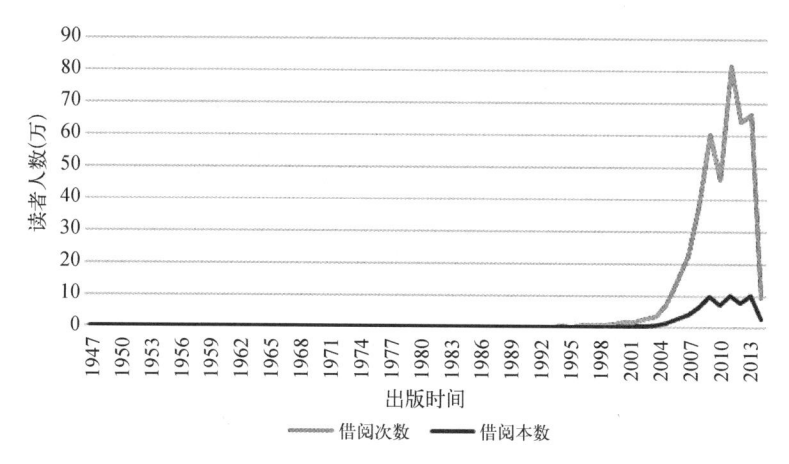

图 4-2-6　不同出版时间的图书借阅量对比

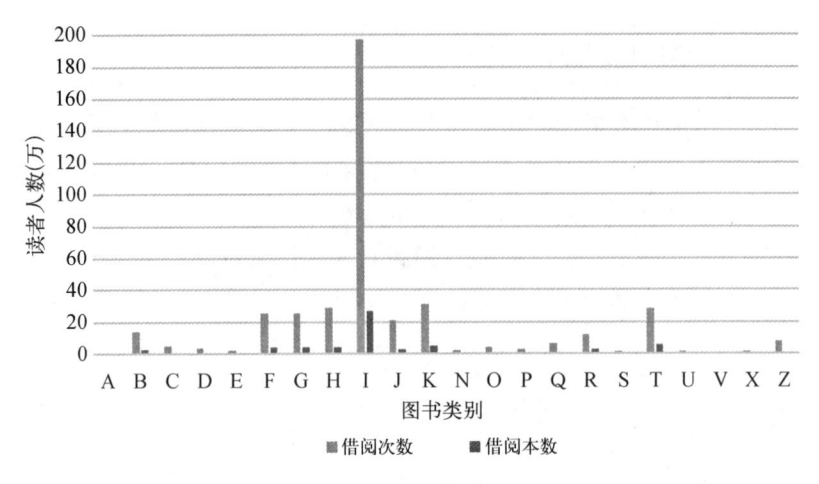

图 4-2-7　不同类别的图书借阅量对比

三、平均借阅趋势分布

由于上述分析的借阅数量多的类别中,借阅人数也较多,不能很好地说明每位读者的借阅偏好,因此平均借阅数量能更准确地表明读者的借阅需求以及图书馆的采购需求,更具说服力。如图 4-2-8 所示,0—10 岁以及60—80 岁的读者平均借阅次数、本数最多,60—80 岁的读者借阅总次数极少,但人均借阅数量很多,说明该年龄段读者的借阅需求较大,应重点关注。此外,0—10 岁的读者平均借阅本数的趋势明显缓慢于借阅次数,图 4-2-9 中最新出版的图书和图 4-2-10 中 I 类图书也是如此,说明这些受欢迎的图书需求较大,但图书馆藏数量欠缺,需增加畅销书的馆藏量。

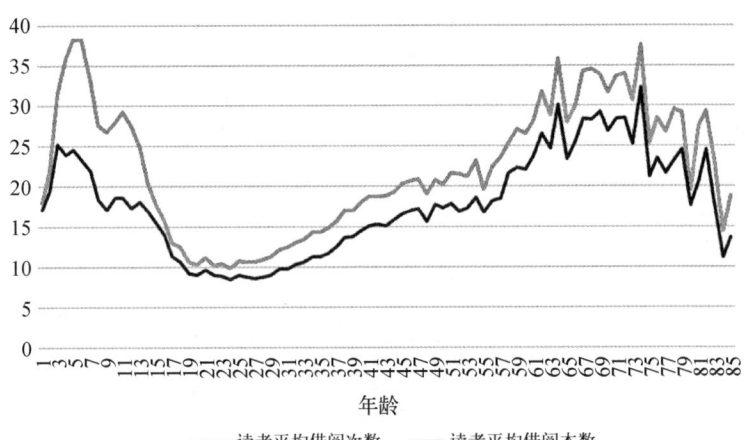

图 4-2-8　不同年龄的读者平均借阅情况趋势

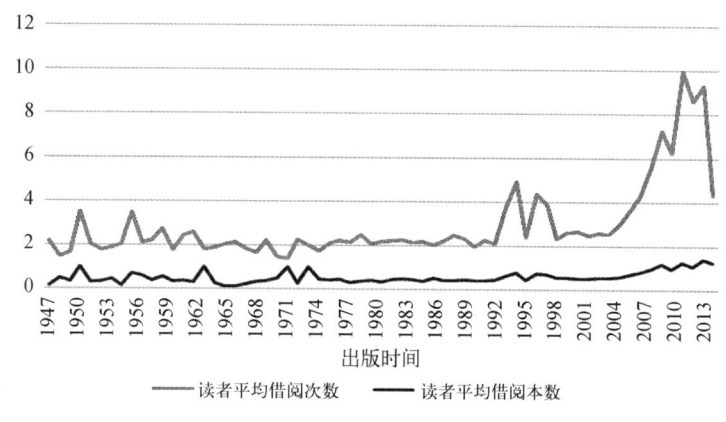

图 4-2-9　不同出版时间的平均借阅情况趋势

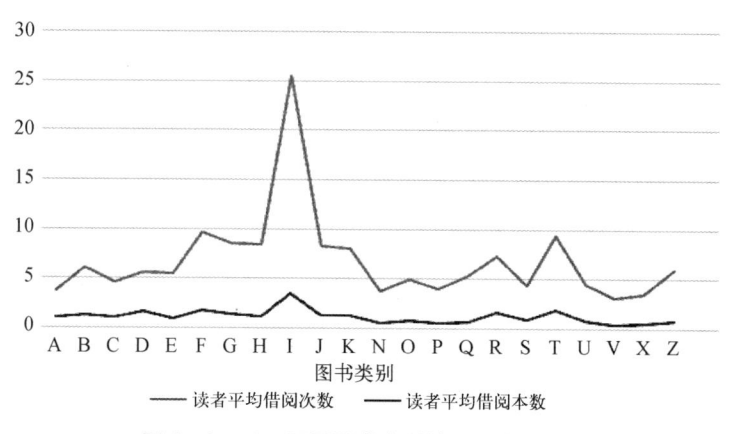

图 4-2-10　不同图书类别的平均借阅趋势

图 4-2-11 反映了平均每位读者借阅每本书的次数,根据之前的统计结果,I 类的借阅人数和次数都最多,但平均每人借阅每本书的次数却最少,说明 I 类的读者对该类书的黏性不高,再借该类书的可能性较低。与之相

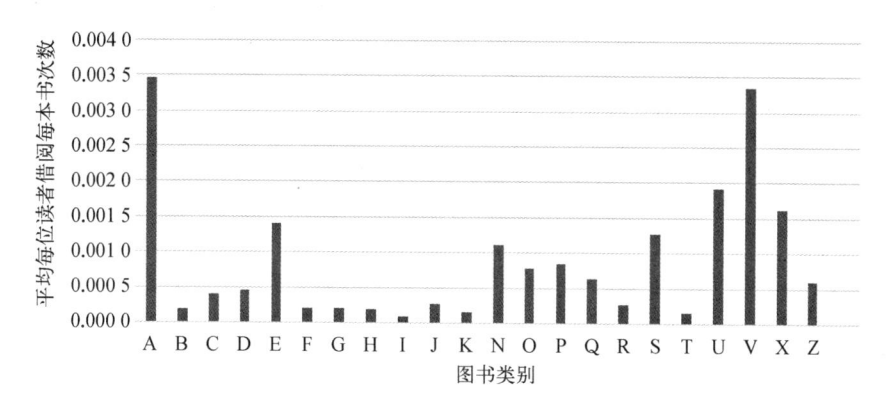

图 4-2-11　平均每位读者借阅每本书的次数对比

反的是 A（马克思主义、列宁主义、毛泽东思想、邓小平理论）类图书，借阅人数和次数都较少，但平均次数最高，说明 A 类书虽然受众较小，但读者黏性高，再借 A 类书的可能性也很高，可以对这类读者继续推荐 A 类书。

第五节　模型的构建和验证

一、变量的选取和定义

本节利用逻辑（Logistic）回归方法来研究读者借阅偏好影响因素的相关性。选用该模型有两大优势：一是逻辑回归模型能够很好地解决非线性问题，且可以解决多个自变量的问题，确定各自变量对因变量的影响强度，模型相对较成熟，准确度较高。二是该模型不要求变量服从多元正态分布，适用范围更广。回归模型为：

$$Ln\left(\frac{p}{1-p}\right) = \beta_0 + \sum_{i=1}^{n} \beta_i x_i$$

其中，p 表示用户借阅数量偏多的概率，$1-p$ 则表示用户借阅数量偏少的概率，n 表示影响用户借阅量的因素个数，β_0 表示回归截距（常量），x_i 表示第 i 个影响因素，β_i 表示第 i 个因素的回归系数。

假设以中国图书馆分类法类别为代表的读者兴趣内容会受到读者年龄、性别、图书出版时间、出版社级别以及作者国别的影响。将图书类别设置为因变量 y，表示读者感兴趣的图书类型，读者的年龄、性别、图书的出版时间、出版社级别以及作者国别被设定为自变量，如表 4-2-2 所示。

表 4-2-2　读者借阅影响因素逻辑回归分析的相关变量定义

变量类型	变量	变量取值	变量含义
因变量	y	图书类别	将 A—Z 转换为数字 1—22
自变量	x_1	性别	男 = 0；女 = 1
	x_2	年龄	0—10 岁 = 0； 10—20 岁 = 1； 20—30 岁 = 2； 30—40 岁 = 3； 40—50 岁 = 4； 50 岁以上 = 5

续 表

变量类型	变 量	变量取值	变 量 含 义
自变量	x_3	出版时间	2010—2015 年 = 0; 2005—2010 年 = 1; 2000—2005 年 = 2; 1995—2000 年 = 3; 1990—1995 年 = 4; 1985—1990 年 = 5; 1985 年之前 = 6
	x_4	出版社级别	百佳出版社 = 0; 非百佳出版社 = 1
	x_5	作者国别	中国 = 0;外国 = 1

二、模型的结果分析

采用 SPSS 统计软件对调查数据进行多元逻辑回归分析,将所有可能有影响作用的自变量全部代入模型进行检验,综合检验结果如表 4-2-3 所示,各个影响因素的显著性均通过检验,说明模型对样本的总体拟合较好,自变量对因变量的影响效果都很显著。

表 4-2-3 综合检验结果

效 应	模型拟合条件	似然比检验		
	似然比值	卡 方	自由度	显著性
截距	81 141.660[a]	0.000	0	0.000
性别	97 867.885	16 726.225	20	0.000
年龄	82 281.847	1 140.187	24	0.000
出版时间	81 185.621	43.962	4	0.000
出版社级别	81 405.719	264.060	4	0.000
作者国别	82 033.644	891.984	4	0.000

至于模型的具体测算结果,以系数 B 的值来表示自变量和因变量之间的相关性,大于零为正相关,小于零为负相关,值越大相关性越高。图 4-2-12 和图 4-2-13 说明读者个人特征对借阅内容的影响,图 4-2-12 表示性别为男性的 B 值测算结果,说明男性更爱借阅 E(军事)、U(交通运输)、V(航空、航天)等类图书,反之女性偏好借阅 H 和 I 类图书。这一结果也与实际

情况相符,现实中男性更为喜爱军事类的主题,交通等工程行业的从业人员男性偏多,女性喜爱小说等文学类的图书,语言文字类工作中的女性占比更大,图书馆可以针对读者的性别特征,分别对其推荐感兴趣的类别。上文变量定义时将年龄分为 5 个阶段,图 4-2-13 为 0—5 年的 B 值分布情况,B 值均为负数,说明年龄小的读者对图书馆的黏性不高,借阅的活跃度低,图书馆应该更深层次地挖掘该类读者的阅读需求,实施精准推荐,提高借阅积极性。

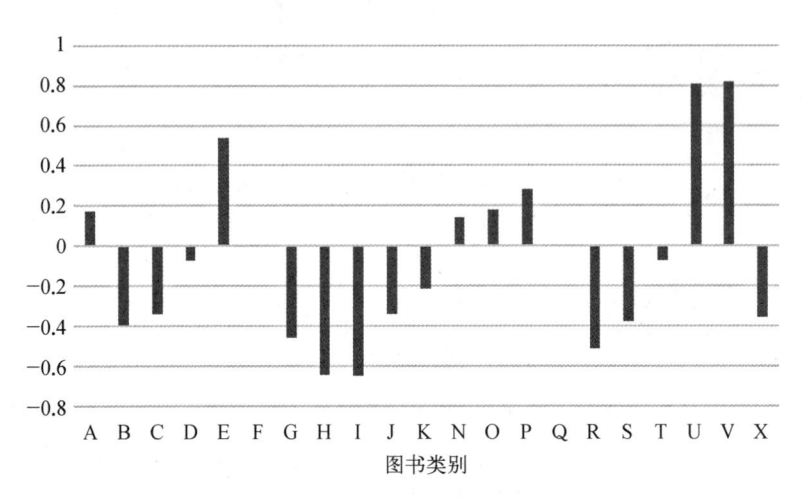

图 4-2-12　系数 B 的测算结果(男)

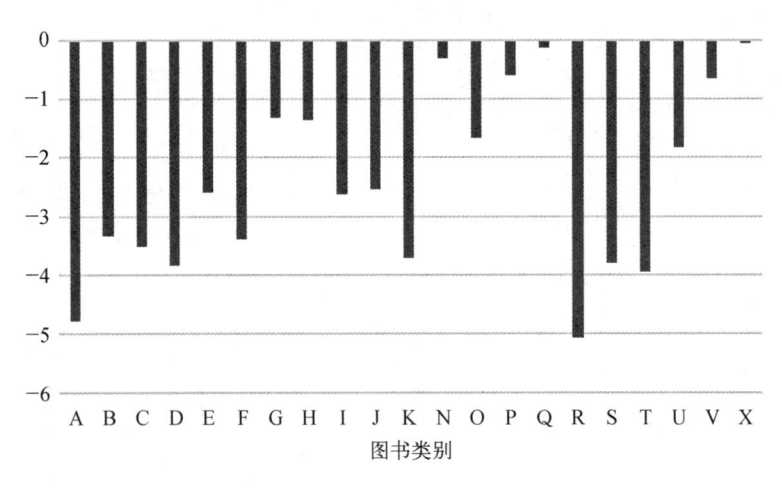

图 4-2-13　系数 B 的测算结果(0—5 岁)

图 4-2-14、图 4-2-15 和图 4-2-16 为图书特征对因变量的影响情况,图 4-2-14 表示出版时间 0—5 年的图书和借阅类别之间的相关性,结果说明 E、R(医药、卫生)、T 和 U 类图书中,出版时间近的新书更受读者欢

迎,这可能是因为军事和医药、卫生等行业技术发展迅速,更新换代较快,图书馆在采购这几类图书时也应考虑到图书的时效性,增加最新出版的图书的采购量。而对于 A、B(哲学、宗教)、D(政治、法律)以及 I 类图书,读者更为偏爱出版时间久的经典,图书馆可以增加这些经典图书的馆藏量。图 4-2-15 表示出版社级别对读者借阅选择的影响,对于 T 和 U 类图书,读者十分注重出版社的权威性,比如对于计算机科学领域,清华大学出版社的图书最为畅销,图书馆针对这类读者应该推荐级别高的出版社的图书,保持读者的借阅黏性。图 4-2-16 说明对于 G 和 X(环境科学、安全科学)等类图书,读者更倾向于选择中国作者,图书馆在采购和推荐这类图书时应多注重这一特征。

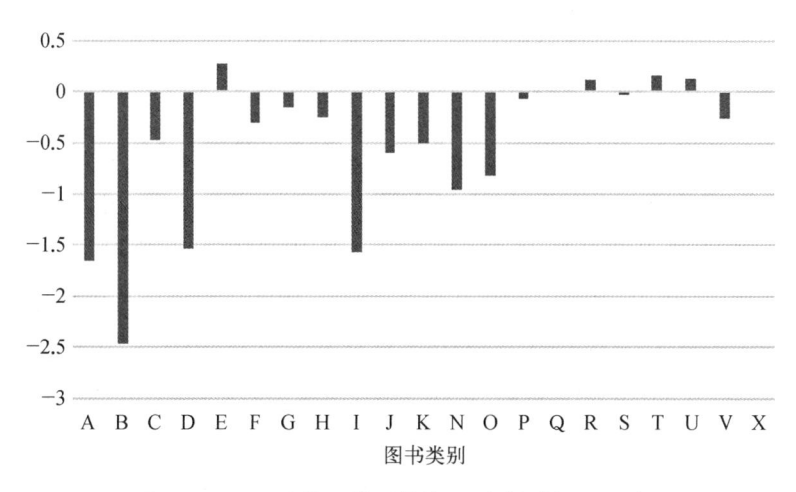

图 4-2-14 系数 B 的测算结果(出版时间 0—5 年)

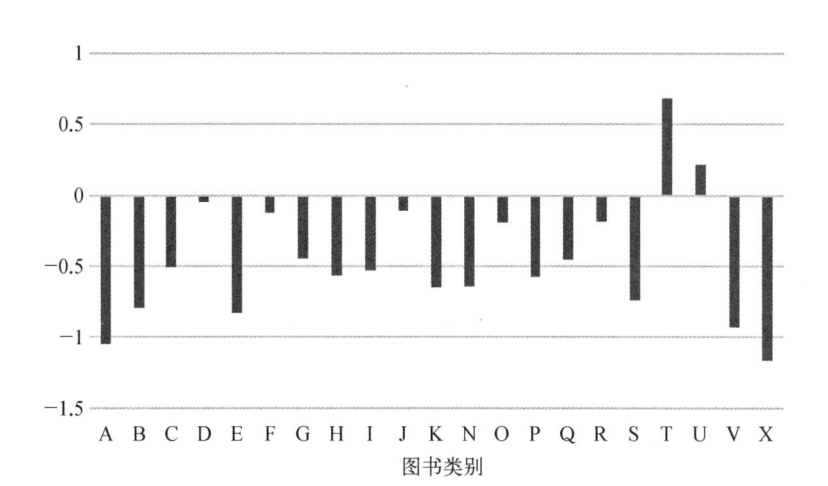

图 4-2-15 系数 B 的测算结果(百佳出版社)

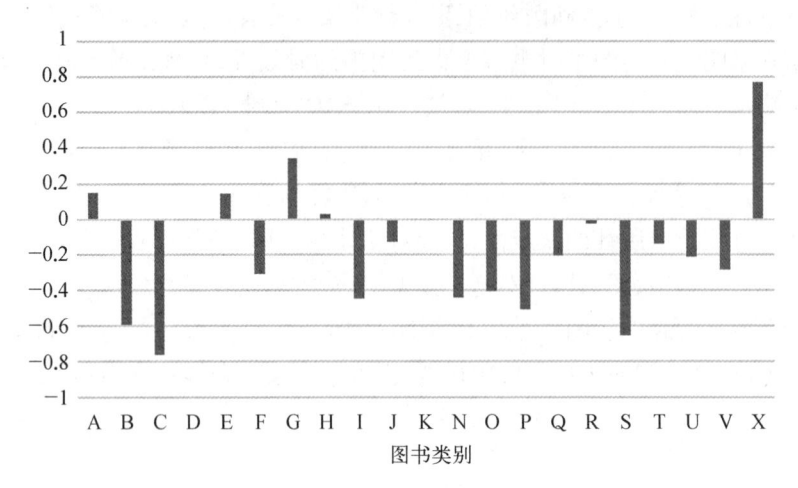

图 4-2-16　系数 B 的测算结果（中国作者）

第六节　本章小结

本章采用 2015 年上海某公共图书馆的馆藏数据和借阅数据,提出了一种基于逻辑模型研究公共图书馆读者偏好的方法,发现读者的年龄、性别、图书的出版时间、出版社级别以及作者国别等特征都对读者的借阅内容偏好有较大影响,这一研究既可以对图书馆采购图书提出建议,帮助馆员做出合理的采购决策,便于采购人员采购图书时进行调整和取舍;也可以针对读者特征的相似性和读者借阅内容的相似性进行个性化推荐,增强用户的借阅兴趣,提升借阅率。根据模型的检验结果,图书馆应积极采取相关措施,提高服务水平,提升用户满意度,提高读者推荐的准确率,增强用户到馆借阅文献的意愿,改善馆藏书籍借阅率较低的现状。

第一,合理采购书籍,优化馆藏资源。适当调整畅销新书与经典旧书的比例,才能最大限度发挥图书馆效益。根据读者的借阅偏好制订合理的文献资源建设计划,及时采购和补充紧缺及畅销图书,特别是很受读者欢迎但馆藏量很少的图书;应同时减少购买"无用"图书,即借阅量较少且没有意义的旧书。另外针对馆藏已有旧书,及时处理损坏的、丧失其利用价值的、借阅率特别低的书籍,以提高藏书的整体质量;对新书进行有效宣传的同时,注重经典图书的保护及推广。根据用户借阅偏好合理采购书籍能够使馆藏资源充分发挥作用,从而为读者提供便捷的服务。

第二,针对读者个人特点,进行个性化推荐。在读者借阅行为数据的基础上依据读者的借阅行为偏好,图书馆应更有针对性地对读者进行个性化信息推荐服务。由于面向全体公民免费开放,公共图书馆是一个目前个性化推荐技术应用较少但未来很有应用场景的领域。公共图书馆收藏着几十万册甚至上百万册的图书,让十几万的读者在众多图书中找出自己需要或者合适的图书十分困难,虽然当前各个公共图书馆都有自己的图书检索系统,但这些系统只能帮助读者查找其明确需要的书籍,是一种被动的查询模式,而无法主动向读者推荐那些读者可能感兴趣或对读者有用但其并不知道具体信息的书籍。所以在公共图书馆推行藏书的个性化推荐服务,可以减少读者的检索时间,使读者更加方便、快捷、有效地找到自己感兴趣或需要的图书,提高借阅率,增强读者黏性。此外,图书馆向读者进行图书推荐并不是读者单向获益的行为,主动提供个性化推荐是图书馆与读者的一种互动,可以得到读者的有效需求反馈,以此来向读者提供更加精准的服务,图书馆个性化推荐将成为公共图书馆建设不可或缺的部分。

第五篇　学术大数据的语义规律研究

　　研究方法、修辞结构、关键内容、语义推荐,这些词听起来似乎并不相关,但正是这些词表现出了科学交流的复杂性和多样性。研究某学科某段时间的研究方法和论文修辞结构可以反映研究范式的变化,也能反映科学交流方式的变化。从语义层面分析论文要表达的关键内容,并推荐给用户,是科学交流的内容对象被应用的体现。

第一章 我国图书情报学科研究方法与其研究内容的关联研究

第一节 我国图书情报学科现状

图书情报学科正值时代所致的学科转变阶段,寻找和确立图书情报学科的核心方法体系成为我们深入了解学科内涵和发展的一项基础性工作,研究学科方法论、方法体系和方法应用规律是适时的、必要的,本章对图书情报重要学者所使用的研究方法中识别那些影响学科体系结构、推动学科基础理论创新的核心研究方法进行识别与总结,呈现研究内容和研究方法之间的动态关系。

第二节 相 关 研 究

科学规范的研究方法是科研工作的必备利器,学者对于研究方法的选择和对研究问题的阐释,对研究结果的说明具有重要影响。科研工作者选择某一研究方法,既是源于对科学问题的理解[1],又体现出其科学理念[2]。一方面,研究方法的选择需要与研究内容相适应,学科发展的生命力不仅体现在研究内容的延伸和扩展,也体现在研究方法的不断革新。研究内容和研究方法的创新、交织、融合是学科不断向前发展的明显表现[3]。另一方面,某学科的主要研究方法在学科发展过程中伴随研究范式的演变而变,相

---

[1] Ma, L., "Some Philosophical Considerations in Using Mixed Methods in Library and Information Science Research", *Journal of the American Society for Information Science and Technology*, Vol. 63, No. 9, 2012, pp. 1859-1867.

[2] Hjørland, B., "Theory and Metatheory of Information Science: A New Interpretation", *Journal of Documentation*, Vol. 54, No. 5, 1998, pp. 606-621.

[3] Shneider, A. M., "Four Stages of a Scientific Discipline; Four Types of Scientist", *Trends in Biochemical Sciences*, Vol. 34, No. 5, 2009, pp. 217-223.

关科研工作者既是研究方法到范式转变的创造者,又是应用研究方法的行动者。因此,探索研究方法在某学科的应用情况,可以发现研究内容和研究方法的动态发展变化,还可以发现潜在的研究范式变化。

目前对图书情报学研究方法的探索主要有三个方面。一是图书情报学方法体系的构建,二是图书情报学研究方法的应用规律研究,三是特定研究方法在图书情报学科的应用现状。

在图书情报学方法体系的构建方面,我国早期学者多数利用了内容分析法,对样本文献进行编码和统计[1],尝试将方法论提升到科学理念的层次,著名的"三层次论"就是在这样的研究方法基础上提出的,图书情报学方法论包括哲学方法、一般方法和专门方法这三层方法,后续研究往往以此为基础,提出了其他的方法论[2],比如最常用的定性与定量研究[3]。而后出现了"过程说"的方法论[4],认为研究方法应该依赖于研究过程,总结出以选择法、综合方法、信息获取法等,或以哲学法、现代科学法、客观实证法、专门研究法以及理性思维法等研究方法体系[5]作为图书情报学科的研究方法体系。还有学者将多种理论综合,提出了层次型、过程型、特点划分型和适用范围划分型[6]的图书情报学科方法体系。国外比较知名的研究图书情报学科方法体系的学者基本传承了加维林(Järvelin)和瓦卡里(Vakkari)的理念[7],将研究方法划分为几个层次,比如保登(Bawden)和罗宾斯(Robinson)的著作《信息科学的介绍》(*Introduction to Information Science*)阐述了一个两级方法分类体系,其中一级分类包括调查方法、实验与观察方法、案头方法,二级分类涵盖了15种具体的数据搜集方法[8]。其他学者则惯用内容分析法对一定时期的期刊文献进行编码,提出了比如包含15种或12种具体研究方法的研究方法体系[9][10],他们共同发现图书情报学科的重要方法有行动研

---

[1] 乔好勤:《试论图书馆学研究中的方法论问题》,《图书馆学通讯》1983年第1期。
[2] 王崇德:《图书情报学方法论》,科学技术出版社1988年版。
[3] 于良芝:《图书馆学导论》,科学出版社2003年版。
[4] 黄宗忠:《图书馆学导论》,武汉大学出版社1988年版。
[5] 张寒生:《当代图书情报学方法论研究》,合肥工业大学出版社2006年版。
[6] 化柏林、李广建:《面向情报流程的情报方法体系构建》,《情报学报》2016年第2期。
[7] Järvelin, K. and Vakkari, P., "Content Analysis of Research Articles in Library and Information Science", *Library & Information Science Research*, Vol. 12, 1990, pp. 395–421.
[8] Bawden, D. and Robinson, L., *Introduction to Information Science*, Chicago, IL: Neal-Schuman, 2012.
[9] Chu, H., "Research Methods in Library and Information Science: A Content Analysis", *Library & Information Science Research*, Vol. 37, No. 1, 2015, pp. 36–41.
[10] Togia, A. and Malliari, A., *Research Methods in Library and Information Science*, Intech Open, 2017.

究法、文献计量法、内容分析法、现象学分析法、实验法等。

在图书情报学研究方法的规律总结方面,内容分析法是学者们常用的分析手段,张源从多个方面对情报学研究中各类方法的应用进行分析,发现情报学研究所使用的所有方法中,理论探讨的使用率最高,这些理论探讨的科学性在不断加强,情报学的特殊研究方法的数量也在不断上升[1]。还有学者探析目前实证研究应用于图书情报领域中的具体研究方法,在对期刊文献进行分析后发现,在图书情报学实证研究中最热门的研究方法是调查法和统计法,实地研究法应用最少[2]。将内容分析法和计量学方法相结合,可以发现研究方法的应用规律[3]:一方面,有人称国内学者主要进行定性研究,西方学者则更善于将统计、演绎、实证的研究方法结合应用[4];另一方面,借鉴国外学者所采用的科学方法,有利于我国图书情报学科研究范式的发展,并与国际相结合[5]。数据时代发展出来的新方法可以帮助研究学科主题,基于 LDA(Latent Dirichlet Allocation,隐含狄利克雷分布)主题模型,可以识别样本文献中的研究主题和研究方法,从而发现图书情报学"内容—方法"共现网络[6]和"作者—内容—方法"共现网络[7]。

特定研究方法在图书情报学科的应用情况方面,多数学者利用案例分析、辅以定量分析的方法,探究了计算实验方法、SWOT(优势、劣势、机会、威胁)分析法和社会网络分析法在图书情报学科的应用。他们发现计算辅助方法在图书情报领域的应用主要集中在互联网信息传播、图书情报服务、学术交流模式、数据科学等领域[8]。SWOT 分析法不仅在竞争情报研究领域中适用,还大量应用于图书馆学领域,如图书馆信息服务、馆员队伍建设、数字图书馆建设、图书馆营销、图书编目等主题[9]。社会网络分析法在信息计量、信息行为以及信息检索等方面的应用较为广泛,还可以在研究知识管理、信息行为、科

---

[1] 张源:《我国情报学研究方法应用现状调查》,硕士学位论文,河北大学,2011 年。
[2] 赵又霖、葛梦真、刘黎明:《图书情报领域"实证研究"应用特征及热点探析》,《信息资源管理学报》2019 年第 4 期。
[3] 柯平、苏福:《我国图书馆学研究方法分析》,《图书馆》2016 年第 5 期。
[4] Tella, A., " Electronic and Paper-Based Data Collection Methods in Library and Information Science Research", *New Library World*, Vol. 116, No. 9/10, 2015.
[5] 张力、唐健辉、刘永涛等:《中外图书情报学研究方法量化比较》,《中国图书馆学报》2012 年第 2 期。
[6] 马秀峰、郭顺利、宋凯:《基于 LDA 主题模型的"内容—方法"共现分析研究——以情报学领域为例》,《情报科学》2018 年第 4 期。
[7] 周娜、李秀霞、高丹:《基于 LDA 主题模型的"作者—内容—方法"多重共现分析——以图书情报学为例》,《情报理论与实践》2019 年第 6 期。
[8] 施蓓:《社会计算理论和方法在图书情报领域的应用探讨》,《情报探索》2017 年第 11 期。
[9] 钟海艳:《SWOT 分析法在图书馆学中的应用研究》,《河南图书馆学刊》2013 年第 8 期。

学评价以及知识挖掘等方面发挥重要作用①。

以上三个方面揭示的正是方法论研究的基础理论问题,分别是方法体系的界定、方法论的特征和方法论的实践。但无论是哪个方向,都需要解决两个基本问题,一是如何定义和识别文献中的研究方法,二是如何体系化这些方法。体系化指的是通过分类构建方法体系,也可以是通过某种应用特征识别那些重要的方法。如上文所述,研究方法由研究内容决定,它从属于研究问题。因此,本章利用内容分析法,从学者使用研究方法的角度入手,重点研究图书情报学科研究内容与研究方法的关联,探究图书情报学科研究方法的结构和演变。

第三节 研究设计

一、方法体系设计

总结上述方法体系理论,发现研究方法体系在不断发展和演化,并且不同学者对研究方法的认识层面存在差异,因此,本节将研究方法定义为:能够系统解决研究问题的一套程序和原则,包括识别、制定问题、观察搜集和分析数据与检验假设的全过程。使用内容分析法进行开放编码,较为合理的流程是,在一个较为新颖且覆盖全面的方法体系基础上进行补充和调整,形成适用性更强的编码方案。我们选择文献中一个由 15 种研究方法组成的图书情报学研究方法体系,该体系明确了每个研究方法的范围,可以指导开放编码过程。实际编码过程中,我们对其体系进行扩展,并标注了分析类型(定性研究、定量研究、混合类型)②,最终形成 17 种研究方法、3 种分析类型和 4 种其他文章类型的编码方案。具体的研究方法和编码体系的内容如下:

来自文献③的研究方法:

德尔菲法:通过对专家组进行问卷调查来搜集关于研究问题的权威观点,并通过讨论达成一致。

访谈:通过与个体参与者交谈,询问与研究内容相关的问题而搜集数

---

① 陈云伟:《社会网络分析方法在情报分析中的应用研究》,《情报学报》2019 年第 1 期。
② Järvelin, K. and Vakkari, P., "Content Analysis of Research Articles in Library and Information Science", *Library & Information Science Research*, Vol. 12, 1990, pp. 395–421.
③ 张存刚、李明、陆德梅:《社会网络分析——一种重要的社会学研究方法》,《甘肃社会科学》2004 年第 2 期。

据的研究方法。

观察：通过观察和记录研究对象来搜集数据的研究方法。

焦点小组：通过主持人与一组参与者之间关于研究问题的讨论获得数据的研究方法。

理论探讨：通过概念分析、理论检验或相关活动进行研究的方法。

历史方法：通过调查、综合、总结和解释与历史研究问题相关的材料来获取数据的研究方法。

内容分析：通过系统地检测他人文章中的文本内容搜集数据的研究方法。

日志分析：通过搜集并分析在服务器或客户端自动捕获的系统日志来进行研究。

实验：通过特定的程序来测试在实验室或实地环境下所研究的内容。

网络计量方法：网络计量学是指网络环境下的文献计量学，其中网页和网站通常被视为出版物，入链（即网页或网站收到的链接）被视为引文，出链（即网页或网站与他人的链接）被视为参考。

文献计量方法：一种用于搜集出版物和引文数据的方法。

问卷调查：通过一种预先定义的问题列表搜集数据的研究方法。

有声思维：通过附带研究者意志的口头报告搜集关于研究对象认知活动的数据。

本节补充的研究方法：

浏览式：通过搜集一系列事件、政策、行动、研究来描述一个概念、观点或现象等。它是区别于问卷调查、案例研究和文献综述的其他调查方法的集合。

数学方法：通过数学建模和数学推导推动研究问题解决的论文，区别于一般的统计分析方法。

网络分析：通过网络工具厘清行动者之间、行动者与其环境之间的关系，或将网络视为由行动者之间的关系所构成的社会结构，对这种关系进行研究。如果网络分析的对象是文献或网站，论文将被标注为文献计量方法或网络计量方法。

系统和软件设计：对工具、技术和系统的开发或实验评估。与实验方法不同的是，系统和软件设计方法以设计和构建软件或系统为目标。

本节补充的文献类型：

案例研究：通过对特定活动、事件、程序等对象搜集数据和信息，并进行分析的研究方法。

观点型文章：观点型文章的特点是具有更宽泛的研究范围，且议题开放性较强。没有通过研究证据进行严谨的论证，而是以事实、基本统计数据或生活中的例子来强调特定的观点①。

文献综述：研究者基于现有文献总结研究对象相关的重要概念、框架、理论观点和研究局限。

非学术文章：不符合学术论文结构规范的文章，归为此类的标准是原文缺乏摘要或参考文献部分。

二、数据选择与研究过程

约尔兰德(Hjørland)认为学者使用何种研究方法体现的是其自身的科学理念，因此，研究学科领域内重要学者使用的研究方法，能体现某个学科领域在某时期的研究范式。因此，本节采用图书情报学科重要学者的研究论文数据作为分析对象，同时可以对比不同时代的学者使用研究方法的偏好。学者名单来自7篇总结图书情报学科重要学者的文献②③④⑤⑥⑦⑧，在其提及的167位学者中，提取被重复提及的每个年代前30%的学者(共53位)作为分析对象。

表 5-1-1 选取的图书情报学科重要学者名单

年　　代	学者数量（人）	学　者　姓　名
20世纪30年代	7	白国应、包昌火、刘植惠、倪波、王永成、吴慰慈、张琪玉
20世纪40年代	8	胡昌平、赖茂生、梁战平、马费成、秦铁辉、邱均平、王知津、张玉峰

---

① JASIST post，https://asistdl.onlinelibrary.wiley.com/hub/journal/23301643/homepage/forauthors，2021.
② 王菲菲、田辛玲：《科研合作视角下的国内情报学研究现状与主题结构分析》，《情报科学》2015年第11期。
③ 毕建新、郑建明：《近十年图书情报与文献学领域研究情况分析——基于国家级基金项目》，《情报科学》2015年第5期。
④ 徐晴：《基于CSSCI来源期刊的我国LIS学科研究领域及其演化分析》，《信息资源管理学报》2016年第6期。
⑤ 杨宁、文奕：《基于国家基金立项的图书情报学研究热点与趋势分析》，《情报科学》2017年第2期。
⑥ 司湘云、李显鑫、周利琴等：《新时代情报学与情报工作发展战略纵论——情报学与情报工作发展论坛(2017年)纪要》，《图书情报知识》2018年第1期。
⑦ 张芳、唐崇忻：《图书情报学领域学者论文学术影响力研究(2008—2017年)》，《图书馆工作与研究》2018年第5期。
⑧ 李伟、姜志宏、李沛等：《国内情报学领域文献计量研究》，《情报学报》2012年第7期。

续表

年代	学者数量(人)	学者姓名
20世纪50年代	9	毕强、甘利人、彭靖里、沈固朝、苏新宁、王世伟、王子舟、肖希明、张晓林
20世纪60年代	16	黄晓斌、李广建、马海群、谢新洲、叶鹰、周晓英、朱庆华、储节旺、黄如花、李纲、沙勇忠、盛小平、夏立新、俞立平、赵蓉英、周九常
20世纪70年代	9	邓胜利、韩毅、贾君枝、李艳、王芳、文庭孝、吴晓伟、肖勇、许鑫
20世纪80年代	4	李江、万文娟、张会平、张兴旺

本节的样本文献来自中国知网数据库中的53位学者的高被引论文，人工检索每位学者的图书情报学相关论文成果，按照被引量降序排列，选取前50篇论文，发表不足50篇的学者则提取其全部发表文章。遵守独著论文优先、合著论文次之的选取规则，下载了包含2 421篇论文的元数据集和论文原文。

按照上文的方法体系对论文原文进行人工开放编码。对于每一篇论文，两位作者分别阅读论文原文，标注其认为的研究方法和中国图书馆分类号（如果论文元数据中无分类号），第三名编码者负责检验和处理不同意见。一篇论文如果使用了多个方法和研究内容，则被标注多个方法或分类号。一篇具有多个研究方法或多个分类号的论文会根据研究方法和中国图书馆分类号的组合被拆分为多个文献单元。最终得到一个包含论文编号、作者编号、发表时间、分析类型、研究方法、中国图书馆分类号的2 841条文献单元数据集。

下文利用统计分析、案例分析和可视化技术等方法呈现图书情报学科研究方法在整体特征上的演变，重点回答以下四个问题：中国图书情报学科重要学者使用哪些研究方法？研究方法的应用在不同时期有什么特征？研究的主题内容与所选研究方法是否相关？哪些研究方法较常应用于图书情报与其他学科交叉的研究？

第四节 结果分析

一、定性研究和定量研究的时序变化

定性研究是我国图书情报重要学者的主要研究形式。1979年到2010

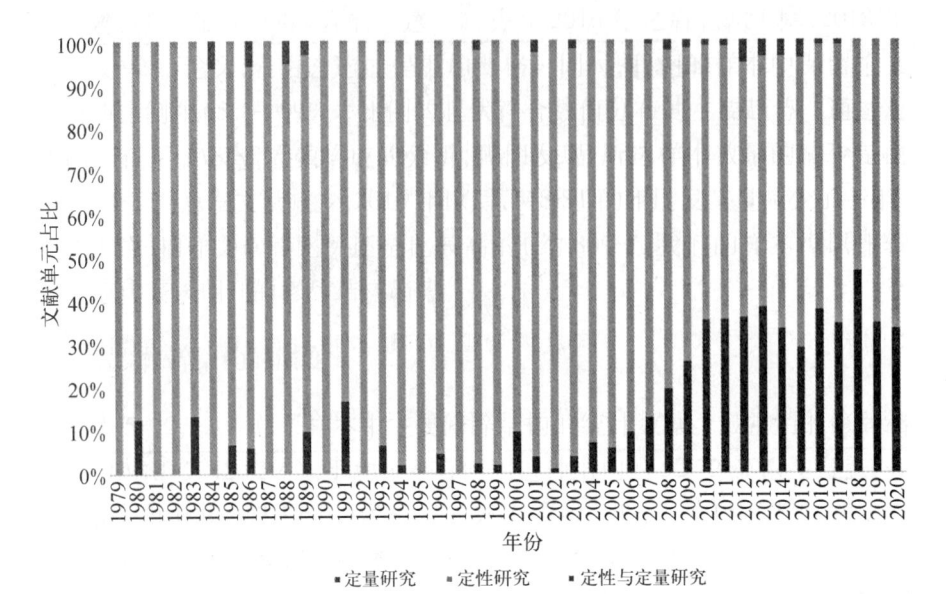

图 5-1-1　分析类型的时序比例分布

年,定性研究在样本文献中所占的比例都超过 70%,甚至在最初 10 年间多次占 100%。分析下载的原文文献,发现我国图书馆学理论研究从经验主义走向科学主义,从图书馆空间走向信息社会,从取法西方走向理论创新,在这些革命性的理论变革过程中,充斥着大量的理论回顾、理论介绍和理论建设工作。在信息计量和数据科学没有在我国图书情报学科大量普及的时期,历史研究、理论研究和浏览式等研究方法是我国图书情报重要学者推动理论探索的主要方法。近年来,定性研究依然强势,但越来越多的信息概念和学科交叉内容成为图书情报科学新的研究对象,理论研究在广度和深度上的探讨大多也是以定性研究的方式展开的①。可以说,定性研究的思辨过程在理论基础的构建过程中扮演着十分重要的角色。

2005 年前后,定量研究在样本文献中所占的比例快速上升,而后稳定在 40% 左右。早在 20 世纪二三十年代,文献计量学经典的三大定律就陆续被提出,定量研究随着图书馆学科学化逐渐得到了图书馆学家和情报学家的重视。这种客观、中立的研究范式很快就展现出巨大的影响力,加之近年大数据热潮的推动,利用文献计量方法、网络计量方法等开展的定量研究成

---

① 范并思:《图书馆学理论道路的迷茫、艰辛与光荣——中国图书馆学暨〈中国图书馆学报〉六十年》,《中国图书馆学报》2017 年第 1 期。

为流行的思考方式①。

定性与定量相结合的研究属于较为"小众"的选择。定性分析和定量分析存在各自的优势,前者充满研究者的思辨,后者客观并具有一定说服性,定性与定量相结合的研究将两种优势相结合。理论上来说,这应该是一种较为理想的研究范式,但相关研究仍然较少。这也体现了上文所提到的学者的科学理念问题,对研究方法使用的坚守是学者的思维惯性,只有当整个领域发生研究范式转变时,研究方法才能发生根本性转变。

二、理论探讨与文献计量方法的主导

如果是研究问题带来了分析类型的转变,那么研究方法也会与研究问题、研究内容一同发生变化。利用中国图书馆分类号作为研究内容的表现形式,来分析分类号和研究方法的关联程度。

图5-1-2网络中最大的两个网络分别是以G25(图书馆事业、信息事业)和以G35(情报学、情报工作)为核心的内容—方法网络。尽管中国图书馆分类法(第五版)已经将G35三级类目停用,并改入G25三级类目,但鉴于数据集中存在近35%的文献涉及G35类目,近42%的G35类目文章是在2010年类目合并之后发表的。因此,本节保留G35类目的中国图书分类

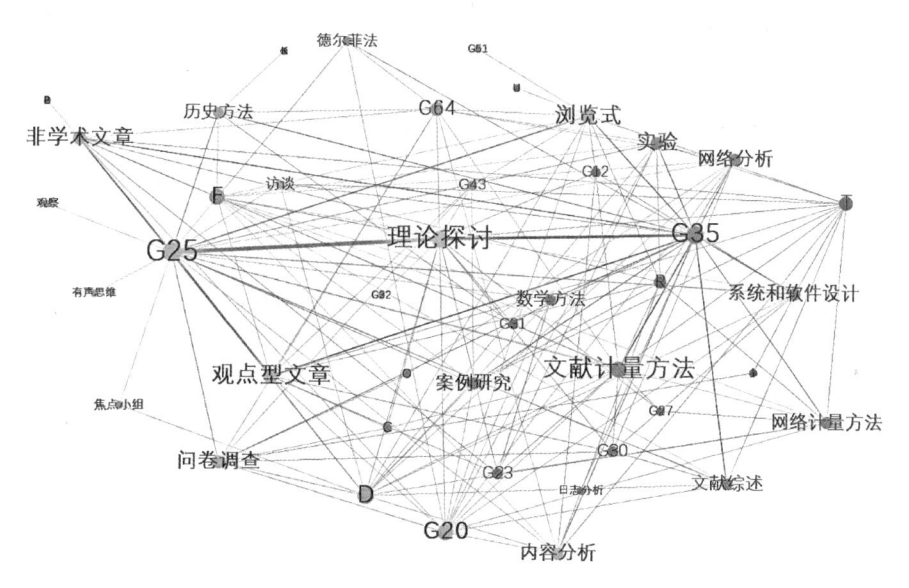

图5-1-2 内容—方法聚类网络

---

① 沈玖玖、杨晓月:《大数据背景下我国图书情报领域定量研究现状的可视化分析》,《图书馆》2017年第6期。

号,并将其视为情报学、情报工作的核心内容。此外,尽管图书馆学、情报学已经深度融合,就如同 G25 类目和 G35 类目之间密切的关系一样,但不可否认的是,这两个方向的学者感兴趣的研究问题和倾向采用的研究方法仍然存在一定的区分度①。

内容—方法网络显示,G25 类目相关研究更加倾向于采用定性研究方法,其中理论探讨、阐述观点、非研究性讨论是最为常见的三种研究方法。此外,对图书馆学、图书馆学者和图书馆事业的历史性回顾也是该主题的重要组成部分。而 G35 类目相关研究则侧重于定量分析,文献计量方法、网络计量方法、实验、网络分析、数学方法以及系统和软件设计是该主题的常用研究方法。无论针对何种知识体系的研究内容,都需要进行基础理论研究,理论探讨在情报学和情报工作的核心方法中占突出地位。

其他的两个子网络,分别是以 G64(高等教育)和以 G20(信息与传播理论)为核心的网络。其中,涉及高等教育类目的文献多是讨论专业教育问题的研究,主要以浏览式和德尔菲法的应用为主。而与信息与传播理论的研究和内容分析法、问卷调查法关联度较高。同时,发现 D 类目是该网络中的重要内容节点,说明内容分析法、问卷调查法被广泛应用在政策文件研究、图书馆法治建设等研究领域。

统计分析选取了四个子网络中的核心方法节点和核心内容节点(G25与理论探讨,G35 与文献计量方法,G20 与问卷调查,G64 与浏览式),进行了卡方检验(4×4)。卡方检验结果显示 $\chi^2 = 154.573$,$P<0.001$,提示不同主题内容采用了不同的研究方法。克莱姆 $V = 0.205$,$P<0.001$,研究方法与主题内容之间存在显著的弱相关性。

对比交叉表中的标准化残差发现,G25 类目下的文献更倾向于使用理论探讨(标准化残差为 3.2),G35 类目下的文献更倾向于使用文献计量方法(标准化残差为 8.7),G20 和 G64 类目下的文献更倾向于使用问卷调查法(标准化残差分别为 7.7 和 3.5),只有 G64 类目与各子网络的划分不相符合,这可能是卡方检验中样本数量不均衡导致的。

图 5-1-3 和图 5-1-4 进一步揭示了不同知识领域在研究方法体系中的分布情况,定量揭示了主题内容与方法之间联系的强弱程度。表格中的数字表示某种研究方法在某一个类目中所占的标准化比例情况,数字的格式是百分数。标准化是指我们考虑到方法出现得越早就可能被更多地利

---

① 邓桦、曹磊、杨荣斌:《近三年国内情报学术论文研究方法的使用特征及演进路径探究》,《图书馆杂志》2020 年第 9 期。

	B	C	D	F	G12	G20	G23	G25	G27	G30	G31	G52	G35	G43	G51	G64	G62	J	K	O	R	T	U
案例研究	0.00	0.00	0.25	0.32	0.00	0.07	0.00	0.13	0.00	0.00	0.00	0.00	0.11	0.29	0.00	0.00	0.12	0.00	0.00	0.00	0.50	0.10	0.00
德尔菲法	0.00	0.00	0.00	0.07	0.00	0.15	0.00	0.01	0.00	0.00	0.00	0.00	0.03	0.00	0.00	0.26	0.00	0.00	0.00	0.00	0.00	0.00	0.00
访谈	0.00	0.00	0.11	0.00	0.00	0.00	0.00	0.06	0.00	0.00	0.00	0.00	0.03	0.00	0.00	0.00	0.00	0.00	0.00	0.00	0.00	0.26	0.00
非学术文章	2.38	0.00	0.06	0.07	0.00	0.10	0.15	0.28	0.00	0.00	0.40	0.00	0.14	0.00	0.00	0.09	0.00	0.00	0.00	0.00	0.18	0.07	0.00
观察	0.00	0.00	0.00	0.00	0.00	0.00	0.00	0.02	0.00	0.00	0.00	0.00	0.00	0.00	0.00	0.00	0.00	0.00	0.00	0.00	0.00	0.00	0.00
观点型文章	0.00	0.41	0.48	0.33	0.00	0.10	0.15	0.39	0.00	0.22	0.00	0.00	0.26	0.67	0.00	0.18	0.52	0.00	0.00	0.00	0.19	0.08	0.00
焦点小组	0.00	0.00	0.09	0.00	0.00	0.00	0.00	0.00	0.00	0.00	0.00	0.00	0.00	0.00	0.00	0.00	0.00	0.00	0.00	0.00	0.00	0.00	0.00
理论方法	0.00	1.25	0.39	1.10	0.36	0.63	0.16	0.84	0.83	0.68	0.42	2.50	0.75	0.45	0.00	0.74	1.43	0.00	0.00	0.00	0.00	0.63	0.00
历史方法	0.00	0.00	0.00	0.08	0.00	0.00	0.00	0.11	0.00	0.00	0.44	0.00	0.07	0.00	0.00	0.10	0.19	0.00	2.63	0.00	0.00	0.00	0.00
浏览式	0.00	0.00	0.17	0.08	0.38	0.05	0.00	0.23	0.00	0.00	0.00	0.00	0.16	0.72	2.63	0.39	0.00	0.00	0.00	0.00	0.20	0.16	2.63
内容分析	0.00	0.00	0.27	0.03	0.49	0.14	0.00	0.04	0.00	0.00	0.00	0.00	0.07	0.00	0.00	0.13	0.00	0.00	0.00	0.00	0.27	0.11	0.00
日志分析	0.00	0.00	0.00	0.00	0.00	0.00	0.00	0.00	0.00	0.00	0.00	0.00	0.01	0.00	0.00	0.00	0.00	0.00	0.00	0.00	0.00	0.00	0.00
实验	0.00	0.00	0.10	0.03	0.00	0.16	0.16	0.07	0.00	0.00	0.00	0.00	0.12	0.00	0.00	0.09	0.09	0.00	0.00	0.00	0.20	0.24	0.00
数学方法	0.00	0.00	0.07	0.08	0.00	0.05	1.64	0.02	0.00	0.00	0.44	0.00	0.12	0.00	0.00	0.00	0.00	0.00	0.00	0.00	0.00	0.00	0.00
网络分析	0.00	0.00	0.18	0.39	0.00	0.14	0.00	0.03	0.00	1.21	0.00	0.00	0.20	0.00	0.00	0.25	0.00	0.00	0.00	3.33	1.03	0.00	0.00
网络计量方法	0.00	0.00	0.39	0.17	0.00	0.49	0.37	0.04	1.96	0.00	0.00	0.00	0.16	0.00	0.00	0.00	0.00	0.00	0.00	0.00	1.36	0.18	0.00
文献计量方法	0.00	0.41	0.06	0.05	0.35	0.05	0.15	0.06	0.81	0.22	0.81	0.00	0.24	0.00	0.00	0.18	0.09	0.00	0.00	0.00	0.19	0.15	0.00
文献综述	0.00	0.00	0.10	0.10	0.00	0.21	0.00	0.12	0.00	0.47	0.00	0.00	0.19	0.00	0.00	0.00	0.09	0.00	0.00	0.00	0.00	0.16	0.00
问卷调查	0.00	0.67	0.47	0.00	0.00	0.92	0.00	0.14	0.00	0.36	0.00	0.00	0.06	0.73	0.00	0.74	0.00	1.33	0.00	2.00	0.00	0.00	0.00
系统和软件设计	0.00	0.00	0.08	0.09	1.26	0.12	0.00	0.13	0.00	0.27	0.00	0.00	0.14	0.00	0.00	0.00	0.00	1.96	0.00	0.00	0.00	0.83	0.00
有声思维	0.00	0.00	0.00	0.00	0.00	0.00	0.00	0.01	0.00	0.00	0.00	0.00	0.00	0.00	0.00	0.00	0.00	0.00	0.00	0.00	0.00	0.00	0.00

图 5－1－3　主题内容的方法分布

	G25	G250	G251	G252	G253	G254	G255	G256	G257	G258	G259	G35	G350	G351	G352	G353	G354	G356	G358	G359
案例研究	0.00	0.10	0.04	0.10	0.00	0.12	0.42	0.00	0.17	0.16	0.48	0.00	0.09	0.00	0.00	0.00	0.11	0.00	0.21	0.52
德尔菲法	0.00	0.00	0.00	0.03	0.00	0.00	0.00	0.00	0.00	0.09	0.00	0.00	0.04	0.00	0.00	0.03	0.00	0.00	0.00	0.00
访谈	0.00	0.01	0.10	0.19	0.00	0.00	0.00	0.00	0.00	0.32	0.08	0.00	0.02	0.00	0.00	0.07	0.00	0.00	0.00	0.00
非学术文章	1.59	0.25	0.32	0.12	0.31	0.41	0.10	0.79	0.38	0.18	0.45	0.60	0.16	0.00	0.48	0.07	0.10	0.00	0.15	0.27
观察	0.00	0.00	0.00	0.09	0.00	0.00	0.00	0.00	0.00	0.13	0.00	0.00	0.00	0.00	0.00	0.00	0.00	0.00	0.00	0.00
观点型文章	0.00	0.45	0.50	0.30	0.41	0.16	0.74	0.27	0.13	0.46	0.43	0.61	0.31	0.43	0.49	0.06	0.25	0.00	0.31	0.43
焦点小组	0.00	0.01	0.00	0.00	0.00	0.00	0.00	0.00	0.00	0.00	0.00	0.00	0.00	0.00	0.00	0.00	0.00	0.00	0.00	0.00
理论方法	0.83	0.97	0.96	0.72	1.06	0.83	0.65	0.97	0.39	0.63	0.30	1.25	1.02	0.88	0.50	0.19	0.84	0.00	0.89	0.50
历史方法	0.00	0.10	0.06	0.02	0.00	0.16	0.00	0.15	0.42	0.00	0.39	0.00	0.10	0.00	0.00	0.02	0.00	0.00	0.00	0.23
浏览式	0.00	0.18	0.29	0.30	0.27	0.17	0.34	0.00	0.00	0.40	0.37	0.00	0.12	0.00	0.53	0.07	0.22	0.00	0.25	0.53
内容分析	0.00	0.03	0.04	0.06	0.00	0.00	0.00	0.00	0.00	0.17	0.00	0.00	0.07	0.00	0.00	0.11	0.02	0.00	0.11	0.00
日志分析	0.00	0.00	0.00	0.00	0.00	0.00	0.00	0.00	0.00	0.00	0.00	0.00	0.00	0.00	0.00	0.00	0.05	0.00	0.00	0.00
实验	0.00	0.06	0.00	0.08	0.03	0.24	0.00	0.14	0.00	0.03	0.02	0.00	0.06	0.15	0.00	0.17	0.25	1.10	0.17	0.00
数学方法	0.00	0.01	0.03	0.00	0.00	0.09	0.11	0.00	0.00	0.10	0.00	0.00	0.02	0.31	0.00	0.45	0.04	0.00	0.00	0.00
网络分析	0.00	0.03	0.00	0.03	0.09	0.04	0.00	0.00	0.00	0.00	0.00	0.00	0.14	0.00	0.00	0.47	0.00	0.00	0.65	0.08
网络计量方法	0.00	0.05	0.00	0.11	0.08	0.03	0.00	0.00	0.00	0.00	0.00	0.00	0.12	0.69	0.00	0.31	0.12	0.00	0.00	0.00
文献计量方法	0.00	0.07	0.09	0.05	0.03	0.04	0.11	0.14	0.13	0.00	0.05	0.00	0.10	0.14	0.49	0.83	0.00	0.00	0.00	0.00
文献综述	0.00	0.12	0.15	0.17	0.23	0.08	0.00	0.00	0.81	0.00	0.07	0.00	0.25	0.00	0.00	0.18	0.18	0.00	0.00	0.06
问卷调查	0.00	0.06	0.00	0.56	0.10	0.00	0.00	0.00	0.00	0.35	0.04	0.00	0.05	0.00	0.00	0.04	0.08	0.00	0.39	0.05
系统和软件设计	0.00	0.16	0.00	0.12	0.04	0.24	0.13	0.00	0.15	0.07	0.00	0.00	0.09	0.35	0.00	0.01	0.49	1.68	0.00	0.04
有声思维	0.00	0.00	0.00	0.06	0.00	0.00	0.00	0.00	0.00	0.00	0.00	0.00	0.00	0.00	0.00	0.00	0.00	0.00	0.00	0.00

图 5－1－4　图书情报类目下内容的方法分布

用，所以用原始比例除以方法出现的时间，以消除方法新颖性对这种比例造成的影响。此外，为了从不同的知识层次均衡地展示这些关系，本节将文献的类目层级做了分解和整合。在中国图书馆分类法一级类目下，除和图书情报学科最相关的 G 类外，样本文献还包含了 B 类、D 类、F 类等其他主题内容，即图 5－1－3。由于 G 类目样本文献占绝大多数，为了更详细地揭示主题内容与研究方法之间的关系，又将 G 类目下的二级类目和三级类目拆分出来进行分析，即图 5－1－4。

排除一些文献样本数较小的类目，可以发现一些关联关系较强的内容—方法组合。例如情报资料的处理和文献计量方法、信息资源服务和问卷调查法、情报工作体制与组织和网络计量方法、情报资料的利用和网络分析方法、世界各国图书馆事业和案例研究等。整体来看，理论探讨是各个研究方向的主流研究方法。说明完善理论体系、寻求理论突破是大部分中国图书情报重要学者的主要工作和责任。与我们的经验相符合的是，他们所提出的建设性的理论研究，将成为其他图书情报学者引用的基础性成果，这与他们本身的高被引属性是一致的①。

① 付少雄、邓胜利：《国内高被引论文对学术和实践推动的影响分析——以用户行为研究主题为例》，《数字图书馆论坛》2016 年第 6 期。

通过分析和统计，理论探讨、浏览式和文献计量方法分别被49.38%、10.19%和7.81%的论文使用过，是被使用量最高的三种研究方法。我们选择理论探讨和文献计量方法这两种典型方法来单独观察重要方法在应用研究内容的历时转变。

（一）定性研究方法案例分析：理论探讨

图5-1-5和图5-1-6分别展示了理论探讨主要应用领域的文献数量的占比情况的时间变化。按照理论探讨应用论文数量，可以发现5个四级类目重点应用了理论探讨方法，分别是G250（图书馆学和情报学）、G252（信息资源服务）、G254（信息组织）、G350（情报学）、G354（情报检索）。

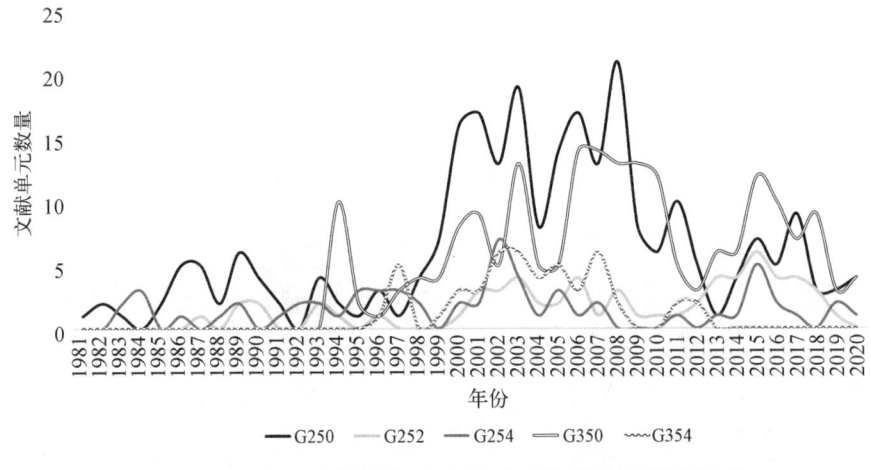

图5-1-5 从文献数量看理论探讨方法的主要应用领域演化

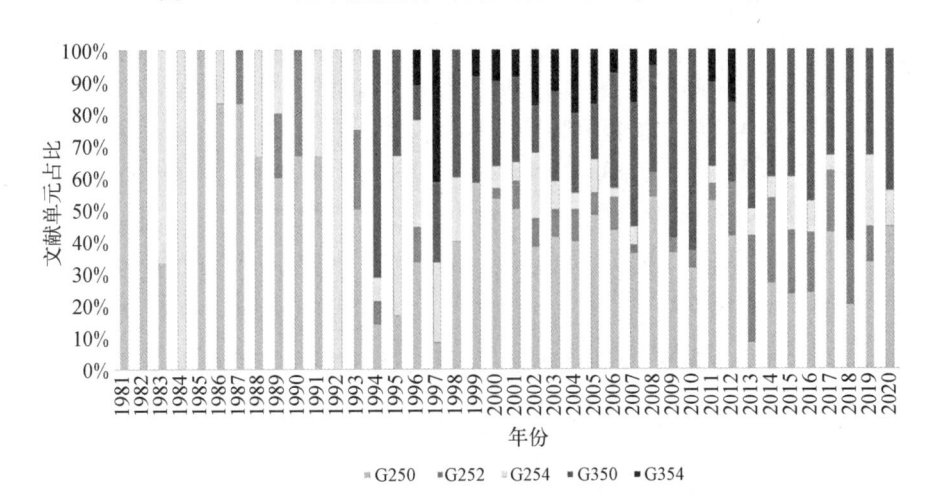

图5-1-6 从文献比例看理论探讨的主要应用领域演化

中国图书情报学科理论探讨应用的黄金时期是1999年到2008年,在这10年间图书馆学和情报学理论建设取得了丰硕的成果。吴慰慈讨论了图书馆学基础理论研究的走向。胡昌平从交互式信息服务、网站信息构建、网络信息资源整合等视角研究了用户信息资源服务的相关理论。白国应在文献分类领域探讨了文献分类的实践性原则和科学性原则,并对工业、军事、交通运输、地质等领域的文献分类理论进行了广泛的研究。刘植惠对新情报观和大情报观的内涵进行了理论探索。赖茂生构建了较为系统的图像检索应用理论。

情报学的相关理论建设从1994年开始快速增长,并逐渐与传统图书馆学理论取得平衡。理论探讨应用结构的变化,背后是图书馆学和情报学的深度融合趋势[1][2]。科学发展的内涵就是理论的发展,理论探讨的运用情况为我们关注理论发展提供了新的视角。

（二）定量研究方法案例分析：文献计量方法

文献计量方法是我国图书情报学科应用最为广泛的定量研究方法之一,应用最多的三个文献类目分别是G250、G350、G353（情报资料的处理）。图5-1-7展示了文献计量方法在这三个类目下的应用情况,2007年后文献计量方法开始被大量应用,尤其是在情报资料的处理领域。苏新宁基于CSSCI（中文社会科学引文索引）数据库的文献进行了多个层次的研究,包

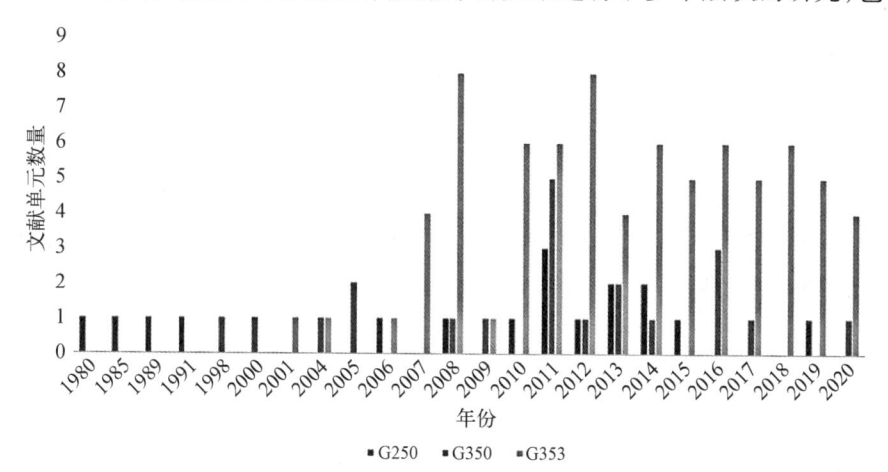

图5-1-7 文献计量方法在主要应用领域的时序分布

---

[1] 周文杰:《从多元异构走向融合归一——图情档新文科建设的趋向评析》,《情报资料工作》2021年第2期。

[2] 彭秋茹、阎素兰、黄水清:《基于全文本分析的引文指标研究——以F1000推荐论文为例》,《信息资源管理学报》2019年第4期。

括我国的人文科学研究、图书情报学科的学科地位、数字图书馆研究主题领域等。储节旺就知识管理研究采用词频分析、共词分析等文献计量方法跟踪该领域的研究热点。赵蓉英是所选重要学者中运用文献计量方法最为活跃的学者,研究覆盖了文献计量学的主要应用领域,包含学术评价、学术热点挖掘、科学研究的可视化等。所用到的文献计量方法也极具多样性,包括共词分析、战略坐标图、社会网络分析、数据可视化等。此外,20世纪70年代的许鑫和80年代的李江都利用文献计量方法在期刊评价等领域进行了相关研究。

文献计量方法是图书情报科学走向规律发现、深入内容研究的重要方法,定量分析是这种方法的核心内涵。随着信息载体的演化和丰富,基于定量分析这一核心思想,发展出多个计量学方法形成的较为完整和多样的定量文献分析体系①。这种较为客观、中立的研究方法使思辨的理论内容具象化,与定性研究方法互为补充、相辅相成。

三、交叉研究内容中的研究方法

图书情报学是一门应用性较强的学科,在学科交叉融合的背景下,图书情报研究涌现出一批跨越学科和知识背景的成果②。这些交叉研究既有图书情报学知识体系内部的交叉,也有学科之间的碰撞。在样本数据集中,共有314个(11.41%)文献—方法单元存在这种知识交叉属性,即存在两个及以上的中国图书馆分类号。图5-1-8显示了这些数据在分析类型、图书情报知识体系(G25和G35以下的四级类目)、研究方法和多维背景知识体系(一级类目)之间的流动关系。这种流动关系存在两个较为显著的特征。

一是在交叉研究中,方法属性和主题内容、方法之间存在着较强的相关关系。在知识层面,交叉研究中的图书馆学、情报学以定性分析为主,情报资料处理以定量研究为主,信息资源服务、信息组织和各类型图书馆、信息机构等类目中,定性研究和定量研究分布较为均衡;在方法层面,与定性研究相关度较高的研究方法有理论探讨、文献综述、浏览式、历史方法和案例研究,与定量分析相关度较高的研究方法有实验、问卷调查、数学方法、文献计量方法、网络计量方法和网络分析。

二是交叉研究的多维背景知识倾向于通过一种或几种常用的方法连接

---

① 王宏鑫、黄丽珺、刘洋等:《关于"五计学"整体化学科的基础与结构建设研究》,《图书情报工作》2020年第20期。
② 徐迎迎:《基于AVMS模型的学科交叉可视化研究——以图书情报学为例》,《现代情报》2015年第2期。

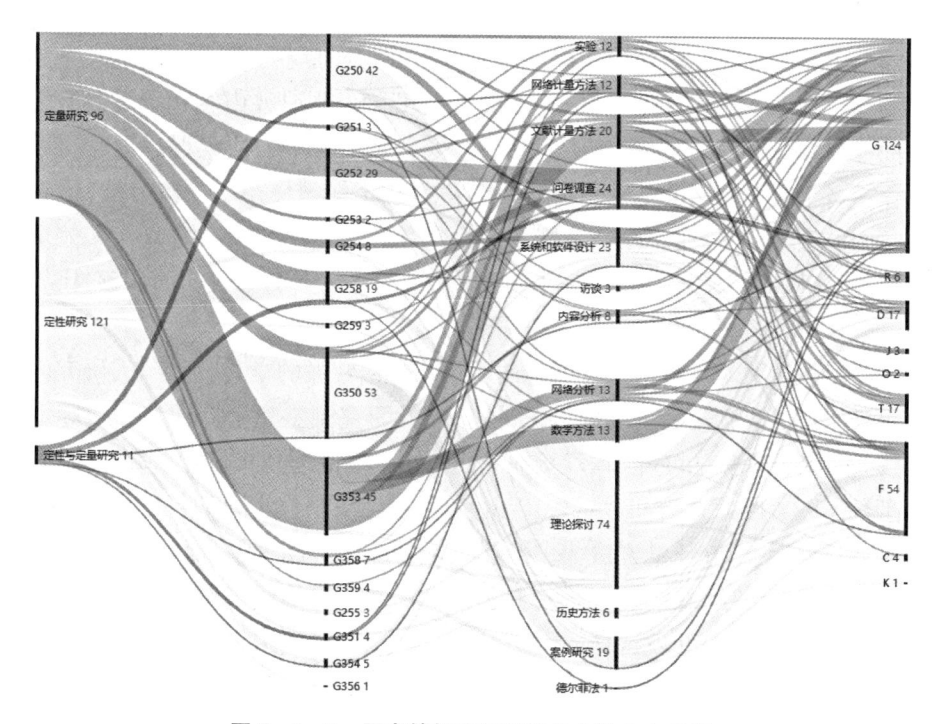

图 5-1-8　图书情报交叉研究的方法分布特征

起来。科学研究采用何种方法是由研究内容或者研究问题决定的,这些常用方法的背后可能存在一系列成体系的研究问题。例如 G350 类目与 F 类目相关的交叉研究,找到相关的 31 篇文献,以"竞争情报"作为关键词的论文 27 篇。但当时的竞争情报相关研究以理论探讨为主,大部分研究是关于理论体系建设的,涵盖了从基础理论到应用理论的一系列研究问题。又如 G252 类目与 G 类目相关的交叉研究,回溯利用问卷调查法的 30 篇文献,有 29 篇涉及读者或用户研究,研究问题涵盖服务评价、用户行为、用户管理等主题。

第五节　本 章 小 结

本章从宏观的三种分析类型层面和微观的 17 种具体研究方法层面,分析了 2 421 篇中国图书情报学论文的研究方法,与其对应应用的研究内容的关系,结果发现:

从 1979 年起,定性研究一直都是中国图书情报研究的主流方法。直到

2005年，定量研究开始以令人瞩目的速度快速增长，为中国图书情报研究注入了新的活力。与方法变革一同进行的还有不断扩张的研究内容，方法的革新是为了适应新的知识发现的需要。我们发现研究内容和研究方法之间存在着紧密的关联，形成了集聚而又交错的内容—方法集群。理论探讨作为各个研究领域的基础性方法成为横跨整个知识体系的主流方法，但在不同的领域，又存在一些相关度较高的特色方法。图书情报研究与其他学科的交融，也带来了一些知识交叉领域对特定研究方法有较强的依赖，比如竞争情报、信息资源管理、用户研究等内容。

图书情报学科作为社会科学的一门综合性较强的学科，近年来，研究内容与方法均受到较大程度的外来冲击，定性研究到定量研究的变化实际上反映着研究内容的变化，本章案例中给出的理论探讨和文献计量方法，前者虽是国际通用的方法，但并非如后者一样，是图书情报学科的特有方法。正是其特殊性，文献计量方法才保持着广泛的应用。图书情报学科需要这样特有的研究方法，并将这些研究方法在一代又一代的图书情报学科人中传承下去，寻找或是开发这样的方法又是与确定图书情报学科的核心研究内容分不开的，是图书情报学科亟须确定的工作。

第二章 基于论文结构的语义内容聚合

第一节 论文结构的语义内容

研究人员通常在学术论文的高层次行文组织中遵循传统的结构。在全球化和国际科学合作的背景下,为了促进学术交流,科学家在他们感兴趣的科学领域使用传统的修辞结构[①]。最著名的结构是 IMRaD 格式,使用这种格式的论文通常被分为几个部分,包括引言/背景、方法、结果和讨论。作者可以根据论文应该包含的内容和可能省略无关细节的方式来构建章节。

本章围绕图书情报学科(LIS)领域的学术论文分析和总结了其中学术文献的修辞结构演变及差异。

第二节 研究背景及研究问题

从本质上讲,在学术写作中构建修辞结构是一项构建一系列"动作"以说服读者理解其关键信息的语言学任务。然而由于作者为了有效的学术交流所需要传递的关键信息可能会因学科领域的不同而存在差异,论文的结构并不统一。期刊和出版商也通过授权或指导结构化论文摘要和论文章节来改变论文的结构。

作为一门高度交叉的学科,图书情报学在学术论文中可能会出现不同寻常的多样化修辞结构。理解英语中常用的修辞结构,有助于作者和审稿

---

① Kanoksilapatham, B., "Rhetorical Structure of Biochemistry Research Articles", *English for Specific Purposes*, Vol. 24, No. 3, 2005, pp. 269-292.

人了解结构在社会中产生的交流有效性。许多不同领域有对摘要和全文的修辞结构的研究,如农业①、生物化学、计算机科学②、应用语言学③,以及跨学科研究④,但图书情报学文章的修辞结构尚未得到充分的研究。图书情报学学科领域对摘要进行修辞移动性分析的研究不多,对全文进行修辞移动性分析的研究更少。鉴于此,有必要研究图书情报学论文的修辞结构,以促进更有效的学术交流。此外,近几十年来,图书情报学的研究格局发生了迅速变化。针对这些变化,图书情报学的作者可能会在较高的层次上调整论文的组织方式,或者采用其他领域的常规修辞结构。因此,研究图书情报学论文中修辞结构的演变,有助于我们更好地理解作者目前在这一演变领域中常用的修辞结构。

图书情报学的跨学科性质导致其研究主题和方法多样化。其中最突出的研究课题是信息检索、图书馆服务、科学通信和信息查询⑤。选择合适的修辞结构有助于研究内容的有效传递,因此作者对修辞结构的选择在一定程度上取决于研究内容。语言学已经考察了语言模式与研究内容之间的联系,修辞结构的交叉学科差异也是如此,但据我们所知,目前还没有研究提供对使用 IMRaD 格式的论文的研究内容与修辞结构之间的关系检验和证据。

基于这些研究空白,本节提出研究问题:

图书情报学中用于组织学术论文的主要修辞结构有哪些?

图书情报学中常用修辞结构的分布是如何随时间演变的?

图书情报学中,文章修辞结构是否因研究主题的不同而异?

---

① Del Saz Rubio, M. M.,"A Pragmatic Approach to the Macro-Structure and Metadiscoursal Features of Research Article Introductions in the Field of Agricultural Sciences", *English for Specific Purposes*, Vol. 30, No. 4, 2011, pp. 258 – 271.

② Soler-Monreal, C., Carbonell-Olivares, M., and Gil-Salom, L.,"A Contrastive Study of the Rhetorical Organisation of English and Spanish PhD Thesis Introductions", *English for Specific Purposes*, Vol. 30, No. 1, 2011, pp. 4 – 17.

③ Ruiying, Y. and Allison, D.,"Research Articles in Applied Linguistics: Structures from a Functional Perspective", *English for Specific Purposes*, Vol. 23, No. 3, 2004, pp. 264 – 279.

④ Lin, L. and Evans, S.,"Structural Patterns in Empirical Research Articles: A Cross-Disciplinary Study", *English for Specific Purposes*, Vol. 31, No. 3, 2012, pp. 150 – 160.

⑤ Milojević, S., Sugimoto, C. R., Yan, E., and Ding, Y.,"The Cognitive Structure of Library and Information Science: Analysis of Article Title Words", *Journal of the American Society for Information Science and Technology*, Vol. 62, No. 10, 2011, pp. 1933 – 1953.

第三节 相 关 著 作

近几十年来,学术界对学术论文的结构特征产生了强烈的兴趣。斯韦尔斯(Swales)提出了一个分析研究文章的开创性框架——"Create-a-Research-Space"(CARS)模型①。斯韦尔斯的体裁分析方法增强了我们对遵循传统IMRaD结构学术论文的修辞结构的理解。许多研究受到斯韦尔斯方法的启发,分析了各学科学术论文各个章节的修辞结构,尤其是摘要和介绍性章节,一直是人们关注的焦点。

摘要的一些常见步骤/结构已经被确定。洛雷(Loré)②通过对语言学期刊中的学术论文摘要进行分析,发现了两种主要的修辞结构类型,即IMRD型和CARS型。福(Pho)③对应用语言学和教育技术领域摘要的研究表明,在这两个领域中有三个必需的步骤——呈现研究、描述方法论和总结结果。引言部分采用体裁分析的方法对学术论文的修辞结构以及功能与结构的关系进行了广泛考察。但CARS模型可能无法充分说明所有学术论文引言的结构。对软件工程领域引言的研究发现,CARS模型没有描述引言的一些基本特征,比如研究评估。为了解决CARS模型的局限性,萨姆拉吉(Samraj)④提出了一种改进的CARS模型,该模型在嵌入方面更为灵活。CARS模型在修辞分析中得到了新的应用,例如海兰德等⑤使用元话语模型对引言的动作和步骤进行了语用两级修辞分析。除对摘要和引言的广泛研究外,其他各部分的学术论文也对其整体结构进行了研究。布雷特(Brett)⑥分析了社会学学术论文结果部分的交际手法。巴斯图尔克门

---

① Swales, J., *Genre Analysis: English in Academic and Research Settings* (1st edition), Cambridge: Cambridge University Press, 1990.
② Loré, R., "On RA Abstracts: From Rhetorical Structure to Thematic Organisation", *English for Specific Purposes*, Vol. 23, No. 3, 2004, pp. 280 – 302.
③ Pho, P. D., "Research Article Abstracts in Applied Linguistics and Educational Technology: A Study of Linguistic Realizations of Rhetorical Structure and Authorial Stance", *Discourse Studies*, Vol. 10, No. 2, 2008, pp. 231 – 250.
④ Samraj, B., "Introductions in Research Articles: Variations across Disciplines", *English for Specific Purposes*, Vol. 21, No. 1, 2002, pp. 1 – 17.
⑤ Hyland, K. and Tse, P., "Metadiscourse in Academic Writing: A Reappraisal", *Applied Linguistics*, Vol. 25, No. 2, 2004, pp. 156 – 177.
⑥ Brett, P., "A Genre Analysis of the Results Section of Sociology Articles", *English for Specific Purposes*, Vol. 13, No. 1, 1994, pp. 47 – 59.

(Basturkmen)[1]考察了牙科研究文章中"评论结果"行为的步骤,以理解讨论中关于结果意义和重要性的论点是如何构建的。

除对学术论文的各个部分进行修辞分析之外,斯韦尔斯的分析框架和其他研究者使用斯韦尔斯的方法进行的研究,已经普及了理解研究论文如何构建的重要性。一些分析修辞结构的研究发现了斯韦尔斯框架的局限性,提出了更灵活、更微观的或更具有领域特定性的框架。恩沃古(Nwogu)[2]的体裁分析确定了医学学术论文的11个动作。其中9个通常是必需的,2个是可选的。每个动作包含若干组成元素或子动作。波斯特吉略(Posteguillo)[3]对计算机科学的研究表明,IMRD模式不能应用于计算机科学学术论文。瑞英(Ruiying)和艾莉森(Allison)[4]在传统的IMRD框架之外,还提出了应用语言学中二级研究的宏观结构框架。有学者在分析60篇生物化学论文的基础上,提出了一种两级修辞结构(动作和步骤)。该框架包括15个不同的步骤:引言部分的3个步骤、方法部分的4个步骤、结果部分的4个步骤、讨论部分的4个步骤。也有学者分析了更多的学术论文,其中包括来自39个学科的433篇实证文章,发现最常用的结构模式是引言—文献综述—方法—结果和讨论—结论(ILM[RD]C),并确定了其他突出的模式。在斯坦勒(Stoller)和罗宾森(Robinson)[5]关于化学学术论文的研究中,发现摘要、引言、方法、结果、讨论和结论(A-IMRDC)章节的模式是最常用的。最近,叶[6]研究了中国专家学者撰写的能源工程学术论文,发现86%的文章使用IM[RD]C宏观结构。

许多研究探讨了不同学科和语言的差异。萨姆拉吉[7]的研究揭示了野

---

[1] Basturkmen, H., "A Genre-based Investigation of Discussion Sections of Research Articles in Dentistry and Disciplinary Variation", *Journal of English for Academic Purposes*, Vol. 11, No. 2, 2012, pp. 134-144.

[2] Nwogu, K. N., "The Medical Research Paper: Structure and Functions", *English for Specific Purposes*, Vol. 16, No. 2, 1997, pp. 119-138.

[3] Posteguillo, S., "The Schematic Structure of Computer Science Research Articles", *English for Specific Purposes*, Vol. 18, No. 2, 1999, pp. 139-160.

[4] Ruiying, Y. and Allison, D., "Research Articles in Applied Linguistics: Moving from Results to Conclusions", *English for Specific Purposes*, Vol. 22, No. 4, 2003, pp. 365-385.

[5] Stoller, F. L. and Robinson, M. S., "Chemistry Journal Articles: An Interdisciplinary Approach to Move Analysis with Pedagogical Aims", *English for Specific Purposes*, Vol. 32, No. 1, 2013, pp. 45-57.

[6] Ye, Y., "Macrostructures and Rhetorical Moves in Energy Engineering Research Articles Written by Chinese Expert Writers", *Journal of English for Academic Purposes*, Vol. 38, 2019, pp. 48-61.

[7] Samraj, B., "Introductions in Research Articles: Variations across Disciplines", *English for Specific Purposes*, Vol. 21, No. 1, 2002, pp. 1-17.

生动物行为与保护生物学论文之间引言结构的学科差异。洛伊(Loi)[1]研究发现,与英文相比,中文引言中使用的修辞手段和步骤较少,他还探讨了修辞结构的变异性。奥兹图尔克(Ozturk)[2]研究了应用语言学两个分支学科之间的差异,发现这两个分支学科似乎使用了不同的甚至几乎没有关联的行文结构。图书情报学科作为一个高度跨学科的领域,其学术论文修辞结构的变异性也许是可以预料的,但尚未得到充分的研究,而且极少有研究分析图书情报学科学术论文的修辞结构[3]。据我们所知,也没有研究探讨修辞结构与研究内容的关系。

第四节 研 究 设 计

一、数据搜集和样本选择

我们选取了图书情报学科领域知名同行评议期刊《信息科学与技术协会学报》(JASIST)作为数据来源,于2019年6月下载了2001年至2018年2916篇JASIST文章的全文和元数据,排除了包括简短通讯、意见书、征文启事和传记在内的这几类论文,在初稿中留下2610篇。然而,并不是所有的论文都用"作者关键词"或关键词加一个由WoS生成的互补关键词进行索引。当后者缺失时,我们将"关键词"合并为"作者关键词",然后简称为"关键词"。我们最终考察了2216篇论文,每篇论文中至少有一个关键词。

二、修辞结构识别

为了让合作者对修辞结构成分的含义理解一致,我们随机选取了81篇论文作为编码样本(随机数字生成器每年抽取论文的4%)。两个合作者手动阅读所有论文,并根据章节标题的字面名称总结整个论文中引用分

---

[1] Loi, C. K., "Research Article Introductions in Chinese and English: A Comparative Genre-Based Study", *Journal of English for Academic Purposes*, Vol. 9, No. 4, 2010, pp. 267–279.

[2] Ozturk, I., "The Textual Organisation of Research Article Introductions in Applied Linguistics: Variability within a Single Discipline", *English for Specific Purposes*, Vol. 26, No. 1, 2007, pp. 25–38.

[3] Rashidi, N. and Meihami, H., "Informetrics of Scientometrics Abstracts: A Rhetorical Move Analysis of the Research Abstracts Published in Scientometrics Journal", *Scientometrics*, Vol. 116, No. 3, 2018, pp. 1975–1994.

布的相似性。这些相似之处最终形成了修辞结构的 6 个组成部分,即导言、文献综述、方法、结果、讨论、结论。记录每篇论文的组件顺序(例如,"IMRD"或"ILMRD"),以比较编码者的结果(见表 5-2-1)。由此得到的编码器间可信度为 0.67,按照兰迪斯(Landis)和科赫(Koch)[1]的标准,这个分数被认为是"实质性的"。为了训练最终为剩下的论文编码的其中一位编码员,50 篇随机论文被分配给与之前相同的两个编码员,而另外剩下的文章由这位编码员编码。这次编码的可信度"几近完美",达到了 0.877。然后对其余的 JASIST 学术论文也进行了编码。所有观察到的修辞结构组合共 37 种。

表 5-2-1 修辞结构的 6 个成分

成分 (Component)	缩写 (Abbr.)	标题其他表达举例 (Examples of Other Expressions in Headings)
Introduction	I	Background
Literature Review	L	Related work; Related research; Previous research; Review of related literature; Related studies; Previous studies
Methodology	M	Approach; Research method
Results	R	Findings
Discussion	D	Discussion; Discussion and conclusion
Conclusion	C	Conclusion; Conclusion and discussion; Summary; Concluding remarks; Future work

三、关键词分析

关键词首先通过使用自然语言处理[2]的词汇工具 Apache NLP 1.5.3 进行标准化,以方便诸如标记化、句子切分、程序分块、语法分析和指代消解等任务。我们继续使用工具包将名词的复数形式单数化,并识别名词的前缀和后缀形式,最终得到了 2 371 个不同的关键词。根据普赖斯定律,我们选取 48 个高频关键词,截止频率为 28,用于后续分析(部分见表 5-2-5)。这些关键词占总出现频次(9 678 次)的 35.08%,出现在论

---

[1] Landis, J. R. and Koch, G. G., "The Measurement of Observer Agreement for Categorical Data", *Biometrics*, 1977, pp. 159-174.

[2] Ding, Y., Chowdhury, G. G., and Foo, S., "Bibliometric Cartography of Information Retrieval Research by Using Co-Word Analysis", *Information Processing and Management*, Vol. 37, No. 6, 2001, pp. 817-842.

文总数(1 594次)的频次为71.93%;因此,它们代表JASIST研究课题的主要内容,是合格的。

以往的研究往往通过共词分析艾克罗伊德[1][2][3]与主题模型方法[4]将高频关键词聚类成多个主题。但是,这些主题不是因主观意见而存在偏差,就是因量化结果过多而存在偏差。因此我们通过两种方法对JASIST文章的内容进行分析:将所有关键词聚类为关键主题,保留高频关键词作为个别代表。

四、概述

图5-2-1显示了2001年至2018年抽样论文的分布情况。上方的折线表示过滤后JASIST原稿的比例,呈现较为直观。从数量分布上看,2004—2016年虽然存在一定波动,但总体呈稳定增长趋势;在此期间,年度

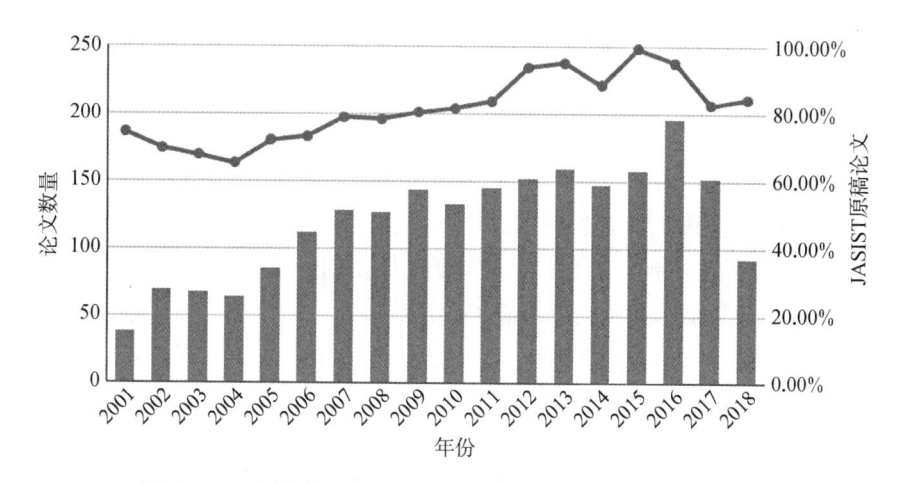

图5-2-1 样本文章和纳入样本的JASIST论文总数的比例

---

[1] Aykroyd, R. G., Leiva, V., and Ruggeri, F., "Recent Developments of Control Charts, Identification of Big Data Sources and Future Trends of Current Research", *Technological Forecasting and Social Change*, Vol. 144, 2019, pp. 221-232.

[2] Castriotta, M., Loi, M., Marku, E., and Moi, L., "Disentangling the Corporate Entrepreneurship Construct: Conceptualizing through Co-Words", *Scientometrics*, Vol. 126, No. 4, 2021, pp. 2821-2863.

[3] Chandra, Y., "Mapping the Evolution of Entrepreneurship as a Field of Research (1990-2013): A Scientometric Analysis", *PLoS ONE*, Vol. 13, No. 1, 2018, pp. 1-24.

[4] Huang, L., Chen, X., Ni, X., Liu, J., Cao, X., and Wang, C., "Tracking the Dynamics of Co-Word Networks for Emerging Topic Identification", *Technological Forecasting and Social Change*, Vol. 170, No. 4, 2021.

出版物数量增长了230%左右。这一趋势在2016年之后急剧下降,2018年降至仅92篇论文,表明遴选过程更加严格。同时,我们的样本中保留论文总数的比例在65%—99%。比例的起伏符合数值分布的主要趋势。通过对2016年前后JASIST卷数构成的分析,我们发现,所选样本数量的减少是由于JASIST的总发文量减少,2016年以后,JASIST的年度发文量减少了一半。总体上说,抽样文章的比例还是比较高的(约80%),我们的样本可以比较合理地代表该期刊的修辞结构趋势。

五、修辞结构的演变

表5-2-2汇总了样本中主要修辞结构的统计数据。最常用的修辞结构是ILMRDC(42.82%),平均每年有使用这种结构的52.72篇论文发表,表明情报学领域的学者使用这种模式的频率最高。事实上,ILMRDC结构更有可能被其他领域的学者使用,如应用语言学、理论语言学以及管理和营销。此外,使用量排名前五的修辞结构——ILMRDC、ILMRC、IMRDC、ILMRD 和 IMRC——每年都在被使用。它们的使用量占总使用量的87.99%,是情报学中的主流修辞结构。让我们感兴趣的是,传统的IMRD组合结果只占总使用量的3.43%。这一发现与波斯特吉略的结论一致,后者指出IMRD结构不能系统地应用于计算机科学的学术论文。所有的主要修辞结构中都有引言部分,说明这一部分在论文中起着至关重要的作用,除ILC结构(1.26%)外,主要修辞结构还包括方法论部分和结果部分。类似地,大多数主要的修辞结构包含结论和/或讨论部分。其他部分(3.61%)的样本包括多种不太传统的模式,如IL、IM。

表5-2-2 统计所有修辞结构的总体频率

修辞结构 (Rhetorical Structure)	使用量 (Total #)	占比 (% Total)	统计年限 (Years Attested)	每年 (# Per Year)
ILMRDC	949	42.82	18	52.72
ILMRC	571	25.77	18	31.72
IMRDC	178	8.03	18	9.89
ILMRD	143	6.45	18	7.94
IMRC	109	4.92	18	6.06
IMRD	76	3.43	17	4.47
ILMRCD	37	1.67	13	2.85
ILMR	31	1.40	14	2.21

续 表

修辞结构 (Rhetorical Structure)	使用量 (Total #)	占比 (% Total)	统计年限 (Years Attested)	每年 (# Per Year)
ILC	28	1.26	12	2.33
IMRCD	14	0.63	9	1.56
Others	80	3.61	17	4.71
总计(Total)	2 216	100.00	18	123.11

表5-2-3简要描述了按组成成分数量分组的修辞结构统计数据。根据修辞成分来分析用法模式,有助于我们理解论文中各成分在修辞结构中的重要性和可行性。品种最多的组合是由4个成分组成的组合,但这13个组合的使用范围总体上没有那些由5个和6个成分组成的组合广泛。六成分类别中6种修辞结构所占比例最大(44.90%),其中ILMRDC占95.38%。这意味着ILMRDC是主导模式,其他5种修辞结构对其起辅助的作用。

表5-2-3 按成分统计修辞结构

成分 (Components)	# RS	修辞结构 (Rhetorical Structure)	使用量 (Total #)	占比 (% Total)	统计年限 (Years Attested)	每年 (# Per Year)
2	2	IL, IM	4	0.18	4	1.00
3	7	IDC, ILC, ILD, IMD, IMR, IRC, IRD	46	2.08	17	2.71
4	13	ILDC, ILMC, ILMD, ILMR, ILRC, ILRD, IMDC, IMRC, IMRD, IMRL, IRDC, LMRC, LMRD	248	11.19	18	13.78
5	9	ILMDC, ILMRC, ILMRD, ILRDC, IMLRC, IMRCD, IMRDC, IMRLC, LMRDC	923	41.65	18	51.28
6	6	ILDMRC, ILMRCD, ILMRDC, IMLRDC, IMRDLC, IMRLDC	995	44.90	18	55.28

如果单独考虑构成部分,可以发现几乎所有论文(99.82%)都包含引言部分,平均每年122.89篇(相对于总体年平均123.11篇)。只有4篇文章没有明确标明"导言"或类似措辞的章节标题;它们的修辞结构名称均以L开

头,以弥补引言的不足,说明引言部分在确立论文的背景和研究意义方面具有重要作用。至于其他的部分,包括方法、结果和结论/讨论,出现在超过97%的论文中,这意味着它们是学术论文不可或缺的。相比较而言,文献综述(81.99%)使用较少,可能是因为其内容反而是引言或讨论的一部分。

表 5-2-4 特定修辞结构的包含与省略

修辞结构 (Rhetorical Structure)		使用量 (Total #)	占比 (% Total)	每年 (# Per Year)
I	With	2 212	99.82	122.89
	Without	4	0.18	1.33
L	With	1 817	81.99	100.94
	Without	399	18.01	22.17
M	With	2 156	97.29	119.78
	Without	60	2.71	3.33
R	With	2 159	97.43	119.94
	Without	57	2.57	3.17
DC	With	2 171	97.97	120.61
	Without	45	2.03	2.50

六、修辞结构用法的时序分析

图 5-2-2 至图 5-2-5 呈现了近 20 年来修辞结构用法的演变。首先呈现在图 5-2-2 和图 5-2-3 中的是个别修辞结构的演变;图 5-2-4 和图 5-2-5 则展示了综合类型修辞结构的结果。

图 5-2-2 与表 5-2-2 一致,揭示了主要修辞结构的年度变化,我们进行了三个主要的观察。第一,每个修辞结构的位置显示其在总量中所占的比例最高。这一趋势在 2008 年发生了明显的变化:在 2008 年之前,平均使用 13 种修辞结构,而 2008 年之后,平均使用 11 种修辞结构。2008 年以后,少数修辞结构急剧减少。同样地,ILMRC 的使用在 2003 年和 2004 年达到了最高水平,之后出现了稳定的下降趋势。这一发现引出了第二个问题,即在 2008 年之后,最主要的修辞结构所占的比例越来越大,而少数结构(使用较少的修辞结构)所占的比例逐年下降。第三个发现是,没有 D(讨论)的

修辞结构在 2008 年以前趋于峰值；然而，除 2007 年的 ILMRD 外，所有具有 D 的修辞结构均在 2008 年之后达到峰值。这表明自 2008 年以来发表在 JASIST 的学术论文，增加讨论部分已成为一种趋势。

我们遵循讨论部分的分析逻辑，提出了一个假设，即讨论部分在时间变化中发挥了重要作用。然后我们将结论与讨论整合为 D 部分，将观察到的 37 种修辞结构类型缩减归纳为 18 种类型，如图 5-2-3 所示。这与图 5-2-2 的分布情况明显不同——图 5-2-2 高度偏向于 ILMRD 和 IMRD，

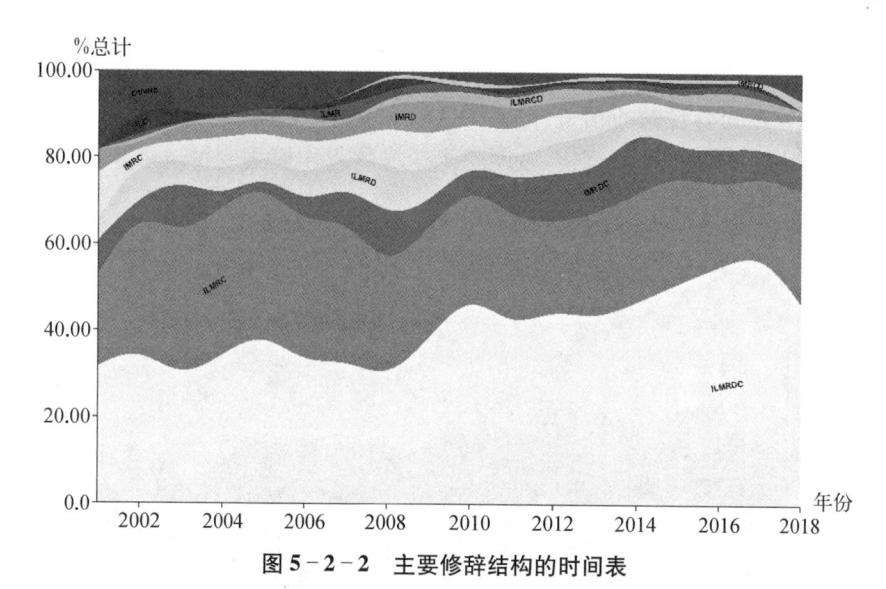

图 5-2-2　主要修辞结构的时间表

图 5-2-3　整合讨论与结论型修辞结构的百分比时间表

它们代表了8种原始的修辞结构。这支持了我们关于讨论部分重要性的假设。综合来看,图5-2-2和图5-2-3显示,主流结构在这段时间内被越来越多地使用。

接下来我们研究的是修辞结构的成分数量的趋势。图5-2-4与表5-2-3一致,由此可知,最常用的修辞结构可以分为五成分结构(Five RS)与六成分结构(Six RS)。六成分结构的使用数量逐年增加,而其他成分较少的结构使用较少。五成分结构的使用较为稳定,2008年以后略有减少。此外,除六成分结构之外,各类结构的峰值均出现在2004年以前。因此,在过去20年里,学术论文的修辞结构变得更加复杂。皮尔逊检验显示时间和成分计数之间有轻微的相关性($r=0.181\ 3, p<0.01$)。这也证明,现在的修辞结构比几十年前更加复杂,表明学术论文的写作模式变得越来越详细。

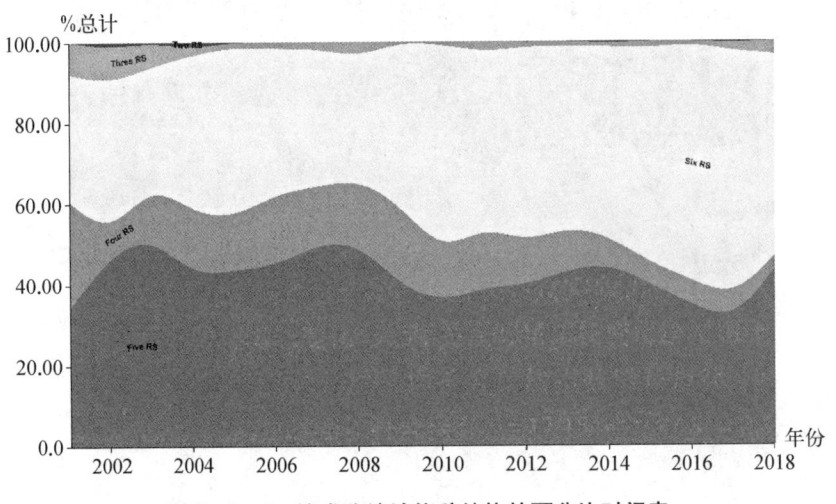

图5-2-4 按成分统计修辞结构的百分比时间表

图5-2-5解释了修辞结构中各成分的不同作用,这有助于我们看出各成分每年所经历的动态变化。为了说明差异,我们为每个成分引入了两个指标,即"With"和"Without"。"With"表示该组合包含给定的成分,"Without"表示该组合省略了该成分。Y轴上显示的百分比表示18年间每一组修辞结构在修辞结构年使用总量中所占的比例。因此,年度分布显示了比例的逐年变化。由于我们的样本中只有4篇论文省略了引言,因此我们将"有引言"和"无引言"组从图中的分析中排除。

图5-2-5中组合的比例范围在0%(如果剔除2018年没有讨论与结论部分和2005年没有结果部分的两个零点,则为1.43%)至15.79%。在大多数年份,这一比例集中在2%到10%。各组别的比例中位数在4.44%到

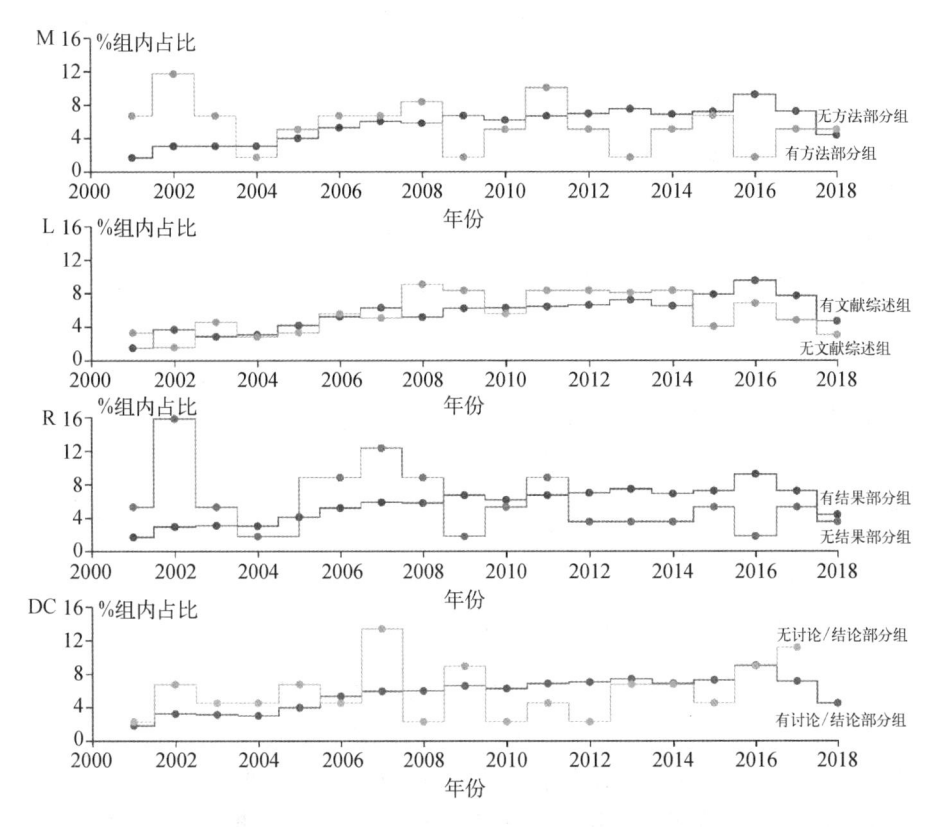

图 5-2-5　有和无特定章节部分的修辞结构的百分比时间表

6.19%，每年的平均比例为 5.56%，呈中度集中分布。无方法部分组（Without M）和无结果部分组（Without R）呈正态分布（P<0.1）。各 With 组高度相关（平均 r=0.989 7，p<0.01）。总之，这些现象表明，所有的组成部分都在学术论文的构成中发挥着同样重要的作用。

对比 With 组和 Without 组，我们注意到从研究阶段开始，With 组比 Without 组的增长更加稳定。无方法部分、结果部分和讨论/结论部分的组别趋势有起伏，但巧合的是，三者均在一定程度上显著下降。值得检验的是 With 组的增加是否与 Without 组的减少有关，但我们得到的结果不支持这一假设。而有文献综述的组别（With L）与无文献综述的组别（Without L）之间呈中度正相关（r=0.538 2，p<0.05）。

此外，除 2008 年观察到的其他变化之外，这些 With 和 Without 组之间出现了一个重大转折点。2008 年之前，M（方法）、R（结果）、DC（讨论/结论）中的 Without 组别均多于各自的 With 组别，表明 2008 年以后，研究者更注重在论文中写出详细章节标题。然而，与其他三组不同的是，文献综述部分在 2008 年和 2014 年呈现出两个明显的转变。在接下来的 6 年中,无文献综述部分的论文成为主流。但主流随后发生了逆转,尤其是 2014 年以来,文献综述成为学术交流标准不可或缺的一部分。这些现象意味着方法、结果、讨论和结论这几个部分可以更灵活地应用,而文献综述部分的趋势则更符合随时间的推移而演变的规律。

这些结果引起了我们的研究兴趣。在我们之前的研究中①,发现文献综述在论文中越来越多地被列为专门的章节。JASIST 在 2010 年后开始限制字数,近年又将论文字数限制在 7 000 字,这使我们推测,新政策将影响到一个独立的文献综述部分的收录,这通常被认为是一个字数密集的部分。研究结果证明了我们的假设是错误的,但其原因也可以通过本研究结果来解释:只要学术论文能够通过详细的修辞结构组织得当,字数限制并不会阻碍论文内容的表达。尽管许多其他知名期刊的文章也被要求限制其字数,但论文质量没有受到影响②。

七、修辞结构与研究内容的关系

下文将从 JASIST 文章的研究领域探讨修辞结构的使用偏好。为此,我们使用共词分析法,借助 VOSviewer 将所有关键词(2 371 个)聚类成 57 个组③。表 5-2-5 显示了排名前十的簇,占所有关键词的 68.62%。这些主题分别涉及学术交流、信息检索、信息技术、文本分析、情报工作、人机交互、社会信息学、信息获取、健康信息学和信息表示。

表 5-2-5 中的概率展示了在针对某一研究主题的论文中使用每种修辞结构组合的可能性。它们的计算如下文。每篇论文都可以根据关键词所属的主题而被分为几个主题。为此,这篇论文的修辞结构可以划分为多个主题。例如,论文 A 有关键词 a 和 b,分别聚合为主题 1 和主题 2。因此,主题 1 和主题 2 的概率为 50%。如果论文 A 采用了 IMRD 结构,则认为 IMRD 在主题 1 和主题 2 中有 50% 的机会被使用。因此,一个修辞结构被用于一个主题的总概率为:

---

① Lou, W., Su, Z., Zheng, S., and He, J., "The Effects of Rhetorical Structure on Citing Behavior in Research Articles", in *18th International Conference on Scientometrics and Informetrics*, 2021, pp. 705–710.

② PNAS, "Submitting Your Manuscript | PNAS", https://www.pnas.org/authors/submitting-your-manuscript, 2021.

③ Van Eck, N. J. and Waltman, L., "Software Survey: VOSviewer, a Computer Program for Bibliometric Mapping", *Scientometrics*, Vol. 84, No. 2, 2010, pp. 523–538.

表 5-2-5 修辞结构的关键词簇和使用概率(前十)

主题	#关键词	高频关键词(频次)/使用概率(%)	ILC	ILMR	ILMRC	ILMRCD	ILMRD	ILMRDC	IMRC	IMRCD	IMRD	IMRDC
1	463	science(200), information(166), impact(118)	53.61	53.05	59.11	64.00	40.64	51.71	70.08	75.30	66.74	69.49
2	418	retrieval(137), knowledge(115), internet(113)	75.69	56.74	56.69	51.73	48.65	55.95	42.96	12.50	44.13	45.79
3	222	model(148), system(116), innovation(26)	18.13	38.97	46.31	55.67	35.35	37.09	46.47	60.00	42.78	37.91
4	144	bibliometrics(83), text mining(33), natural language processing(29)	100.00	47.28	67.74	70.67	67.20	64.56	74.58	30.00	77.69	68.04
5	87	performance(57), work(19), diversity(10)	17.36	10.00	32.71	42.14	27.04	26.26	18.75	26.67	18.75	49.00
6	65	human computer interaction(27), knowledge management(17), evaluation(16)	50.00	33.33	48.87	12.50	75.66	52.94	68.89	33.33	75.00	63.33
7	65	social network(20), privacy(10), support(10)	0.00	37.14	46.41	0.00	37.70	36.30	22.92	0.00	29.52	46.67
8	58	agreement(12), scholarly publishing(11), metadata(9)	0.00	100.00	54.93	60.00	88.89	53.58	55.56	0.00	55.00	68.06
9	56	information need(9), obsolescence(7), magnesium(6)	50.00	0.00	52.01	0.00	48.52	26.94	51.11	0.00	0.00	45.67
10	49	algorithm(13), identification(12), representation(11)	0.00	0.00	47.88	0.00	33.33	37.68	46.67	0.00	61.11	0.00

$$P_{rs} = \sum p_{rs} \Big/ \sum N_{pub}$$

$$p_{rs} = N_{cl}/N_{ky}$$

其中 P_{rs} 为总概率,即一篇文章中某一主题使用一种修辞结构的概率。N_{pub} 为该主题中已归类的给定修辞结构的出版物总数,N_{cl} 为该主题簇中的关键词总数,N_{ky} 为本节中关键词的总数。

基于全称的性别检测方法①确实提供了有关性别的概率而不是对性别的绝对肯定这一想法,经此启发,我们拟论证修辞结构在不同研究主题中的使用模式不是固定的关系,而是选择性的关系。这样,我们就可以分析研究主题与修辞结构之间的关联关系。由于它们都是分类数据,我们将它们转换为列联表。皮尔逊卡方检验结果显示,二者高度相关($x^2 = 2\,432.2$, p = 5.452e − 08),克莱姆相关系数为 0.602②③。这表明不同研究领域的学者倾向于运用不同的修辞结构。如表 5-2-5 所示,两个最常用的结构,即 ILMRDC 和 ILMRC,在每个主题中的分布相对平均。它们最有可能被文本分析领域的研究人员使用。有关文本分析的论文有很高的可能性应用 ILC,有关信息存取的文章也有很高的可能性应用 ILMR,但反之则不然。学术传播领域的论文更倾向于使用 IMRC、IMRCD、IMRD 和 IMRDC 作为修辞结构,但它们都缺少一个独立的文献综述部分。相反,信息检索领域的论文更喜欢使用 ILC、ILMR、ILMRC 和 ILMRDC,这些结构都包含了文献综述部分。

图 5-2-6 中的耦合簇视图清楚地显示了修辞结构相对于 JASIST 中研究领域的定位。根据结构与关键词之间的同现关系,我们将 10 个主要修辞结构和 48 个高频关键词聚为 6 类。其中最大的一类集中在修辞结构 ILMRDC 的使用上,这是最常用的整体结构。它被广泛应用于情报学领域,如信息查询(信息查找、搜索、检索、行为等)、信息技术(互联网、技术、设计等)、信息与知识管理(战略、框架、知识等)。文本分析研究人员主要应用 ILMRC(缺乏单独的讨论部分)来构造论文。文本分析涉及具有清晰实验结果的实验,而这可能并不需要在论文中进行严格讨论。第三大类由 IMRDC 和 IMRD 组成。显然,文献计量学者倾向于使用这两种修辞结构,围绕这二者的关键词有:文献计量学、引文、引文分析、指标、影

---

① Santamaría, L. and Mihaljević, H., "Comparison and Benchmark of Name-to-Gender Inference Services", *PeerJ Computer Science*, No. 7, 2018, pp. 1−29.
② Ferguson, G.A., *Statistical Analysis in Psychology and Education*, New York: McGraw-Hill, Inc., 1981.
③ Smith, S. M. and Albaum, G. S., *Fundamentals of Marketing Research*, Los Angeles: Sage, 2005.

响因素和出版物等。与其他主要研究领域相比,文献计量学研究较少关注文献综述;这也反映了文献计量学的地位,即它是一种回顾文献本身的工具。还有一类包括五种修辞结构,侧重于期刊评价、索引和排名分析等评价性文献计量学研究。另外两类分别专注于建模行为分析和面向库的分析。

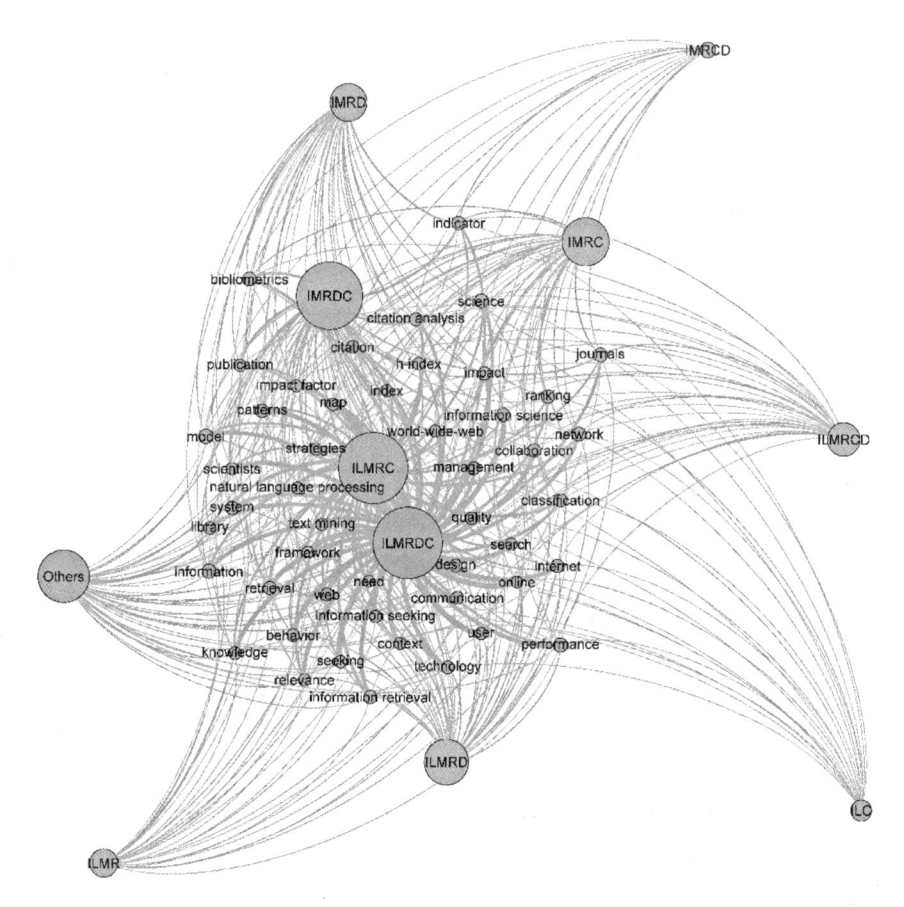

图 5-2-6 主要修辞结构簇和高频关键词

图 5-2-7 为 18 种修辞结构与高频关键词之间关系的簇图。将结论部分与讨论部分结合起来并与图 5-2-6 进行比较后,图从一个三心图变成了一个单心图。ILMRD 是这里最常用的修辞结构,与所有高频关键词平均共现 54 个,基本上成了唯一占主导地位的修辞结构,甚至盖过了经典的组合——IMRD。但 IMRD 也被应用于关注所有高频关键词的研究领域,尤其是文献计量学研究。这两种修辞结构占高频关键词共现率的 94.29%,是近 20 年来 JASIST 文章中的主流修辞结构。

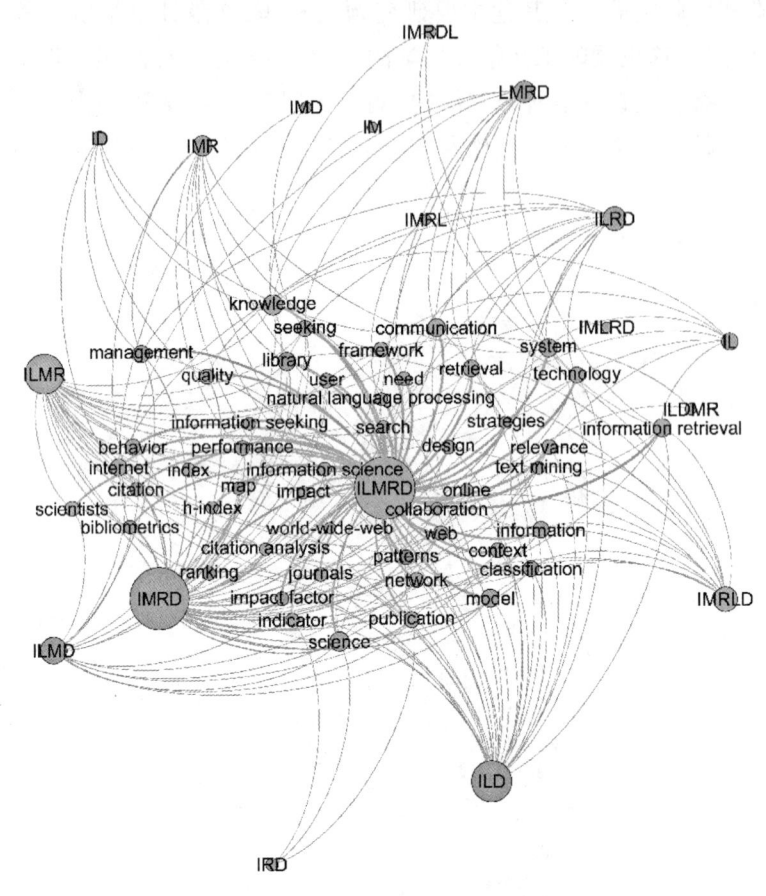

图 5-2-7 修辞结构簇(综合 DC)和高频关键词

通过对 With 和 Without 组进行聚类,我们可以进一步描述修辞结构各组成部分在不同研究领域的重要性(见图 5-2-8)。八个这样的组合并成五个组;With R、Without DC 和 Without M 聚在同一个组中,这提供了另一面的观点,即除 With 组高度相关外,With 组和 Without 组可能呈负相关关系。然而皮尔逊相关系数表明,除方法部分和结果部分之间显现此特征,大多数负相关关系都不显著。With M 组与 Without DC 组、Without DC 组与 With M 组的关系均为强负相关($r=-0.7235, p<0.01$)。这导致这两组在地图上的所处位置的间距很大。因为与 With R 高度相关的几个主要高频关键词(如合作、搜索、万维网、文本挖掘、策略等)和 Without DC 及 M 的相关度并不高,所以我们设置 With R、Without DC 和 Without M 相结合的组。此外,将有方法、结果、讨论和结论部分的论文放在一起,将 With L 和 Without L 的文章分别归为不同的类别,凸显了文献综述的特殊功能。

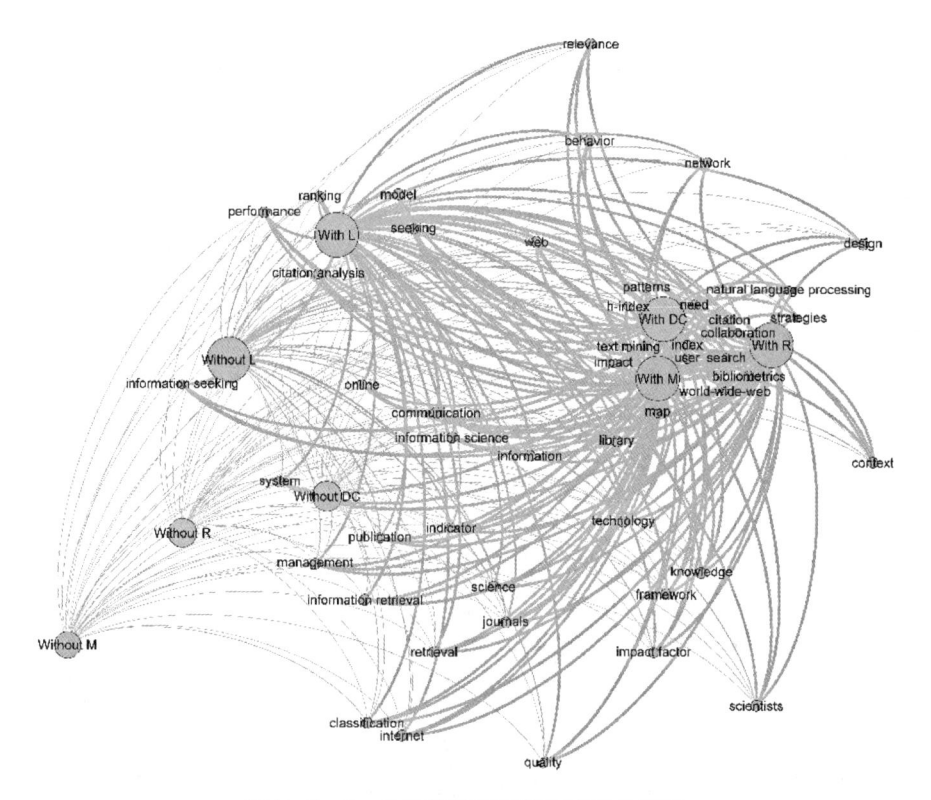

图 5-2-8　八组修辞结构簇和高频关键词

从图 5-2-8 也可以看出，不同研究领域的研究者对修辞结构成分的选择是不同的。图 5-2-8 中节点之间的线表示某个关键词对一个修辞结构类型的使用与关键词总出现的比值。所有关键词至少在其 90% 的论文中应用了方法、研究、讨论和结论部分。此外，这三组之间高度相关，因此它们并没有表明研究领域之间存在差异。另一方面，With L 和 Without L 组可以告诉我们更多信息。诸如信息搜索、信息检索和用户研究等研究领域尤其可能将文献综述纳入其文；而文献计量学研究主要集中在 h 指数、排名、指标分析等方面，对文献综述部分的使用相对较少。

第五节　本章小结

修辞结构在每一个研究领域和每一种期刊中都发挥着关键作用。以往的研究已经探讨了修辞结构在许多研究领域的使用模式，但我们对于修辞结构是否与不同的研究领域有联系以及如何与之联系的认识仍非常有限。

为了解决这一问题,本章对 JASIST 的 2 000 多篇论文中使用的修辞结构进行了手工编码,以理解这些结构是如何在著名 LIS 期刊中使用的,并确定其在不同时期和 LIS 子主题中的使用趋势。

具体研究结果如下:

与其他关于修辞结构的实证研究结果相比,ILMRDC 这一结构在 JASIST 的论文中占了很大比例[1]。此外,这种修辞结构中的成分也被灵活地应用,形成了另外五种类型,并逐渐成为趋势。

随着时间的推移,所有修辞结构的使用都会发生显著变化。首先,有证据表明组合越来越少,五成分和六成分结构占主导地位,以及 ILMRDC 群组出现,修辞结构越来越缺乏多样性,但越来越细致。其次,2008 年是修辞结构使用模式的里程碑之年:自 2008 年以来,突出的 ILMRDC 结构与它的兄弟结构一起出现,而使用 ILMRC 结构的趋势下降。这一现象促使我们对 JASIST 乃至 LIS 领域的历史进行必要的考察。例如,JASIST 在 2014 年更改了名称,文献综述部分的使用有了明显的转变。

此外,对于修辞结构使用的时间变化方面,科学界内部的写作模式已经发生了变化。尽管 IMRD 是传统的修辞结构,但各研究领域之间存在显著差异。从编辑团队变化的角度来看,在过去的 20 年里,JASIST 对编辑团队进行了不同的划分,可以看出期刊编委会在一定程度上决定了研究主题的节奏[2],这与修辞结构的选择高度相关,本研究证明了这一点。

总的来说,研究者能够根据自己的科研方向来选择修辞结构。信息检索、文本分析和文献计量学领域在修辞结构使用模式上存在显著差异;他们分别倾向于应用 ILMRDC、ILMRC 和 IMRD 来构造论文。而且,文献综述和讨论部分往往处于争论中心:文献计量学研究中有明显的不将文献综述部分纳入论文的偏好,但信息检索和用户研究领域则倾向于包含文献综述,技术主题领域的研究人员避开了讨论部分。综上,研究者努力通过在修辞结构的选择中体现出对 LIS 子领域某些规范的调整。在本章所搜集的 18 年的样本中,JASIST 发表了广泛的研究,从信息检索、网络分析和社交媒体,到

---

[1] Kovačević, A., Konjović, Z., Milosavljević, B., and Nenadic, G., "Mining Methodologies from NLP Publications: A Case Study in Automatic Terminology Recognition", *Computer Speech & Language*, Vol. 26, No. 2, 2012, pp. 105–126.

[2] Kim, H., "The JASIST Editorial Board Members' Research Areas and Keywords of JASIST Research Articles", *Journal of the Korean Society for Information Management*, Vol. 31, No. 3, 2014, pp. 227–247.

学术出版和引文分析①。而主题在时间上的传播与我们对于修辞结构在时间范围上的使用差异的研究结果是一致的。

综上所述,本章从时间维度系统地考察了修辞结构如何在LIS期刊的一个代表性样本中使用,基于以往文献对LIS研究领域进展有了全新的认识。

---

① Agarwal, N. K. and Islam, M. A., "Journal of the Association for Information Science and Technology: Analysis of Two Decades of Published Research", *Proceedings of the Association for Information Science and Technology*, Vol. 57, No. 1, 2020, pp. 1–18.

第三章　基于复杂网络的关键研究内容识别

第一节　复杂网络背景下的关键研究内容识别

研究表明，人类语言作为一种复杂系统，在词法、句法、语义等层次上都表现出高度的复杂性①。其中，对句法网络的研究是语言网络研究的重要组成部分。如果把每个词看作一个节点，用链接来表示它们在句中的关系，就形成了句法网络。句法网络具有复杂网络的相关统计学规律与特征，是理解人类语言的重要视角之一。因而，若运用句法网络去分析科学论文的摘要部分，便能够从语言表达层面探究摘要内容中的特征与要点，从而以网络关系的角度探寻科学论文的核心内容的语义特征。

因此，本章旨从句法形成的复杂网络角度出发，通过依存句法构建出复杂网络，分析"传染病与免疫学（Infectious Diseases & Immunology）"领域2001—2020年科学论文的核心研究内容，并探究其语言特征与语义特点，以期为科学论文评价以及科学领域发展提供新的研究视角与建议。

第二节　相关领域研究现状

利用中国知网及 WoS 数据库，以"复杂网络""依存网络""论文内容分析""科学论文内容""语义网络""科学论文内容""相互依存语法"等为检索词，筛选范围为"图书情报与数字图书馆"学科，对图书情报学学科复杂网络与科学论文核心内容研究现状进行查阅。与本研究相关的论文可以分为

---

① 刘知远、郑亚斌、孙茂松：《汉语依存句法网络的复杂网络性质》，《复杂系统与复杂性科学》2008年第2期。

复杂网络的理论与应用研究、依存句法的理论与应用研究和探测科学论文核心内容的方法与应用三个方面。

一、复杂网络的理论与应用研究

复杂网络是在社会网络、技术网络、生物网络等真实网络的基础上,对任何包含大量组成单元的复杂系统的一种抽象描述,并将其构成单元抽象成节点、单元之间的相互关系抽象为连边。

美国哈佛大学心理学家 S. 米尔格拉姆（S. Milgram）提出了六度分离推断,有力地证明了看似无关的事物之间存在必然的联系,为复杂网络理论的出现奠定了根基。其后,科学家提出了真实网络的小世界性质[1]以及无标度性质[2],并提出三个基本概念：平均路径长度、聚类系数及度分布,用于统计复杂网络结构特性。

目前,复杂网络研究中已经被确认的复杂网络主要有生命科学领域的各种网络（如细胞网络、神经网络、生态网络）、万维网络、社会网络（包括流行性疾病的传播网络、科学家合作网络、人类性关系网络、语言学网络）等[3]。

随着可计算设备和互联网的飞速发展,人们开始研究大规模的实际网络数据。而在图书情报学领域,学者大多开展基于复杂网络理论的引文网络、科研合作网络研究,也有学者探索基于复杂网络理论的知识组织系统研究[4]。计算机技术及可视化技术,推动了复杂网络研究的蓬勃发展,使得复杂网络研究从数字和表格提升到直观的图形化全面展示与管理,并通过节点之间的关联,突出了看似无关的非直接相连节点及其间接关系,从而能够呈现其中隐含的丰富信息[5][6]。

---

[1] Watts, D. J. and Strogatz, S. H., "Collective Dynamics of 'Small-World' Networks", *Nature*, Vol. 393, No. 6684, 1998, pp. 440–442.

[2] Barabasi, A. L. and Albert, R., "Emergence of Scaling in Random Networks", *Science*, No. 286, 1999, pp. 509–512.

[3] 潘现伟、杨颖、崔雷：《科技论文网络研究进展及建立论文相似网络的构想》,《医学信息学杂志》2013 年第 6 期。

[4] 殷希红、乔晓东、张运良：《基于复杂网络的知识组织系统概念社区发现》,《数字图书馆论坛》2014 年第 8 期。

[5] 王柏、吴巍、徐超群、吴斌：《复杂网络可视化研究综述》,《计算机科学》2007 年第 4 期。

[6] 吴彬彬、王京、宋海涛：《基于 Citespace 的复杂网络可视化研究图谱》,《计算机系统应用》2014 年第 2 期。

二、依存句法的理论与应用研究

依存句法[1]认为句子是由词构成的有组织单位,句子的各个成分之间都存在着支配与从属的关系,其中处于支配地位的称为核心词,处于被支配地位的称为从属词。依存句法可以对句法和语义因素之间的相互依赖性进行全面的研究[2]。

依存句法分析的方法试图解决词袋模型忽略句法结构对句子语义影响的问题[3]。基于依存关系构建的共现网络关系明确、易于理解、图像简洁,可用于文本信息中的关系对抽取。但目前,依存句法主要运用于社会舆情分析、评论处理[4]、情感分析[5]、识别自然语言[6]等场合,还未将该技术运用于科学论文内容探测之中。

三、探测科学论文核心内容的方法与应用

目前,学界对于科学论文核心内容的识别主要是以研究该领域科学前沿发展状况为目的,从内容角度进行深层次、全面化的学术创新评价和揭示成为目前的主流趋势[7],可分为引文分析法、主题词分析法、基于多元关系融合等方法。如一些学者以语义相似度计算[8][9]为核心,分别从篇章级和句子级构建模型或函数测度科学论文的学术成果。并且,自然语言处理、机器学习等技术的不断发展促进了科学论文内容探测不断向更细粒度、更精准的趋势发展。

---

[1] 安璐、吴林:《融合主题与情感特征的突发事件微博舆情演化分析》,《图书情报工作》2017年第15期。

[2] 王家辉、夏志杰、王诣铭、阮文翠:《基于句法规则和社会网络分析的网络舆情热点主题可视化及演化研究》,《情报科学》2020年第7期。

[3] 万常选、江腾蛟、钟敏娟、边海容:《基于词性标注和依存句法的Web金融信息情感计算》,《计算机研究与发展》2013年第12期。

[4] 严素梅、吉久明、陈荣、孙济庆:《多维度创新路径识别与发现研究》,《图书馆杂志》2020年第9期。

[5] 武华维、罗瑞、许海云、董坤、王超、岳增慧:《科学技术关联视角下的创新演化路径识别研究述评》,《情报理论与实践》2018年第8期。

[6] Amancio, D. R., Altmann, E. G., and Rybski, D., "Probing the Statistical Properties of Unknown Texts: Application to the Voynich Manuscript", *PLoS ONE*, Vol. 8, No. 7, 2013.

[7] 柴嘉琪、陈仕吉:《论文新颖性测度研究综述》,《农业图书情报学报》2020年第10期。

[8] 逯万辉、谭宗颖:《学术成果主题新颖性测度方法研究——基于Doc2Vec和HMM算法》,《数据分析与知识发现》2018年第3期。

[9] 党倩娜、杨倩、刘永千:《基于大数据方法的新兴技术新颖性测度》,《图书馆杂志》2019年第4期。

此外,仍有研究致力于计算并研究科学论文内容之间的相似度[1]。通过相似性度量来确定科学论文内容特征,从而便于查找与用户需求相关的文献。内容是一篇论文展示其上下文的主要方面,可用来揭示科技和社会科学领域的研究主题之间的联系[2],或是根据内容分配不同权重来探索研究领域前沿[3]。同时,有研究定义了基于网络结构的主题建模问题,使用基于数据图结构的调和正则化器对统计主题的模型进行正则化,从而将话题建模和社会网络分析相结合,并应用于广泛的文本挖掘问题(如作者主题分析、社区发现和空间文本挖掘)[4]。

四、国内外研究述评

综上,国内外学界目前在复杂网络以及依存句法领域都有了一定的理论研究与应用,但未将这一方法运用于探测科学论文核心研究内容领域,并且该领域的探测大多基于词语层面或是文本相似度计算角度,缺乏从句法角度的探测与研究。

第三节 研 究 方 法

本节的研究方法可以分为句子依存关系分析、复杂网络构建以及数理统计三个方面。首先,利用数据挖掘算法和斯坦福语法分析器(Stanford Parser)工具,识别句子的依存关系;其次,利用 Gephi 软件,构建句法层面的复杂网络;最后,利用 Python 和 Excel 等工具,对数据结果进行计量与分析。

一、依存句法提取

在依存句法相关理论中,句子的主要动词(谓词)往往是句子的唯一中

---

[1] Cannon, D.C., Yang, J.J., and Mathias, S.L., "TIN‐X: Target Importance and Novelty Explorer", *Bioinformatics*, Vol. 53, No. 3, 2017, pp. 2601–2603.
[2] Ittipanuvat, V., Fujita, K., Sakata, I., and Kajikawa, Y., "Finding Linkage between Technology and Social Issue: A Literature Based Discovery Approach", *Journal of Engineering and Technology Management*, Vol. 32, 2014, pp. 160–184.
[3] Fujita, K., Kajikawa, Y., Mori, J., and Sakata, I., "Detecting Research Fronts Using Different Types of Weighted Citation Networks", *Journal of Engineering and Technology Management*, Vol. 32, 2014, pp. 129–146.
[4] Mei, Q., Cai, D., Zhang, D., and Zhai, C., "Topic Modeling with Network Regularization", in *Proceedings of the 17th International Conference on World Wide Web*, 2008, pp. 101–110.

心,句子中的其他单词都直接或间接地依存于该中心存在;而句子中的所有单词均直接依赖于句子中的其他某一成分。这种依存关系是有向的,一般为修饰词指向中心词。如"我爱上海"这一句话中,"爱"即中心词,"我"和"上海"作为修饰词,在依存关系中分别指向"爱"一词。

利用斯坦福自然语言处理(Stanford NLP)工具的依存句法(Sentence parser)功能,可以剖析并表示句子的依存关系,每个依存关系表示的均为修饰词指向被修饰词时二者之间的有向箭头关系。通过这种方法,可以形成(依存关系、修饰词、被修饰词)的数据组结构,指出句子中不同单词之间的有向箭头依赖关系。如图 5-3-1 展示了某篇论文摘要中单句的完整依存关系。

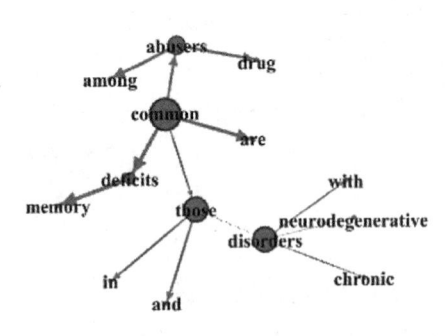

图 5-3-1 论文摘要单句的完整依存关系示意图

但在具体研究分析中,若保留完整的句子依存关系会产生大量的噪声节点,即在句子中充当介词、冠词、连接词等出现次数较多但信息量较小的词语节点,影响后续复杂网络分析处理过程中的简洁性。因此,在本节的实证分析中对依存句法关系进行了提取优化,保留了主语、谓语动词、宾语及对其起到修饰作用的重要形容词与副词等,从而构建了相应的依存句法网络。

二、复杂网络构建与分析

由于依存句法的有向性,可以自然地生成一张有向网络图;而通过句子之间相同词语的关联,又可以形成更大范围的复杂网络。在这张网络中,每一句的依存关系结构都可以看作整个依存网络的某一子集。因而,在这张句法网络上,可以利用各种参数来衡量其复杂网络性质,并通过研究节点及其之间的关系来解读语料的语义含义等。本节主要采用 Gephi 软件进行网络的构建与相关网络参数的计算。

在复杂网络中,存在各类统计指标。具体可分为网络节点数目、节点度、平均路径长度、聚集系数等。网络节点数目(n)是指网络中所有节点的数量;节点度(k)是节点连接的边的总数目[①],而网络中所有节点的度的平均值则为网络的平均度;平均路径长度(d)是指网络中某个节点的任意两

---

① 刘涛、陈忠、陈晓荣:《复杂网络理论及其应用研究概述》,《系统工程》2005 年第 6 期。

个相邻节点互为相邻节点的概率,即所有节点对之间距离的平均值;聚集系数(C)是指某节点的相邻节点之间的连接边数与可能的边数之比,反映了网络中节点的集聚程度。

通过计算各类统计指标,便可验证复杂网络存在的诸多性质。其中,最为典型的便是复杂网络的小世界效应与无标度效应。小世界效应是指网络具有较小的最短路径与较大的聚集系数,当网络的平均路径长度 $d \approx \ln(n)/\ln(k)$ 且聚合系数 $C \geq k/n$ 时,该网络可以被视为具有小世界效应。无标度效应是指网络中节点的度的分布近似于幂律形式,即 $P(k) \sim k-\gamma$。

通过对网络中节点的连接关系进行模块化分类与计算,可以将诸多节点进行分类,形成复杂网络中的聚集性小模块,从而分析网络中节点的特征与节点之间的关系,为探索学科领域的研究热点话题提供方法。主要运用的社区检测的方法,即未揭示网络聚集行为的一种分析方法,实际是一种网络聚类的方法,可以将"社区"理解为具有相似特性的网络节点的集合。这一集合的分类结果可利用模块度(modularity)指标进行评价。在本节中,将探索这类具有相同特性的集合的词语节点之间是否具备研究主题的共性,从而挖掘学科领域的研究热点。

除此以外,在形成复杂网络的同时,依存关系的数量、种类等数据也可能蕴含数理或计量层面的规律,因而本节将利用 Python、Excel 等工具对数据结果进行计量与分析。

第四节 实 证 研 究

本节以 WoS 数据库中的英文科学论文摘要为主要分析对象,选取了"传染病与免疫学(Infectious Diseases & Immunology)"领域中 2001—2020 年共 470 245 篇科学论文作为研究对象,进行句法网络的构建与科学研究热点领域内容的分析。

一、数据概览

对 2001—2020 年的科学论文摘要数据进行初步分析与清洗,得到作为构建复杂网络的原始数据材料。数据分析与清洗可分为以下几步:首先,对作为分析对象的论文摘要进行分句,即通过文本挖掘算法对段落内容进行自然语言分句。其次,以斯坦福语法分析器数据分析包对每句话进行依存句法关系的分析与提取,形成多个形如(关系、施动者、受动者)的依存关系三元组。最后,对依存关系进行简化提取,即提取主语、宾语、谓语以及形容词、名词性形容词等关键依存关系,以此为依据构建基于依存句法关系的复杂网络。

对获得的数据量进行数理统计,得到表 5-3-1 所示的数据量概览。2001—2020 年,共搜集到 470 245 篇论文,其中摘要中共有 4 558 574 个句子,提取到 97 930 782 条依存关系,经对依存关系的简化提取后共搜集到 44 743 744 条依存关系。其中,平均每篇论文摘要含有 9.694 0 个句子,涉及 21.482 8 条依存关系,而本节平均每篇科学论文提取后用于分析构建复杂网络的依存关系为 9.815 3 条。

表 5-3-1 研究数据概览

	论文数	句子数	依存关系总数	提取的依存关系
总计	470 245	4 558 574 (M = 9.694 0)	97 930 782 (M = 21.482 8)	44 743 744 (M = 9.815 3)

将数据按照年份排列后发现,从 2001 年至 2020 年,科学论文数量呈现明显增长,以此带来了论文摘要句子数量、依存关系数量的相应增长。从而对论文及其摘要句子的数量增长变化与依存关系数量增长变化绘制相应折线图(见图 5-3-2),并进行回归分析,均符合自然指数增长规律。其中,从 2001 年至 2019 年,论文数量增长符合函数 $y = 17\,154e^{0.037\,5x}$($R^2 = 0.929\,5$),

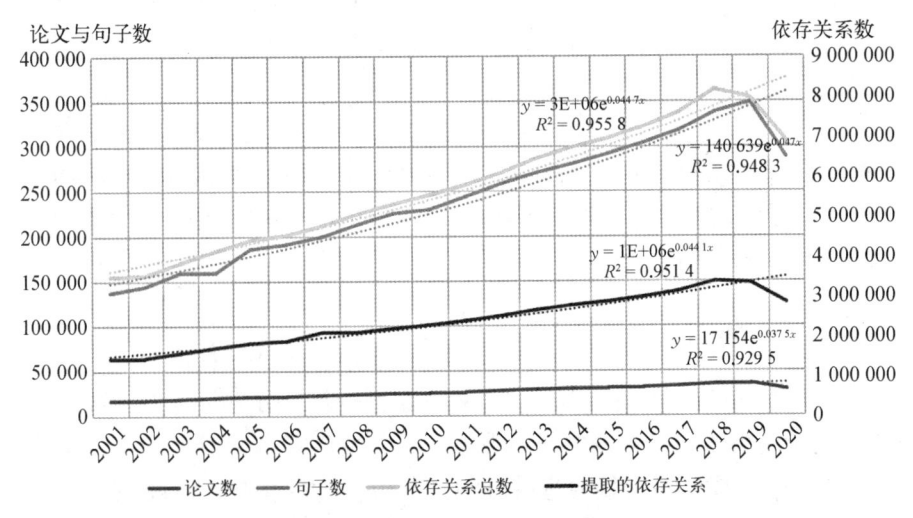

图 5-3-2 论文数、句子数及依存关系总数随时间变化规律

论文摘要句子增长符合函数 $y=140\,639e^{0.047x}$($R^2=0.948\,3$);依存关系数量增长符合 $y=3E+06e^{0.044\,7x}$($R^2=0.955\,8$),简化后提取的依存关系数量增长符合 $y=1E+06e^{0.044\,1x}$($R^2=0.951\,4$)。尽管 2020 年论文的数量增长出现了较小幅度的下降,这可能是数据量更新有所滞后导致的。总体上"传染病与免疫学"学科中的文献增长变化仍符合文献指数增长规律。

而对于每篇论文的摘要句子平均数量而言,从 2001 年至 2019 年呈现小幅度的上涨趋势,从 8.15 句增长到约 9.78 句;而句子当中的依存关系数量则呈现小幅度的下降趋势,从 25.39 个依存关系下降至 22.82 个。如图 5-3-3 所示,分别对 2001—2020 年科学论文摘要的平均句子数以及依存关系数拟合了回归曲线,平均每篇摘要的句子数符合线性函数 $y=0.085\,9x+8.175\,5$($R^2=0.904\,2$),而虽然平均每篇摘要的依存关系数的函数拟合效果并不是很好[$y=-0.5\ln(x)+25.059$($R^2=0.381\,8$)],但其折线图仍然呈现了整体波动下降的趋势。而句子中的依存关系描述的是两个单词之间的联系,显然,其数量与单词数量呈正比。因此,从这一变化可看出,科学论文摘要呈现句子单词量减少、句子数量增多的趋势。这可被视为科学论文语言表达上的一个细微变化趋势。

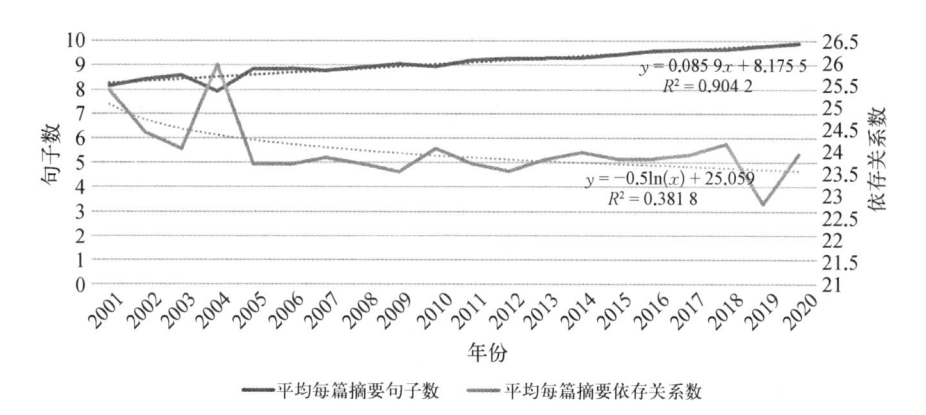

图 5-3-3 平均每篇摘要句子数与依存关系数随时间变化规律

二、复杂网络性质

对分析得到的依存关系进行汇总统计,并利用 Gephi 进行网络图的分析与构建。经过 Gephi 的计算统计,最终得到如表 5-3-2 所示的 2001—2020 年基于依存句法关系的复杂网络统计指标概览。在复杂网络理论研究中,其往往具有小世界效应与无标度效应,通过分析网络节点的相关统计指标,可以证明该复杂网络满足小世界效应与无标度效应。

表 5-3-2 基于依存句法的复杂网络统计指标

年　份	平均路径长度	平均聚类系数	d_random	C_random
2001	5.727 7	0.127 0	4.399 5	0.000 2
2002	5.686 3	0.125 0	4.437 9	0.000 2
2003	5.008 7	0.129 0	4.421 9	0.000 2
2004	4.623 1	0.130 0	4.403 5	0.000 2
2005	5.061 5	0.132 0	4.423 9	0.000 2
2006	4.869 2	0.133 0	4.435 2	0.000 2
2007	4.650 1	0.133 0	4.444 5	0.000 2
2008	5.261 5	0.135 0	4.368 9	0.000 2
2009	4.959 9	0.136 0	4.434 5	0.000 2
2010	4.338 3	0.139 0	4.408 4	0.000 2
2011	4.512 5	0.139 0	4.413 5	0.000 2
2012	5.057 6	0.143 0	4.421 8	0.000 2
2013	4.488 0	0.144 0	4.419 1	0.000 2
2014	4.122 2	0.145 0	4.429 5	0.000 2
2015	5.084 0	0.148 0	4.450 1	0.000 2
2016	4.132 4	0.149 0	4.445 8	0.000 1
2017	4.379 8	0.148 0	4.459 0	0.000 1
2018	4.359 5	0.152 0	4.487 0	0.000 1
2019	4.140 1	0.149 0	4.388 7	0.000 1
2020	4.077 0	0.139 0	4.628 4	0.000 1
平均值	4.727 0	0.138 8	4.436 1	0.000 2

实验表明，2001—2020 年，所有网络的整体平均路径长度 d 为 4.727 0，平均聚类系数 C 为 0.138 8，符合 d≈drandom、C≥Crandom，并且 2001—2020 年每一年的统计指标均满足此条件，因而根据科学论文摘要构造的依存句法网络基本符合小世界效应。这说明虽然网络的节点数量多、规模庞大，但词语之间依旧能够以较短的路径相连，呈现了语言交流中词汇的丰富性以及交流速度的快捷性。

同时，该网络中节点度的分布基本符合幂律分布规律，即节点的度分布符合指数小于-1 的幂函数，这显示了该依存句法网络基本满足复杂网络的无标度特性。以 2001 年论文摘要网络中所有节点的度的分布为例,通过绘制其散点图,发现其拟合曲线满足幂函数。其后,分别绘制了 2001—2020 年论文摘要网络中所有节点的度的分布散点图,发现这 20 年均符合幂律分布的特征。因此,通过论文摘要构建的依存句法网络节点度分布满足幂律分布,个体的度的差异较为悬殊,符合复杂网络的无标度特性。

综上,通过比较网络中节点的数量、平均路径长度、平均聚类系数以及节点度的分布,2001—2020 年感染病与免疫学领域的科学论文摘要数据构建的依存句法网络基本符合复杂网络的小世界效应与无标度效应。即该学科领域的论文摘要从依存句法角度看,具有较小的平均路径与较大的集聚系数,可以通过较短的路径进行词语节点之间的连接与传递,可以快速地将信息从一个节点传递至另一个节点;并且,词语节点的分布具有明显的长尾分布效应,网络具有异质性,其各个节点之间的连接的数量分布(节点度)具有严重的不均匀性,少部分点具有大量的连接,而大多数节点之间仅有少量的连接。

三、网络模块化分类

利用 Gephi 的模块化分类功能,对 2001—2020 年所有网络的节点分别依次进行模块化分类,以发现其中是否存在社区聚集效应。最终形成了 20 个网络各自的网络聚类结果,可以利用该结果探究复杂网络中每一类因相同特性而呈现聚集关系的节点及其子网络之间是否存在研究的主题差异。

通过 Gephi 分类后,所有网络的平均模块化系数为 0.317 2,即证明依存句法网络具有一定规模的社区结构,呈现出一定的社区聚集效应。因此,将每一年的网络中不同社区模块的节点分别导出,对其进行细致分析。

在所有节点的社区模块聚类情况中,每个社区中节点的数量分布呈现较大差异,即极少数量的社区中聚集了网络中大多数的节点。如图 5-3-4 所示,平均每个网络约有 627 个聚集的社区数量,但其中约 11.5 个社区聚集了全部网络中 76.77% 的节点,节点呈现明显的聚集特征,可以较好地用少部分聚类社区涵盖网络中大部分节点。因此,可以通过分析较少类别的聚类社区中节点的词语内容与彼此之间的连接特征,来观察其中是否存在热点研究主题的差异与发展规律。

随后,通过观察分析节点数目较多的社区中网络图的节点内容特征,发现在每一个聚类社区中节点度明显较高的关键节点组合具备了较为明显的

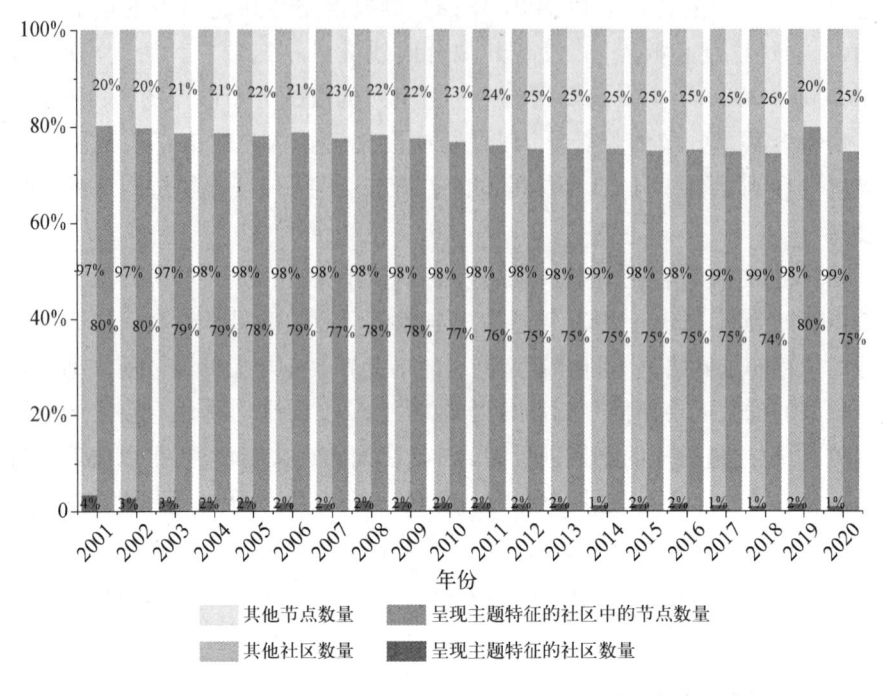

图 5‑3‑4　2001—2020 年依存句法网络模块化后社区分类情况

主题特征差异。因此,根据每一年的依存句法网络中节点数目较多、节点度较高的社区特征,可以归纳"传染病与免疫学"领域 2001—2020 年科学论文的研究主题变化规律。

在对呈现社区聚类的节点进行主题发掘的过程中,主要对每一个社区类别中节点度较高的关键节点进行统计分析。具体统计方法可分为社区筛选、节点赋值、含义推理及验证三个步骤。首先,在每一年形成的所有社区类别中,筛选出社区中节点数量大于 500 的类别,作为待分析挖掘主题的社区对象。其后,对待分析的社区中节点按照节点度值大小排序,并将节点度值作为该节点的权重,从而以社区中权重较大的关键节点作为基准,对社区主题内容进行推理。随后,以关键节点及其连接节点的内容关系,手动识别并概括归纳出该社区存在的研究主题特征,作为发掘研究热点的主题内容,并以该社区中所有节点的权重值之和作为该主题当年的权重值。最终,以每一年每一类别的内容以及权重作为指标,获得每一个研究主题在每一年中的研究热度指数。因而,根据每个主题在每一年的研究热度,可以获得 2001—2010 年(见图 5‑3‑5)和 2011—2020 年(见图 5‑3‑6)研究主题的热点变化趋势。

图 5-3-5　2001—2010 年研究
主题热点变化

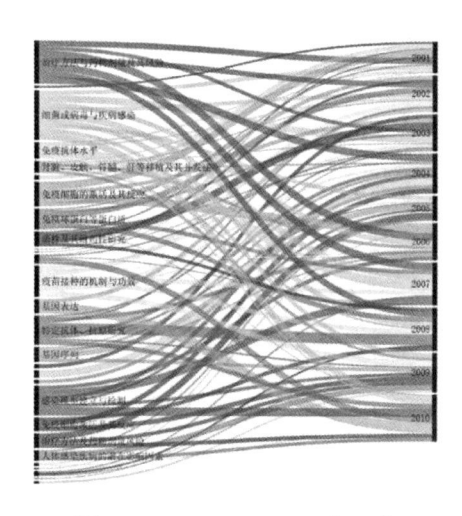

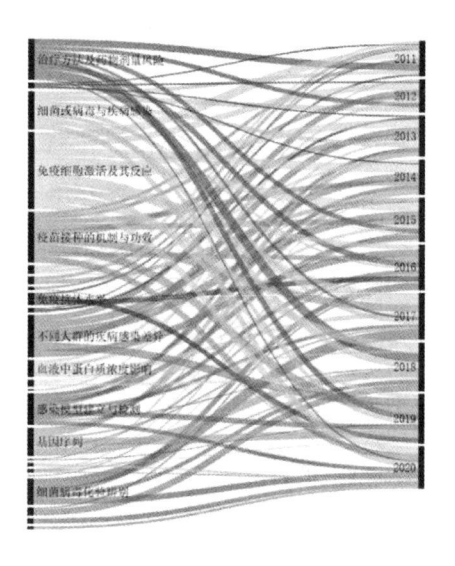

图 5-3-6　2011—2020 年研究
主题热点变化

根据研究主题的时间变化分布,可以证明"传染病与免疫学"学科领域整体研究内容与论文摘要语言表达较为稳定,主要围绕"治疗方法""细菌病毒感染""抗体与免疫细胞""基因与免疫蛋白"等领域展开。整体上看,2011—2020 年相较于 2001—2010 年而言,研究主题热点涉及范围更广、数目更多。其中,"治疗方法、药物剂量及其风险""细菌或病毒与疾病感染"这两个领域一直是研究较多的热点话题,每一年均有占比较大的研究论文数目。而"免疫细胞的激活及其反应""疫苗接种的机制与功效""基因序列"等话题 2011—2020 年的节点数量值高于 2001—2010 年,其讨论热度有所上升。同时,2010 年后也出现了一些新的热点研究话题,如"细菌病毒化验辨别""不同人群的疾病感染差异"等。

因此,从依存句法层面,"传染病与免疫学"领域的科学论文摘要的语言表达呈现一定的稳定性,但其中社区聚类类别仍随着年份变化产生了一定改变,依存句法构建的复杂网络可以参与科学研究热点话题的快速识别与归纳,并对热点话题的识别提供相关分析思路与验证角度。此外,因为这一方法不仅考虑到摘要中词语出现的频数,而且充分考虑到词语之间的句法关系,所以相比词频探索等分析方法更具可靠性,也适用于大规模的文献研究热点识别,并可以通过优化社区聚类方法与主题归纳识别方法得到优化。

第五节 本章小结

本章通过分析2001—2020年"传染病和免疫学"领域共470 245篇英文科学论文的摘要数据，利用文本挖掘算法提取并优化出共44 743 744个词语依存关系，并在此基础上利用Gephi构建出基于依存句法关系的复杂网络模型，分析验证每一年的复杂网络性质，通过对复杂网络进行社区发现归纳出科学论文的主题特征差异，从而探究具体科学领域的研究热点变化规律，主要结论有：

科学论文数量的增长仍符合指数增长规律，以此带来了论文摘要句子数量、依存关系数量的相应增长。但在摘要的语言表达上有细微变化趋势，摘要语言表达整体呈现句子单词量减少、句子数量增多的变化。具体来说，每篇摘要的句子数符合线性函数，每篇摘要的依存关系数呈现波动下降的趋势。

基于论文摘要的依存句法关系具有复杂网络的基本性质。2001—2020年每一年的科学论文摘要依存句法网络均符合复杂网络的小世界效应与无标度效应，具有复杂网络的一般性质。从依存句法网络的角度来看，该学科领域的论文摘要具有较小的平均路径与较大的集聚系数，可以通过较短的路径进行词语节点之间的连接与传递，从而快速地将信息从一个节点传递至另一个节点；并且，词语节点的数量分布（节点度）具有严重的不均匀性，少部分节点具有大量的连接，而大多数节点之间仅有少量的连接。

通过对复杂网络的节点的聚类分析，可以了解学科领域的热点研究话题演变规律。在所有节点的社区模块聚类情况中，每个社区中节点的数量分布呈现较大差异，即极少数量的社区中聚集了网络中大多数的节点。通过分析该类社区的节点内容及其连接，发现在每一个聚类社区中节点度明显较高的关键节点组合具备了较为明显的主题特征差异。因而，进一步归纳其中主题特征后发现，"传染病与免疫学"学科整体研究话题核心较为稳定，主要围绕"治疗方法、药物剂量及其风险"和"细菌或病毒与疾病感染"两个领域展开；而随着时间的变化，"免疫细胞""疫苗"和"基因"等话题的研究热度有所增加。

第四章　基于语言网络的关键研究内容推荐

第一节　信息超载背景下的关键内容推荐

信息超载对用户有限的信息处理能力提出了挑战[1][2],信息激增与个体信息处理能力的局限性之间的冲突日益明显,如何满足存在信息需求的个体对有效信息的鉴别、获取和分析的需求,以匹配大量信息涌入个体视野的速度,成为近年来研究的热门问题。

本章基于语言网络,围绕学术用户在跨学科背景下的学术创作需求展开研究,对已有的基于语言网络的关键研究内容推荐方法进行分析和探讨,并提出新的、更高效的关键研究内容推荐方法。

第二节　基于语言网络的研究背景

对于个体信息用户而言,只有有限的信息能够被舒适地处理,尽管信息素养教育带来的影响深刻而广泛,但当前全球信息素养教育依然面临整体水平不高、发展不平衡和理论研究薄弱等问题[3]。相反地,由于受到产业化的影响,利用智能化手段提升信息获取效率的途径得到了充分的发展,其中,信息系统被视为纾解信息超载最有效的方式之一。

在此背景下,科学界的知识发现速度对各科研领域冲击强烈,跨学科已

---

[1] 郭佳、黄程松:《国外网络环境中信息过载研究进展》,《情报科学》2018年第7期。
[2] 肖丽平、娄策群:《互联网发展环境下"信息超限"问题研究》,《图书馆学研究》2018年第10期。
[3] 黄如花、冯婕、黄雨婷、石乐怡、黄颖:《公众信息素养教育:全球进展及我国的对策》,《中国图书馆学报》2020年第3期。

经成为学科交叉融合背景下科研与教育进步相关的代名词①。但随着研究问题的复杂化和研究对象跨学科属性的多样化,科学概念更加多变,跨学科知识比以往受到更多的关注②③。在跨学科检索过程中,不同学科领域对于同一概念通常有不同的表述,同一个词在多个学科领域具有不同的含义④。同时,各层次群体的信息素养和信息检索能力差异较大,检索需求各有不同⑤⑥。要想实现信息检索系统跨领域的性能提升,需要考虑到用户历史需求和检索行为,同时,考虑到科学议题或科学概念在整个科学知识体系中的重要性和连通性。目前信息检索系统和信息检索服务局限在初始检索领域,在引导用户进行有效的发现性检索方面具有局限性。

由此,结合语言学、语言网络和依存句法理论,本章提出了一种基于依存句法网络的检索词推荐方法,以期能够提高用户信息检索准确性和惊喜度,帮助用户突破自身知识体系的边界,也为跨学科研究和知识交流带来便利。

第三节 相关研究综述

一、依存句法网络

语言网络的本质是关于词和词间关系的复杂网络,其基本特点是整体大于部分之和⑦。语言是相互关联的,并在生成和处理过程中体现出网络拓扑结构⑧,通过相互联系产生语义和逻辑,同时,语言中结构单元的分布是非线性的⑨,语言的各个层级如语义、句法、词汇等方面都表现出典型的

---

① 章成志、吴小兰:《跨学科研究综述》,《情报学报》2017 年第 5 期。
② 范瑞泉、杨凌春:《推动学科交叉融合 提升高校创新能力——赴澳大利亚大学考察启示》,《中国高校科技》2017 年第 1 期。
③ 赖茂生、屈鹏:《大学生信息检索能力调查分析》,《大学图书馆学报》2010 年第 1 期。
④ 汪东芳、曹燕、曾寰:《面向科技查新的词表构建研究》,《图书馆学研究》2020 年第 19 期。
⑤ 吴菁、李珊珊:《数字环境下高校用户信息检索行为初探》,《高等建筑教育》2013 年第 3 期。
⑥ 宗凯韵、孙济庆:《基于文献数据库的用户检索用词分析》,《情报科学》2016 年第 3 期。
⑦ Kretzschmar, W., *The Linguistics of Speech*, Cambridge: Cambridge University Press, 2009.
⑧ 刘海涛:《语言网络:隐喻,还是利器?》,《浙江大学学报(人文社会科学版)》2011 年第 2 期。
⑨ Cong, J. and Liu, H., "Approaching Human Language with Complex Networks", *Physics of Life Reviews*, Vol. 11, No. 4, 2014, pp. 598‑618.

复杂网络属性①②。此外,神经认知语言学理论认为语言系统的物质载体是大脑神经网络,人类语言组织、处理和理解的过程就是神经元激活的过程③,因此,有必要基于复杂网络对语言进行系统性的分析和探索。依存句法网络是建立在依存语法理论之上,将句子中的成分以谓语为中心建立起直接或间接关系的网络。依存句法网络中的节点和边的含义对语言做出了新的解释:词与词之间的从属关系由支配词和从属词联结而成,其中,动词作为句子的中心支配其他成分,其本身不受其他任何成分支配。

坎乔(Cancho)和索莱(Sole)等学者从复杂网络的角度定义了依存句法网络,并揭示了依存句法网络的本质是语言组合词语以形成句子的能力④。在英文依存句法网络的研究方面,坎乔研究了依存句法网络中存在依存关系词语之间的欧几里得距离,发现依存词对之间的平均距离明显较小,并且是句子长度的一个缓慢增长的函数⑤。坎乔等证实了依存语言网络的小世界性质和无标度特征,并利用光谱分析法对节点进行排序,结果显示相同词性的语词具有聚集效应⑥。切赫(Čech)等学者研究了语言的两个重要语义属性(多义性和同义性)与依存句法网络中节点的度的关系,结果显示,一个词的度越大,这个词的多义性就越强,同义词就越多⑦。阿布拉莫夫(Abramov)和梅勒(Mehler)通过依存句法网络制作了自动语言分类器,并与基于 n-grams 模型和基于量化分类指数的语言分类器进行了比较⑧。切赫等集中研究了句子中动词的句法功能对依存语言网络结构的影响,该研究以动词节点指向其他节点的链接数评价节点重要性,研究显示动词在句子

---

① Liu, H. and Jin, C., "Empirical Characterization of Modern Chinese as a Multi-Level System from the Complex Network Approach", *Journal of Chinese Linguistics*, Vol. 42, No. 1, 2014, pp. 1-38.
② 赵怿怡、刘海涛:《基于网络观的语言研究》,《厦门大学学报(哲学社会科学版)》2014 年第 6 期。
③ 丁崟藻、陈保亚:《语言官能的神经基础及其属性》,《外语研究》2016 年第 3 期。
④ Cancho, R. F. I., Solé, R. V., and Köhler, R., "Patterns in Syntactic Dependency Networks", *Physical Review E*, 2004.
⑤ Cancho, R. F. I., "Euclidean Distance between Syntactically Linked Words", *Phys Rev E Stat Nonlin Soft Matter Phys*, Vol. 70, No. 5, 2004.
⑥ Cancho, R. F. I., et al., "Spectral Methods Cluster Words of the Same Class in a Syntactic Dependency Network", *International Journal of Bifurcation and Chaos in Applied Sciences and Engineering*, Vol. 17, 2007, pp. 2453-2463.
⑦ Čech, R., Mačutek, J., Žabokrtský, Z., and Horák, A., "Polysemy and Synonymy in Syntactic Dependency Networks", *Digital Scholarship in the Humanities*, Vol. 32, No. 1, 2017.
⑧ Abramov, O. and Mehler, A., "Automatic Language Classification by Means of Syntactic Dependency Networks", *Journal of Quantitative Linguistics*, Vol. 18, No. 4, 2011.

结构中起着决定性作用①。阿曼西奥(Amancio)等学者提出一种基于复杂网络和依存语言模型进行文本摘要提取的方法,优化后的方法的 Rouge 得分达到了 0.508 9,这是葡萄牙语中使用复杂网络统计方法进行摘要提取的最佳分数②。在中文依存句法网络的研究方面,刘知远等学者证实了中文句法依存网络的小世界性质和无标度性质,并基于此对汉语的复杂网络性质进行了讨论③。唐晓波和肖璐基于句法依存网络,采用改进的 PageRank 算法计算节点重要性,并以 PageRank 值为指标进行文本特征提取④。许力和李建华利用依存句法网络进行图卷积网络训练并提出生物医学命名实体识别模型,该模型较基准模型在两个数据集上的 F1 值分别提升了 2.62 和 1.66 个百分点⑤。胡泉通过构建一个汉语复句关系词节点的现代汉语复句关系词搭配语言网络,对其依存路径长度、依存度特征、依存聚集特征等指标进行了计算,并在此基础上设计出"基于依存路径长度准则的汉语复句关系词搭配关系自动识别软件"⑥。

相较于其他类型的语言网络,依存句法网络考虑了句子中词与词之间的依存关系,包含了更多的语义信息,在语言的语义特征研究方面备受青睐,是本章提出新方法的主要思路。

二、检索词推荐方法

信息检索是从信息集合中找出所需信息的过程,本质是信息需求与所储存信息之间的选择和匹配。在信息匹配过程中,检索词起到了关键的纽带作用,一方面检索词用于刻画用户的信息需求,另一方面检索词与标引词进行匹配召回可能相关的信息。在检索信息系统中,检索词推荐是指向检索用户推荐符合其信息需求的检索语词或短语。依据检索词推荐逻辑的差

---

① Čech, R., Mačutek, J., and Žabokrtský, Z., "The Role of Syntax in Complex Networks: Local and Global Importance of Verbs in a Syntactic Dependency Network", *Physica A: Statistical Mechanics and its Applications*, Vol. 390, No. 20, 2011.

② Amancio, D. R., Nunes, M. G. V., Oliveira, O. N., and Costa, L. da F., "Extractive Summarization Using Complex Networks and Syntactic Dependency", *Physica A: Statistical Mechanics and its Applications*, Vol. 391, No. 4, 2012.

③ 刘知远、郑亚斌、孙茂松:《汉语依存句法网络的复杂网络性质》,《复杂系统与复杂性科学》2008 年第 2 期。

④ 唐晓波、肖璐:《基于依存句法网络的文本特征提取研究》,《现代图书情报技术》2014 年第 11 期。

⑤ 许力、李建华:《基于句法依存分析的图网络生物医学命名实体识别》,《计算机应用》2021 年第 2 期。

⑥ 胡泉:《基于复杂网络的汉语复句关系词搭配依存语言网及其应用研究》,博士学位论文,华中师范大学,2016 年。

异,目前的检索词推荐方法大致可以分为两类,一类是基于用户检索历史的推荐方法,另一类是基于词间关系的推荐方法。

基于用户检索历史的推荐方法分为三类:基于内容的过滤、基于规则的过滤和基于协同的过滤[1][2][3][4][5]。范圆圆等学者分别基于用户自身生成内容和相关学者列表对用户的检索词进行了两次搜索扩展,推荐结果匹配用户搜索意图且所涉及的学术领域更为详细[6]。温有奎通过挖掘关键词频繁项集找到强关联规则,并按照最小置信度输出推荐结果[7]。叶春蕾等学者以研究生专业为个性化特征,使用 LDA 识别主题内容,并根据用户检索词在关键词—主题词共现网络中的网络中心度,完成用户相关知识的推荐[8]。此外,边鹏认为仅采用上述一种或两种方式的推荐无法满足用户日益增长的个性化信息服务需求,于是提出了一种同时采用上述三种方法的混合推荐方法[9]。

基于词间关系的推荐方法中应用最为广泛的是基于词语相似度的推荐方法。孟玲玲基于 WordNet(英语词典)语义相似性提出了主题相关的查询推荐方法,该方法考虑了用户查询主题与 session(会话)中 query(质询)的关联性、推荐 query 与初始 query 在语义上的包含关系、相似度等因素[10]。蔡飞在马尔科夫模型的基础上,提出了基于语义相似度和查询频率的查询推荐算法,相较于其他推荐模型将 MRR 提高了 4%[11]。此外,学者还探索了许多其他词间关系在检索词推荐领域的应用。例如郭伟光基于语义网和本体

---

[1] 张洋、高艳华、郭晓坤:《使用关联检索缓和推荐系统中的稀疏性问题》,《计算机仿真》2021 年第 9 期。
[2] Billsus, D. and Pazzani, M. J., "A Personal News Agent that Talks, Learns and Explains", *ACM*, 1999.
[3] 田野、杨眉、祝忠明、张静蓓:《关联数据驱动的查询扩展技术研究》,《图书情报工作》2015 年第 4 期。
[4] Forsati, R., Meybodi, M. R., and Neiat, A.G., "Web Page Personalization Based on Weighted Association Rules", in *International Conference on Electronic Computer Technology*, *IEEE*, 2009.
[5] 边鹏、苏玉召:《基于检索日志的检索词推荐研究》,《图书情报工作》2012 年第 9 期。
[6] 范圆圆、王曰芬:《基于学术社交网络用户关系的文献搜索推荐研究》,《现代情报》2021 年第 9 期。
[7] 温有奎:《信息检索系统的关联关键词推荐研究》,《数字图书馆论坛》2016 年第 4 期。
[8] 叶春蕾、邢燕丽:《基于 LDA 和社会网络中心度的研究生个性化检索推荐模型研究》,《图书情报工作》2015 年第 13 期。
[9] 边鹏、苏玉召:《基于检索日志的检索词推荐研究》,《图书情报工作》2012 年第 9 期。
[10] 孟玲玲:《基于 WordNet 的语义相似性度量及其在查询推荐中的应用研究》,博士学位论文,华东师范大学,2014 年。
[11] 蔡飞:《面向信息精准服务的信息检索与查询推荐方法研究》,博士学位论文,国防科学技术大学,2016 年。

技术,构建了农产品知识检索和推荐系统,解决了人们在农产品电子商务中信息过载的问题①。边鹏等学者对检索词采用 K-means(K-均值)算法进行聚类,作为检索词推荐的基础②。

上述方法分别考虑了用户检索习惯和主题偏好,克服了过于依赖用户检索的历史数据这一缺点,但在信息检索系统的准确性和带给用户的惊喜度方面仍有较大的提升空间。本章的研究通过语言网络去发现具有潜在联系的检索词,在获取新颖的检索词列表上具有可行性。

第四节 研究设计

本章提出一种基于依存句法网络的检索词推荐方法,设计思路如图5-4-1所示,使用依存句法分析搜集的摘要数据,利用得到的依存关系构

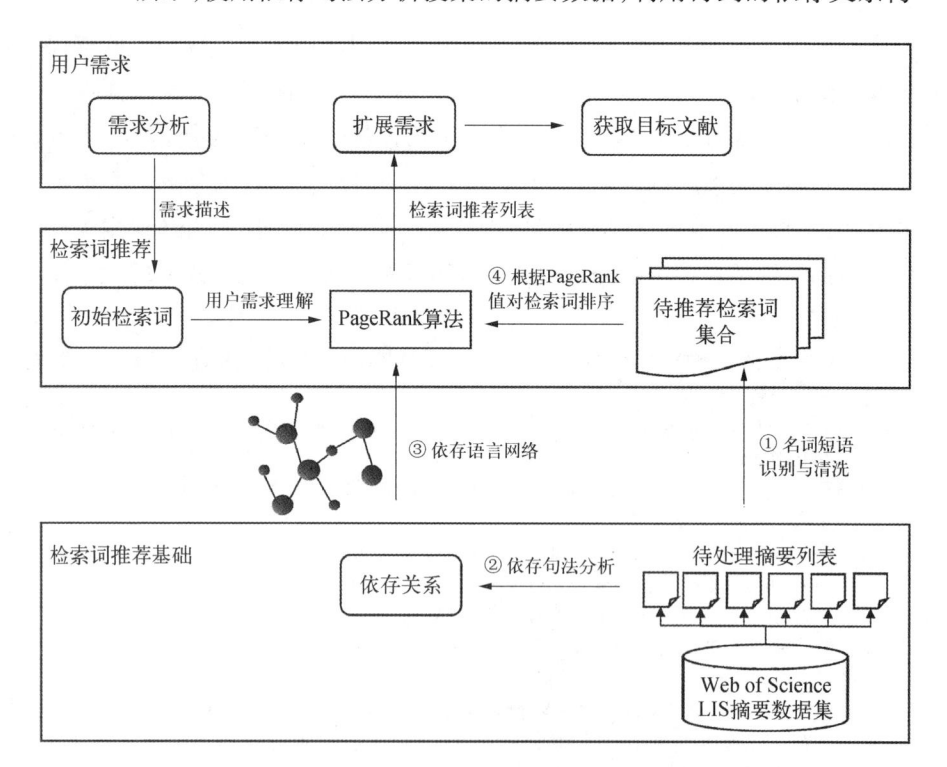

图 5-4-1 基于依存句法网络的检索词推荐方法

---

① 郭伟光:《基于农产品本体的语义检索推荐系统框架》,《电脑知识与技术》2019年第17期。
② 边鹏、赵妍、苏玉召:《一种适合检索词推荐的 K-means 算法最佳聚类数确定方法》,《图书情报工作》2012年第4期。

建依存语言网络,同时,对摘要数据进行名词短语识别与清洗,构建待推荐检索词集合,根据用户给出的初始检索词分析其信息需求,基于检索词集合扩展检索词推荐列表,以充分扩展用户信息需求,帮助用户获取目标信息。

一、推荐方法的设计思路

一是名词抽取与处理。名词和名词短语是检索词的主要组成部分,名词短语识别技术广泛应用于机器翻译、信息检索和主题分析等多个领域[①]。因此本章利用摘要数据中的名词短语构建检索词集合。Spacy(NLP 领域的文本预处理 Python 库)是世界上最快的工业级自然语言处理工具,其 noun_chunks 属性能够基于英文语言标注模型 en_core_web_sm 识别名词短语,因此本章利用该方法识别摘要数据中具有名词词性的短语文本,并对其进行清洗,删除其中含有数字和标点符号的短语,将清洗后的名词性短语存储为待推荐检索词集合。

二是依存关系获取。使用依存句法分析摘要数据中的语句,基于依存句法分析的结果获取摘要集中的所有依存关联词对,对价值较低的词进行清洗,去除含有停用词、标点和数字的词对。

三是构建语言网络。NetworkX 是基于 Python 的复杂网络构建工具。本章利用其对上一步获取的词间依存关系构建语言网络,该网络以词为节点,以词与词之间的依存关系为边。

四是检索词提取与推荐。基于用户需求分析初始检索词,结合 PageRank 算法,计算上一步所构建的语言网络中各节点的 PageRank 值,将该值作为检索词重要性评估的标准,并构建节点的 PageRank 值字典以实现对节点重要性的高效查询。以此扩展用户需求,为用户进行检索词推荐,帮助用户获取目标文献。

二、依存关系提取与网络构建

依存句法以句子为分析对象。依存关系是一个中心词与其从属之间的二元非对称关系,一个句子的中心词通常是动词,所有其他词依赖于中心词或是通过依赖路径与中心词关联。

本章采用依存句法分析器 Spacy 作为语言模型解析依存关系。将句子中的每个词看作一个 Token(标记),每个 Token 的词性解析得到其所属的唯一

---

① 王春才、邢晖、李英韬:《推荐系统评测方法和指标分析》,《信息技术与标准化》2015 年第 7 期。

Head,每一组 Token 与 Head 间的从属关系即为依存关系。以"Autonomous Cars Shift Insurance Liability toward Manufacturers"(自动驾驶汽车将保险责任转移给制造商)为例(如图 5-4-2),采用 Spacy 对该句进行分析,如"Autonomous"所属 Head 为"Cars",二者间的依存关系为形容词修饰语(amod)。

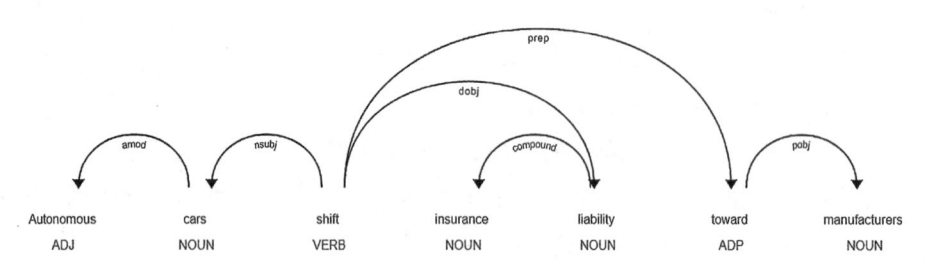

图 5-4-2 依存句法分析结果

而后,将这些词对中实义价值较低的词对进行清洗,去除含有停用词、标点和数字的词对,最终共得到有效关联词对 4 163 937 对。考虑到同一个英文单词具有单复数、时态、词性等多种形态,将所有词对进行词干化处理得到用于构建语言网络的关系数据。利用此关系数据,用 NetworkX 构建以词为节点,以词间关系为边的具有跨学科性质的语言网络,对网络中的词利用 PageRank 算法计算评价指标,从而提取待推荐检索词并推荐。

三、基于 PageRank 算法的检索词推荐逻辑

PageRank 算法通过迭代思想来强化节点重要性。该算法的核心思想是"从重要节点链接过来的节点是重要的节点"的回归关系,在语言网络中,通常把这种思想泛化为"被重要概念所依存的概念也是重要的概念"[①]。PageRank 算法的数学表示为:

$$PR(i) = \sum_{j \in B(i)} \frac{PR(j)}{N(j)} \quad (1)$$

其中,$PR(i)$ 表示节点 i 的 PageRank 值,$B(i)$ 表示指向节点 i 的边的集合,$PR(j)$ 表示节点 j 的 PageRank 值,$N(j)$ 表示节点 j 的邻居节点的个数。

---

① 汪志伟、邹艳妮、吴舒霞:《PageRank 算法应用在文献检索排序中的研究及改进》,《情报理论与实践》2016 年第 11 期。

节点 i 的 PageRank 值的大小受到两个因素的影响,一是节点 i 的邻居节点数量,二是邻居节点的重要性。这也刻画了本章评价语词重要性的基本思想,即如果一个概念被其他概念依存的次数越多,则该概念在学术概念网络中越重要;如果一个概念被重要的概念所依存,证明该概念本身也是重要的。也是源于此,本章利用 PageRank 算法对检索词集合进行排序重组,获取新的具有高度重要性的待推荐检索词,以提高检索质量。

四、检索词推荐效果评价

本章选取文献①使用的准确性、多样性、前沿性和惊喜度四个指标,对检索词推荐效果进行评估。各指标的设计与计算方法为:

一是准确性:用户的每一次检索行为都会产生对应的检索词推荐列表,若所推荐的检索词列表中存在用户感兴趣的检索词即视为该推荐是有效的,通常通过捕捉用户的点击行为推断用户是否感兴趣,即以点击率(CTR)来表征检索词推荐的准确性:

$$CTR(N) = \frac{1}{N} \sum_{i=1}^{N} \frac{C_i}{R_i} \tag{2}$$

其中,N 为样本量,即参与实验的用户数;i 表示第 i 个用户;C_i 表示第 i 个用户点击的推荐列表数;R_i 表示第 i 个用户的在实验中的检索次数。点击率越高,说明推荐的检索词列表对用户信息需求的预测越准确。

二是多样性:对于个性化推荐方法,多样性表现为不同的用户拥有不同的推荐结果。而对于词间关系推荐方法,多样性考虑的则是每一个推荐列表中检索词的差异性。本章提出的方法是基于词间关系的检索词推荐方法,故利用列表中平均词间相似度来衡量:

$$I(L) = \frac{1}{L(L-1)} \sum_{\alpha \neq \beta} S(O_\alpha, O_\beta) \tag{3}$$

其中 $I(L)$ 为检索词列表的平均词间相似度,L 为列表中检索词数量,$S(O_\alpha, O_\beta)$ 为检索词 O_α 和 O_β 之间的相似度,以此可以计算出实验中所有检索词列表的平均词间相似性,该值越低,推荐方法的多样性就越好。

三是前沿性:检索词推荐的前沿性是指推荐列表具有随文献资源的更

---

① 王春才、邢晖、李英韬:《推荐系统评测方法和指标分析》,《信息技术与标准化》2015 年第 7 期。

新而更新的能力。在基于语言网络的检索词推荐方法中,检索词推荐列表中的内容应该根据网络的演化而产生不同的推荐结果。故利用检索词重要性与其前沿性评分的斯皮尔曼(Spearman)相关系数来衡量:

$$\rho = \frac{\sum_i (x_i - \bar{x})(y_i - \bar{y})}{\sqrt{\sum_i (x_i - \bar{x})^2 \sum_i (y_i - \bar{y})^2}} \tag{4}$$

相关性越高,推荐结果的前沿性越强。

四是惊喜度:惊喜度是指推荐系统发现用户所需要却意想不到的对象的能力,提高惊喜度可以避免推荐系统总是向用户推荐相似的对象的情况[1]。推荐结果列表的惊喜度定义如下:

$$Seren = \frac{1}{L} \sum_{i=1}^{L} \frac{I_i}{S_i} \tag{5}$$

其中,I_i 为检索词的重要性,在语言网络中可以用节点的 PageRank 值来表征;S_i 为推荐检索词和原检索词之间的相似度。惊喜度越高说明推荐结果给用户带来的探索性越强,能够为用户带来更多创新性参考。

第五节 实验与结果分析

一、实验数据来源与处理

本章获取 WoS 核心集中学科分类为信息科学与图书馆学的科学文献数据,文献发表时间为 2000 年 1 月至 2020 年 11 月,下载时间为 2020 年 11 月。去除没有摘要的文献记录,共获取 124 516 篇科学文献的摘要数据。利用 Spacy 对摘要数据进行分句处理,识别句中的名词及名词短语,清洗后得到有效检索词 624 040 个。单词在检索词集合中出现的频次能够在一定程度上反映检索集合所描述的主要内容,因此对所构建的检索词集合的词频分布进行分析,如图 5-4-3 所示。其中,图 5-4-3a 展示了检索词的词频分布。图 5-4-3b 展示了低频词的单词数量分布情况,有 50 505 个词出现了 0.5—63.5 次,可见大部分词语在检索词集合中为低频词。图 5-4-3c

---

[1] 黄泽明:《基于主题模型的学术论文推荐系统研究》,硕士学位论文,大连海事大学,2013 年。

为高频词的单词数量分布图,分布较为均匀。其中,方框部分为词频最高的 50 个实词的分布情况,如图 5-4-3d 所示。依据齐普夫定律,少量的高频词能够覆盖较多的检索主题,表明本研究构建的检索词集合基本覆盖了领域的主要研究主题,能够在检索主题的广度上满足用户的信息需求。

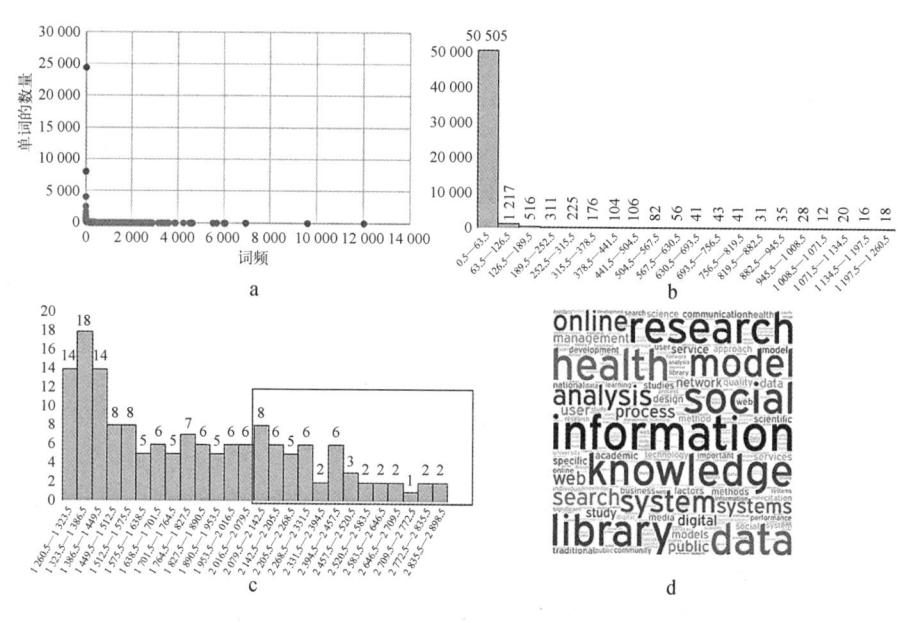

图 5-4-3 检索词词频分布图

二、依存关系提取与网络构建

采用 Spacy 语言模型对所有摘要数据进行依存关系分析,共获取到摘要文本集中的所有依存关联词对,共 11 669 495 对,清洗后共得到有效关联词对 4 178 108 对,所得依存关系类型共 43 种,图 5-4-4 展示了关联词对中包含的所有依存关系,图5-4-4a、图5-4-4b、图5-4-4c、图5-4-4d以降序展示了各依存关系的频次,出现次数最多的依存关系分别为"amod(形容词)""compound(复合词)""dobj(直接宾语)"。

接下来,利用依存关系数据构建能够反映研究领域知识体系的语言学特征的依存语言网络。得到的依存语言网络拥有节点 52 037 个、1 111 315 条边,网络平均度为 21.356。同时,构建与本章依存语言网络参数相同的随机网络,随机网络的平均路径长度为 3.547,与真实的依存语言网络接近。

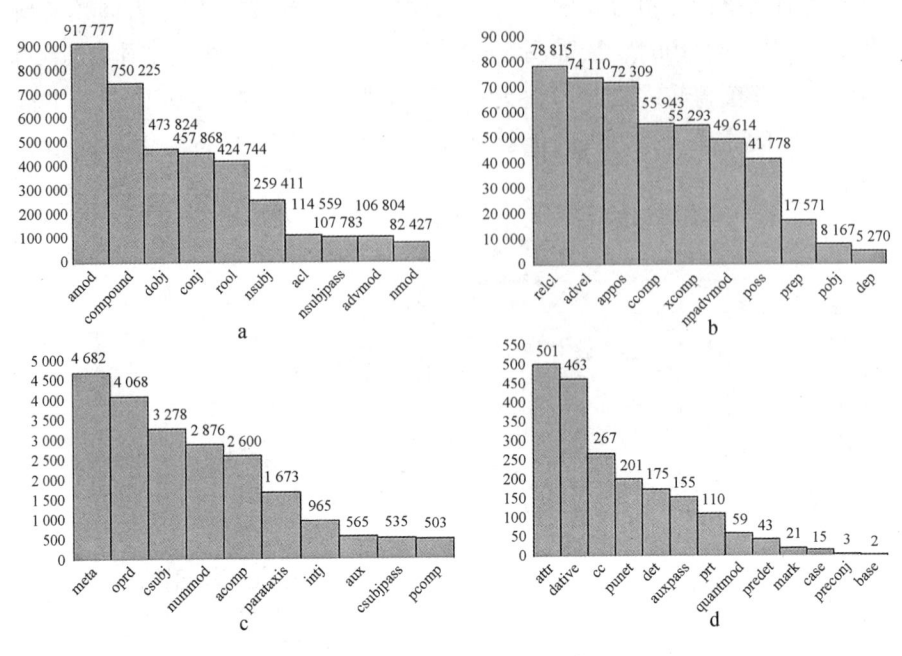

图 5-4-4 依存关系分布

这表明本章所构建的依存语言网络具有明显的小世界效应,在 LIS 领域相关文本中,随机两个概念(词)能够以较短的路径建立连接。

三、检索词推荐列表获取结果

由于检索词是名词短语,其中的介词和连词等成分可能具有较高的网络影响力和较低的区分度,因此在计算检索词网络影响力的时候,只需考虑名词、动词、形容词等主要成分即可。本章选取的成分类型包括 NN (Noun,常用名词单数形式)、NNS(Noun,常用名词复数形式)、NNP (Proper noun,专有名词单数形式)、NNPS(Proper noun,专有名词复数形式)、VB(Verb,动词基本形式)、VBD(Verb,动词过去式)、VBG(Verb,动名词和现在分词)、VBN(Verb,过去分词)、VBZ(Verb,动词第三人称单数)、VBP(Verb,动词非第三人称单数)、JJ(Adjective,形容词或序数词)、RB(Adverb,副词)。计算第五篇第四章第一部分"实验数据来源与处理"所获取的 624 040 个有效检索词 PageRank 值,结果分布如表 5-4-1,其中 80% 的检索词 PageRank 值在[0, 0.001]之间,表明检索词集合中的少量检索词具有较大的重要性,即少部分检索词是大部分用户所感兴趣的内容。

表 5-4-1　有效检索词 PageRank 值分布

PageRank 值分布区间	检索词数	有效检索词数量占比
[0, 0.001)	498 729	80.11%
[0.001, 0.001 5)	80 901	13.00%
[0.001 5, 0.00 2)	25 988	4.17%
[0.002, 0.002 5)	10 731	1.72%
[0.002 5, 0.003)	3 843	0.62%
[0.003, 0.003 5)	2 332	0.37%
[0.003 5, 0.004)	1 516	0.24%

将计算所得的 PageRank 值作为检索词的网络影响力排序依据,利用初始检索词"artificial intelligence"(人工智能)作为初始检索词进行检索,该方法返回的检索词推荐列表见表 5-4-2。

表 5-4-2　检索词推荐列表示例

序　号	推荐的检索词	平均 PageRank 值
1	artificial intelligence systems	1.15E-03
2	the artificial intelligence case study	8.23E-04
3	artificial intelligence methods	8.03E-04
4	an artificial intelligence approach	7.85E-04
5	artificial intelligence and machine learning systems	7.32E-04
6	an artificial intelligence framework	6.20E-04
7	statistical or artificial intelligence methods	6.09E-04
8	artificial intelligence research	6.02E-04
9	all artificial intelligence technologies	5.28E-04
10	artificial intelligence technology	5.28E-04

第六节　用户研究设计与分析

一、研究设计与数据获取

用户研究具体包括:针对相应的应用场景,选择目标用户并分析其背景信息与检索需求;设计量表,搜集目标用户检索前后的数据,分析用户的检索行为;基于准确性、多样性、前沿性与惊喜度四个评价指标综合分析和评价检索词推荐方法。

目标用户选择方面,考虑本章的应用场景和专业素养,选择 10 名华东师范大学图书情报专业硕士生作为目标用户,对应其毕业论文选题和研究方向(如表 5-4-3),要求他们在 LIS 领域中检索毕业论文的相关文献,在其检索过程中使用本章方法得到的推荐检索词列表,搜集用户对这些词的使用信息。

表 5-4-3 用户检索的初始检索词(部分)

id	毕业论文标题	研 究 方 向	用户检索词
1	人工智能视域下公共图书馆智慧服务比较研究	人工智能、公共图书馆、比较研究	artificial intelligence public library smart library
2	基于专利转让视角的我国生物医药技术转移研究	专利转让、社会网络特征、生物医药	medicine patent transfer technology transfer
3	信息分析视角下网络问政对政府决策的影响	信息不对称、网络问政、政府决策	information asymmetry online deliberation public opinion

二、结果分析与案例

10 位用户的 50 个用户初始检索词,共得到 1 310 个推荐检索词,检索结果中提供给用户前沿性等级指标(包含 5 个层次,数字越大表示越新颖),用户共采用(选择)其中的 167 个推荐检索词进行扩展检索。

表 5-4-4 检索结果(例)

id	用户检索词	推荐检索词	前沿性	平均 PageRank	采用
1	new media	the new media context	5	5.06E-04	0
		new media access	3	4.96E-04	1
		emerging new media	4	4.87E-04	1

续表

id	用户检索词	推荐检索词	前沿性	平均 PageRank	采用
1	new media	new media platforms	2	4.50E-04	0
		new media spaces	5	4.10E-04	1
		new media companies	1	3.94E-04	1
		the new media market	1	3.85E-04	0
		new media formats	1	3.72E-04	0
		new media literacy	4	3.38E-04	0
		new media devices	1	3.33E-04	0
2	information quality	an expanded information quality awareness model	5	1.40E-03	1
		the information quality theory	3	1.39E-03	1
		the information quality framework	3	1.38E-03	1
		the information quality research	3	1.36E-03	1
		service information quality	3	1.33E-03	1

准确性方面，50个检索词推荐列表中，有40个检索词列表包含用户感兴趣的内容，且能够引导用户获取其所需的参考文献，准确性达到80%。其中，未能满足用户信息需求的检索词列表存在三类问题。第一类是初始检索词自身较为抽象，且普适性较高，例如"innovation"可以与学术创新、方法创新等其他多种概念相结合，将其作为初始检索词需要更为具体的描述。第二类是专有名词，例如"用户画像"的英文专有名词是"User Personas"，而非"User Profile"，后者更多指代的是用户配置文件。第三类是检索词集合的覆盖范围，如"academic mobility"，在检索词集合中仅有初始检索词本身的形态。

多样性方面，本章分别用Cosine相似性和Jaccard相似性评估了列表内检索词的平均相似度。列表返回推荐词的数量和推荐算法本身是影响推荐词多样性的主要因素，一方面丰富的推荐检索词可以扩大用户的选择范围，另一方面基于内容重要性的推荐思路能够尽可能地避免数据稀疏问题，基于依存语言网络的推荐方法的参考标准是学术文献，能够构建更为真实和全面的知识体系。

前沿性方面，标注数据中的前沿性评级与 PageRank 值的斯皮尔曼相关系数为 0.089，$P=0.225$，结果显示检索词推荐的前沿性与排序规则之间没有显著的相关性。

惊喜度方面，本研究提出的方法惊喜度是 0.001 614。采用相同计算指标利用不同方法的对比结果显示（如表 5-4-5），基于语言网络的检索词推荐方法有更好的表现，原因是基于内容重要性的推荐思路打破了基于内容相似性在检索词同质化方面的局限，用客观的知识体系取代了基于词相似的词间关联，从惊喜度角度直观评价了一个信息检索系统的性能。

表 5-4-5 检索词推荐列表

方法/平台	准确性	惊喜度	多样性		
^	^	^	Cosine 相似性	Jaccard 相似性	平均词量
基于语言网络的推荐方法	0.8	0.001 61	0.530	0.395	26.200
基于词相似的推荐方法	/	0.000 95	/	/	/
基于词聚类的推荐方法	/	0.001 41	/	/	/
中国知网	/	/	0.639	0.575	6.240
百度学术	/	/	0.555	0.461	3.360

此外，本章利用相同的初始检索词列表在中国知网和百度学术进行了文献检索，并对各平台所返回的检索词推荐列表数据进行搜集和分析，与本研究的检索词推荐方法在多样性维度进行对比。本章提出的基于语言网络的检索词推荐方法的表内平均 Cosine 相似性为 0.530，表内平均 Jaccard 相似性为 0.395，无论是采用 Cosine 相似性计算方法还是采用 Jaccard 相似性计算方法，基于依存词语网络的检索词推荐方法都比两个国内主流的学术文献检索平台有更好的表内多样性表现。

第七节　本章小结

信息过载和学科交叉融合背景下，为了提高信息检索服务能力，有效缓解信息过载带来的负面影响，本章提出了一种基于依存句法语言网络的检索词推荐方法。

该方法具体内容如下：

首先,对摘要数据进行名词短语识别,构建检索词集合;其次,利用依存句法分析摘要中的语句,通过获取的词间依存关系构建"WOS_LIS 依存句法网络";最后,利用 PageRank 算法计算所构建的语言网络中各节点的 PageRank 值,将该值作为检索词重要性评估的标准,在此基础上为用户进行检索词推荐。从实验结果可见,该方法准确率高达 80%,推荐列表内平均 Cosine 相似性为 0.530,平均 Jaccard 相似性为 0.395,表内检索词多样性较中国知网和百度学术有较好的表现;检索词重要性与前沿性评级之间没有显著的相关性;惊喜度表现较基于词相似和词聚类的方法有显著提升。基于语言网络的检索词推荐方法在实际检索案例中能够有效辅助研究内容的形成。

本章通过基于依存句法网络的检索词推荐方法的研究和实践工作,以期充分利用现有的学术论文资源推动学科交叉融合发展,为帮助检索者突破自身知识体系边界,以及促进交叉研究和创新研究做出贡献。

第六篇　研究总结

　　科学交流是一个复杂系统,广义来说,人们在科学研究领域借助共同的符号系统进行的信息和知识的各类交换活动,都是科学交流的内容和形式。本书对应性地围绕人、语言、数据这三个要素的相互作用,多维度研究科学交流中学术大数据的运动规律。全书的研究为理论研究,按照"理论分析—理论构建—理论扩展"的研究思路展开,其中第二、三、四篇为重点内容。

第一章 研究内容总结

第一节 科学交流中学术大数据的运动本质

理论的提出建立在成熟掌握事物本质的基础上。一是科学交流和学术大数据的基本问题,用于厘清研究边界、研究对象、研究主攻分支。首先需要明确科学交流的主体与客体及其相互关系的逻辑,为后续理论的提出指明分析对象。其次是大数据时代科学交流的特征,本书突出复杂网络视角和开放科学环境下的特征,现有研究尚未有过类似归纳和总结。最后,介绍本书中大规模学术数据库的数据来源、处理方法与构建过程等。二是科学交流中学术资源共享机制的逻辑,科学交流的最终结果是刺激学术共享与知识传播,有必要探索科学交流中的共享机制。三是科学交流中学术大数据的运动本质与机制,本书系统性探究了学术数据在科学交流中的运动流程、机制和影响因素。这二者均为系统问题,尤其是在科学交流体系的大背景下,厘清数据因素在体系中的影响既有难度又有必要性。本书分析相关问题的影响因素、因果循环、构建模型、仿真实验,得到学术数据在科学交流系统中的双循环运动模式等结论。

第二节 学术大数据的语用规律

重点介绍数据本身的运动规律,本书采用语用学视角来解读,而非图书情报学科常用的引用视角,能够更细粒度地了解数据在科学交流语境中的使用规律。

学术大数据背景下的正式科学用语使用的规律。书中明确正式科学用语在语言学和科学交流中的含义,得知其在科学交流中的作用。从词汇维度、句法维度以及语篇逻辑维度的特征,量化科学家正式科学交流的差异和共性，发现了语用规律很大程度上取决于科学家本人特征与学科差异，为后续的学者规律的研究部分提供铺垫。

正式科学用语的同质与异化现象的理论、识别与表征分析。界定同质和异化现象的概念，即字面含义相同的语词在不同情景下使用时表现出相（不）同语用特征的现象，厘清同质和异化现象的特征与表现、生成机制、正负面影响。该部分从学科演化和时间变迁分析现象的语词、词性、句法的变化，其整体文本与上下文文本在两类学科描述相同专业术语时，普遍存在语义问题争议的文本。

非正式科学交流用语研究。本书既是科学交流的实例分析，又利用讲座作为非正式学术交流的典范进行介绍。分析学术讲座用语的主题、时间、区域等方面，总结非正式学术交流的用语习惯、主题分布与演变。

第三节　科学交流主体之间的运动规律

人作为科学交流的主体，交流的是知识，交流的载体是数据或文献，有必要研究其在各类型科学交流体系中的知识交流情况。本篇将科学交流的主体——知识的生产者和利用者，即学者和用户——作为分析对象，将重心放在三类科学交流主体的运动上：学者之间、学者之间利用文献、用户之间利用数据。

学者之间在科学交流的互动体现在学者之间、科学家团队之间和跨学科科学家团队之间，知识共享越活跃的互动，知识体系越有结构性；当研究主题与另一专业相近时，跨学科性高的文献呈现出知识共享传递方环绕高专业性科学家的规律；相反，则环绕高跨学科性科学家的规律。同时，知识共享呈周期性变换规律。科学团队知识共享网络的规模随团队发展而增大，网络结构从松散趋于聚集。但其引用网络的流动比合作网络的流动更为普遍，知识传输效率更高。

学者之间利用文献数据进行互动不仅仅体现在引用和被引用的关系，这些引用关系的背后是学者的知识网络被文献数据联系在一起，本书同时考虑引用和耦合关系，定量计算后发现在学术交流中存在两类互动次数有较大差异的科学家，并运用统计学的方法将其分为交互次数偏高的"异常点"科学家以及互动次数偏低的"常规点"科学家。

用户之间利用科学数据进行互动时，主要经过了数据发布、数据更新维护、数据浏览和数据交流分享的阶段，发现用户对数据集有很强的更新需求,在讨论交流的内容中也体现了用户对数据集质量的提高有深切的盼望,但却同时发现数据集信息不完整、更新频率普遍较低、用户讨论交流数量和频次均较低的现象,形成了下载者为积极互动人群的主要交流方式。

第四节 科学交流主体与数据的运动规律

第四篇突出人和数据的互动关系,并将人分为学者和用户,以期从开发者和使用者多方位阐述观点。重点提出学者与数据的双螺旋互动规律。在探析科学家和学术数据的三种互动机理的基础上,即"点型""线型""网状"互动,提出科学家和学术数据的双螺旋互动模式,包括平面和立体两种双螺旋互动模式。平面双螺旋互动模式由科学家螺旋、学术数据螺旋、"合作型互动"和"学科型互动"两大互动关系组成。立体双螺旋互动模式是平面模式在时间层面上的无限延伸,横向研究与纵向研究相结合,体现科学交流的不同发展阶段。第四篇第二章是用户与学术数据的互动规律,图书的质量会影响读者的选择,读者的选择结果会影响图书的口碑。

第五节 学术大数据的语义规律

语言和数据都是为了表达人类知识,深层的分析最终会达到内容层面的分析,基于学术数据的研究最终依然是内容研究。第五篇是按"现象—规律—识别—应用"的"发现问题—分析问题—解决问题"逻辑进行四个新颖案例的分析。

发现现象的案例选取了研究方法的使用特征,发现学者对研究方法的选取不仅取决于研究内容,还有可能与学者自身的年代和时代变化有关,研究方法的使用实则反映了研究范式在某一时代的使用情况,研究其变化可以发现科学的变化;总结规律的案例选取了科学文献修辞结构的使用特征,发现修辞结构和研究方法相似,与研究内容存在较强的相关性,修辞结构的使用随着时间的变化发生了很多变化,说明科学界内部的写作模式已经发生了变化;识别现象的案例选取了利用复杂网络探究全文本的关键研究内容,与计算语言学相结合来定量处理大规模数据,可以涵盖从结构到语义多层次多指标的测定需求；同样利用计算语言学的方法，解决问题的案例选取了利用依存句法网络进行关键内容的推荐，将上一章识别出的关键内容推荐给用户信息检索。

第二章　研究观点总结

本书利用系统学、情报学、计算机科学、网络科学、数理统计学等学科的方法和理论,围绕科学交流环境下的学术大数据的运动和特征,主要表达以下三个核心观点:

科学交流中的主体和客体的界限并不明显,主体的人和客体的数据可以互换。人可以作为数据,数据可以代表人;同时,数据需要人来传播,人需要数据作为媒介来交流。因此,第二篇虽是语用数据分析,但包含科学家的语用规律;第三篇虽是科学家知识交流研究,但离不开数据分析;第四篇则强调人和数据的互动关系。

科学交流中人和数据之间存在双螺旋互动规律,以双螺旋模式相互作用、共同进退。其互动过程可呈"点型""线型""网状",其双螺旋互动可呈平面、立体两种模式。平面模式由科学家螺旋、学术数据螺旋的单独螺旋与"合作型""学科型"两大互动关系组成。立体模式则由平面模式在时间上扩展而来。

科学交流中的正式科学用语普遍存在同质与异化现象。语用规律很大程度上取决于科学家本人特征与学科差异,但在不同学科使用时,字面含义相同的语词出现相同语用特征的现象,称为同质现象,出现不同语用特征则为异化现象。

第三章 研究创新

突出运动变化与互动模式的系统分析框架。本书按照"数据—人—人和数据—数据到内容"的章节安排,从章节设计到内容指向,全书强调运动的规律和动态的变化,而非静态的主客体关系或现状描述。

提出科学交流中的主体和客体的定位可互换,且呈双螺旋互动模式相互作用的理论创新。大数据时代的一些担忧,如数据被过度使用、人被数据和技术控制,是未看清数据运动规律和本质导致的,强调互动而非控制,才能更好地把握数据和人类的关系。

方法创新。一是大规模数据使用的定量化创新。语用学分析目前主要利用案例分析和理论阐述的方法,利用大规模学术数据量化语用规律和研究内容,有利于发现普遍原理。二是复杂网络方法和计算语言学方法相结合的方法创新。在引文分析方法为主导的术语、主题、内容识别的研究中,复杂网络与计算语言学相结合来定量处理大规模数据,可以涵盖从结构到语义多层次、多指标的测定结构特征的要求。

参 考 文 献

Abramo, G., D'Angelo, C. A., and Di Costa, F., "The Effect of a Country's Name in the Title of a Publication on its Visibility and Citability", *Scientometrics*, Vol. 109, 2016, pp. 1895 – 1909.

Abramov, O. and Mehler, A., "Automatic Language Classification by Means of Syntactic Dependency Networks", *Journal of Quantitative Linguistics*, Vol. 18, No. 4, 2011.

Agarwal, N. K. and Islam, M. A., "Journal of the Association for Information Science and Technology: Analysis of Two Decades of Published Research", *Proceedings of the Association for Information Science and Technology*, Vol. 57, No. 1, 2020, pp. 1 – 18.

ALA, "Principles and Strategies for the Reform of Scholarly Communication", http://www.ala.org/acrl/publications/whitepapers/principlesstrategies, 2016.

Albert, R. and Barabási, A. L., "Statistical Mechanics of Complex Networks", *Reviews of Modern Physics*, Vol. 74, No. 1, 2002, p. 47.

Alexander, J., Bache, K., Chase, J., et al., "An Exploratory Study of Interdisciplinarity and Breakthrough Ideas", in *2013 Proceedings of PICMET'13: Technology Management in the It-Driven Services*, Washington, DC: IEEE Computer Society, 2013, pp. 2130 – 2140.

Amancio, D. R., Altmann, E. G., and Rybski, D., "Probing the Statistical Properties of Unknown Texts: Application to the Voynich Manuscript", *PLoS ONE*, Vol. 8, No. 7, 2013.

Amancio, D. R., Nunes, M. G. V., Oliveira, O. N., and Costa, L. da F., "Extractive Summarization Using Complex Networks and Syntactic Dependency", *Physica A: Statistical Mechanics and its Applications*, Vol. 391, No. 4, 2012.

Angelstam, P., Andersson, K., Annerstedt, M, et al., "Solving Problems in Social-Ecological Systems: Definition, Practice and Barriers of Transdisciplinary Research", *Ambio*, Vol. 42, No. 2, 2013, pp. 254 – 265.

Antelman, K., "Do Open-Access Articles Have a Greater Research Impact", *College & Research Libraries*, Vol. 65, No. 5, 2004, pp. 36 – 41.

Anthony, L., "Writing Research Article Introductions in Software Engineering: How Accurate is a Standard Model", *IEEE Transactions on Professional Communication*, Vol. 42, No. 1, 1999, pp. 38 – 46.

Anthony, L., "Characteristic Features of Research Article Titles in Computer Science", *IEEE Transactions on Professional Communication*, Vol. 44, No. 3, 2001, pp. 187 – 194.

Aram, J. D., "Concepts of Interdisciplinarity: Configurations of Knowledge and Action", *Human Relations*, Vol. 57, No. 4, 2004, pp. 379 – 412.

Arms, W., "The Future of Scholarly Communication: Building the Infrastructure for Cyberscholarship", *Cyberinfrastructure*, Vol. 28, No. 2, 2007, pp. 13 – 17.

Assante, M., Candela, L., Castelli, D., et al., "Science 2.0 Repositories: Time for a Change in Scholarly Communication", *D-Lib Magazine*, Vol. 21, No. 1/2, 2015, pp. 1 – 14.

Aykroyd, R. G., Leiva, V., and Ruggeri, F., "Recent Developments of Control Charts, Identification of Big Data Sources and Future Trends of Current Research", *Technological Forecasting and Social Change*, Vol. 144, 2019, pp. 221 – 232.

Bacon, R., "Opus Majus", https://en.wikipedia.org/wiki/Opus_Majus, 2018.

Ball, R., "The Scholarly Communication of the Future: From Book Information to Problem Solving", *Publishing Research Quarterly*, Vol. 27, No. 1, 2011, pp. 1 – 12.

Barabasi, A. L. and Albert, R., "Emergence of Scaling in Random Networks", *Science*, No. 286, 1999, pp. 509 – 512.

Basturkmen, H., "A Genre-based Investigation of Discussion Sections of Research Articles in Dentistry and Disciplinary Variation", *Journal of English for Academic Purposes*, Vol. 11, No. 2, 2012, pp. 134 – 144.

Bawden, D. and Robinson, L., *Introduction to Information Science*, Chicago, IL: Neal-Schuman, 2012.

Beel, J., Gipp, B., and Wilde, E., "Academic Search Engine Optimization

(ASEO) Optimizing Scholarly Literature for Google Scholar & Co", *Journal of Scholarly Publishing*, Vol. 41, No. 2, 2010, pp. 176 – 190.

Bernal, J. D., "The Social Function of Science", *The Social Function of Science*, 1939.

Biber, D. and Barbieri, F., "Lexical Bundles in University Spoken and Written Registers", *English for Specific Purposes*, Vol. 26, No. 3, 2007, pp. 263 – 286.

Biber, D. and Conrad, S., "Register, Genre, and Style", *Cambridge Textbooks in Linguistics*, Cambridge: Cambridge University Press, 2009.

Biber, D. and Gray, B., "Challenging Stereotypes about Academic Writing: Complexity, Elaboration, Explicitness", *Journal of English for Academic Purposes*, Vol. 9, No. 1, 2010, pp. 2 – 20.

Biber, D., Connor, U., and Upton, T.A., *Discourse on the Move: Using Corpus Analysis to Describe Discourse Structure*, Armsterdam: John Benjamins Publishing, 2007.

"Big Data across the Federal Government", http://www.whitehouse.gov/sites/default/files/microsites/ostp/big_data_fact_sheet_final.pdf, 2012.

"Big Data: The Next Frontier for Innovation, Competition, and Productivity", http://www.mckinsey.com/insights/mgi/research/technology_and_innovation/big_data_the_next_frontier_for_innovation, 2013.

Billsus, D. and Pazzani, M.J., "A Personal News Agent that Talks, Learns and Explains", *ACM*, 1999.

Bird, E., "Disciplining the Interdisciplinary: Radicalism and the Academic Curriculum", *British Journal of Sociology of Education*, Vol. 22, No. 4, 2001, pp. 463 – 478.

Björk, B.C., "A Life Model of the Scientific Communication Process", *Learned Publishing*, Vol. 18, No. 3, 2005, pp. 165 – 176.

Björk, B. C. and Hedlund, T., "A Formalized Model of the Scientific Publication Process", *Online Information Review*, Vol. 28, No. 1, 2004, pp. 8 – 21.

Björk, B. C. and Solomon, D., "The Publishing Delay in Scholarly Peer-Reviewed Journals", *Journal of Informetrics*, Vol. 7, No. 4, 2013, pp. 914 – 923.

Boldi, P., Santini, M., and Vigna, S., "PageRank as a Function of the

Damping Factor", in *Proceedings of the International Conference on World Wide Web*, ACM, 2005, pp. 557–566.

Bordons, M., Morillo, F., and Gómez, I., "Analysis of Cross-Disciplinary Research through Bibliometric Tools", in *Handbook of Quantitative Science and Technology Research*, Dordrecht: Springer Netherlands, 2005, pp. 437–456.

Borgman, C. L., "What can Studies of e-Learning Teach us about Collaboration in e-Research? Some Findings from Digital Library Studies", *Computer Supported Cooperative Work*, Vol. 15, No. 4, 2006, p. 359.

Borgman, C. L., "Scholarship in the Digital Age: Information, Infrastructure, and the Internet", *Journal of the Association for Information Science and Technology*, Vol. 61, No. 3, 2010, pp. 636–637.

Borgman, C. L. and Furner, J., "Scholarly Communication and Bibliometrics", *Annual Review of Information Science & Technology*, Vol. 36, No. 1, 2010, pp. 2–72.

Bosman, J. and Kramer, B., "101 Innovations in Scholarly Communication—the Changing Research Workflow", in *Proceedings of Force*, 2015.

Brett, P., "A Genre Analysis of the Results Section of Sociology Articles", *English for Specific Purposes*, Vol. 13, No. 1, 1994, pp. 47–59.

Bucchi, M. and Trench, B., "Rethinking Science Communication as the Social Conversation around Science", *Journal of Science Communication*, Vol. 20, No. 3, 2021.

Burns, T. W., O'Connor, D. J., and Stocklmayer, S. M., "Science Communication: A Contemporary Definition", *Public Understanding of Science*, Vol. 12, No. 2, 2003, pp. 183–202.

Buter, R. K. and van Raan, A.F., "Non-Alphanumeric Characters in Titles of Scientific Publications: An Analysis of Their Occurrence and Correlation with Citation Impact", *Journal of Informetrics*, Vol. 5, No. 4, 2011, pp. 608–617.

Campbell, D. A. and Johnson, S. B., "Comparing Syntactic Complexity in Medical and Non-Medical Corpora", *AMIA Annual Symposium Proceedings*, Vol. 8, No. 1, 2001, p. 90.

Cancho, R. F. I., "Euclidean Distance between Syntactically Linked Words", *Phys Rev E Stat Nonlin Soft Matter Phys*, Vol. 70, No. 5, 2004.

Cancho, R. F. I., et al., "Spectral Methods Cluster Words of the Same Class in a Syntactic Dependency Network", *International Journal of Bifurcation and Chaos in Applied Sciences and Engineering*, Vol. 17, 2007, pp. 2453 – 2463.

Cancho, R. F. I., Solé, R. V., and Köhler, R., "Patterns in Syntactic Dependency Networks", *Physical Review E*, 2004.

Cannon, D. C., Yang, J. J., and Mathias, S. L., "TIN‐X: Target Importance and Novelty Explorer", *Bioinformatics*, Vol. 53, No. 3, 2017, pp. 2601 – 2603.

Carnie, A., *Syntax: A Generative Introduction*, New Jersey: John Wiley & Sons, 2012.

Cassi, L., Champeimont, R., Mescheba, W., et al., "Analysing Institutions Interdisciplinarity by Extensive Use of Rao-Stirling Diversity Index", *PloS One*, Vol. 12, No. 1, 2017.

Castriotta, M., Loi, M., Marku, E., and Moi, L., "Disentangling the Corporate Entrepreneurship Construct: Conceptualizing through Co-Words", *Scientometrics*, Vol. 126, No. 4, 2021, pp. 2821 – 2863.

Čech, R., Mačutek, J., and Žabokrtský, Z., "The Role of Syntax in Complex Networks: Local and Global Importance of Verbs in a Syntactic Dependency Network", *Physica A: Statistical Mechanics and its Applications*, Vol. 390, No. 20, 2011.

Čech, R., Mačutek, J., Žabokrtský, Z., and Horák, A., "Polysemy and Synonymy in Syntactic Dependency Networks", *Digital Scholarship in the Humanities*, Vol. 32, No. 1, 2017.

Chandra, Y., "Mapping the Evolution of Entrepreneurship as a Field of Research (1990 – 2013): A Scientometric Analysis", *PLoS ONE*, Vol. 13, No. 1, 2018, pp. 1 – 24.

Chang, Y. W. and Huang, M. H., "A Study of the Evolution of Interdisciplinarity in Library and Information Science: Using Three Bibliometric Methods", *Journal of the American Society for Information Science and Technology*, Vol. 63, No. 1, 2012, pp. 22 – 33.

Chen, B., Deng, D., Zhong, Z., et al., "Exploring Linguistic Characteristics of Highly Browsed and Downloaded Academic Articles", *Scientometrics*, Vol. 122, 2020, pp. 1769 – 1790.

Chu, H., "Research Methods in Library and Information Science: A Content

Analysis", *Library & Information Science Research*, Vol. 37, No. 1, 2015, pp. 36–41.

Chu, H. and Ke, Q., "Research Methods: What's in the Name", *Library & Information Science Research*, Vol. 39, No. 4, 2017, pp. 284–294.

Chua, A. Y. K. and Yang, C. C., "The Shift towards Multi-Disciplinarity in Information Science", *Journal of the American Society for Information Science and Technology*, Vol. 59, No. 13, 2008, pp. 2156–2170.

Clayman, D., "Sentence Length in Greek Hexameter Poetry", *Hexameter Studies, Quantitative Linguistics*, No. 11, 1981, pp. 107–136.

Coles, B. R., *The Scientific, Technical and Medical Information System in the UK: A Study on Behalf of The Royal Society, The British Library and The Association of Learned and Professional Society Publishers*, London: The Royal Society, 1993.

Cong, J. and Liu, H., "Approaching Human Language with Complex Networks", *Physics of Life Reviews*, Vol. 11, No. 4, 2014, pp. 598–618.

Conlon, D. E., Morgeson, F. P., McNamara, G., Wiseman, R. M., and Skilton, P. F., "Examining the Impact and Role of Special Issue and Regular Journal Articles in the Field of Management", *Academy of Management Journal*, Vol. 49, No. 5, 2006, pp. 857–872.

Cox, J. E., "The Changing Economic Model of Scholarly Publishing: Uncertainty, Complexity, and Multimedia Serials", *Library Acquisitions Practice & Theory*, Vol. 22, No. 2, 1998.

Cronin, B., "Bibliometrics and Beyond: Some Thoughts on Web-based Citation Analysis", *Journal of Information Science*, Vol. 27, No. 1, 2001, pp. 1–7.

Darling, E. S., Shiffman, D., Côté, I. M., et al., "The Role of Twitter in the Life Cycle of a Scientific Publication", *arXiv preprint arXiv*, 2013.

Daud, A., Ahmad, M., Malik, M. S. I., et al., "Using Machine Learning Techniques for Rising Star Prediction in Co-Author Network", *Scientometrics*, Vol. 102, No. 2, 2015, pp. 1687–1711.

Davenport, T. H. and Prusak, L., "Working Knowledge: How Organizations Manage What They Know", *The Journal of Technology Transfer*, Vol. 26, 2001, pp. 396–397.

Degaetano, S. and Teich, E., "The Lexico-Grammar of Stance: An Exploratory Analysis of Scientific Texts", *Bochumer Linguistische Arbeitsberichte*,

No. 3, 2011, pp. 57 – 66.

Degaetano-Ortlieb, S., "Stylistic Variation Over 200 Years of Court Proceedings According to Gender and Social Class", in *Proceedings of the Second Workshop on Stylistic Variation*, 2018, pp. 1 – 10.

Del Saz Rubio, M. M., "A Pragmatic Approach to the Macro-Structure and Metadiscoursal Features of Research Article Introductions in the Field of Agricultural Sciences", *English for Specific Purposes*, Vol. 30, No. 4, 2011, pp. 258 – 271.

Demchenko, Y., Grosso, P., De Laat, C., et al., "Addressing Big Data Issues in Scientific Data Infrastructure", in *2013 International Conference on Collaboration Technologies and Systems (CTS)*, IEEE, 2013, pp. 48 – 55.

Demner-Fushman, D., Hauser, S., and Thoma, G., "The Role of Title, Metadata and Abstract in Identifying Clinically Relevant Journal Articles", *AMIA Annual Symposium Proceedings*, 2005, pp. 191 – 195.

De Schutter, E., "Data Publishing and Scientific Journals: The Future of the Scientific Paper in a World of Shared Data", *Neuroinform*, Vol. 8, 2010, pp. 151 – 153.

Didegah, F. and Thelwall, M., "Which Factors Help Authors Produce the Highest Impact Research? Collaboration, Journal and Document Properties", *Journal of Informetrics*, Vol. 7, No. 4, 2013, pp. 861 – 873.

Diener, R. A., "Informational Dynamics of Journal Article Titles", *Journal of the American Society for Information Science*, Vol. 35, No. 4, 1984, pp. 222 – 227.

Ding, Y., Chowdhury, G. G., and Foo, S., "Bibliometric Cartography of Information Retrieval Research by Using Co-Word Analysis", *Information Processing and Management*, Vol. 37, No. 6, 2001, pp. 817 – 842.

Dobao, A. F., "Collaborative Writing Tasks in the L2 Classroom: Comparing Group, Pair, and Individual Work", *Journal of Second Language Writing*, Vol. 21, No. 1, 2012, pp. 40 – 58.

Drucker, P. F., *Managing in a Time of Great Change*, New York: Dutton Adult, 1995.

Egbert, J., "Publication Type and Discipline Variation in Published Academic Writing: Investigating Statistical Interaction in Corpus Data", *International Journal of Corpus Linguistics*, Vol. 20, No. 1, 2015, pp. 1 – 29.

Ellis, R. and Yuan, F., "The Effects of Planning on Fluency, Complexity, and Accuracy in Second Language Narrative Writing", *Studies in Second Language Acquisition*, Vol. 26, No. 1, 2004, pp. 59–84.

Engber, C. A., "The Relationship of Lexical Proficiency to the Quality of ESL Compositions", *Journal of Second Language Writing*, 1995.

Eriksson, I. V. and Dickson, G. W., "Knowledge Sharing in High Technology Companies", in *Proceedings of Americas Conference on Information Systems*, 2000, pp. 1330–1335.

Falahati Qadimi Fumani, M. R., Goltaji, M., and Parto, P., "The Impact of Title Length and Punctuation Marks on Article Citations", *Annals of Library and Information Studies (ALIS)*, Vol. 62, No. 3, 2015, pp. 126–132.

Fawcett, T. W. and Higginson, A. D., "Heavy Use of Equations Impedes Communication among Biologists", *Proceedings of the National Academy of Sciences of the United States of America*, Vol. 109, No. 29, 2012, pp. 11735–11739.

Ferguson, G. A., *Statistical Analysis in Psychology and Education*, New York: McGraw-Hill, Inc., 1981.

Floridi, L., "Big Data and Their Epistemological Challenge", *Philos. Technol*, Vol. 25, 2012, pp. 435–437.

Fluencies, D., "Intersections of Scholarly Communication and Information Literacy: Creating Strategic Collaborations for a Changing Academic Environment", in *White Paper*, 2013.

Forsati, R., Meybodi, M. R., and Neiat, A. G., "Web Page Personalization Based on Weighted Association Rules", in *International Conference on Electronic Computer Technology*, IEEE, 2009.

Fox, C. W. and Burns, C. S., "The Relationship between Manuscript Title Structure and Success: Ediorial Decisions and Citation Performance for an Ecological Journal", *Ecology & Evolution*, Vol. 5, No. 10, 2015, pp. 1970–1980.

Freeman, L. C., Newman, M. E. J., and Girvan, M., "Economics of Industrial Innovation", *Social Science Electronic Publishing*, Vol. 7, No. 2, 1997, pp. 215–219.

Fröhlich, G., "The (Surplus) Value of Scientific Communication", *Review of Information Science*, Vol. 1, No. 2, 1996, pp. 84–95.

Fry, E. B., *Elementary Reading Instruction*, New York: McGraw-Hill, 1977.

Fujita, K., Kajikawa, Y., Mori, J., and Sakata, I., "Detecting Research Fronts Using Different Types of Weighted Citation Networks", *Journal of Engineering and Technology Management*, Vol. 32, 2014, pp. 129–146.

Garfield, E., "The History and Meaning of the Journal Impact Factor", *JAMA*, Vol. 295, No. 1, 2006, pp. 90–93.

Garvey, W. D., *Communication: The Essence of Science*, Elmsford: Pergamon Press, 1979, p. 169.

Garvey, W. D. and Griffith, B. C., "Communication and Information Processing within Scientific Disciplines: Empirical Findings for Psychology", *Information Storage and Retrieval*, Vol. 8, No. 3, 1972, pp. 123–136.

Gastel, B. and Day, R. A., *How to Write and Publish a Scientific Paper*, 8th Edition, Westport: Praeger, 2018.

Gates, A. J., Ke, Q., Varol, O., et al., "Nature's Reach: Narrow Work has Broad Impact", *Nature*, Vol. 575, 2019, pp. 32–34.

Gauthier, M., "Use of Titles", *Nursing BC Registered Nurses Association of British Columbia*, No. 1, 2008, pp. 12–15.

Gazni, A. M., "Are the Abstracts of High Impact Articles More Readable? Investigating the Evidence from Top Research Institutions in the World", *Journal of Information Science*, Vol. 37, No. 3, 2011, pp. 273–281.

Gesuato, S., "Encoding of Information in Titles: Academic Practices across Four Genres in Linguistics", *Trieste: Publisher EUT*, 2008, pp. 127–157.

Goldstone, R. L. and Leydesdorff, L., "The Import and Export of Cognitive Science", *Cognitive Science*, Vol. 30, No. 6, 2006, pp. 983–993.

Goodrum, A. A., McCain, K. W., Lawrence, S., et al., "Scholarly Publishing in the Internet Age: A Citation Analysis of Computer Science Literature", *Information Processing & Management*, Vol. 37, No. 5, 2001, pp. 661–675.

Graetz, N., "Teaching EFL Students to Extract Structural Information from Abstracts", *Reading for Professional Purposes*, 1985, pp. 123–135.

Gray, B., *Linguistic Variation in Research Articles: When Discipline Tells Only Part of the Story*, Amsterdam Havens: John Benjamins Publishing Company, 2015, p. 10.

Habibzadeh, F. and Yadollahie, M., "Are Shorter Article Titles More Attractive for Citations? Cross-sectional Study of 22 Scientific Journals", *Croatian Medical Journal*, Vol. 51, No. 2, 2010, pp. 165–170.

Haggan, M., "Research Paper Titles in Literature, Linguistics and Science: Dimensions of Attraction", *Journal of Pragmatics*, Vol. 36, No. 2, 2004, pp. 293–317.

Hargens, L. L., "Migration Patterns of U. S. Ph. D. s Among Disciplines and Specialties", *Scientometrics*, Vol. 9, No. 3, 1986, pp. 145–164.

Harter, S. P., "Scholarly Communication and Electronic Journals: An Impact Study", *Journal of the American Society for Information Science*, Vol. 49, No. 6, 1998.

Hartley, J., "To Attract or to Inform: What are Titles for?", *Journal of Technical Writing and Communication*, Vol. 35, No. 2, 2005, pp. 203–213.

Haslam, N. and Koval, P., "Predicting Long-term Citation Impact of Articles in Social and Personality Psychology", *Psychol Rep*, Vol. 106, No. 3, 2010, pp. 891–900.

Haslam, N., Ban, L., Kaufmann, L., et al., "What Makes an Article Influential? Predicting Impact in Social and Personality Psychology", *Scientometrics*, Vol. 76, No. 1, 2008, pp. 169–185.

Haythornthwaite, C., *Learning and Knowledge Networks in Interdisciplinary Collaborations: Research Articles*, Hoboken: John Wiley & Sons, Inc., 2006.

Hendriks, P., "Why Share Knowledge? The Influence of ICT on the Motivation for Knowledge Sharing", *Knowledge and Process Management*, Vol. 6, 1999, pp. 91–100.

Hess, C. and Ostrom, E., "Studying Scholarly Communication: Can Commons Research and the IAD Framework Help Illuminate Complex Dilemmas", *ResearchGate*, 2004.

Hill, M. O., "Diversity and Evenness: A Unifying Notation and its Consequences", *Ecology*, Vol. 54, No. 2, 1973, pp. 427–432.

Hill, S. A., "Making the Future of Scholarly Communications", *Learned Publishing*, Vol. 29, 2016, pp. 366–370.

Hjørland, B., "Theory and Metatheory of Information Science: A New Interpretation", *Journal of Documentation*, Vol. 54, No. 5, 1998, pp. 606–621.

Huang, L., Chen, X., Ni, X., Liu, J., Cao, X., and Wang, C., "Tracking the Dynamics of Co-Word Networks for Emerging Topic Identification", *Technological Forecasting and Social Change*, Vol. 170, No. 4, 2021.

Hurd, "Models of Scientific Communication Systems", in *From Print to Electronic: The Transformation of Scientific Communication*, Medford, NJ: Information Today, 1996.

Hyland, K., "Academic Discourse: English in a Global Context", *A&C Black*, 2009, pp. 77–86.

Hyland, K. and Tse, P., "Metadiscourse in Academic Writing: A Reappraisal", *Applied Linguistics*, Vol. 25, No. 2, 2004, pp. 156–177.

Ittipanuvat, V., Fujita, K., Sakata, I., and Kajikawa, Y., "Finding Linkage between Technology and Social Issue: A Literature Based Discovery Approach", *Journal of Engineering and Technology Management*, Vol. 32, 2014, pp. 160–184.

Jacobs, N., "Information Technology and Interests in Scholarly Communication: A Discourse Analysis", *Journal of the American Society for Information Science & Technology*, Vol. 52, No. 13, 2001, pp. 1122–1133.

Jacques, T. S. and Sebire, N. J., "The Impact of Article Titles on Citation Hits: An Analysis of General and Specialist Medical Journals", *Journal of the Royal Society of Medicine Short Reports*, 2009.

Jamali, H. R. and Nikzad, M., "Article Title Type and its Relation with the Number of Downloads and Citations", *Scientometrics*, Vol. 88, No. 2, 2011, pp. 653–661.

Järvelin, K. and Vakkari, P., "Content Analysis of Research Articles in Library and Information Science", *Library & Information Science Research*, Vol. 12, 1990, pp. 395–421.

JASIST post, https://asistdl.onlinelibrary.wiley.com/hub/journal/23301643/homepage/forauthors, 2021.

Kanoksilapatham, B., "Rhetorical Structure of Biochemistry Research Articles", *English for Specific Purposes*, Vol. 24, No. 3, 2005, pp. 269–292.

Karlovčec, M. and Mladenić, D., "Interdisciplinarity of Scientific Fields and its Evolution Based on Graph of Project Collaboration and Co-Authoring", *Scientometrics*, Vol. 102, No. 1, 2015, pp. 433–454.

Katzenbach, J. R., *The Wisdom of Teams: Creating the High-Performance*

Organization, Boston: Harvard Business Review Press, 2015.

Ke, Q., Ferrara, E., Radicchi, F., et al., "Defining and Identifying Sleeping Beauties in Science", *Proceedings of the National Academy of Sciences*, Vol. 112, No. 24, 2015, pp. 7426–7431.

Kermes, H., "A Methodology for the Extraction of Information about the Usage of Formulaic Expressions in Scientific Texts", *Language Resources and Evaluation*, 2012, pp. 2064–2068.

Kessler, G., Bikowski, D., and Boggs, J., "Collaborative Writing among Second Language Learners in Academic Web-Based Projects", *Language Learning and Technology*, Vol. 16, No. 1, 2012, pp. 91–109.

Keys, C. W., "The Development of Scientific Reasoning Skills in Conjunction with Collaborative Writing Assignments: An Interpretive Study of Six Ninth-Grade Students", *Journal of Research in Science Teaching*, Vol. 31, 2010.

Khan, S., Liu, X., Shakil, K.A., et al., "A Survey on Scholarly Data: From Big Data Perspective", *Information Processing & Management*, Vol. 53, No. 4, 2017, pp. 923–944.

Khany, R. and Malmir, B., "A Move-Marker List: A Study of Rhetorical Move-Lexis Linguistic Realizations of Research Article Abstracts in Social and Behavioural Sciences", *RELC Journal*, 2019.

Kim, C. H. and Crosthwaite, P., "Disciplinary Differences in the Use of Evaluative That: Expression of Stance via That-Clauses in Business and Medicine", *Journal of English for Academic Purposes*, 2019.

Kim, H., "The JASIST Editorial Board Members' Research Areas and Keywords of JASIST Research Articles", *Journal of the Korean Society for Information Management*, Vol. 31, No. 3, 2014, pp. 227–247.

Kim, J., Lee, D., and Chung, K. Y., "Item Recommendation Based on Context-Aware Model for Personalized U-Healthcare Service", *Multimedia Tools and Applications*, Vol. 71, No. 2, 2014, pp. 855–872.

Klain-Gabbay, L. and Shoham, S., "Scholarly Communication and the Academic Library: Perceptions and Recent Developments", in *A Complex Systems Perspective of Communication from Cells to Societies*, London: IntechOpen, 2018, pp. 1–22.

Klein, J. T., *Crossing Boundaries: Knowledge, Disciplinarities, and Interdisciplinarities*, Charlottesville: University of Virginia Press, 1996.

Klein, J. T., "A Conceptual Vocabulary of Interdisciplinary Science", *Practising Interdisciplinarity*, 2000, p. 24.

Klein, J. T., "Evaluation of Interdisciplinary and Transdisciplinary Research: A Literature Review", *American Journal of Preventive Medicine*, Vol. 35, No. 2, 2008, pp. S116 - S123.

Kling, R. and McKim, G., "Scholarly Communication and the Continuum of Electronic Publishing", *Journal of the American Society for Information Science*, Vol. 50, No. 10, 1999, pp. 890 - 906.

Kling, R. and McKim, G., "Not Just a Matter of Time: Field Differences and the Shaping of Electronic Media in Supporting Scientific Communication", *Journal of the American Society for Information Science*, Vol. 51, No. 14, 2000, pp. 1306 - 1320.

Kling, R., McKim, G., and King, A., "A Bit More to IT: Scholarly Communication Forums as Socio-Technical Interaction Networks", *Journal of the Association for Information Science & Technology*, Vol. 54, No. 1, 2003, pp. 47 - 67.

Kling, R., McKim, G., Fortuna, J., et al., "Scientific Collaboratories as Socio-Technical Interaction Networks: A Theoretical Approach", *Computer Science*, 2000.

Koch, M., Fischer, M. R., Tipold, A., et al., "Can Online Conference Systems Improve Veterinary Education? A Study about the Capability of Online Conferencing and its Acceptance", *Journal of Veterinary Medical Education*, Vol. 39, No. 3, 2012, pp. 283 - 296.

Kong, X., Jiang, H., Yang, Z., et al., "Exploiting Publication Contents and Collaboration Networks for Collaborator Recommendation", *PloS One*, Vol. 11, No. 2, 2016.

Kovačević, A., Konjović, Z., Milosavljević, B., and Nenadic, G., "Mining Methodologies from NLP Publications: A Case Study in Automatic Terminology Recognition", *Computer Speech & Language*, Vol. 26, No. 2, 2012, pp. 105 - 126.

Kretzschmar, W., *The Linguistics of Speech*, Cambridge: Cambridge University Press, 2009.

Kurata, K., Matsubayashi, M., Mine, S., et al., "Electronic Journals and Their Unbundled Functions in Scholarly Communication: Views and Utilization by

Scientific Technological and Medical Researchers in Japan", *Information Processing and Management*, Vol. 43, 2007, pp. 1402 – 1415.

Lally, E., "A Researcher's Perspective on Electronic Scholarly Communication", *Online Information Review*, Vol. 25, No. 2, 2001, pp. 80 – 87.

Lamb, C. T., Gilbert, S. L., and Ford, A. T., "Tweet Success? Scientific Communication Correlates with Increased Citations in Ecology and Conservation", *PeerJ*, Vol. 6, 2018.

Landis, J. R. and Koch, G. G., "The Measurement of Observer Agreement for Categorical Data", *Biometrics*, 1977, pp. 159 – 174.

Larson, E. L., Landers, T. F., and Begg, M. D., "Building Interdisciplinary Research Models: A Didactic Course to Prepare Interdisciplinary Scholars and Faculty", *Clinical and Translational Science*, Vol. 4, No. 1, 2011, pp. 38 – 41.

Lattuca, L. R., "Creating Interdisciplinarity: Grounded Definitions from College and University Faculty", *History of Intellectual Culture*, Vol. 3, No. 1, 2003, pp. 1 – 20.

Lawrence, S., "Free Online Availability Substantially Increases a Paper's Impact", *Nature*, Vol. 411, No. 6837, 2001, p. 521.

Leahey, E., Beckman, C. M., and Stanko, T. L., "Prominent but Less Productive: The Impact of Interdisciplinarity on Scientists' Research", *Administrative Science Quarterly*, Vol. 62, No. 1, 2017, pp. 105 – 139.

Lee, H. J. and Iksandae-ro, I., "Academic Vocabulary in Computer Science Research Articles: A Corpus-based Study", *Computer Science, Linguistics*, 2018.

Lee, P. S., et al., "Viziometrics: Analyzing Visual Information in the Scientific Literature", *IEEE Transactions on Big Data*, 2017.

Leinster, T. and Cobbold, C. A., "Measuring Diversity: The Importance of Species Similarity", *Ecology*, Vol. 93, No. 3, 2012, pp. 477 – 489.

Leitão, L., Amaro, S., Henriques, C., and Fonseca, P., "Do Consumers Judge a Book by its Cover? A Study of the Factors that Influence the Purchasing of Books", *Journal of Retailing and Consumer Services*, Vol. 42, No. 1, 2018, pp. 88 – 97.

Letchford, A., Moat, H. S., and Preis, T., "The Advantage of Short Paper Titles", *Royal Society Open Science*, Vol. 2, No. 8, 2015.

Letierce, J., Passant, A., Breslin, J., et al., "Understanding How Twitter is Used to Spread Scientific Messages", *Computer Science*, 2010.

Levinson, M., "What is New Formalism?", *PMLA*, Vol. 122, No. 2, 2007, pp. 558 – 569.

Leydesdorff, L., "Betweenness Centrality as an Indicator of the Interdisciplinarity of Scientific Journals", *Journal of the American Society for Information Science and Technology*, Vol. 58, No. 9, 2007, pp. 1303 – 1319.

Leydesdorff, L., "Diversity and Interdisciplinarity: How Can One Distinguish and Recombine Disparity, Variety, and Balance?", *Scientometrics*, Vol. 116, No. 5, 2018, pp. 1 – 9.

Leydesdorff, L., Bornmann, L., and Zhou, P., "Construction of a Pragmatic Base Line for Journal Classifications and Maps Based on Aggregated Journal-Journal Citation Relations", *Journal of Informetrics*, Vol. 10, No. 4, 2016, pp. 902 – 918.

Leydesdorff, L., Wagner, C. S., and Bornmann, L., "Interdisciplinarity as Diversity in Citation Patterns among Journals: Rao-Stirling Diversity, Relative Variety, and the Gini Coefficient", *Journal of Informetrics*, Vol. 13, No. 1, 2019, pp. 255 – 269.

Lin, L. and Evans, S., "Structural Patterns in Empirical Research Articles: A Cross-Disciplinary Study", *English for Specific Purposes*, Vol. 31, No. 3, 2012, pp. 150 – 160.

Lin, Z., Rousseau, R., and Glänzel, W., "Diversity of References as an Indicator of the Interdisciplinarity of Journals: Taking Similarity between Subject Fields into Account", *Journal of the Association for Information Science & Technology*, Vol. 67, No. 5, 2016, pp. 111 – 112.

Liu, H. and Jin, C., "Empirical Characterization of Modern Chinese as a Multi-Level System from the Complex Network Approach", *Journal of Chinese Linguistics*, Vol. 42, No. 1, 2014, pp. 1 – 38.

Liu, Z., "Trends in Transforming Scholarly Communication and Their Implications", *Information Processing & Management*, Vol. 39, No. 6, 2003, pp. 889 – 898.

Loi, C. K., "Research Article Introductions in Chinese and English: A Comparative Genre-Based Study", *Journal of English for Academic Purposes*, Vol. 9, No. 4, 2010, pp. 267 – 279.

Loré, R., "On RA Abstracts: From Rhetorical Structure to Thematic Organisation", *English for Specific Purposes*, Vol. 23, No. 3, 2004, pp. 280–302.

Lou, W., Su, Z., Zheng, S., and He, J., "The Effects of Rhetorical Structure on Citing Behavior in Research Articles", in *18th International Conference on Scientometrics and Informetrics*, 2021, pp. 705–710.

Lu, C., Bu, Y., Dong, X., et al., "Analyzing Linguistic Complexity and Scientific Impact", *Journal of Informetrics*, Vol. 13, No. 3, 2019, pp. 817–829.

Lu, C., Bu, Y., Wang, J., et al., "Examining Scientific Writing Styles from the Perspective of Linguistic Complexity", *Journal of the Association for Information Science and Technology*, Vol. 70, No. 5, 2019, pp. 462–475.

Lu, X., "Automatic Analysis of Syntactic Complexity in Second Language Writing", *International Journal of Corpus Linguistics*, Vol. 15, No. 4, 2010, pp. 474–496.

Ma, F. and Wu, Y., "A Survey Study on Motivations for Citation: A Case Study on Periodicals Research and Library and Information Science Community in China", *Chinese Journal of Library and Information Science*, No. 3, 2009, pp. 46–48.

Ma, L., "Some Philosophical Considerations in Using Mixed Methods in Library and Information Science Research", *Journal of the American Society for Information Science and Technology*, Vol. 63, No. 9, 2012, pp. 1859–1867.

Mäki, U., Walsh, A., and Fernández Pinto, M., *Scientific Imperialism: Exploring the Boundaries of Interdisciplinarity*, Oxford: Routledge, 2017.

Mason, L., "Sharing Cognition to Construct Scientific Knowledge in School Context: The Role of Oral and Written Discourse", *Instructional Science*, Vol. 26, No. 5, 1998, pp. 359–389.

Maswana, S., Kanamaru, T., and Tajino, A., "Move Analysis of Research Articles across Five Engineering Fields: What They Share and What They Do Not", *Ampersand*, Vol. 2, 2015, pp. 1–11.

Mayfield, A., *What is Social Media*, London: UCL Press, 2013.

Mei, Q., Cai, D., Zhang, D., and Zhai, C., "Topic Modeling with Network Regularization", in *Proceedings of the 17th International Conference on World Wide Web*, 2008, pp. 101–110.

Mena-Chalco, J. P., Digiampietri, L. A., Lopes, F. M., et al., "Brazilian Bibliometric Coauthorship Networks", *Journal of the Association for Information Science and Technology*, Vol. 65, No. 7, 2014.

Menzel, H., *Planned and Unplanned Scientific Communication*, Washington, DC: National Academies Press, 1959.

Mikkonen, A. and Vakkari, P., "Reader Characteristics, Behavior, and Success in Fiction Book Search", *Journal of the Association for Information Science and Technology*, Vol. 68, No. 9, 2017, pp. 2154 – 2165.

Milojević, S., Sugimoto, C. R., Yan, E., and Ding, Y., "The Cognitive Structure of Library and Information Science: Analysis of Article Title Words", *Journal of the American Society for Information Science and Technology*, Vol. 62, No. 10, 2011, pp. 1933 – 1953.

Minguillo, D., "Toward a New Way of Mapping Scientific Fields: Authors' Competence for Publishing in Scholarly Journals", *Journal of the American Society for Information Science and Technology*, Vol. 61, No. 4, 2010, pp. 772 – 786.

Muguiro, N. F., *Interdisciplinarity and Academic Writing: A Corpus-Based Case Study of Three Interdisciplines*, University of Birmingham, 2019.

Mukherjee, B., *Scholarly Communication in Library and Information Services: The Impacts of Open Access Journals and E-Journals*, Elsevier, 2010, pp. 6 – 9.

Murray, R. and Moore, S., *The Handbook of Academic Writing: A Fresh Approach*, McGraw-Hill Education (UK), 2006.

Nancy, M. D., "Common Knowledge: How Companies Thrive by Sharing What They Know", *Long Range Planning*, Vol. 34, 2001, pp. 270 – 273.

National Academies Committee on Facilitating Interdisciplinary Research, Committee on Science, Engineering and Public Policy (COSEPUP), *Facilitating Interdisciplinary Research*, Washington, DC: National Academies Press, 2004.

Nekrasova-Beker, T. M., "Discipline-Specific Use of Language Patterns in Engineering: A Comparison of Published Pedagogical Materials", *Journal of English for Academic Purposes*, Vol. 41, 2019.

Nemati-Anaraki, L. and Tavassoli-Farahi, M., "Scholarly Communication through Institutional Repositories: Proposing a Practical Model", *Collection and Curation*, Vol. 37, No. 1, 2018, pp. 9 – 17.

New Methods in Historical Corpora, BoD-Books on Demand, 2013.

Newell, W. H. and Klein, J. T., "Advancing Interdisciplinary Studies", in *Handbook of the Undergraduate Curriculum: A Comprehensive Guide to Purposes, Structures, Practices, and Change*, 1997, pp. 393 – 415.

Newman, M. E. J., "The Structure of Scientific Collaboration Networks", *Proceedings of the National Academy of Sciences of the United States of America*, Vol. 98, No. 2, 2000, pp. 404 – 409.

Newman, M. E. J., "The Structure and Function of Complex Networks", *Siam Review*, 2003.

Nolan, M., "Medieval Sensation and Modern Aesthetics Aquinas, Adorno, Chaucer", *The Minnesota Review*, No. 80, 2013, pp. 145 – 158.

Nonaka, I., "The Knowledge-Creating Company", *Harvard Business Review*, Vol. 69, No. 6, 1991, pp. 96 – 104.

Nonaka, I., "A Dynamic Theory of Organizational Knowledge Creation", *Organization Science*, Vol. 5, No. 1, 1994, pp. 14 – 37.

Nonaka, I. and Takeuchi, H., *The Knowledge-Creating Company*, New York: Oxford University Press, 1995, p. 273.

Nonaka, I., Umemoto, K., and Senoo, D., "From Information Processing to Knowledge Creation: A Paradigm Shift in Business Management", *Technology in Society*, Vol. 18, No. 2, 1996, pp. 203 – 218.

Nwogu, K. N., "The Medical Research Paper: Structure and Functions", *English for Specific Purposes*, Vol. 16, No. 2, 1997, pp. 119 – 138.

Odell, J. and Gabbard, R., "The Interdisciplinary Influence of Library and Information Science 1996 – 2004: A Journal-to-Journal Citation Analysis", *College & Research Libraries*, Vol. 57, No. 1, 1996, pp. 23 – 33.

Orazbayev, S., "International Knowledge Flows and the Administrative Barriers to Mobility", *Research Policy*, 2017.

Owen, J. M., *The Scientific Article in the Age of Digitization*, Dordrecht: Springer Netherlands, 2006, pp. 32 – 36.

Ozturk, I., "The Textual Organisation of Research Article Introductions in Applied Linguistics: Variability within a Single Discipline", *English for Specific Purposes*, Vol. 26, No. 1, 2007, pp. 25 – 38.

Pair, C. L., "Switching between Academic Disciplines in Universities in the

Netherlands", *Scientometrics*, Vol. 2, No. 3, 1980, pp. 177−191.

Paiva, C. E., da Silveira Nogueira Lima, J. P., and Paiva, B. S. R., "Articles with Short Titles Describing the Results are Cited More Often", *Clinics*, Vol. 67, No. 5, 2012.

Palmer, C. L., "Structures and Strategies of Interdisciplinary Science", *Journal of the American Society for Information Science & Technology*, Vol. 50, No. 3, 2010, pp. 242−253.

Park, Y. S., Konge, L., and Artino, A. R., "The Positivism Paradigm of Research", *Academic Medicine: Journal of the Association of American Medical Colleges*, 2019.

Peacock, M., "The Structure of the Methods Section in Research Articles across Eight Disciplines", *The Asian ESP Journal*, Vol. 7, No. 2, 2011, pp. 99−124.

Petersen, N. J. and Poulfelt, F., "Knowledge Management in Action: A Study of Knowledge Management in Management Consultancies", in *Knowledge and Value Development in Management Consulting*, Greenwich: Information Age Publishing, 2002.

Pfirman, S. and Martin, P. J. S., "Facilitating Interdisciplinary Scholars", in *The Oxford Handbook of Interdisciplinarity*, Oxford: Oxford University Press, 2010, pp. 387−403.

Pham, M. C., Kovachev, D., Cao, Y., et al., "Enhancing Academic Event Participation with Context-Aware and Social Recommendations", in *2012 IEEE/ACM International Conference on Advances in Social Networks Analysis and Mining*, IEEE, 2012, pp. 464−471.

Pho, P. D., "Research Article Abstracts in Applied Linguistics and Educational Technology: A Study of Linguistic Realizations of Rhetorical Structure and Authorial Stance", *Discourse Studies*, Vol. 10, No. 2, 2008, pp. 231−250.

Pierce, S. J., "Boundary Crossing in Research Literatures as a Means of Interdisciplinary Information Transfer", *Journal of the American Society for Information Science*, Vol. 50, No. 3, 1999, pp. 271−279.

PNAS, "Submitting Your Manuscript | PNAS", https://www.pnas.org/authors/submitting-your-manuscript, 2021.

Ponomarev, I. V., Williams, D. E., Hackett, C. J., et al., "Predicting Highly Cited Papers: A Method for Early Detection of Candidate Breakthroughs",

Technological Forecasting and Social Change, Vol. 81, 2014, pp. 49 – 55.

Porter, A. L., Cohen, A. S., David Roessner, J., et al., "Measuring Research Interdisciplinarity", *Scientometrics*, Vol. 72, No. 1, 2007, pp. 117 – 147.

Porter, A. L. and Rafols, I., "Is Science Becoming More Interdisciplinary? Measuring and Mapping Six Research Fields Over Time", *Scientometrics*, Vol. 81, No. 3, 2009, pp. 719 – 745.

Porter, A. L., Roessner, J. D., and Heberger, A. E., "How Interdisciplinary is a Given Body of Research", *Research Evaluation*, Vol. 17, No. 4, 2008, pp. 273 – 282.

Posteguillo, S., "The Schematic Structure of Computer Science Research Articles", *English for Specific Purposes*, Vol. 18, No. 2, 1999, pp. 139 – 160.

Price, D. J. D. S., "Networks of Scientific Papers: The Pattern of Bibliographic References Indicates the Nature of the Scientific Research Front", *Science*, Vol. 149, No. 3683, 1965, pp. 510 – 515.

Priem, J., Groth, P., and Taraborelli, D., "The Altmetrics Collection", *PloS One*, Vol. 7, No. 11, 2012.

Rafiei, M. and Kardan, A. A., "A Novel Method for Expert Finding in Online Communities Based on Concept Map and PageRank", *Human-Centric Computing and Information Sciences*, Vol. 5, No. 1, 2015, pp. 1 – 18.

Rafols, I., "Knowledge Integration and Diffusion: Measures and Mapping of Diversity and Coherence", in Ding, Y., Rousseau, R., and Wolfram, D., *Measuring Scholarly Impact: Methods and Practice*, Cham: Springer, 2014.

Rafols, I. and Meyer, M., "Diversity and Network Coherence as Indicators of Interdisciplinarity: Case Studies in Bionanoscience", *Scientometrics*, Vol. 82, No. 2, 2009, pp. 263 – 297.

Rafols, I., Leydesdorff, L., O'Hare, A., et al., "How Journal Rankings Can Suppress Interdisciplinary Research: A Comparison between Innovation Studies and Business & Management", *Research Policy*, Vol. 41, No. 7, 2012, pp. 1262 – 1282.

Rao, C. R., "Diversity: Its Measurement, Decomposition, Apportionment and Analysis", *Sankhyā: The Indian Journal of Statistics, Series A (1961 – 2002)*, Vol. 44, No. 1, 1982, pp. 1 – 22.

Rashidi, N. and Meihami, H., "Informetrics of Scientometrics Abstracts: A Rhetorical Move Analysis of the Research Abstracts Published in Scientometrics

Journal", *Scientometrics*, Vol. 116, No. 3, 2018, pp. 1975 – 1994.

Rathore, M. M. U., Gul, M. J. J., Paul, A., et al., "Multilevel Graph-Based Decision Making in Big Scholarly Data: An Approach to Identify Expert Reviewer, Finding Quality Impact Factor, Ranking Journals and Research", *IEEE Transactions on Emerging Topics in Computing*, Vol. 9, No. 1, 2021, pp. 280 – 292.

Rennie, D., "Let's Make Peer Review Scientific", *Nature*, Vol. 535, No. 7610, 2016, pp. 31 – 33.

Rhoten, D., "A Multi-Method Analysis of the Social and Technical Conditions for Interdisciplinary Collaboration", Final Report, 2003.

Rhoten, D. and Pfirman, S., "Women in Interdisciplinary Science: Exploring Preferences and Consequences", *Research Policy*, Vol. 36, No. 1, 2007, pp. 56 – 75.

Rinia, E. J., van Leeuwen, T. N., Bruins, E. E. W., et al., "Citation Delay in Interdisciplinary Knowledge Exchange", *Scientometrics*, Vol. 51, No. 1, 2011, pp. 293 – 309.

Robbins, S. P., *Management (4th ed.)*, New Jersey: Prentice Hall Inc., 1994.

Rousseau, R., "On the Leydesdorff-Wagner-Bornmann Proposal for Diversity Measurement", *Journal of Informetrics*, Vol. 13, 2019, pp. 906 – 907.

Ruiying, Y. and Allison, D., "Research Articles in Applied Linguistics: Moving from Results to Conclusions", *English for Specific Purposes*, Vol. 22, No. 4, 2003, pp. 365 – 385.

Ruiying, Y. and Allison, D., "Research Articles in Applied Linguistics: Structures from a Functional Perspective", *English for Specific Purposes*, Vol. 23, No. 3, 2004, pp. 264 – 279.

Samraj, B., "Introductions in Research Articles: Variations across Disciplines", *English for Specific Purposes*, Vol. 21, No. 1, 2002, pp. 1 – 17.

Santamaría, L. and Mihaljević, H., "Comparison and Benchmark of Name-to-Gender Inference Services", *PeerJ Computer Science*, No. 7, 2018, pp. 1 – 29.

Santos, D. and Bittencourt, M., "The Textual Organization of Research Paper Abstracts in Applied Linguistics", *Text-Interdisciplinary Journal for the Study of Discourse*, Vol. 16, No. 4, 1996.

Sariki, T. P. and Kumar, B. G., "A Book Recommendation System Based on Named Entities", *Collection Building*, Vol. 66, No. 1, 2018, pp. 77 – 82.

Schatzle, C., "A Proposed Solution to the Scholarly Communications Crisis", *Journal of Access Services*, Vol. 3, No. 3, 2006, pp. 37 – 47.

Schee, B. A. V., *Crowdsourcing: Why the Power of the Crowd is Driving the Future of Business*, New York: Crown Publishing Group, 2008, pp. 232 – 233.

Scheff, T. J., "Shame and the Social Bond: A Sociological Theory", *Sociological Theory*, Vol. 18, No. 1, 2000, pp. 84 – 99.

"Scholarly Communication-Library Collections-UC Berkeley", http://www.lib.berkeley.edu/scholarlycommunication/.

Senge, P., "Sharing Knowledge", *Executive Excellence*, Vol. 16, 1997, p. 6.

Shneider, A. M., "Four Stages of a Scientific Discipline; Four Types of Scientist", *Trends in Biochemical Sciences*, Vol. 34, No. 5, 2009, pp. 217 – 223.

Sienkiewicz, J. and Altmann, E. G., "Impact of Lexical and Sentiment Factors on the Popularity of Scientific Papers", *Royal Society Open Science*, Vol. 3, No. 6, 2016.

Small, H., "Interpreting Maps of Science Using Citation Context Sentiments: A Preliminary Investigation", *Scientometrics*, Vol. 87, 2011, pp. 373 – 388.

Smith, S. M. and Albaum, G. S., *Fundamentals of Marketing Research*, Los Angeles: Sage, 2005.

Snijders, C., Matzat, U., and Reips, U. D., "'Big Data': Big Gaps of Knowledge in the Field of Internet Science", *International Journal of Internet Science*, Vol. 7, No. 1, 2012, pp. 1 – 5.

Soler, V., "Writing Titles in Science: An Exploratory Study", *English for Specific Purposes*, Vol. 26, No. 1, 2007, pp. 90 – 102.

Soler, V., "Comparative and Contrastive Observations on Scientific Titles Written in English and Spanish", *English for Specific Purposes*, Vol. 30, No. 2, 2011, pp. 124 – 137.

Soler-Monreal, C., Carbonell-Olivares, M., and Gil-Salom, L., "A Contrastive Study of the Rhetorical Organisation of English and Spanish PhD Thesis Introductions", *English for Specific Purposes*, Vol. 30, No. 1, 2011, pp. 4 – 17.

Søndergaard, T. F., Andersen, J., and Hjørland, B., "Documents and the Communication of Scientific and Scholarly Information: Revising and Updating the UNISIST Model", *Journal of Documentation*, Vol. 59, No. 3, 2003, pp. 278–320.

Soroya, S. H. and Ameen, K., "Millennials' Reading Behavior in the Digital Age: A Case Study of Pakistani University Students", *Journal of Library Administration*, Vol. 60, No. 5, 2020, pp. 559–577.

Soroya, S. H. and Ameen, K., "Subject-Based Reading Behaviour Differences of Young Adults under Emerging Digital Paradigm", *Libri*, Vol. 70, No. 2, 2020, pp. 169–179.

Spanner, D., "Border Crossings: Understanding the Cultural and Informational Dilemmas of Interdisciplinary Scholars", *The Journal of Academic Librarianship*, Vol. 27, No. 5, 2001, pp. 352–360.

Staples, S., Egbert, J., Biber, D., et al., "Academic Writing Development at the University Level: Phrasal and Clausal Complexity across Level of Study, Discipline, and Genre", *Written Communication*, Vol. 33, No. 2, 2016.

Stirling, A., "On the Economics and Analysis of Diversity", SPRU Electronic Working Paper, 1998.

Stirling, A., "A General Framework for Analysing Diversity in Science, Technology and Society", *Journal of the Royal Society Interface*, Vol. 4, No. 15, 2007, pp. 707–719.

Stoller, F. L. and Robinson, M. S., "Chemistry Journal Articles: An Interdisciplinary Approach to Move Analysis with Pedagogical Aims", *English for Specific Purposes*, Vol. 32, No. 1, 2013, pp. 45–57.

Stremersch, S., Verniers, I., and Verhoef, P. C., "The Quest for Citations: Drivers of Article Impact", *Journal of Marketing*, Vol. 71, No. 3, 2007, pp. 171–193.

Subotic, S. and Mukherjee, B., "Short and Amusing: The Relationship between Title Characteristics, Downloads, and Citations in Psychology Articles", *Journal of Information Science*, Vol. 40, No. 1, 2014, pp. 115–124.

Sun, H., Hou, Z., and Shen, C., "Research on Interest Reading Recommendation Method of Intelligent Library Based on Big Data Technology", *Web Intelligence*, Vol. 18, No. 2, 2020, pp. 121–131.

Suthakorn, J., Lee, S., Zhou, Y., et al., "An Enhanced Robotic Library System for an Off-Site Shelving Facility", *Springer Tracts in Advanced Robotics*, Vol. 24, 2006, pp. 437–446.

Swales, J., *Genre Analysis: English in Academic and Research Settings (1st edition)*, Cambridge: Cambridge University Press, 1990.

Swales, J. M. and Feak, C. B., *Academic Writing for Graduate Students: Essential Tasks and Skills*, Ann Arbor, MI: University of Michigan Press, 2004.

Syh-Jong, J., "A Study of Students' Construction of Science Knowledge: Talk and Writing in a Collaborative Group", *Educational Research*, Vol. 49, No. 1, 2007, pp. 65–81.

Tella, A., "Electronic and Paper-based Data Collection Methods in Library and Information Science Research", *New Library World*, Vol. 116, No. 9/10, 2015.

Tenopir, C. and King, D. W., *Towards Electronic Journals: Realities for Scientists, Librarians, and Publishers*, McLean: Special Libraries Assn, 2000.

Togia, A. and Malliari, A., *Research Methods in Library and Information Science*, Intech Open, 2017.

Tolle, K. M., Tansley, D. S. W., and Hey, A. J. G., "The Fourth Paradigm: Data-Intensive Scientific Discovery", *Proceedings of the IEEE*, Vol. 99, No. 8, 2011, pp. 1334–1337.

Tomicic, A., "Scientific Scholarly Communication: The Changing Landscape", *International Journal of Communication*, Vol. 12, 2018, pp. 260–263.

Uddin, S. and Khan, A., "The Impact of Author-Selected Keywords on Citation Counts", *Journal of Informetrics*, Vol. 10, No. 4, 2016, pp. 1166–1177.

UNESCO, *UNISIST: Study Report on the Feasibility of a World Science Information System*, New York: UNIPUB Inc., 1971, p. 30.

Ure, J., "Lexical Density and Register Differentiation", in *Applications of Linguistics*, London: Cambridge University Press, pp. 443–452.

Vajjala, S. and Meurers, D., "On Improving the Accuracy of Readability Classification Using Insights from Second Language Acquisition", in *Workshop on Innovative Use of NLP for Building Educational Applications*, Association for Computational Linguistics, 2012.

Valeria, A., "A New Bibliometric Approach to Measure Knowledge Transfer of Internationally Mobile Scientists", *Scientometrics*, Vol. 117, 2018, pp. 227 - 247.

Van de Sompel, H., Payette, S., Erickson, J., et al., "Rethinking Scholarly Communication", *D-Lib Magazine*, Vol. 10, No. 9, 2004.

Van Eck, N. J. and Waltman, L., "Software Survey: VOSviewer, a Computer Program for Bibliometric Mapping", *Scientometrics*, Vol. 84, No. 2, 2010, pp. 523 - 538.

Walters, W. H., "The Research Contributions of Editorial Board Members in Library and Information Science", *Journal of Scholarly Publishing*, Vol. 47, No. 2, 2016, pp. 121 - 146.

Waltman, L., van Eck, N. J., and Noyons, E. C. M., "A Unified Approach to Mapping and Clustering of Bibliometric Networks", *Journal of Informetrics*, Vol. 4, No. 4, 2010, pp. 629 - 635.

Wang, W., Cui, Z., Gao, T., et al., "Is Scientific Collaboration Sustainability Predictable", in *Proceedings of the 26th International Conference on World Wide Web Companion*, 2017, pp. 853 - 854.

Wang, W., Liu, J., Xia, F., et al., "Shifu: Deep Learning Based Advisor-Advisee Relationship Mining in Scholarly Big Data", in *Proceedings of the 26th International Conference on World Wide Web Companion*, 2017, pp. 303 - 310.

Wang, Y. and Bai, Y., "A Corpus-Based Syntactic Study of Medical Research Article Titles", *System*, Vol. 35, No. 3, 2007, pp. 388 - 399.

Wanger, C. S., Roessner, J. D., Bobb, K., et al., "Approaches to Understanding and Measuring Interdisciplinary Scientific Research (IDR): A Review of the Literature", *Journal of Informetrics*, Vol. 5, No. 1, 2011, pp. 14 - 26.

Watts, D. J. and Strogatz, S. H., "Collective Dynamics of 'Small-World' Networks", *Nature*, Vol. 393, No. 6684, 1998, pp. 440 - 442.

Widén-Wulff, G., Ek, S., Ginman, M., et al., "Information Behaviour Meets Social Capital: A Conceptual Model", *Journal of Information Science*, Vol. 34, No. 3, 2008, pp. 346 - 355.

Wijnhoven, F., "Knowledge Logistic in Business Contexts: Analyzing and Diagnosing Knowledge Sharing by Logistic Concepts", *Knowledge and*

Process Management, Vol. 5, No. 3, 1998, pp. 143 – 157.

Williams, K., Li, L., Khabsa, M., et al., "A Web Service for Scholarly Big Data Information Extraction", in *2014 IEEE International Conference on Web Services*, IEEE, 2014, pp. 105 – 112.

Wu, Z., Lin, W., Liu, P., et al., "Predicting Long-Term Scientific Impact Based on Multi-Field Feature Extraction", *IEEE Access*, Vol. 7, 2019, pp. 51759 – 51770.

Xia, F., Asabere, N. Y., Liu, H., et al., "Socially Aware Conference Participant Recommendation with Personality Traits", *IEEE Systems Journal*, Vol. 11, No. 4, 2014, pp. 2255 – 2266.

Xia, F., Wang, W., Bekele, T. M., et al., "Big Scholarly Data: A Survey", *IEEE Transactions on Big Data*, Vol. 3, No. 1, 2017, pp. 18 – 35.

Yang, C., Ma, J., Liu, X., et al., "A Weighted Topic Model Enhanced Approach for Complementary Collaborator Recommendation", in *18th Pacific Asia Conference on Information Systems (PACIS) 2014*, Pacific Asia Conference on Information Systems, 2014.

Yang, C. C. and Tang, X., "A Content and Social Network Approach of Bibliometrics Analysis across Domains", in *Proceedings of the 2012 iConference*, New York: ACM Press, 2012.

Yarrow, F. and Topping, K. J., "Collaborative Writing: The Effects of Metacognitive Prompting and Structured Peer Interaction", *British Journal of Educational Psychology*, Vol. 71, 2011, pp. 261 – 282.

Ye, Y., "Macrostructures and Rhetorical Moves in Energy Engineering Research Articles Written by Chinese Expert Writers", *Journal of English for Academic Purposes*, Vol. 38, 2019, pp. 48 – 61.

Yu, H. and Akita, T., "The Effect of Illuminance and Correlated Colour Temperature on Perceived Comfort According to Reading Behaviour in a Capsule Hotel", *Building and Environment*, Vol. 148, 2019, pp. 384 – 393.

Zeng, A. and Cimini, G., "Removing Spurious Interactions in Complex Networks", *Physical Review E*, Vol. 85, No. 3, 2012.

Zhang, C., Wu, X., Yan, W., et al., "Attribute-Aware Graph Recurrent Networks for Scholarly Friend Recommendation Based on Internet of Scholars in Scholarly Big Data", *IEEE Transactions on Industrial*

Informatics, Vol. 16, No. 4, 2019, pp. 2707-2715.

Zhang, L., Rousseau, R., and Glänzel, W., "Diversity of References as an Indicator of the Interdisciplinarity of Journals: Taking Similarity between Subject Fields into Account", *Journal of the Association for Information Science and Technology*, Vol. 67, No. 5, 2016, pp. 1257-1265.

Zhang, Y., "The Impact of Internet-Based Electronic Resources on Formal Scholarly Communication in the Area of Library and Information Science: A Citation Analysis", *Journal of Information Science*, Vol. 24, No. 4, 1998, pp. 241-254.

Zhang, Y., Wang, M., Saberi, M., et al., "From Big Scholarly Data to Solution-Oriented Knowledge Repository", *Frontiers in Big Data*, 2019, p. 38.

Zhang, Z. and Yu, L., "Academic Hot-Spot Analysis on Information System Based on the Co-term Network", PACIS, 2014.

Zhao, J., Wu, H., Deng, F., et al., "Maximum Value Matters: Finding Hot Topics in Scholarly Fields", *arXiv preprint arXiv*, 2017.

Zhu, Y. and Yan, E., "Dynamic Subfield Analysis of Disciplines: An Examination of the Trading Impact and Knowledge Diffusion Patterns of Computer Science", *Scientometrics*, Vol. 104, No. 1, 2015, pp. 335-359.

Ziman, J. M., "Information, Communication, Knowledge", *Nature*, Vol. 224, No. 5217, 1969, pp. 318-324.

安璐、吴林：《融合主题与情感特征的突发事件微博舆情演化分析》，《图书情报工作》2017年第15期。

巴志超、李纲、谢新洲：《网络环境下非正式社会信息交流过程的理论思考》，《图书情报知识》2018年第2期。

白青、董文华：《引用认同在科学计量分析中的应用研究》，《情报杂志》2010年第9期。

毕建新、郑建明：《近十年图书情报与文献学领域研究情况分析——基于国家级基金项目》，《情报科学》2015年第5期。

边鹏、苏玉召：《基于检索日志的检索词推荐研究》，《图书情报工作》2012年第9期。

边鹏、赵妍、苏玉召：《一种适合检索词推荐的K-means算法最佳聚类数确定方法》，《图书情报工作》2012年第4期。

蔡翠红：《国际关系中的大数据变革及其挑战》，《世界经济与政治》2014年第 5 期。

蔡飞:《面向信息精准服务的信息检索与查询推荐方法研究》,博士学位论文,国防科学技术大学,2016 年。

蔡照文:《网络时代的学术交流——以科学网为场景的观察与研究》,硕士学位论文,华东师范大学,2011 年。

柴嘉琪、陈仕吉:《论文新颖性测度研究综述》,《农业图书情报学报》2020 年第 10 期。

柴英、马婧:《大数据时代学术期刊功能的变革》,《编辑之友》2014 年第 6 期。

常凤莲:《新学术交流体系中图书馆角色定位与服务转型研究》,《辽宁经济职业技术学院·辽宁经济管理干部学院学报》2016 年第 6 期。

车德竞:《学术评价机制对于科技期刊发展的影响》,《编辑学报》2019 年第 S2 期。

陈必坤、程孟夏、钟周燕、章成志:《高下载中文学术论文的语言学特征》,《图书馆论坛》2021 年第 2 期。

陈婵、邹晓东:《跨学科的本质内涵与意义探析》,《研究与发展管理》2006 年第 2 期。

陈果、赵以昕:《多因素驱动下的领域知识网络演化模型:跟风、守旧与创新》,《情报学报》2020 年第 1 期。

陈和:《替代计量学与传统计量学比较研究》,《中国教育网络》2015 年第 6 期。

陈士俊、夏青、李凯:《学术交流中的知识转移》,《北京理工大学学报(社会科学版)》2009 年第 1 期。

陈淑英、徐剑英、刘玉魏、山洁:《关联规则应用下的高校图书馆图书推荐服务》,《图书馆论坛》2018 年第 2 期。

陈晓峰、可天浩、施其明、刘琦:《开放科学:概况、问题与出路》,《中国传媒科技》2019 年第 1 期。

陈欣、叶凤云、汪传雷:《基于扎根理论的社会科学数据共享驱动因素研究》,《情报理论与实践》2016 年第 12 期。

陈云伟:《社会网络分析方法在情报分析中的应用研究》,《情报学报》2019 年第 1 期。

成全:《网络环境下科学知识交流与共享模式研究》,《科学学研究》2010 年第 11 期。

初景利:《高端交流平台建设需要创新学术交流模式》,《智库理论与实践》

2021年第1期。

崔旭、赵希梅、王铮等：《我国科学数据管理平台建设成就、缺失、对策及趋势分析——基于国内外比较视角》，《图书情报工作》2019年第9期。

党倩娜、杨倩、刘永千：《基于大数据方法的新兴技术新颖性测度》，《图书馆杂志》2019年第4期。

党跃武：《信息交流及其基本模式初探》，《情报科学》2000年第2期。

邓国民：《国际学术交流研究知识图谱：起源、现状和未来趋势》，《图书馆工作与研究》2018年第7期。

邓桦、曹磊、杨荣斌：《近三年国内情报学术论文研究方法的使用特征及演进路径探究》，《图书馆杂志》2020年第9期。

丁大尉、胡志强：《网络环境下的开放获取知识共享机制——基于科学社会学视角的分析》，《科学学研究》2016年第10期。

丁敬达、鲁莹：《学术交流领域发展的历史和现状探究》，《图书馆杂志》2019年第6期。

丁敬达、王新明：《基于作者贡献声明的合著者贡献率测度方法》，《图书情报工作》2019年第16期。

丁敬达、许鑫：《学术博客交流特征及启示——基于交流主体、交流客体和交流方式的综合考察与实证分析》，《中国图书馆学报》2015年第3期。

丁敬达、杨思洛、邱均平：《论学术虚拟社区知识交流模式》，《情报理论与实践》2013年第1期。

丁彧藻、陈保亚：《语言官能的神经基础及其属性》，《外语研究》2016年第3期。

杜鹏、李亚伟、石婉荧、金鑫：《科研机构国际交流与合作的分析与思考——以中国疾控中心环境所专业人员因公出国(境)任务为例》，《环境卫生学杂志》2020年第1期。

范并思：《云计算与图书馆：为云计算研究辩护》，《图书情报工作》2009年第21期。

范并思：《图书馆学理论道路的迷茫、艰辛与光荣——中国图书馆学暨〈中国图书馆学报〉六十年》，《中国图书馆学报》2017年第1期。

范瑞泉、杨凌春：《推动学科交叉融合　提升高校创新能力——赴澳大利亚大学考察启示》，《中国高校科技》2017年第1期。

范圆圆、王曰芬：《基于学术社交网络用户关系的文献搜索推荐研究》，《现代情报》2021年第9期。

方建军、张晔：《图书馆图书自动存取机器人的研究与应用》，《图书馆建设》

2012 年第 7 期。

方锦平:《Google Scholar 的学术特性及对图书馆参考咨询服务的影响》,《图书馆学研究》2009 年第 6 期。

方卿:《论网络环境下科学信息交流载体的整合》,《情报学报》2001 年第 3 期。

方卿:《论网络载体环境下科学信息交流过程的基本特征》,《情报理论与实践》2002 年第 2 期。

方婷:《基于 SNS 的网络虚拟学术社区知识共享模型构建研究》,《农业图书情报学刊》2017 年第 8 期。

冯新霞:《信息计量学研究的新视角——评〈信息计量学研究〉》,《情报杂志》2003 年第 4 期。

付慧真、张琳、胡志刚、侯剑华、李江:《基础理论视角下的科研评价思考》,《情报资料工作》2020 年第 2 期。

付少雄、邓胜利:《国内高被引论文对学术和实践推动的影响分析——以用户行为研究主题为例》,《数字图书馆论坛》2016 年第 6 期。

傅蓉:《开放存取期刊及其影响分析》,《图书馆论坛》2007 年第 4 期。

甘春梅、王伟军、田鹏:《学术博客知识交流与共享心理诱因研究》,《中国图书馆学报》2012 年第 3 期。

高劲松、韩牧哲:《学科热点概念的增长规律及属性分选研究——以我国图书情报学领域为例》,《图书情报工作》2019 年第 20 期。

高峡:《学术交流作用新解》,《学会》2007 年第 1 期。

管磊:《虚拟学术社区成员知识交流——以科学网为例》,硕士学位论文,南京大学,2015 年。

郭佳、黄程松:《国外网络环境中信息过载研究进展》,《情报科学》2018 年第 7 期。

郭美荣:《基于合著网络的学术团队识别研究》,硕士学位论文,中国科学技术信息研究所,2011 年。

郭伟光:《基于农产品本体的语义检索推荐系统框架》,《电脑知识与技术》2019 年第 17 期。

郭文玲:《基于微博平台的高校图书馆阅读推荐调查分析》,《图书馆杂志》2017 年第 4 期。

韩国元:《高校科研团队知识共享研究》,博士学位论文,哈尔滨工程大学,2012 年。

韩丽、倪婧、安瑞、任胜利:《COVID‐19 对学术交流的影响及学术出版机构的应对举措》,《中国科技期刊研究》2021年第2期。

韩瑞珍、邱均平:《基于合著视角的图书馆员学术交流态势研究》,《图书馆》2017年第8期。

韩文、刘畅、雷秋雨:《分析学术社交网络对科研活动的辅助作用——以ResearchGate 和 Academia.edu 为例》,《情报理论与实践》2017年第8期。

韩毅:《非正式交流回归语境下科技评价的融合路径取向》,《中国图书馆学报》2016年第4期。

韩毅、伍玉、申东阳、况书梅、袁庆:《中文科研论文未被引探索Ⅲ:科学交流相关性情境下的竞争—选择机制》,《图书情报工作》2018年第4期。

郝晶晶:《微博平台的信息交流模型分析》,硕士学位论文,河北大学,2012年。

胡德华、韩欢:《学术交流模型研究》,《图书情报工作》2010年第2期。

胡福文、薛淑峰:《泛在知识环境下以图书馆为核心的学术信息交流新模式》,《湖北第二师范学院学报》2014年第5期。

胡泉:《基于复杂网络的汉语复句关系词搭配依存语言网及其应用研究》,博士学位论文,华中师范大学,2016年。

胡媛、秦怡然:《基于微信的用户学术信息交流模型构建》,《情报科学》2019年第1期。

胡志刚:《全文引文分析:理论、方法与应用》,科学出版社2016年版。

华连连、张悟移:《知识流动及相关概念辨析》,《情报杂志》2010年第10期。

化柏林、李广建:《面向情报流程的情报方法体系构建》,《情报学报》2016年第2期。

黄海云、韩育、张达瀚、李伟、樊晶晶、牛晓燕、张屹:《贝叶斯模型大数据分析的软件实现——以河北科技大学图书馆为例》,《图书馆论坛》2018年第5期。

黄荣东、李臻:《图书馆讲座的零次信息属性与开发利用》,《现代情报》2009年第9期。

黄如花、冯婕、黄雨婷、石乐怡、黄颖:《公众信息素养教育:全球进展及我国的对策》,《中国图书馆学报》2020年第3期。

黄如花、冯晴:《论开放存取出版对科学信息交流和利用的影响》,《出版科学》2008年第3期。

黄晓斌、梁辰:《质性分析工具在情报学中的应用》,《图书情报知识》2014

年第 5 期。

黄鑫、邓仲华：《数据密集型科学交流研究与发展趋势》，《数字图书馆论坛》2016 年第 5 期。

黄鑫、邓仲华：《"互联网+"思维模式下的科学交流发展研究》，《图书馆》2017 年第 3 期。

黄永文、孙坦、赵瑞雪等：《科学数据与学术文献关联服务的研究与实现》，《图书情报工作》2021 年第 23 期。

黄泽明：《基于主题模型的学术论文推荐系统研究》，硕士学位论文，大连海事大学，2013 年。

黄宗忠：《图书馆学导论》，武汉大学出版社 1988 年版。

霍朝光、董克、魏瑞斌：《学术影响力预测研究进展述评》，《情报学报》2021 年第 7 期。

姜会珍：《基于学术合作数据的合作者推荐》，硕士学位论文，大连理工大学，2017 年。

姜霁：《知识交流及其在认识活动中的作用》，《学术交流》1993 年第 4 期。

姜亚军：《我国英语专业硕士学位论文标题的词汇句法特征研究》，《外语教学》2013 年第 6 期。

蒋日富、霍国庆、谭红军、郭传杰：《科研团队知识创新绩效影响要素研究——基于我国国立科研机构的调查分析》，《科学学研究》2007 年第 2 期。

蒋易、侯海燕、黄福等：《高被引科学家在社交媒体网络中的影响力研究》，《科学与管理》2020 年第 3 期。

蒋跃进、梁樑、余雁：《基于团队的知识共享和知识形成机理研究》，《运筹与管理》2004 年第 5 期。

金奇文：《公共图书馆少年儿童读者借阅分析及馆藏优化建议——以上海图书馆为例》，《图书馆杂志》2018 年第 7 期。

鞠玉梅：《体裁分析与英汉学术论文摘要语篇》，《外语教学》2004 年第 2 期。

康勤、孙萍：《基于语料库的科研论文英文摘要的体裁分析》，《外语教学》2012 年第 5 期。

康旭东、王前、郭东明：《科研团队建设的若干理论问题》，《科学学研究》2005 年第 2 期。

柯平、苏福：《我国图书馆学研究方法分析》，《图书馆》2016 年第 5 期。

孔忠勇、章菊广、焦斌：《基于学术实体的在线学术交流模式研究》，中国科协学会学术部学术交流理论研讨会,2009年。

赖茂生、屈鹏:《大学生信息检索能力调查分析》,《大学图书馆学报》2010年第1期。

黎衍芳:《CNKI知识库系统分析及优化研究》,硕士学位论文,华中科技大学,2009年。

李白杨、杨瑞仙:《基于Web2.0环境的知识交流模式研究》,《图书馆学研究》2015年第17期。

李春旺:《网络环境下学术信息的开放存取》,《中国图书馆学报》2005年第1期。

李纲、李春雅、李翔:《基于社会网络分析的科研团队发现研究》,《图书情报工作》2014年第7期。

李贵成:《基于Web2.0的非正式信息交流行为研究》,《情报探索》2014年第6期。

李贺、杜杏叶:《基于知识元的学术论文内容创新性智能化评价研究》,《图书情报工作》2020年第1期。

李建平、张晓菡:《中美中学生英语写作句子长度对比分析——一项基于高考英语作文的研究》,《教育测量与评价(理论版)》2015年第7期。

李金林、张秋菊、冉伦:《开放存取对学术交流系统的影响分析》,《图书馆论坛》2013年第3期。

李立睿、邓仲华:《系统动力学在图书情报学领域中的应用研究》,《信息资源管理学报》2015年第5期。

李丽、王燕:《学前教育学研究资源的分配与流动——以近17年来的学术会议为分析样本》,《学前教育研究》2014年第7期。

李林、李秀霞、刘超、赵思喆:《知识扩散对国际联合研究和学科融合的影响——以ISLS和Communication为例》,《情报杂志》2018年第1期。

李龙飞、余厚强、尹梓涵、常梦里:《替代计量学视角下科学数据集价值的定量测度研究》,《情报理论与实践》2020年第9期。

李平、曹雁:《科技期刊论文英文标题抽象名词短语结构分析与应用》,《中国科技期刊研究》2012年第2期。

李涛、王兵:《我国知识工作者组织内知识共享问题的研究》,《南开管理评论》2003年第5期。

李婷婷、刘超、李秀霞:《基于作者互引的学科内部专业间知识交流探测——以图书情报档案学学科为例》,《情报科学》2018年第6期。

李伟、姜志宏、李沛等:《国内情报学领域文献计量研究》,《情报学报》2012

年第 7 期。

李霞:《高校创新型科研团队知识共享行为、学习行为及团队绩效研究》,《软科学》2012 年第 6 期。

李小龙、张海玲、刘洋:《基于动态网络分析的中国高绩效科研合作网络共性特征研究》,《科技管理研究》2020 年第 7 期。

李晓瑛:《复杂网络理论及其在图书情报领域的应用研究》,《情报科学》2016 年第 10 期。

李亚君:《基于学术大数据的学术产出分布与区域经济分析研究》,硕士学位论文,西北师范大学,2020 年。

李宇佳、张向先、张克永:《用户体验视角下的移动图书馆用户需求研究——基于系统动力学方法》,《图书情报工作》2015 年第 6 期。

梁秀娟:《科学知识图谱研究综述》,《图书馆杂志》2009 年第 6 期。

梁英、张伟、余知栋、史红周:《学术大数据技术在科技管理过程中的应用》,《大数据》2019 年第 5 期。

廖先玲、陈颖、姜秀娟等:《企业知识创新能力模型构建及其网络结构研究——知识流动视角》,《科技管理研究》2020 年第 8 期。

林海青:《数字图书馆的信息组织》,《中国图书馆学报》2000 年第 7 期。

林佳瑜:《论文标题与下载和引用的关系》,《大学图书馆学报》2012 年第 4 期。

林佳瑜:《论文下载次数与阅读使用次数的调查分析》,《图书馆杂志》2012 年第 3 期。

林忠:《学术博客与传统学术交流模式的差异探析》,《情报资料工作》2008 年第 1 期。

凌昀:《开放科学伦理精神研究》,硕士学位论文,湖南师范大学,2018 年。

刘冰:《国外医学论文英文标题结构特征与汉译》,《中国科技翻译》2016 年第 1 期。

刘春丽:《Web 2.0 环境下的科学计量学:选择性计量学》,《图书情报工作》2012 年第 14 期。

刘春丽:《Altmetrics 指标在科研评价与管理方面的应用——争议、评论和评估》,《科学学与科学技术管理》2016 年第 6 期。

刘国亮、王东、曲久龙:《科技论文网络发表学术质量控制系统构建研究》,《情报理论与实践》2010 年第 5 期。

刘海萍:《国际检索学术论文摘要语言特征分析——以 SCI、SSCI 检索为例》,《长安大学学报(社会科学版)》2012 年第 3 期。

刘海涛:《语言网络:隐喻,还是利器?》,《浙江大学学报(人文社会科学版)》2011年第2期。

刘虹、李煜、孙建军:《我国学术社交网络研究的发展脉络与知识结构分析》,《图书馆学研究》2018年第17期。

刘丽敏、王晴:《国外Altmetrics理论研究与实践进展》,《情报理论与实践》2017年第3期。

刘丽群、宋咏梅:《虚拟社区中知识交流的行为动机及影响因素研究》,《新闻与传播研究》2007年第1期。

刘涛、陈忠、陈晓荣:《复杂网络理论及其应用研究概述》,《系统工程》2005年第6期。

刘维贵:《数字时代微档案的云管理研究》,《兰台世界》2012年第23期。

刘向、马费成、王晓光:《知识网络的结构及过程模型》,《系统工程理论与实践》2013年第7期。

刘小鹏、魏朋:《跨学科学术交流对科研合作及研究生培养的影响初探——以北京大学生物医学跨学科讲座为例》,《北京大学学报(自然科学版)》2015年第3期。

刘璇、朱庆华、段宇锋:《社会网络分析法运用于科研团队发现和评价的实证研究》,《信息资源管理学报》2011年第1期。

刘烜贞、陈静:《开放获取期刊出版费及其对学术交流的影响》,《中国科技期刊研究》2015年第12期。

刘益东:《从同行承认到规范推荐——开放评价引发的开放科学革命与人才制度革命》,《北京师范大学学报(社会科学版)》2020年第4期。

刘永芳:《中美科技期刊论文英文标题词汇特征对比分析——以化学类为例》,《中国科技期刊研究》2014年第5期。

刘知远、郑亚斌、孙茂松:《汉语依存句法网络的复杂网络性质》,《复杂系统与复杂性科学》2008年第2期。

刘仲林:《交叉科学时代的交叉研究》,《科学学研究》1993年第2期。

刘梓强:《高中生物新课程中整合生物科学史教育的探究》,《科学教育》2007年第4期。

楼雯、蔡蓁:《科学论文评价的涵义与方式研究综述》,《情报杂志》2021年第5期。

楼雯、房小可:《基于系统动力学的高校图书馆信息资源配置研究》,《图书馆论坛》2014年第7期。

楼雯、姜晓烨、陈雨晨、董克:《基于资源本体的图书馆知识检索平台功能设计》,《图书馆论坛》2017 年第 11 期。

楼雯、张鸢飞:《信息处理视角下学术数据在科学交流中的运动机制分析》,《现代情报》2022 年第 2 期。

卢晓荣、张树良:《国内社交媒体用于学术成果 Altmetrics 评价存在问题及对策》,《图书情报工作》2019 年第 21 期。

陆成宽:《推进开放科学运动 构建高端学术交流平台》,《科技日报》2021 年 11 月 22 日。

逯万辉、谭宗颖:《学术成果主题新颖性测度方法研究——基于 Doc2Vec 和 HMM 算法》,《数据分析与知识发现》2018 年第 3 期。

吕文婷:《中国档案学学术群体共被引网络探析》,《档案学研究》2018 年第 2 期。

马文艳:《中美高影响因子化学类科技期刊研究性论文标题用词对比分析》,《中国科技期刊研究》2014 年第 1 期。

马晓雷:《被引内容分析:探究领域知识结构的新方法尝试》,外语教学与研究出版社 2011 年版。

马秀峰、郭顺利、宋凯:《基于 LDA 主题模型的"内容—方法"共现分析研究——以情报学领域为例》,《情报科学》2018 年第 4 期。

马秀峰、张莉、李秀霞:《我国图书情报学与新闻传播学间的学科知识交流与融合分析》,《情报杂志》2017 年第 2 期。

孟玲玲:《基于 WordNet 的语义相似性度量及其在查询推荐中的应用研究》,博士学位论文,华东师范大学,2014 年。

米哈依洛夫:《科学交流与情报学》,徐新民等译,科学技术文献出版社 1980 年版。

闵超、孙建军:《基于关键词交集的学科交叉研究热点分析——以图书情报学和新闻传播学为例》,《情报杂志》2014 年第 5 期。

闵宪鲁:《美国高校图书馆学术交流服务现状及启示》,《图书馆建设》2013 年第 4 期。

默顿:《科学社会学》,鲁旭东、林聚仁译,商务印书馆 2009 年版。

南宁市科学技术局:《加强国际科技合作 提升科技创新能力》,《广西经济》2018 年第 9 期。

潘现伟、杨颖、崔雷:《科技论文网络研究进展及建立论文相似网络的构想》,《医学信息学杂志》2013 年第 6 期。

彭秋茹、阎素兰、黄水清:《基于全文本分析的引文指标研究——以 F1000 推荐论文为例》,《信息资源管理学报》2019 年第 4 期。

钱学森:《交叉科学:理论和研究的展望》,《中国机械工程》1985年第3期。

乔好勤:《试论图书馆学研究中的方法论问题》,《图书馆学通讯》1983年第1期。

秦宝宝:《学术型实践社区内部知识交流规律——基于南京大学情报学专业的实证研究》,《情报科学》2014年第5期。

秦顺、汪全莉、邢文明:《欧美科学数据开放存取出版平台服务调研及启示》,《图书情报工作》2019年第13期。

邱春艳:《国内外科学数据出版理论研究述评》,《中国科技期刊研究》2019年第3期。

邱均平、曹洁:《不同学科间知识扩散规律研究——以图书情报学为例》,《情报理论与实践》2012年第10期。

邱均平、柴雯、马力:《大数据环境对科学评价的影响研究》,《情报学报》2017年第9期。

邱均平、段宇锋:《论知识管理与竞争情报》,《图书情报工作》2000年第4期。

邱均平、段宇锋:《论知识管理与图书情报学的变革》,《中国图书馆学报》2003年第2期。

邱均平、李慧:《国内外图书情报领域专利计量研究的对比分析》,《图书情报工作》2010年第10期。

邱均平、楼雯:《近二十年来我国索引研究论文的作者分析》,《情报科学》2013年第3期。

邱均平、王姗姗:《发挥第三方评价优势 助力科研评价改革》,《评价与管理》2020年第3期。

邱均平、温芳芳:《作者合作程度与科研产出的相关性分析——基于"图书情报档案学"高产作者的计量分析》,《科技进步与对策》2011年第5期。

屈文建、李琳倩、胡媛:《高校数字图书馆社区学术信息交流模式探究》,《图书馆学研究》2016年第17期。

《全民科学素质行动规划纲要(2021—2035年)》,http://www.xinhuanet.com/politics/2021-07/09/c_1127639895.htm。

任红娟、张志强、张翼:《学术交流研究领域的交流模式研究》,《情报科学》2010年第6期。

任玉凤:《古代中西科学家状况比较研究》,《内蒙古大学学报(人文社会科学版)》1999年第6期。

萨姆·伊林沃思、格兰特·艾伦：《高效的科学交流——善于表达的科学家是怎样练成的?》，梁培基等译，上海交通大学出版社2019年版。

赛达合买提·努尔买买提、张丽军：《电子出版对学术交流的影响》，《江苏科技信息》2016年第32期。

商宪丽：《基于潜在主题的交叉学科知识组合与知识传播研究》，博士学位论文，华中师范大学，2017年。

尚智丛：《科学社会学方法与理论基础(第1版)》，高等教育出版社2008年版。

邵瑞华、张和伟：《基于合著论文和引文视角的学术交流模式研究——以图书情报学为例》，《情报杂志》2015年第12期。

沈家模：《〈汉语主题词表〉结构及其使用方法——兼谈主题目录、主题卡的编制》，《图书与情报》1982年第1期。

沈玖玖、杨晓月：《大数据背景下我国图书情报领域定量研究现状的可视化分析》，《图书馆》2017年第6期。

沈兰妮、刘艳笑、丁文姚、毕奕侃、韩毅：《非正式交流回归视角下Altmetrics评价的利益相关者识别研究》，《图书与情报》2018年第5期。

盛小平、袁圆：《国内外科学数据开放共享影响因素研究综述》，《情报理论与实践》2021年第8期。

施蓓：《社会计算理论和方法在图书情报领域的应用探讨》，《情报探索》2017年第11期。

史庆华：《科技学术期刊的社会功能及其变异》，《现代情报》2007年第1期。

史顺良、任育新：《语言学类学术文章标题的结构及其语用功能：调查与分析》，《外语教学》2010年第4期。

司湘云、李显鑫、周利琴等：《新时代情报学与情报工作发展战略纵论——情报学与情报工作发展论坛(2017年)纪要》，《图书情报知识》2018年第1期。

宋俊华、王明月：《我国非物质文化遗产数字化保护的现状与问题分析》，《文化遗产》2015年第6期。

苏芳荔：《科研合作对期刊论文被引频次的影响》，《图书情报工作》2011年第10期。

苏静：《面向科学交流的语义出版体系建设研究》，《数字图书馆论坛》2018年第11期。

孙海生：《情报学跨学科知识引用实证研究》，《情报杂志》2013年第7期。

孙建军、李阳、裴雷：《"数智"赋能时代图情档变革之思考》，《图书情报知识》2020年第3期。

孙希波：《开放存取对学术交流系统的影响》，《现代情报》2009年第10期。

孙玉伟：《数字环境下科学交流模型的分析与评述》，《大学图书馆学报》2010年第1期。

孙中瑞、樊杰、孙勇：《科研机构合作网络演化特征对创新绩效的影响——以中国科学院为例》，《科技管理研究》2021年第18期。

谭大鹏、霍国庆、王能元、吴磊、蒋日富、喻缨、董纪昌：《知识转移及其相关概念辨析》，《图书情报工作》2005年第2期。

唐晓波、肖璐：《基于依存句法网络的文本特征提取研究》，《现代图书情报技术》2014年第11期。

唐仲芝：《基于分层思想的数字图书馆信息资源集成模型构建》，《兰台世界》2013年第26期。

陶裕春、解英明：《高校科研团队知识共享影响因素分析》，《科技进步与对策》2008年第12期。

滕延江：《英汉学术论文摘要中限定修饰语使用分布的对比分析》，《外语与外语教学》2008年第11期。

田文灿、胡志刚、王贤文：《科学计量学视角下的Altmetrics发展历程分析》，《图书情报知识》2019年第2期。

田野、杨眉、祝忠明、张静蓓：《关联数据驱动的查询扩展技术研究》，《图书情报工作》2015年第4期。

万常选、江腾蛟、钟敏娟、边海容：《基于词性标注和依存句法的Web金融信息情感计算》，《计算机研究与发展》2013年第12期。

汪东芳、曹燕、曾文：《面向科技查新的词表构建研究》，《图书馆学研究》2020年第19期。

汪志伟、邹艳妮、吴舒霞：《PageRank算法应用在文献检索排序中的研究及改进》，《情报理论与实践》2016年第11期。

王柏、吴巍、徐超群、吴斌：《复杂网络可视化研究综述》，《计算机科学》2007年第4期。

王崇德：《图书情报学方法论》，科学技术出版社1988年版。

王春才、邢晖、李英韬：《推荐系统评测方法和指标分析》，《信息技术与标准化》2015年第7期。

王翠萍、戚阿阳：《微博用户学术信息交流行为调查》，《图书馆论坛》2018年第3期。

王菲菲、田辛玲:《科研合作视角下的国内情报学研究现状与主题结构分析》,《情报科学》2015 年第 11 期。

王昊、严明、苏新宁:《基于机器学习的中文书目自动分类研究》,《中国图书馆学报》2010 年第 6 期。

王红、袁小舒、原小玲、黄建国:《高校图书馆读者借阅趋势线性回归建模预测探析》,《图书情报工作》2020 年第 3 期。

王宏鑫、黄丽珺、刘洋等:《关于"五计学"整体化学科的基础与结构建设研究》,《图书情报工作》2020 年第 20 期。

王佳敏、陆伟、刘家伟、程齐凯:《多层次融合的学术文本结构功能识别研究》,《图书情报工作》2019 年第 13 期。

王家辉、夏志杰、王诣铭、阮文翠:《基于句法规则和社会网络分析的网络舆情热点主题可视化及演化研究》,《情报科学》2020 年第 7 期。

王丽丽、张亚晶:《高校科研团队内部隐性知识保护与知识分享》,《煤炭高等教育》2008 年第 1 期。

王琳:《网络环境下科学信息交流模式的栈理论研究》,《图书情报知识》2004 年第 1 期。

王凌峰:《面向数字环境的学术交流 P^3C^4 模型》,《图书情报导刊》2020 年第 6 期。

王萝娜、李端明、李星:《在线科学交流中学术论文影响力动态评价研究》,《图书情报工作》2018 年第 4 期。

王旻霞、赵丙军:《中国图书情报学跨学科知识交流特征研究——基于 CCD 数据库的分析》,《情报理论与实践》2015 年第 5 期。

王明明、李艳红、戴鸿轶:《基于知识创新的科研团队知识管理系统研究》,《情报杂志》2006 年第 9 期。

王绍平、陈兆山、陈钟鸣等:《图书情报词典》,汉语大词典出版社 1990 年版。

王伟:《基于学术大数据的科学家合作行为分析与挖掘》,博士学位论文,大连理工大学,2018 年。

王晓笛、李广建:《基于新闻信息抽取的人文社科非正式科学交流研究》,《图书与情报》2018 年第 2 期。

王晓光、陈孝禹:《语义出版:数字时代科学交流系统新模型》,《出版科学》2012 年第 4 期。

王晓光:《科学交流需要发展语义出版》,《数字图书馆论坛》2017 年第 8 期。

王学平:《浅议我国档案数字化建设实践与发展策略》,《档案学通讯》2011

年第 6 期。

王雅娇、路佳、柯晓静：《学术画像在科技期刊中的应用研究》，《中国编辑》2021 年第 4 期。

王燕：《医学期刊论文英文标题的编辑加工》，《中国科技期刊研究》2008 年第 2 期。

王燕来、张木早：《文献与文献收集》，书目文献出版社 1994 年版。

维克托·迈尔、舍恩伯格、肯尼斯·库克耶：《大数据时代》，盛杨燕、周涛译，浙江人民出版社 2013 年版。

伟传：《团队建设"三加一"》，《企业科协》2002 年第 9 期。

卫军朝、张春芳：《国内外科学数据管理平台比较研究》，《图书情报知识》2017 年第 5 期。

魏海燕、尹怀琼、刘莉：《基于引文分析的情报学与相关学科的研究》，《情报杂志》2010 年第 2 期。

魏江、王艳：《企业内部知识共享模式研究》，《技术经济与管理研究》2004 年第 1 期。

魏林、万猛、金学慧：《开放存取式科学交流系统模型研究》，《出版科学》2011 年第 5 期。

魏思廷：《结合替代计量学的数字图书馆知识服务新模式》，《图书情报知识》2015 年第 2 期。

温有奎：《信息检索系统的关联关键词推荐研究》，《数字图书馆论坛》2016 年第 4 期。

文庭孝、邱均平：《科学评价中的计量学理论及其关系研究》，《情报理论与实践》2006 年第 6 期。

吴彬彬、王京、宋海涛：《基于 Citespace 的复杂网络可视化研究图谱》，《计算机系统应用》2014 年第 2 期。

吴菁、李珊珊：《数字环境下高校用户信息检索行为初探》，《高等建筑教育》2013 年第 3 期。

吴慰慈：《信息资源开发与利用的十个热点问题》，《中国图书馆学报》2008 年第 3 期。

吴文成：《学术期刊出版中同行评议制度的不足及其改进》，《中国出版》2011 年第 18 期。

吴宪忠、朱锋颖：《情报类学术论文英文摘要的时态特征》，《情报科学》2012 年第 12 期。

武华维、罗瑞、许海云、董坤、王超、岳增慧：《科学技术关联视角下的创新演化路径识别研究述评》,《情报理论与实践》2018 年第 8 期。
夏莉霞、方卿:《论开放存取对学术交流的影响(三)——基于学术出版机构视角的分析》,《信息资源管理学报》2011 年第 3 期。
夏琬钧、任鹏、陈晓红:《学者影响力预测研究综述》,《情报理论与实践》2020 年第 7 期。
相春艳、张旻晖:《开放获取对学术交流与知识传播的影响》,《中国传媒大学学报》2016 年第 6 期。
肖宏、马彪:《"互联网+"时代学术期刊的作用及发展前景》,《中国科技期刊研究》2015 年第 10 期。
肖丽平、娄策群:《互联网发展环境下"信息超限"问题研究》,《图书馆学研究》2018 年第 10 期。
邢文明、刘婷:《增强出版驱动的科学数据出版:动因、模式及路径》,《中国科技期刊研究》2019 年第 8 期。
修稳君:《自媒体背景下大学生网络交流新特点与高校思政应对策略》,《内蒙古电大学刊》2018 年第 5 期。
徐呈呈、徐杰杰、李健:《从非正式交流中识别领域研究热点的适用性探索——以科学网博客为例》,《情报探索》2019 年第 5 期。
徐佳宁:《基于 Web2.0 的非正式科学交流过程及其特点》,《情报科学》2008 年第 1 期。
徐佳宁:《加维-格里菲思科学交流模型及其数字化演进》,《情报杂志》2010 年第 10 期。
徐佳宁:《数字环境下科学交流系统重组与功能实现》,光明日报出版社 2011 年版。
徐佳宁、罗金增:《现代科学交流体系的重组与功能实现》,《图书情报工作》2007 年第 11 期。
徐丽芳:《UNISIST 模型及其数字化发展》,《图书情报工作》2008 年第 10 期。
徐丽芳:《科学交流系统的要素、结构、功能及其演进》,《图书情报知识》2008 年第 6 期。
徐晴:《基于 CSSCI 来源期刊的我国 LIS 学科研究领域及其演化分析》,《信息资源管理学报》2016 年第 6 期。
徐仕敏:《知识流动的效率与知识产权制度》,《情报杂志》2001 年第 9 期。
徐晓艺、杨立英:《基于合著论文的学科知识流动网络的特征分析——以"药物化学"学科为例》,《图书情报工作》2015 年第 1 期。

徐迎迎:《基于 AVMS 模型的学科交叉可视化研究——以图书情报学为例》,《现代情报》2015 年第 2 期。

许力、李建华:《基于句法依存分析的图网络生物医学命名实体识别》,《计算机应用》2021 年第 2 期。

许鹏程、毕强、张晗、牟冬梅:《数据驱动下数字图书馆用户画像模型构建》,《图书情报工作》2019 年第 3 期。

严素梅、吉久明、陈荣、孙济庆:《多维度创新路径识别与发现研究》,《图书馆杂志》2020 年第 9 期。

杨建林、苏新宁:《人文社会科学学科创新力研究的现状与思路》,《情报理论与实践》2010 年第 2 期。

杨建林、孙明军:《利用引文索引数据挖掘学科交叉信息》,《情报学报》2004 年第 6 期。

杨良斌:《跨学科学的理论基础探讨》,《图书情报工作》2011 年第 16 期。

杨楠:《虚拟学术社区用户知识交流模式及效果评价研究》,硕士学位论文,吉林大学,2018 年。

杨宁、文奕:《基于国家基金立项的图书情报学研究热点与趋势分析》,《情报科学》2017 年第 2 期。

杨瑞仙、张梦君:《作者学术关系研究进展》,《图书情报工作》2016 年第 13 期。

杨思洛:《引文分析存在的问题及其原因探究》,《中国图书馆学报》2011 年第 3 期。

杨思洛、董嘉慧、刘华玮:《信息计量与科学评价:新时期、新需求、新发展——青年学者论坛综述》,《图书馆论坛》2021 年第 4 期。

杨溢:《企业内知识共享与知识创新的实现》,《情报科学》2003 年第 10 期。

杨英伦、杨红艳:《学术评价大数据之路的推进策略研究》,《情报理论与实践》2019 年第 5 期。

杨雨师、刘万国:《学术交流新生态与高校图书馆进化研究》,《图书情报工作》2017 年第 14 期。

杨征:《学术交流有力促进高校科学发展》,《科技管理研究》2011 年第 1 期。

姚克勤、姜亚军:《应用语言学学术论文标题的历时研究》,《外语研究》2010 年第 3 期。

姚玮华:《〈科技与出版〉2002—2012 年高被引论文分析》,《科技与出版》2013 年第 8 期。

姚晓彤：《高校学生阅读行为类型及影响因素研究》，《图书馆杂志》2021 年第 3 期。

叶春蕾、邢燕丽：《基于 LDA 和社会网络中心度的研究生个性化检索推荐模型研究》，《图书情报工作》2015 年第 13 期。

叶兰、初景利：《大学图书馆学术交流及机构库的岗位设置分析》，《图书情报知识》2010 年第 5 期。

殷希红、乔晓东、张运良：《基于复杂网络的知识组织系统概念社区发现》，《数字图书馆论坛》2014 年第 8 期。

游祎：《基于学术交流的图书馆出版服务探析》，《大学图书馆学报》2015 年第 1 期。

于良芝：《图书馆学导论》，科学出版社 2003 年版。

于永胜、董诚、韩红旗、李仲：《基于社会网络分析的科研团队识别方法研究——基于迭代的中间中心度排名方法识别科研团队领导人》，《情报理论与实践》2018 年第 7 期。

余厚强、董克、王曰芬、章成志：《基于科学推文视角的非正式科学交流语言分布研究》，《中国图书馆学报》2018 年第 2 期。

余厚强、邱均平：《替代计量学视角下的在线科学交流新模式》，《图书情报工作》2014 年第 15 期。

余以胜、韦锐、刘鑫艳：《可解释的实时图书信息推荐模型研究》，《情报学报》2019 年第 2 期。

元红英、张会敏、王娜、陈刚：《加强高校内部学术交流的方法及制度研究——以佛罗里达州立大学为例》，《河北农业大学学报（农林教育版）》2018 年第 3 期。

袁成哲、曾碧卿、汤庸、王大豪、曾惠敏：《面向学术社交网络的多维度团队推荐模型》，《计算机科学与探索》2016 年第 2 期。

袁红军：《基于知识位势的图书馆知识整合中知识获取研究》，《图书馆理论与实践》2015 年第 9 期。

袁勤俭、毛春蕾：《学术虚拟社区特征对知识交流效果影响的研究》，《现代情报》2021 年第 6 期。

袁月杨：《基于原型理论的计算机科学科技论文英文标题及摘要的对比研究》，硕士学位论文，国防科学技术大学，2007 年。

岳剑波：《信息管理基础》，清华大学出版社 1999 年版。

岳丽欣、周晓英、刘自强：《科学知识网络扩散中的社区扩张与收敛模式特征分析——以医疗健康信息领域为例》，《图书情报工作》2020 年第

14期。

翟军、梁佳佳、吕梦雪等:《欧盟开放科学数据的 FAIR 原则及启示》,《图书与情报》2020 年第 6 期。

翟姗姗、许鑫、夏立新:《学术博客中的用户交流与知识传播研究述评》,《现代图书情报技术》2015 年第 Z1 期。

张存刚、李明、陆德梅:《社会网络分析——一种重要的社会学研究方法》,《甘肃社会科学》2004 年第 2 期。

张芳、唐崇忻:《图书情报学领域学者论文学术影响力研究(2008—2017年)》,《图书馆工作与研究》2018 年第 5 期。

张峰、冼怀灵:《基于馆员能力发展的图书馆学术交流机制研究——以陕西图书馆为例》,《图书馆学刊》2015 年第 10 期。

张凤军、戴国忠、彭晓兰:《虚拟现实的人机交互综述》,《中国科学:信息科学》2016 年第 12 期。

张桂萍、韩淑芹、董丹:《英语科技论文标题句法结构的调查研究》,《上海科技翻译》2002 年第 2 期。

张寒生:《当代图书情报学方法论研究》,合肥工业大学出版社 2006 年版。

张怀刚、张波:《学术交流在科研工作和人才培养中的地位与作用》,《青海农林科技》2005 年第 2 期。

张继周:《社交媒体环境下汽车品牌传播策略研究》,《现代经济信息》2011 年第 16 期。

张力、唐健辉、刘永涛等:《中外图书情报学研究方法量化比较》,《中国图书馆学报》2012 年第 2 期。

张立伟:《SNS 平台学术文献交流特征及影响因素分析》,博士学位论文,大连理工大学,2019 年。

张立伟、陈悦、刘则渊等:《社交网络平台非正式科学交流的探讨——基于 Evolutionary Biology 学科 Altmetrics 数据计量》,《科学学研究》2018 年第 6 期。

张立伟、陈悦、王智琦等:《互联网平台下科学家非正式学术交流的探究——基于科学网博文数据的计量分析》,《情报学报》2015 年第 7 期。

张琳、黄颖:《交叉科学:测度、评价与应用》,科学出版社 2019 年版。

张敏、夏宇、刘晓彤:《科技引文行为的影响因素分析》,《情报理论与实践》2017 年第 4 期。

张琼:《我国高校国际科技合作与交流问题研究》,《商丘师范学院学报》2008 年第 8 期。

张松、刘成新、芈雨:《基于词频 g 指数的共词聚类关键词选取研究——以教育技术学硕士学位论文为例》,《现代教育技术》2013 年第 10 期。

张小平、刘博涵、吴锦鹏等:《基于社交媒体的"互联网+"学术交流模式探究——以清华大学微沙龙为例》,《学位与研究生教育》2016 年第 10 期。

张晓蒙、方卿:《论开放存取对学术交流的影响(二)——基于图书情报机构视角的分析》,《信息资源管理学报》2011 年第 1 期。

张新明:《网络学习社区的概念演变及构建》,《比较教育研究》2003 年第 5 期。

张洋、高艳华、郭晓坤:《使用关联检索缓和推荐系统中的稀疏性问题》,《计算机仿真》2021 年第 9 期。

张晔、贾雨葶、傅洛伊、王新兵:《AceMap 学术地图与 AceKG 学术知识图谱——学术数据可视化》,《上海交通大学学报》2018 年第 10 期。

张源:《我国情报学研究方法应用现状调查》,硕士学位论文,河北大学,2011 年。

章成志、吴小兰:《跨学科研究综述》,《情报学报》2017 年第 5 期。

章琰、杨一图、吴健、张辉:《我国科学数据共享运行机制模式创新探讨——以产业技术联盟为例》,《科学学研究》2021 年第 11 期。

赵惠芳、毛一国:《学术交流新模式:图书馆出版服务》,《大学图书馆学报》2012 年第 2 期。

赵君、廖建桥:《科研合作研究综述》,《科学管理研究》2013 年第 2 期。

赵康:《数字化科研环境下的学术交流研究》,《科技传播》2014 年第 2 期。

赵蓉英、刘卓著、王君领:《知识转化模型 SECI 的再思考及改进》,《情报杂志》2020 年第 11 期。

赵蓉英、毛一国:《Altmetrics:学术影响力评价的新视角》,《情报科学》2017 年第 1 期。

赵蓉英、吴胜男:《图书情报领域信息可视化分析方法研究进展》,《情报理论与实践》2014 年第 6 期。

赵星:《学术文献用量级数据 Usage 的测度特性研究》,《中国图书馆学报》2017 年第 3 期。

赵星、谭旻、余小萍等:《我国文科领域知识扩散之引文网络探析》,《中国图书馆学报》2012 年第 5 期。

赵艳枝、龚晓林:《从开放获取到开放科学:概念、关系、壁垒及对策》,《图书馆学研究》2016 年第 5 期。

赵怿怡、刘海涛:《基于网络观的语言研究》,《厦门大学学报(哲学社会科学版)》2014年第6期。

赵勇、武夷山:《追根溯源:优秀科学计量学家引用的重要文献识别及引用内容特征研究》,《情报学报》2017年第11期。

赵又霖、葛梦真、刘黎明:《图书情报领域"实证研究"应用特征及热点探析》,《信息资源管理学报》2019年第4期。

赵玉冬:《基于网络学术论坛的学术信息交流研究》,《图书馆学研究》2010年第19期。

甄长慧、曹凤龙、郭书法、张晨晨:《CSSCI期刊高、低被引论文标题特征对比研究》,《科技与出版》2014年第10期。

郑存库:《学术交流对地方高校科学研究的推动作用》,《科技管理研究》2005年第3期。

郑艺、应时:《基于交叉融合学科知识本体的研究与预测》,《情报杂志》2016年第3期。

中国科协学会学术部:《学术交流质量与科技研发创新研究》,中国科学技术出版社2009年版。

中国科协学会学术部:《信息环境下的学术交流》,中国科学技术出版社2010年版。

钟海艳:《SWOT分析法在图书馆学中的应用研究》,《河南图书馆学刊》2013年第8期。

钟文希:《自媒体视域下的科学传播模式探讨》,《传媒论坛》2020年第3期。

周海晨、郑德俊、郦天宇:《学术全文本的学术创新贡献识别探索》,《情报学报》2020年第8期。

周洁:《利用大数据优化科技期刊出版流程的实践与思考》,《中国科技期刊研究》2018年第2期。

周金娉、解梦凡、余璐:《基于学术交流过程模型的会议录学术影响力实证研究》,《图书馆学研究》2017年第5期。

周娜、李秀霞、高丹:《基于LDA主题模型的"作者—内容—方法"多重共现分析——以图书情报学为例》,《情报理论与实践》2019年第6期。

周文杰:《从多元异构走向融合归一——图情档新文科建设的趋向评析》,《情报资料工作》2021年第2期。

周雪晴、罗亚玲:《信息化建设中医疗大数据现状》,《中华医学图书情报杂志》2015年第11期。

周妍妍:《虚拟学习社区中的信息交流模型探究——基于微博的视角》,《中小学电教》2012年第9期。

朱剑:《大数据之于学术评价:机遇抑或陷阱?——兼论学术评价的"分裂"》,《中国青年社会科学》2015年第4期。

朱育晓、任光凌:《美国大学图书馆学术交流馆员岗位设置探讨》,《图书馆论坛》2014年第9期。

宗凯韵、孙济庆:《基于文献数据库的用户检索用词分析》,《情报科学》2016年第3期。

邹儒楠:《非正式学术交流新模式及其应用研究》,中国科协学术交流理论研讨会,2009年。

邹儒楠、于建荣:《浅析非正式交流的历史变迁》,《情报理论与实践》2010年第2期。

邹儒楠、于建荣:《数字时代非正式学术交流特点的社会网络分析——以小木虫生命科学论坛为例》,《情报科学》2015年第7期。